できる®

Google《グーグル》 for Education《エデュケーション》
学校DX実践ガイド

株式会社ストリートスマート ＆ できるシリーズ編集部

インプレス

ご購入・ご利用の前に必ずお読みください

本書は 2023 年 4 月現在の情報をもとに Chromebook の活用方法や Google Workspace for Education の操作方法について解説しています。本書発行後の情報については、弊社の Web ページ（https://book.impress.co.jp/）などで可能な限りお知らせいたしますが、すべての情報の即時掲載ならびに、確実な解決をお約束することはできかねます。下段に記載の「本書の前提」と異なる環境の場合、または本書発行後に各サービスとアプリの機能や操作方法、画面が変更された場合、本書の掲載内容通りに操作できない可能性があります。また本書の運用により生じる、直接的、または間接的な損害について、著者ならびに弊社では一切の責任を負いかねます。あらかじめご理解、ご了承ください。

本書で紹介している内容のご質問につきましては、巻末をご参照のうえ、メールまたは封書にてお問い合わせください。電話や FAX 等でのご質問には対応しておりません。また、以下のような本書の範囲を超えるご質問にはお答えできませんのでご了承ください。なお、本書の発行後に発生した利用手順やサービスの変更に関しては、お答えしかねる場合があります。

・Web サービスのアップデートによる操作手順の変更方法
・お手元の環境や業務に合わせたテンプレートの作成方法や設定方法
・書籍に掲載している手順以外の操作により発生したエラーの対処方法

動画について

操作を確認できる動画をYouTube動画で参照できます。画面の動きがそのまま見られるので、より理解が深まります。スマートフォンなどからはレッスンタイトル横にあるQRから動画を見られます。パソコンなどQRが読めない場合は、以下の動画一覧ページからご覧ください。

▼動画一覧ページ（短縮URL）
https://is.gd/qig2hl

▼動画一覧ページ
https://youtube.com/playlist?list=PLQIGu2CT8OBOJILh1dlufFMuYNFVD55OA

●用語の使い方

本文中で使用している用語は、基本的に実際の画面に表示される名称に則っています。

●本書の前提

本書では、「Chromebook」または「Windows 11」「macOS」と「Google Chrome」がインストールされているパソコンで、インターネットに常時接続されている環境を前提に画面を再現しています。

まえがき

日本国内では「新しい生活様式」が根付き、日常生活のさまざまな場面において非接触や非対面といった活動が浸透しました。その流れの中で、経済産業省から「DX推進ガイドライン」が発表されたり、デジタル社会形成の司令塔としてデジタル庁が発足されたりと、国を挙げて社会全体をデジタルで変革させる「DX（デジタルトランスフォーメーション）」の実現が強く推進されています。DXとは「情報技術の浸透が、人々の生活をあらゆる面でより良い方向に変化させる」というもので、教育の分野においても学校DXを叶えることにより「誰もが、いつでもどこからでも、誰とでも、自分らしく学べる社会※」の実現が掲げられています。しかし、学校DXの実現に向けて、具体的にどのような達成目標を立てればいいのか、実際にどのように進めていけばいいのかと、悩む声も多く聞かれます。

本書は、そうした学校現場の課題や悩みを解消し、学校DXを力強く促進するための効果的なChromebookの活用方法やGoogle Workspace for Educationの活用アイデアなどを具体的な手順と共にまとめた実践ガイドです。先生の1人1台端末環境を最大限に生かした学校DXのアイデアをステップに沿って紹介しているので、Google for Educationをこれから活用される方もすでに活用されている方も、個人のDXにもチームや学校全体のDXにも役立つ1冊となっています。

GIGAスクール構想が4年目を迎えようとしている今、子どもたちの1人1台端末環境を基盤としたICT活用が日々の学びに大きく貢献している一方で、先生の1人1台端末環境の整備や活用が停滞している自治体や学校が多いことも事実です。また、先生の勤務実態調査からも学校現場の過酷な勤務実態が明らかになり、働き方改革がより一層求められています。本書を読めば、学校DXの実現に向けてGoogle for Educationを最大限に活用することで、校務の効率化と時間短縮、学校のチーム力の強化、その先にある子どもたちの個別最適な学びの提供が可能となることを実感していただけるでしょう。

「誰もが、いつでもどこからでも、誰とでも、自分らしく学べる社会」の実現と先生の働き方改革を進めるためにも、先生が自分の端末とクラウド環境を柔軟に活用し、学校DXを一歩ずつ進めていくことが必要です。本書を通して学校DXが進み、先生の働き方改革が促進され、新たに創出された時間を自己研鑽や子どもたちへのきめ細やかな指導へ還元していただけることを願っています。

※文部科学省『教育データ利活用ロードマップ』令和4年1月

2023年4月

株式会社ストリートスマート

本書の読み方

YouTube 動画で見る

パソコンやスマートフォンなどで視聴できる無料の動画です。詳しくは2ページをご参照ください。

レッスンタイトル

やりたいことや知りたいことが探せるタイトルが付いています。

サブタイトル

機能名やサービス名などで調べやすくなっています。

操作手順

実際のパソコンの画面を撮影して、操作を丁寧に解説しています。

●手順見出し

1 名前を付けて保存する

操作の内容ごとに見出しが付いています。目次で参照して探すことができます。

●操作説明

1 ［ホーム］をクリック

実際の操作を1つずつ説明しています。番号順に操作することで、一通りの手順を体験できます。

●解説

［ホーム］をクリックしておく　　ファイルが保存される

操作の前提や意味、操作結果について解説しています。

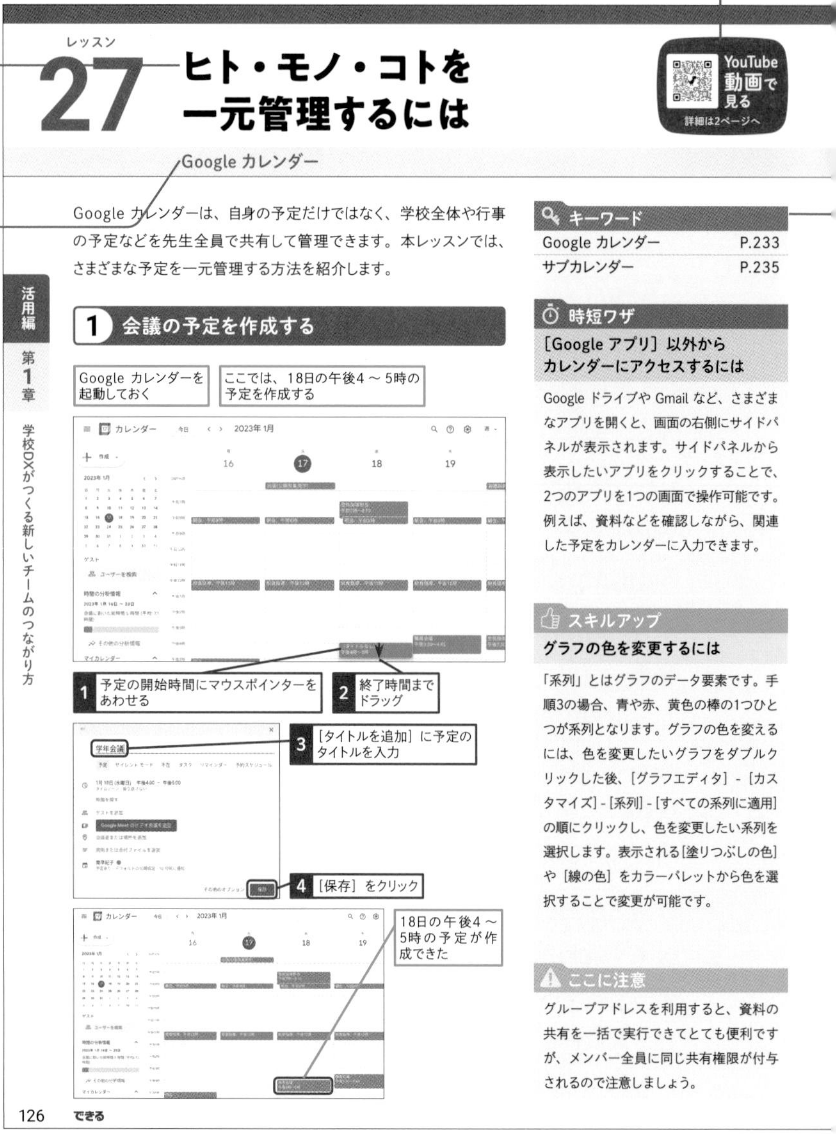

キーワード

レッスンで重要な用語の一覧です。巻末の用語集のページも掲載しています。

2 予定を同僚の先生に共有する

Google カレンダーを起動しておく

1 共有したい予定をクリック

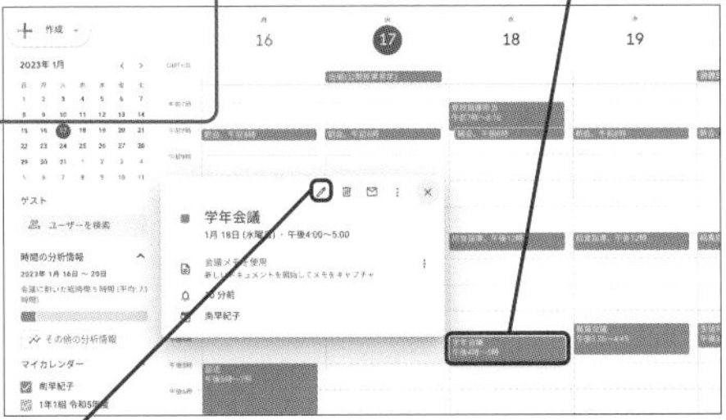

2 ［編集］をクリック

予定の詳細設定画面が表示された

3 ［ゲストを追加］をクリックして、共有したいユーザーのメールアドレスを入力

ゲストが追加された

4 ［時間を探す］タブをクリック

ゲスト全員の予定が表示された

5 参加メンバー全員が空いている日時を確認

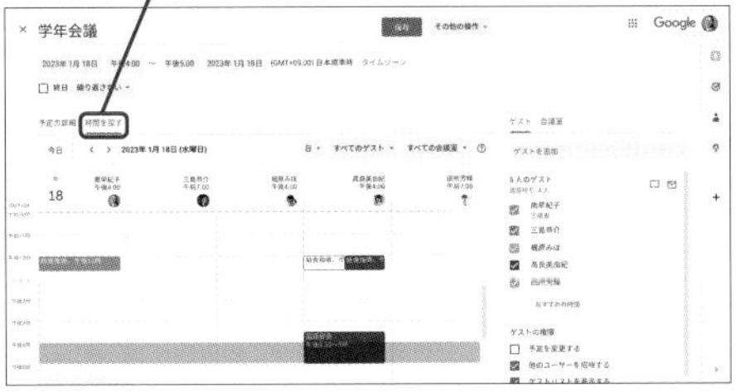

使いこなしのヒント

予定を共有するメリット

カレンダーを共有することで、会議予定や行事の予定などを学校全体で管理可能です。会議の予定であれば、代表者が作成した予定をほかの参加者全員に共有することで、伝え漏れや間違いを防げます。

用語解説

スマートキャンバス

ドキュメントやスプレッドシート上で半角の「@」を入力し、［@メニュー］からスマートチップや、テンプレートなどを挿入できる機能です。スマートチップにはユーザーやファイル、会議リストなどさまざまな種類があり、ユーザーへの資料共有や関連付けられている資料の確認を、1つのドキュメントの中で容易に行うことができます。

ショートカットキー

新しいメールを作成	c
表示中のメールに返信	r
表示中のメールの全員に返信	a

まとめ 予定はカレンダーへ登録してスケジュール管理を効率よく

自分の予定はもちろん、学校や校務分掌のメンバーと共有した予定も登録ができるので、すべての予定をカレンダーへ集約しておくことで、スケジュール管理を効率化できます。同僚の先生同士でもお互いの予定を把握し合うことができるので、急な会議などの日程調整にも便利です。

27 Google カレンダー

次のページに続く ➡

できる 127

関連情報

レッスンの操作内容を補足する要素を種類ごとに色分けして掲載しています。

使いこなしのヒント

操作を進める上で役に立つヒントを掲載しています。

ショートカットキー

キーの組み合わせだけで操作する方法を紹介しています。

時短ワザ

手順や校務を短縮できる操作方法を紹介しています。

スキルアップ

一歩進んだテクニックを紹介しています。

用語解説

レッスンで覚えておきたい用語を解説しています。

ここに注意

間違えがちな操作について注意点を紹介しています。

まとめ 起動と終了を覚えよう

レッスンで重要なポイントを簡潔にまとめています。操作を終えてから読むことで理解が深まります。

※ここに掲載している紙面はイメージです。実際のレッスンページとは異なります。

Google Chrome ブラウザを更新する方法

すべての Chromebook には ChromeOS が搭載されており、Webブラウザの Google Chrome からさまざまなアプリケーションを利用できます。ここでは、ChromeOS を更新して Google Chrome ブラウザを最新にする方法を紹介します。

1 ［設定］画面を表示する

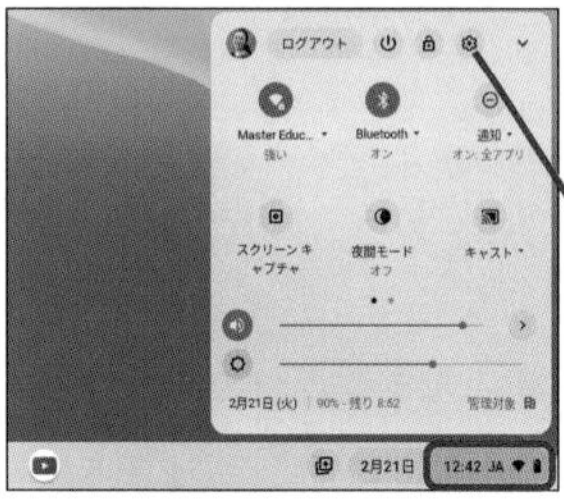

1 ステータス領域をクリック

2 ［設定］をクリック

2 アップデートを確認する

1 ［ChromeOS について］をクリック

2 ［アップデートを確認］をクリック

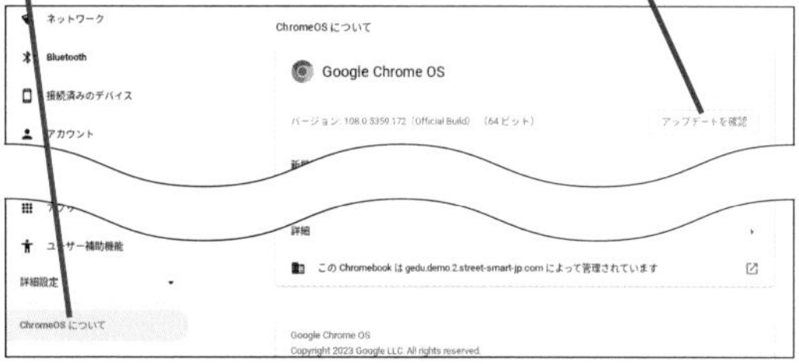

ソフトウェアアップデートがあるときは、自動的にダウンロードされる

ChromeOS が最新の場合は「お使いの Chromebook は最新です」と表示される

使いこなしのヒント

ChromeOS は自動更新される

Google Chrome ブラウザを安全に利用できるよう、最新のセキュリティ機能が利用可能となると自動で更新されます。Chromebook の場合、インターネットに接続されていると自動的に更新されますが、本ページのように手動での更新も可能です。Google Chrome ブラウザを更新すると、セキュリティ機能以外の最新機能も利用できるため、常に最新の状態を保ちましょう。

3 Chromebook を再起動する

ここでは、見つかった更新を手動で反映する

1 ［再起動］をクリック

ChromeOS と Google Chrome ブラウザが更新される

スキルアップ

ChromeOS 以外の Google Chrome ブラウザを更新する

Google Chrome ブラウザは Chromebook 以外のデバイスでも、自動で更新されます。通常は、ブラウザを閉じて次に開くまでの間にバックグラウンドで更新されますが、ブラウザを開いたままだと、アップデートが保留となる可能性があります。保留中の場合は、以下のように手動で更新しましょう。

Google Chrome ブラウザを表示しておく

1 ［Google Chrome の設定］をクリック

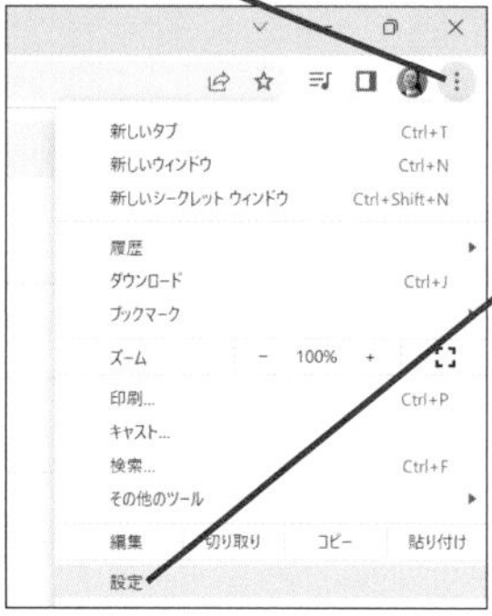

2 ［設定］をクリック

［Chrome について］をクリックした後、以降は手順2～3と同様の操作でブラウザを更新する

各 Google アプリケーションへのアクセス方法

Google Workspace for Education は、学習や校務をサポートするさまざまなアプリケーションを含む、クラウド型のソリューションです。Chromebook などの端末から自身の Google アカウントにログインして、簡単にアプリケーションを使用できます。

1 Google ドライブを起動する

ここでは、Google ドライブを起動する

Google Chrome ブラウザを起動しておく

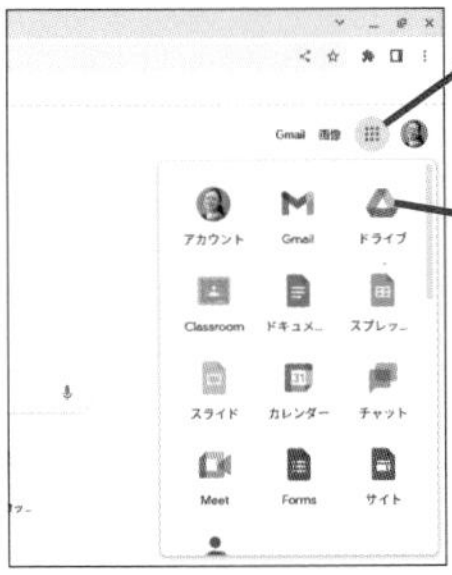

1 [Google アプリ] をクリック

2 [ドライブ] をクリック

2 新規ファイルを作成する

Google ドライブのトップ画面が表示された

1 [新規] をクリック

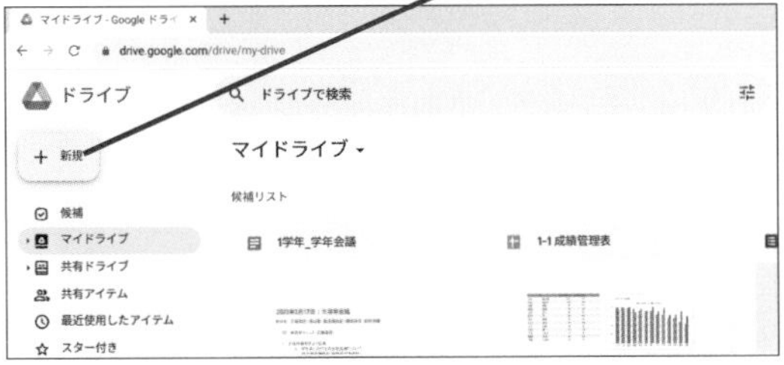

使いこなしのヒント

[Google アプリ] からほぼすべてのアプリケーションへアクセスできる

ほぼすべての Google アプリケーションへは、[Google アプリ] をクリックした後、各アプリのアイコンをクリックするとアクセスできます。[Google アプリ] に表示されない一部のアプリケーションへのアクセス方法は、各レッスンで紹介します。

3 新規ファイルの種類を選択する

ここでは、Google サイトを表示する

1 [その他] をクリック

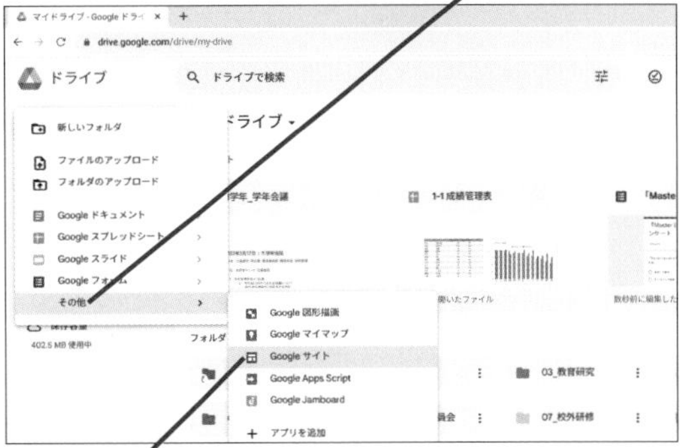

2 [Google サイト] をクリック

Webサイトを新規作成できた

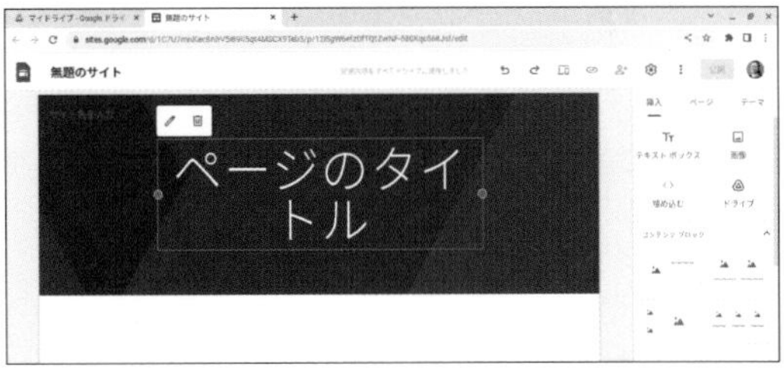

使いこなしのヒント

Google ドライブで新規作成できるファイルとは

クラウド上のデータの保管庫となる Google ドライブは、以下のファイルを新規で作成し、自動保存できます。

- Google ドキュメント
- Google スプレッドシート
- Google スライド
- Google フォーム
- Google 図形描画
- Google マイマップ
- Google サイト
- Google Apps Script
- Google Jamboard

目次

ご利用の前に 2

まえがき 3

Google Chrome ブラウザを更新する方法 6

各 Google アプリケーションへのアクセス方法 7

タッチパッドやマウスの操作方法 18

主なキーの使い方 19

基本編

第1章 Google for Education で学校DXを実現するには 21

01 GIGAスクール構想と学校DXの今 Introduction 22

GIGAスクール構想による1人1台端末の普及

先生の1人1台端末の必要性

学校DXの目指すこと

安心安全で子どもたちも簡単に使える Google のソリューション

02 1人1台端末整備後の現状と課題を知ろう 広がるICT格差と見据える未来の教育 24

授業での1人1台端末の活用

先生の1人1台端末の整備

教員不足による学校DXの重要性

ICTを日常的に活用する

03 Google for Education で実現する学校DXとは 学校DXで産官学の連携強化 26

学校DXの先にある未来

Chromebook は先生の1人1台にも最適な端末

教育データの活用

04 学校DXに役立つ多彩なサービスを知ろう Google の提供する教育向けサービス 28

Google Workspace for Education の魅力

セキュリティを強化するアプリケーション

柔軟な働き方を実現できるアプリケーション

情報教育に活用できるサービス

この章のまとめ Google for Education で学校DXを実現！ 30

第2章 学校DXを促進させる4つのステップとアプローチ 31

05 学校DXを達成するには Introduction 32

目標設定に重要なフレームワーク
先生の働く環境が選べる
4つのステップとアプローチ
リーダーの心構え

06 学校DXを成功に導くために大切なことを知ろう TPDSEサイクル 34

学校DXを成功へ導くサイクル
Target：目標を決める
Plan：計画を立てる
Do：実行する
See：計画を見直す
Evolve：進化させる

07 ゴールの設定で大切なポイント 3つの「選べる」環境 38

学校DXの鍵となる3つのポイント
時間の使い方を選べる
働く場所を選べる
チームのつながり方を選べる

08 学校DXを進めるには 成功に導くステップとアプローチ 40

実効性のある学校DXのステップ
Step1：インフラの整備
Step2：個人でできる校務や授業準備の効率化
Step3：チームでできる校務や授業準備の効率化
Step4：学校全体でできるDX化
それぞれの立場から学校DXへアプローチ
管理者からのアプローチ
先生個人からのアプローチ
チームからのアプローチ
学校外へのアプローチ

09 学校DXを推進するリーダーの役割とは 管理職の先生のリーダーシップ 46

学校DXのリーダーは管理職の先生
リーダーに求められる4つのポイント
ビジョンの共有によって学校DXが動き出す
ICT担当者を孤立させないチーム体制の構築
格差を恐れずに「やってみる」を後押しする

この章のまとめ 学校DX推進のポイント 48

活用編

第3章 学校DXに向けた管理者のアプローチ 49

10 学校DXに向けての管理者の役割とは Introduction 50

学校DXに向けた管理者の役割
安全かつ柔軟な職場環境を実現する
先生の1人1台端末に最適な Chromebook
シンプルな運用やメンテナンスを目指して

11 学校におけるセキュリティ対策とは より安全にクラウドを活用するために 52

情報セキュリティの3要素（CIA）
学校における情報セキュリティの考え方
標的型攻撃やマルウェアから組織を守る

スキルアップ さらに安全に Gmail を活用するためには 53

不正アクセスを防ぐ

12 ゼロトラストセキュリティとは アクセス制御で安全にクラウドを活用 54

クラウドの利用を見据えたネットワーク構成
境界型防御モデル
ゼロトラストセキュリティとは

スキルアップ 有償エディションで学校DXをさらに促進 55

Google で実現するゼロトラスト

13 先生の1人1台端末で学校DXを促進しよう 学校DXに最適な端末 Chromebook 56

「働き方改革」を促進させるために
管理された先生の1人1台端末 Chromebook
ソフトウェアのインストールが不要
セキュリティソフトのインストールが不要
クラウドを活用した遠隔からの一括管理
Chrome Education Upgrade ライセンス
多様なポリシーによる柔軟な管理
デバイスポリシーによるログインの制限
ユーザーポリシーによる外部ストレージデバイスの禁止

14 シンプルな運用を見据えた環境設定 組織部門（OU）の構成と年次更新作業 62

組織部門（OU）の役割

スキルアップ アプリケーションの詳細設定 62

組織部門（OU）の特性
組織部門（OU）を構成する上でのポイント
利用者をベースとした構成

スキルアップ 設定グループを活用し、利用制限をより柔軟に 64

学校組織をベースとした構成

学年ごとに設定を変えたい

スキルアップ 管理者権限の範囲を限定できる 65

年次更新作業

卒業生のデータ移行を許可する

15 ストレージを管理し共有ドライブを活用しよう ストレージの管理と共有ドライブ 68

組織のストレージ上限

ストレージの管理について

共有ドライブを利用して情報資産を蓄積

共有ドライブごとにストレージの上限を決定

ストレージを設定する組織部門を選択する

ユーザーの保存容量の上限を指定する

スキルアップ 特別枠はグループで管理 71

この章のまとめ 学校DXを促進していくための、管理者の役割 72

活用編

第4章 学校DXと先生個人でできる働き方改革 73

16 学校DXに向けた個人でできる校務改革とは Introduction 74

メモのデジタル化と共有

シンプルなタスク管理を実現

テストの採点や集計を効率化

子どもたちの学びと成長の記録をデジタルで管理

17 欲しい情報へ効率的にアクセスするには Google Chrome ブラウザ 76

サイドパネルを利用する

ブックマークに追加して整理する

同期の設定を有効にする

スキルアップ 同期する内容を変更するには 78

タブを整理する

スキルアップ 起動時にいつも同じタブを開くには 79

18 デジタルメモをほかのツールと連動して使うには Google Keep 80

画像入りのメモを作成する

画像のテキストを抽出する

スキルアップ メモをほかのユーザーと共有するには 81

チェックボックス付きのメモを作成する

メモを Google スライドに書き出す

19 タスクを追加して校務を見える化しよう Google ToDo リスト 84

タスクを作成する

Google Chat でタスクを作成する
スキルアップ タスクを印刷する 86
メールの内容をタスクに追加する

20 デジタルワークシートを活用するには Google スライド 88
配布用のデジタルワークシートを作成する
スキルアップ master study を活用する 89
スキルアップ カスタムレイアウトでスムーズな入力を 89
子どもがデジタルワークシートに入力する
スキルアップ スライドのテーマを設定するには 91
スライドに画像を挿入しデザインを変更する

21 見栄えのする資料を作成するには Google 図形描画 94
タイトルと発問を作成する
グラフを挿入する
スキルアップ Google 図形描画上でグラフを作成するには 96
思考ツールを作成する

22 手描きイラストを資料に挿入するには Chrome 描画キャンバス 98
Chrome 描画キャンバスに背景を挿入する
画像をもとに絵を描く
描いた絵を画像として保存する

23 採点・集計が簡単なテストを作るには Google フォーム 102
選択肢に画像が入った問題を作成する
正解を入力し、点数を設定する
スキルアップ フィードバックを活用する 104
選択肢を分岐させた振り返り記入欄を作成する
回答を表示する

24 子どもたちの学びの記録を一元管理するには Google Classroom 108
課題の作成を開始する
ルーブリックを作成する
スキルアップ 盗用（独自性）を確認するとは 110
課題の進み具合を確認する
スキルアップ 子どもたちの回答を確認 112
提出物を採点して返却する
成績を Google スプレッドシートに書き出す
再テストの案内を送る

この章のまとめ 「個人」での活用が「チーム」での活用につながる 116

第5章 学校DXがつくる新しいチームのつながり方 117

25 チームで取り組む学校DX Introduction 118

スムーズな情報共有と連絡を実現
予定を共有して、チームの連携を強化
効率的な資料作成で、協働作業を促進
先生間のコミュニケーションを活性化

26 スムーズかつ安全に情報連携するには Googleグループ 120

グループを作成する
グループメンバーへメッセージを送る
グループのメッセージへ返信する
スキルアップ グループを活用したカレンダー共有 124
スキルアップ グループへの共有権限の付与 124
スキルアップ 動的グループでメンバーを最新の状態に 125
スキルアップ データの共有は「対象グループ」に 125

27 ヒト・モノ・コトを一元管理するには Googleカレンダー 126

会議の予定を作成する
予定を同僚の先生に共有する
必要な資料を添付する
予定を保存して共有する
スキルアップ 非公開の予定を作成する 129
サブカレンダーを作成する
個人の仕事時間を確保する
スキルアップ 予定の振り返りが可能 132
予約枠を設定する

28 シームレスな連携を促進するには Googleドキュメント 134

会議資料を作成する
資料を共有する
スキルアップ 予定へ資料を自動で添付 135
会議資料の詳細を入力する
スキルアップ 関連資料をリンクして分かりやすい資料をつくる 137
行事の予定を作成する
カレンダーから日付を挿入する
メモを転記する
スキルアップ Google Keepの詳しい使い方 139
管理職の先生に資料の内容確認をとる

スキルアップ Education Plusでは［承認］の機能を利用できる 140

特定のユーザー宛のコメントを追加する

29 データの集約・可視化・分析を簡単にするには Google スプレッドシート 142

テスト結果を集約する表を作成する

スキルアップ ［条件付き書式］を設定するには 143

作成した表からグラフを自動作成する

グラフの詳細を調整する

スキルアップ グラフの色を変更するには 144

スキルアップ 表の情報を並び替える 145

作成したグラフをほかのツールへ貼り付ける

更新された表の情報をグラフへ反映させる

30 校内のコミュニケーションを円滑にするには Google Chat 148

グループで会話のできるスペースを作成

スキルアップ スペースのアイコンを設定しよう 148

スペースで会話を始める

スキルアップ スペースのメンバーへ予定を作成し共有できる 150

ドライブからファイルを送信する

特定のユーザーへメッセージを送信する

スペースのメンバーとビデオ会議を実施する

スキルアップ インライン スレッドを活用する 153

通知を一時的にミュートへ設定する

特定のスペースの通知を設定する

スキルアップ スペースを固定する 155

この章のまとめ 環境にあったツールの活用で連携を強化 156

活用編

第6章 「チーム学校」で進める学校DX 157

31 「チーム学校」で進める学校DXのアイデア Introduction 158

資料を効率よく管理

Webサイトの管理・運用が簡単に

保護者や地域の意見を効率的に収集

さまざまな人とつながる

32 貴重な知見をデータで同僚の先生へ共有するには Google ドライブ 160

ワークスペースを作成する

割り当てられたコメントを検索する

スキルアップ Officeファイルも編集できる 162

共有ドライブを作成する

スキルアップ 共有ドライブの利用者に適切な権限を付与する 163

33 話し合いをさらに活性化するには Google Jamboard 164

新しいホワイトボードを作成する

テキストボックスを作成する

付箋を作成する

スキルアップ 共有の方法について 165

ペンで書き込みを行う

背景を設定する

画像を挿入する

スキルアップ master study を活用しよう 167

スキルアップ 話し合い後のさらなる活用 167

34 有益な動画や知見を先生同士で共有するには YouTube 168

再生リストを活用する

Google スライドで動画を共有する

スキルアップ スライドに挿入された動画の活用 169

撮影した動画を YouTube で公開する

スキルアップ 公開時間を設定できる 171

Google フォームで動画を共有する

35 安全で管理の簡単なWebサイトを運用するには Google サイト 172

サイトを作成する

ホームページを編集する

スキルアップ ［セクションの色］を変えるには 173

［目次］を追加する

画像を配置する

スキルアップ サイトから Google のアプリケーションへ簡単にアクセス 174

画像にリンクを設定する

ファイルを挿入しサイトと連携する

スキルアップ テキストを装飾して、より見やすくする 177

外部サイトのURLを埋め込む

スキルアップ サイト内にページを追加する 178

サイトの公開設定を行う

36 校外からの意見を収集するには Google フォーム 180

アンケートを作成する

外部からの回答を可能にする

スキルアップ 質問形式の種類 181

アンケート送信の準備をする

スキルアップ QRコードを有効活用しよう 183
スキルアップ テーマのカスタマイズ 183
回答結果を確認する
スキルアップ アンケートグラフを資料に使おう 185
スキルアップ スプレッドシートを見やすくしよう 185

37 学校外との連携を効率的に行うには Gmail 186

メールにラベルを付けて見やすくする
条件フィルタを作成し、自動的にラベルを付ける
スキルアップ 検索オプションの活用 187
テンプレートを作成する
送信予約を行う
Gmail の表示画面をカスタマイズする
ショートカットキーを活用する
誤送信を回避しやすくする
スキルアップ メールとカレンダーを同時に確認できる 191

38 さまざまな人とのつながりを広げよう Google Meet 192

ビデオ会議のリンクを発行する
打ち合わせ当日、会議を開始する
スキルアップ 会議の途中で参加者を招待できる 193
会議内の設定を確認する
会議中に、声や映像以外でアクションを起こす
参加者に画面を共有する
会議に参加しながら、議事録を残す
スキルアップ Google Meet の入口はあらゆるところに 197
ビデオ会議でのグループワークを実施する
スキルアップ 子どもたち側の操作 198
スキルアップ Google Meet の機能をアップグレード 199

この章のまとめ 「チーム学校」で学校の内外を巻き込んだDXを促進 200

活用編

第 7 章 学校DXの土台となる情報教育と情報活用 201

39 情報教育と情報活用で学校DXを推進する Introduction 202

学校DXに向けた「情報教育」と「情報活用」
子どもたちが主体的に考える情報教育
Google のツールを活用したプログラミング教育
教育データを活用して、学校DXをさらに促進

40 学校全体で取り組むこれからの情報教育とは デジタル・シティズンシップ教育 204

デジタル・シティズンシップとは
デジタル・シティズンシップ教育の必要性
従来の情報モラル教育について

スキルアップ **デジタル・シティズンシップ教育を授業で実践するには** 205

学校でのデジタル・シティズンシップ教育

41 Google のソリューションを活用した情報教育とは Be Internet Awesome 206

Be Internet Awesome とは
Be Internet Awesome で学べること
「インターランド」でスキルを磨く

スキルアップ **授業で活用できる資料をダウンロードするには** 207

すぐに授業で使えるプランを活用する

42 Google のツールと連携しプログラミング教育を実践する CS First、Google Colaboratory 208

プログラミング教育の必要性
CS First を使って楽しくプログラミングを学ぶ
Google Classroom との連携

スキルアップ **教員向けの資料を活用するには** 209

Google Colaboratory を活用する

43 教育データの活用に向けて 先生や子どもたちの活用ログを分析 210

教育データの活用
学習者としてのメリット
教育者としてのメリット
教育データの活用に必要な準備とは
Google Workspace for Education のログの活用
BigQuery

スキルアップ **データ活用を後押しするより高度なエディションとは** 212

Looker Studio
コネクテッドシート
ログを管理コンソールで確認する
ログを BigQuery にエクスポートする

この章のまとめ **学校DXをさらに推し進めるために** 216

付録　学校DXのための Google for Education 活用アイデア 217

用語集 232

索引 237

タッチパッドやマウスの操作方法

◆カーソルの移動

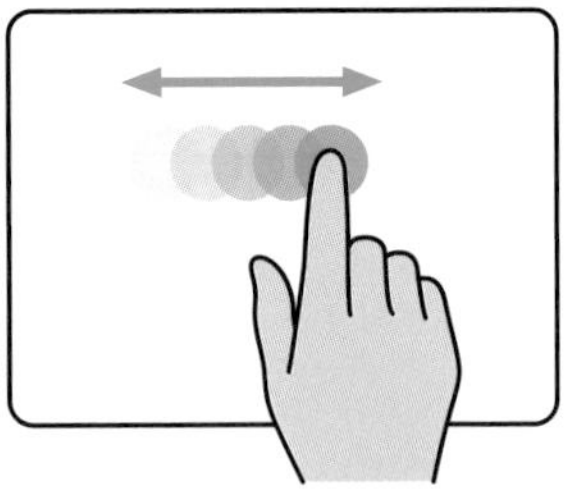

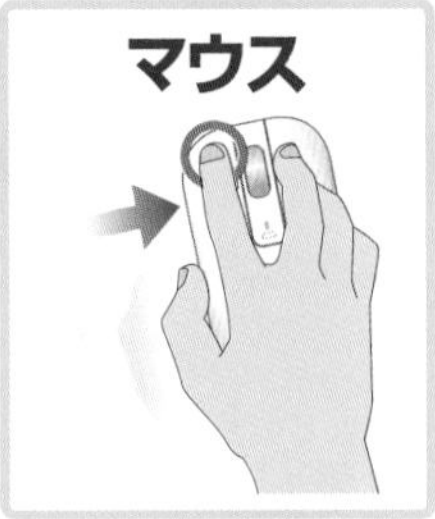

タッチパッド上に1本の指を置いてスライドさせ、画面上のカーソルを動かす

マウスごと動かす

◆クリック／ダブルクリック

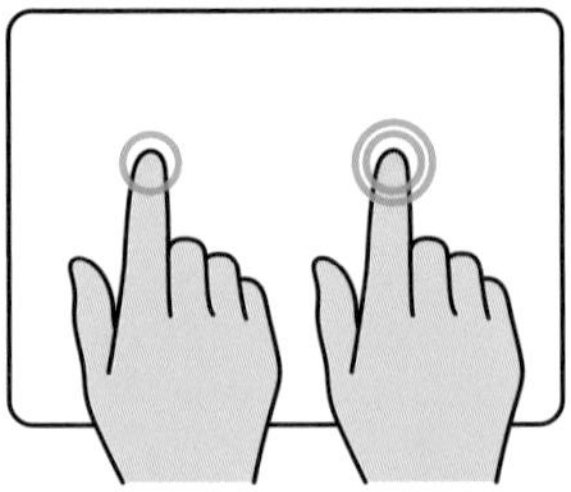

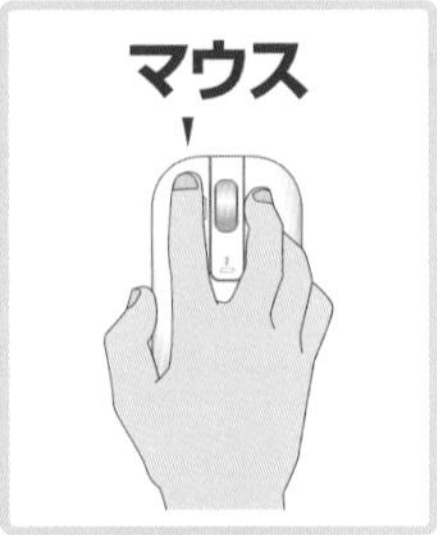

クリックはタッチパッド上で軽くタップ、またはタッチパッドをカチッと音が鳴るまで押す。ダブルクリックは短い間隔で2回クリックする

左ボタンでクリックする。ダブルクリックは、短い間隔で2回クリックする

◆右クリック

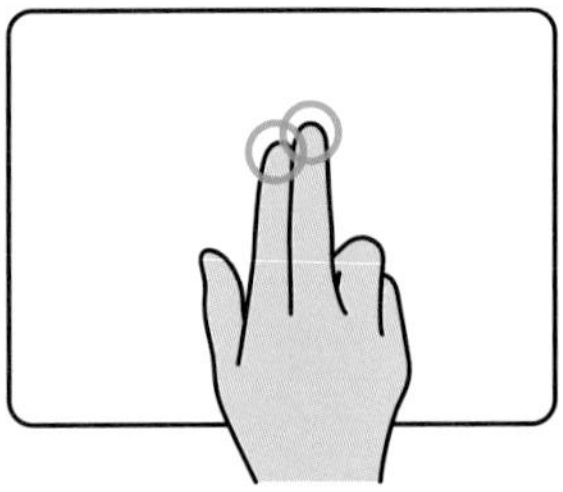

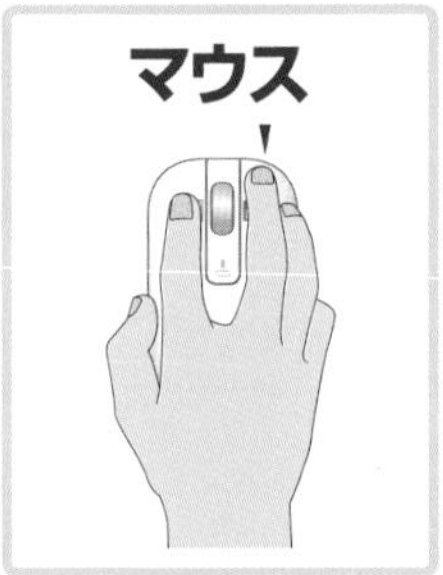

2本の指でタッチパッドをタップするか、altキー＋1本指でタップする

右ボタンをクリックする

◆ドラッグアンドドロップ

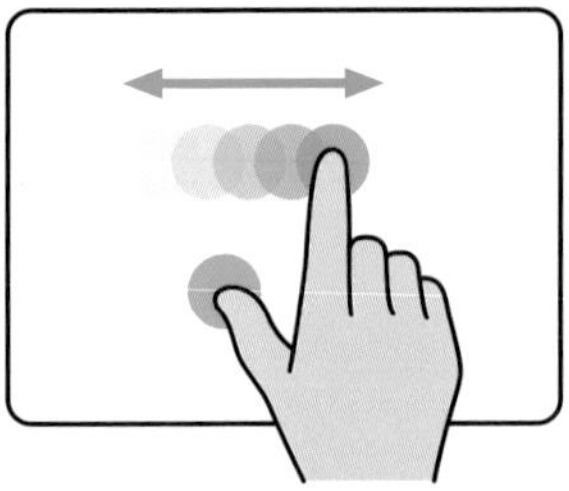

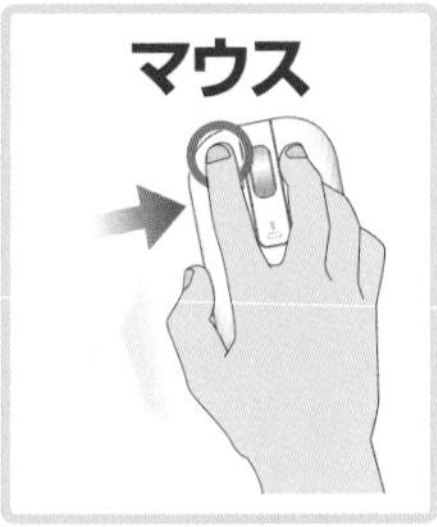

移動させたい対象をクリックしたまま、任意の場所へ動かし、クリックしていた指を離す

左ボタンをクリックしたまま、マウスを動かし、ボタンを離す

スキルアップ

タッチパッドを使いこなそう

タッチパッドの動作については、［ステータス領域］-［設定］-［デバイス］-［タッチパッド］の手順で詳細を設定できます。［タップによるクリックを有効にする］をオンにすると、タッチパッドに軽くトン、と触れるだけでクリックが可能になります。簡単に操作できるようになるので、あらかじめ設定しておくことをおすすめします。

主なキーの使い方

●Chromebook 固有のキー

キーの画像／名前	役割
❶ ←キー	前のページに移動
❷ →キー	次のページに移動
❸ キー	現在のページを更新
❹ キー	ページを全画面表示
❺ キー	開いているウィンドウをすべて表示
❻ キー	画面の明るさを下げる
❼ キー	画面の明るさを上げる
❽ キー	音量オフ
❾ キー	音量を下げる
❿ キー	音量を上げる
⓫ キー	長押しで画面をロック

キーの画像／名前	役割
⓬ ← Back space キー	カーソル左側の文字や選択した図形などを削除
⓭ enter キー	入力内容の確定や改行
⓮ space キー	空白の挿入、文字の変換
⓯ shift キー	ほかのキーと組み合わせて使用
⓰ 検索キー	検索、アプリの表示
⓱ tab キー	項目欄や入力エリアの移動
⓲ かな 英数 キー	文字入力の切り替え
⓳ esc esc キー	実行中の作業を取り消し

※Chromebook の機種によって一部配列が異なることがあります。

本書の構成

本書は Google for Education と学校DXの概要を学べる「基本編」、便利な操作手順をバリエーション豊かにそろえた「活用編」の2部で、基礎から応用まで無理なく身に付くように構成されています。

基本編
第1章～第2章

Google for Education の基礎知識を踏まえ、ICTを活用した学校DX促進方法を解説します。学校DX達成へ向けたゴール設定で大切なことや、先生一人ひとりがすぐに実践できること、学校全体で取り組めることなどを学べます。

活用編
第3章～第7章

Google 管理コンソールにおける組織部門のシンプルな設定、子どもたちの学習データや校務資料などを効率よく管理する方法など、一歩進んだ使い方を解説します。興味のある部分を読んで操作すると、Google for Education の活用方法が身に付きます。

用語集・索引

重要なキーワードを解説した用語集、知りたいことから調べられる索引などを収録しています。基本編、活用編と連動させることで、Google for Education についての理解がさらに深まります。

登場人物紹介

Google for Education を皆さんと一緒に学ぶ先生たちと博士を紹介します。各章の冒頭にある「イントロダクション」で登場します。それぞれの章で学ぶ内容や、重要なポイントを説明していますので、ぜひご参照ください。

西島タクヤ（にしじまたくや）
元気が取り柄の新任教員。うっかりミスが多いが、憎めない性格で周りの人がフォローしてくれる。好きな食べ物はたこ焼き。

東マユ（ひがしまゆ）
タクヤの同期。しっかり者で周囲の信頼も厚い。タクヤがミスをしたときは、おやつを条件にフォローする。好きなスイーツはガトーショコラ。

クロム博士
Google Workspace for Education や Chromebook のすべてを極め、Google for Education の素晴らしさを楽しく教えている博士。基本から活用まで幅広い Google の疑問に答える。好きな Google の機能は協働編集。

基本編

第1章

Google for Education で学校DXを実現するには

GIGAスクール構想の促進により、子どもたちへの端末導入が完了し、授業での活用が日常化した今、次は先生たちが端末を活用して学校DXの促進を目指しましょう。この章では、学校DXの概要やその促進に役立つ Google for Education のサービスについて紹介します。

01	GIGAスクール構想と学校DXの今	22
02	1人1台端末整備後の現状と課題を知ろう	24
03	Google for Education で実現する学校DXとは	26
04	学校DXに役立つ多彩なサービスを知ろう	28

レッスン

01 Introduction この章で学ぶこと GIGAスクール構想と学校DXの今

GIGAスクール構想によって子どもたちの1人1台端末の整備が進み、Google for Education などのクラウドツールを使った授業が促進されました。次のステップとして、働き方改革や学校DXを目指した先生の1人1台端末の整備が進んでいます。

GIGAスクール構想による1人1台端末の普及

授業で子どもたちが1人1台端末を使って活動することは、当たり前の光景になったね。

先生にも1人1台端末が整備され、出張などで学校にいなくても子どもたちへ課題を出したり、先生同士でコミュニケーションができるようになって便利よね！

1人1台端末が整備されると、子どもたちだけでなく、先生にとってもうれしいことがたくさんあるようですね！

先生の1人1台端末の必要性

ほかの地域の話を聞くと、先生の1人1台端末は行き届いていないところもあるようですね。

1人1台端末で、先生の働き方が変わる

職員室に備え付けの端末だと、いろいろと制限がかかっていたりするのよね……

忙しい先生にこそ、1人1台端末を日常的に使える環境を整備したいものです。

学校DXの目指すこと

DX（デジタルトランスフォーメーション）の意味をきちんと理解していないかも……学校にも必要なの？

学校DXを進めることが、先生や子どもたちにどんなよい影響を与えるか、この章で確認していきましょう！

学校DXで、学びのあり方や先生の働き方が変化する

安心安全で子どもたちも簡単に使えるGoogleのソリューション

Googleは子どもから大人まで使えるさまざまなサービスを提供しています。下の図の中にも、使ったことのあるツールがあるのではないでしょうか。

Googleのツールは、子どもたちが簡単に始められることが気に入っています！

シンプルで使いやすいGoogleのソリューションは、学校現場で大活躍する

レッスン

02 1人1台端末整備後の現状と課題を知ろう

広がるICT格差と見据える未来の教育

GIGAスクール構想の推進により、ほぼすべての自治体で義務教育段階での1人1台端末の整備が完了しました。令和4年度には公立高等学校への整備も開始され、令和6年度までにすべての自治体で整備が完了する見込み※です。1人1台端末が整備された現状と課題を確認しましょう。

※文部科学省『高等学校における学習者用コンピュータの整備状況について（令和4年度見込み）』令和4年2月

キーワード

GIGAスクール構想 P.232
学校DX P.234

用語解説

クラウド・バイ・デフォルト原則

政府は、少子高齢化やグローバル競争の加速化の対応策として、AIやIoT、ビッグデータなどを活用し、持続的で豊かな暮らしができる社会構造の変革を目指しています。そのために、クラウドサービスの利用を第一候補とする、と定めた原則です。

授業での1人1台端末の活用

授業内での1人1台端末を含んだICTの活用が進み、文部科学省や各自治体からもICTを活用したさまざまな授業事例が取りまとめられています。全国50%以上の小中学校において、ほぼ毎日1人1台端末を授業で活用している状況が報告※されています。いまや、1人1台端末は子どもたちが授業で使用する道具の1つとして、重要な役割を担っているといえるでしょう。

※文部科学省『1人1台端末の利活用促進に向けた取組について（通知）』令和4年11月

授業でのICT活用は、日常的な光景になってきた

先生の1人1台端末の整備

子どもたちの1人1台端末整備は多くの自治体で進んだものの、先生の1人1台端末は十分に行き届いていない現状があります。
子どもたちがいつでもどこでも自分の端末を使って学習するように、忙しい先生にこそ、時間や場所にとらわれず柔軟な使い方のできる端末が1人1台必要です。先生の1人1台端末によって、これまで職員室の限られた端末でしかできなかった資料作成や授業準備などが、教室や出張先など、時間や場所の選択肢を広げて行うことが可能です。

使いこなしのヒント

GIGAスクール構想におけるクラウド活用とは

GIGAスクール構想においては、クラウド・バイ・デフォルト原則を踏まえ、セキュリティガイドラインが改訂されました。クラウドを活用し、安価でありながら安心のICT環境を効率的に整備することで、より柔軟に端末を活用できる環境の実現を目指しています。

教員不足による学校DXの重要性

ユネスコ（国際連合教育科学文化機関）より、世界の「教員不足」が指摘されています。日本でも、学校に配置されている教員の数が、各教育委員会において学校に配置することとしている数を満たしておらず、欠員が生じている状態※にあります。
「学校DX」や「働き方改革」を促進すれば、先生が子どもたちとじっくり向き合い、先生にしかできないことに全力で取り組むための時間確保にもつながります。そのため、1人1台端末は授業の中だけでなく、校務の場面でも活用し、校務の効率化や省力化を促進することが重要となります。

※文部科学省『「教師不足」に関する実態調査』令和4年1月

学校DXの促進で、先生にしかできない仕事に注力することが可能になる

ICTを日常的に活用する

子どもたちにとっても、先生にとっても、1人1台端末の活用を促進するためには、端末が整備されたら終わりではなく、日常的に活用することが欠かせません。先生が日々行う予定管理、アンケート集計や結果のデータ分析、校内の先生への情報伝達など、さまざまな業務を1人1台端末がサポートします。先生同士の連携の強化や、校務や授業準備での協業・分業を進めることで、これまで以上に柔軟な働き方を実現したり、学校DXを促進したりすることもできるでしょう。1人1台端末は特別なときに使う特別な道具ではなく、先生や子どもたちが日常のさまざまな場面で気軽に活用することが重要です。

日常的な活用で、1人1台端末が先生の業務をサポートする

用語解説

デジタルトランスフォーメーション（DX）

DXはDigital Transformationの略。「ITの浸透が、人々の生活をあらゆる面でより良い方向に変化させる」ということです。

用語解説

学校DX

学校DXとは、学校の教育活動をデジタル化し、先生の校務を省力化することを指します。また、省力化により創出できたプラスαの時間を子どもたちのために使うなど、本来先生にしかできないことに注力することで、子どもたちにより質の高い学びを提供することにつながっていきます。

まとめ　先生の1人1台端末を気軽に使える環境を整備

先生の1人1台端末は授業中に活用するだけでなく、先生たちの校務をサポートする心強いツールにもなります。忙しい先生にこそ、1人1台端末を整備して活用を進めることで、働く時間や場所の選択肢を広げ、柔軟な働き方の実現につながります。また、学校全体で1人1台端末の日常的な活用を進めることにより、組織の業務省力化にも貢献できます。

レッスン
03 Google for Education で実現する学校DXとは

学校DXで産官学の連携強化

学校DXを促進するために、Google for Education の各サービスやツールが役立ちます。このレッスンでは、学校DXの先にどんな未来が待っているのか、そしてその実現に最適なサービスであるGoogle for Education の概要を紹介します。

キーワード

Chromebook	P.232
Google for Education	P.233
クラウド	P.235

学校DXの先にある未来

文部科学省では、教育のデジタル化のミッションを「誰もが、いつでもどこからでも、誰とでも、自分らしく学べる社会」※と掲げています。これは子どもたちに限った話ではありません。デジタル化により、先生も多様で豊富な情報に触れられるようになれば、全国各地・世界各国の人々とつながり合い、これまで想像できなかったような学びと体験を得られます。そして、そのことが子どもたちの新たな学びと成長につながっていくのです。

※文部科学省『教育データ利活用ロードマップ』令和4年1月

1人1台端末の活用によってつながる世界が広がり、子どもたちの学びにも還元される

使いこなしのヒント

クラウドは働き方改革の強い味方

クラウドサービスの活用を前提としているのは、子どもたちの学びだけではありません。働き方改革を進めるうえでも、クラウドサービスの活用は有力な解決策の1つとされています。教育現場の状況や課題に応じて、クラウドサービスを適切に活用すれば、校務の効率化や運用コストの削減など、さまざまな課題の解決が期待できます。詳細は第3章を参照してください。

使いこなしのヒント

1人1台端末の持ち帰りについて

授業内での1人1台端末の活用が進む一方、家庭への持ち帰りについてはいまだ課題が残ります。端末を家庭へ持ち帰ると、動画などを取り入れた反転学習の実施や習熟度に応じた課題の自己選択などが可能となります。子どもたちの学習の幅を広げるためにも、家庭で安心、安全に端末を利用できる環境の整備を進めたいものです。

Chromebook は先生の1人1台にも最適な端末

1人1台端末を活用するには、授業や校務に適した使いやすい端末であることが重要です。

Chromebook は、教育向けに設計され、授業向けに開発された軽量で耐久性の高いノートパソコンです。一般的なパソコンとは異なり、本体にアプリケーションをインストールせずに、Webブラウザを通じてクラウド上でアプリケーションを利用します。安価ながら快適な操作で使用できるため、子どもたちはもちろん、先生が日常使いをするのに最適な端末といえるでしょう。

学校教育に最適なChromebook は、先生の校務もサポートする

教育データの活用

子どもたちが、いつでもどこからでも、誰とでも、自分らしく学べる環境をつくるには、蓄積・分析された子どもたちの学習データをエビデンスとして活用し、個別最適な学びを提供したり、先生同士の有用な知見をデータとして共有したりすることが重要となります。

Google for Education が提供する、さまざまなツールに共通の「コミュニケーション」や「コラボレーション」を促進する機能を通して、子どもたちの主体的・対話的で深い学びを実現するとともに、より個別最適な学びの提供を実現できます。

教育データの活用や共有で、個別最適な学びを実現する

使いこなしのヒント

安心して使用できるGIGA端末

Chromebook は、安全性に優れたクラウド環境で、多くの機能を使用します。端末本体にアプリケーションやデータを保存する必要がほとんどないため、軽快な動作で安全に使用できます。また、管理もすべてクラウド上で完結できるので、管理の負担も軽減されます。

まとめ 生き生きと学び、働ける環境を実現

Google for Education のさまざまなサービスは、GIGAスクール構想で目指す学校DXの実現をサポートする重要なツールとなります。学校DXが促進されると、子どもたちの学び方や先生の働き方、保護者や地域との関わり方も変革されていきます。この変革は一朝一夕で成しえるものではありません。校内の環境にあわせて、日々の活用を進めながら新しい学校の在り方を形作っていきましょう。

レッスン

04 学校DXに役立つ多彩なサービスを知ろう

Googleの提供する教育向けサービス

Googleの提供するGoogle Workspace for Educationは、学習や校務をサポートするさまざまなアプリケーションを含む、クラウド型のソリューションです。ここではインターネットやプログラミングについて安全に楽しく学ぶ学習サービスについても紹介します。

Google Workspace for Educationの魅力

Google Workspace for Educationのアプリケーションは、Chromebookなどの端末から自身のGoogleアカウントにログインすることで簡単に使用できます。Google Classroomから子どもたちへの課題配布や学習状況の把握などを行えるほか、授業や校務で活躍する文書作成や表計算、プレゼンテーションといった多くのアプリケーションを利用できます。

Google Workspace for Educationは、学校教育のあらゆる場面で活躍する

セキュリティを強化するアプリケーション

これまで教育現場でICTを導入して運用する場合、アカウントの管理はもちろん、端末の設定やセキュリティ対策など、あらゆる視点からさまざまなことを考慮する必要があり、管理者に大きな負担がありました。Google管理コンソールを活用することで、セキュリティ対策、アカウントやデバイス設定などを、オンラインで一元管理することが可能となり、管理者の負担が大幅に軽減されます。

Google管理コンソールでセキュリティを強化し、安心して活用する

キーワード

Be Internet Awesome	P.232
CS First	P.232
Google Chat	P.232
Google Workspace for Education	P.233
Googleカレンダー	P.233
Google管理コンソール	P.233
Googleグループ	P.233

用語解説

Google for Education

Googleが子どもたちや先生のために提供しているクラウド型ソリューションの総称です。ハード面では、教育現場での利用に適した、シンプルで高度なセキュリティを実現するChromebook、ソフト面では、Google Classroomをはじめとした子どもたちの学習や先生たちの校務をサポートするさまざまなアプリケーション群であるGoogle Workspace for Educationが用意されています。

柔軟な働き方を実現できるアプリケーション

授業準備や校務分掌での業務など、これまでは職員室の限られた端末での作業が必要な場合もあったのではないでしょうか。先生へ1人1台 Chromebook を整備し Google カレンダーや Google Chat などを活用すれば、先生の働き方を柔軟にできます。これらのアプリケーションによって先生同士の連携が加速され、情報伝達の漏れを防止することで、校務効率の向上にもつながります。

Google のアプリケーションを活用し、先生の働き方改革へつなげる

情報教育に活用できるサービス

ICT活用を支えるには、先生も子どもたちも「情報活用能力」の向上が重要です。Google が提供する「Be Internet Awesome（最高なインターネットユーザーになろう）」や「CS First」は先生向けの指導案や資料も無料でダウンロードでき、手軽かつ継続的に活用できるサービスです。

●Be Internet Awesome
デジタルセキュリティや安全なオンライン利用の心得を学べる情報教育プログラム

●CS First
プログラミングの経験がなくても楽しく教え、楽しく学べるプログラミングカリキュラム

Be Internet Awesome では、ゲームを通じて情報活用能力を育むことができる

使いこなしのヒント

デジタル・シティズンシップ教育※とは

デジタル・シティズンシップとは、「デジタル技術の利用を通じて、社会に積極的に関与し、参加する能力のこと」を指します。デジタル・シティズンシップ教育では、子どもたちが優れたデジタル市民になるために必要な能力を身に付けることを目的としています。「デジタル・ネイティブ」と呼ばれる子どもたちですが、テクノロジーが生活にもたらす影響を正確に理解しているとは限りません。インターネットのリスクや落とし穴から身を守る方法、社会の一市民としてデジタル技術を積極的に活用する方法を学習する機会を創出することがICTの活用促進に必要不可欠です。

※GIGAスクール構想に基づく1人1台端末の円滑な利活用に関する調査協力者会議『安心安全な利活用とデジタル・シティズンシップ教育』令和3年8月

まとめ　先生も子どもたちも、安心安全にICTを活用するには

Google Workspace for Education のサービスは、インターネット上で高いセキュリティに守られ、安全に利用できます。加えて、Be Internet Awesome というインターネットを正しく活用する方法を学べるプログラムも展開されています。GIGAスクール構想によってICTを文房具のように日常使いをする今こそ、子どもたちだけでなく、先生も正しい知識を身に付け、安心、安全な活用を進めることが重要です。

この章のまとめ

Google for Education で学校DXを実現！

昨今の教育業界では「学校DX」や「先生の働き方改革」などのキーワードが取り上げられています。しかしながら、これらが何を目指していて、現場の先生に求められていることが何なのか、はっきりしていないことも多くあります。さらに、GIGAスクール構想によって子どもたちと先生の1人1台 Chromebook 端末の整備が進み、その便利さや使い勝手のよさから、さらに活用して学校DXや働き方改革を促進したいと感じている先生も増えていることでしょう。

これまで、Chromebook 端末は子どもたちが授業で利用し、先生はサポートをすることが多かったかもしれませんが、先生の1人1台端末は校務においても力を発揮します。クラウドサービスである Google Workspace for Education のアプリケーションは、持ち運びのできる1人1台端末ととても相性がよく、先生が日々行う予定の管理や子どもたちの成績データの分析、校内の先生への情報伝達など、さまざまな場面で活用できます。先生が子どもたちとじっくり向き合い、先生にしかできないことに全力で取り組むための時間を確保するためにも、1人1台 Chromebook 端末や Google のアプリケーションの活用を進めていきましょう。

先生の1人1台端末として、Chromebook を利用することで校務においても、Google のアプリケーションを安全に利用できる

学校DXをさらに促進するには、Google Workspace for Education や Chromebook を授業だけでなく、校務でも活用することが重要ですね！

その通りです。ICTを活用し、授業をよりよいものにするだけでなく、先生の働き方改革も推し進める必要があります。本書で、学校DXに役立つさまざまなアイデアを学んでいきましょう！

基本編

第2章

学校DXを促進させる4つのステップとアプローチ

学校DXを実現するためには、具体的な目標の設定と共有や、計画に基づき着実に実践を進めることが必要です。本章では、学校DXの促進に向けてどのように目標を定め、実践を進めていけばよいのか、4つのステップとアプローチに分けて紹介します。

05	学校DXを達成するには	32
06	学校DXを成功に導くために大切なことを知ろう	34
07	ゴールの設定で大切なポイント	38
08	学校DXを進めるには	40
09	学校DXを推進するリーダーの役割とは	46

レッスン

05 Introduction この章で学ぶこと 学校DXを達成するには

ここまで、学校DXが目指していることは単なるデジタル化ではなく、子どもたちの学びや先生の働き方を変革していくことであると紹介しました。本章では、学校DXを進めるための具体的な方法について確認しましょう。

目標設定に重要なフレームワーク

フレームワークというと「PDCAサイクル」のような問題解決などに用いる考え方の枠組みのことよね。

学校DXで学校や自治体の目標を設定するために、オリジナルのフレームワーク「TPDSEサイクル」を紹介します！

どんな内容なのか、楽しみです！

先生の働く環境が選べる

先生の働き方改革を推し進めるには、学校DXによって「時間」「場所」「チーム」の3つの環境を自由に選べるようにすることが大切です！

職員室のパソコンでしかできなかった資料作成が、自宅や出張先からできたら便利だわ！

時間や場所にとらわれない働き方を実現する

4つのステップとアプローチ

学校DXの重要性は分かったけれど、具体的に何をすればいいのだろう……？

学校DXを成功させるために、管理者、先生個人、チーム、そして学校全体の4つの立場からアプローチする方法について確認しましょう！

さまざまな立場から、学校DXの実現に向けたアプローチを行う

リーダーの心構え

学校DXを進めるには、管理職の先生のリーダーシップで学校を導いていくことが重要になります。

管理職の先生やICT推進リーダーの先生をはじめ、みんなで力をあわせて、学校DXを成功させたいな！

管理職のリーダーシップがチーム力を高め、学校DXを成功に導く

レッスン
06 学校DXを成功に導くために大切なことを知ろう

TPDSEサイクル

学校DXを進めるためには、漠然と大きな目標に向かうのではなく、明確な目的を持ち、実行していくことが重要です。このレッスンでは、本書独自のフレームワークである「TPDSEサイクル」を用い、学校DXを促進する方法について紹介します。

学校DXを成功へ導くサイクル

GIGAスクール構想や学校DXの実現に向けてICTの活用を促進したい一方、目指すべきゴールがイメージできないために、具体的な行動を起こせず困っている方もおられるのではないでしょうか。本レッスンでは、学校DXを成功へ導くために大切なゴールの設定方法について、本書オリジナルのフレームワークを用いて確認しましょう。

●TPDSEサイクル
次の5つの項目を繰り返し行うことで、学校DXを達成するための目標設定や計画の実行・改善ができます。

項目名		説明
Target	目標を決める	学校DXが実現した際の目標達成イメージを決める
Plan	計画を立てる	定めた目標に向けて、具体的な行動計画を立てる
Do	実行する	計画に沿って、まずは実行する
See	計画を見直す	実行したことによって、計画を見直す
Evolve	進化させる	目標を達成するために、計画を進化させる

キーワード

フレームワーク P.236

用語解説

フレームワーク

思考のテンプレートのこと。目標設定やアイデア出し、情報分析などの場面で活用できるフレームワークがいくつか存在します。目標設定のフレームワークとしては「PDCA」「SMART」などがよく知られています。「PDCA」は、計画立案（Plan）、計画実行（Do）、結果確認（Check）、計画改善・実行（Action）を繰り返すことで、計画を実行・改善します。
「SMART」は、具体的（Specific）、計測可能（Measurable）、達成可能（Achievable）、関連性（Relevant）、明確な期限（Time-bound）を満たして目標設定を行うフレームワークです。

使いこなしのヒント

多彩なフレームワークを参考にしよう

本レッスンでは本書オリジナルのフレームワークを紹介しますが、既存のさまざまなフレームワークも働き方改革や学校DX達成のヒントとなるでしょう。

Target：目標を決める

学校DXの達成という、現在誰も成しえていない未来の環境を目指すには、達成できたか、未達成だったかの判断が明確にできるゴールを設定することが重要です。長期目標として2030年頃に到達したい最終目標を決め、今から3～5年後の中期目標、そして1年後の短期目標をそれぞれ設定します。設定した目標を組織全体で共有して持つことによって、漠然とICTを活用するだけでなく、一人ひとりの具体的な行動へとつながります。

明確なゴールの設定が、
具体的な行動につながる

Plan：計画を立てる

設定した目標を達成するために、具体的かつ現実的な計画を立てましょう。特に、短期目標を達成するためには、所属している組織でどれだけICTを利活用できているかを把握し、日常的にICTを活用できるような計画を立てることが大切です。先生が授業内や校務で毎日使用するものをデジタル化すると、自然とICT活用を促進できます。まずは日常にICTを取り入れるための計画を立て、さらに中期目標、長期目標を達成するための計画を検討しましょう。

実態にあわせた計画立案で、着実に取り組みを進める

使いこなしのヒント

文部科学省の目指す2030年ごろの教育の姿

デジタル庁、総務省、文部科学省、経済産業省が令和4年1月に発表した「教育データ利活用ロードマップ※」によると、2030年ごろの教育では誰もが、いつでもどこからでも、誰とでも、自分らしく学べるために以下の4点をポイントとして挙げています。学校DXの長期目標設定の際の参考としましょう。

※文部科学省『教育データ利活用ロードマップ』令和4年1月

1	学習者がPDS（Personal Data Store）を活用して生涯にわたり自らのデータを蓄積・活用できる
2	内容・活動情報のさらに深い粒度での標準化が実現
3	支援を必要とする子どもへのプッシュ型の支援が実現
4	真に「個別最適な学び」と「協働的な学び」が実現

次のページに続く→

Do：実行する

目標にあわせて計画した内容を、先生個人や学校全体で実行します。短期目標の計画を日々実行できる内容にしておくことで、先生個人が日常でICTの活用を実践できます。目標へ向かって組織全体で実行していくことで、学校DXに抵抗や不安を感じている先生をサポートできるので、ICT活用のボトムアップにもつながり、組織のICT活用が促進されます。

実行することで、成果や課題が見えてくる

See：計画を見直す

ときには計画を見直すことも必要になります。これまで紙などのアナログで行っていたことをデジタルへ移行すると、うまくいかないこともあるかもしれません。その場合は、無理に計画を推し進めず、現実的に計画を見直して修正しましょう。学校DXを成功へ導くには、トライアンドエラーを繰り返していくことも必要となります。

活用状況に応じて柔軟に計画を見直すことが重要となる

使いこなしのヒント

教育データの標準化や利活用について

学校や自治体でデータの記載方法や形式をそろえ、利活用を容易にすることを目標の1つとしている「教育データ利活用ロードマップ」では、2025年ごろの教育の姿として、データの標準化によりEBPM（客観的な根拠を重視した教育政策）の推進や新たな教授法・学習法の創出を目指し、以下3点をポイントとしています。

※文部科学省『教育データ利活用ロードマップ』令和4年1月

1	学習者が端末を日常的に使うようになり、教育データ利活用のためのログ収集が可能
2	内容・活動情報が一定の粒度で標準化され、学校・自治体間でのデータ連携が実現
3	学校・家庭・民間教育間でのそれぞれの学習状況を踏まえた支援が一部実現

Evolve：進化させる

目標を達成するため、見直した計画を進化させましょう。短期目標が達成できるかどうかを定期的に診断し、組織の状況に応じて中期目標や長期目標達成に向けた計画や目標を改善します。特に、長期目標はデジタル技術の進歩や組織の状況によって修正が必要です。時代の流れにあわせて計画を柔軟に進化させていきましょう。

状況に応じて計画を進化させることで、さらに学校DXを進めていく

「TPDSE」サイクルを繰り返すことで、着実に学校DXの実現に向かう

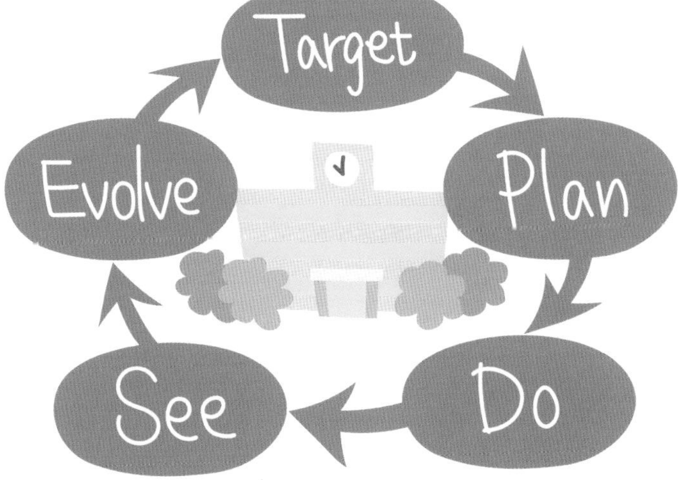

使いこなしのヒント

校務負担を減らすポイントとは

「教育データ利活用ロードマップ」では、直近の目標として、調査などのオンライン化で校務負担の軽減を目指すことを短期の目標として提言しています。ポイントは以下の4つです。

1	教育現場を対象にした調査や手続を原則オンライン化
2	事務などの原則デジタル化など、校務のデジタル化を進め、学校の負担を軽減
3	インフラ面での阻害要因（例：ネットワーク環境）の解消
4	教育データの基本項目（例：法令や調査で、全国で共通的に取得されている主体情報）が標準化

まとめ　TPDSEサイクルを回し、学校DXを実現する

学校DXを達成するためTarget（目標を決める）、Plan（計画を立てる）、Do（実行する）、See（計画を見直す）、Evolve（進化させる）のサイクルを回す方法を紹介しました。このサイクルを繰り返しながら、学校や自治体のICT活用を促進していきましょう。

レッスン
07 ゴールの設定で大切なポイント

3つの「選べる」環境

GIGAスクール構想の次の段階で、先生の1人1台端末としてChromebook が整備されたら、どのような学校DXの目標を設定して進めるとよいのでしょうか。ここでは、学校DXを実現するために1人1台 Chromebook 端末整備のポイントとなる、実現すべき3つの選べる環境について紹介します。

学校DXの鍵となる3つのポイント

「働き方改革」「DX」という言葉が社会全体に浸透する一方、学校を取り巻く環境の複雑化・困難化に伴い、学校に求められる役割が拡大し、先生の長時間労働や業務負担の増加が深刻な問題となっています。先生が子どもたちと向き合い、先生にしかできないことに全力で取り組むためには、ICTのメリットを存分に発揮した学校DXの実現に向けての確実な実行が急務です。その鍵を握るのが「時間」「場所」「チーム」という3つの「選べる」環境の実現です。

3つの「選べる」環境の実現で、学校DXを促進する

時間の使い方を選べる

先生に1人1台 Chromebook 端末が整備されたことにより、休み時間や隙間時間に教室で授業の準備を進めたり、帰宅後に気付いた点をメモしたりするなど、自分の最適なタイミングでやるべきことに取り組める環境が実現できます。

自分のペースで仕事を効率的に進める

キーワード

コミュニケーションツール　P.235

使いこなしのヒント

全国の学校の取り組み

GIGAスクール構想に後押しされるように、全国の学校でも働き方改革が進められています。働き方改革を進めるうえで、既存の校務の見直しやスリム化はとても重要なポイントです。その際には、各学校や地域の状況を踏まえた判断が必要です。これまで目的をもって取り組んできたものをなくしたり変えたりすることは難しいですが、文部科学省がとりまとめた事例集は、そうした判断の一助となるでしょう。

※文部科学省「改訂版全国の学校における働き方改革事例集」令和4年2月

働く場所を選べる

これまで、職員室にあるパソコンでなければできない校務や、アクセスできない教育データが多かったのではないでしょうか。1人1台Chromebook 端末が整備されたことで、ネットワークのつながる教室や準備室、自宅など、働く場所の制約から解放され、柔軟な選択ができる環境が実現できます。

場所に縛られず働ける環境で、活用の幅も広がる

チームのつながり方を選べる

先生同士が時間や場所に縛られず、Google のコミュニケーションツールや同時編集の機能などを活用することで、柔軟かつスムーズな連携が可能となり、学校全体のチーム力が強化されます。学校DXの達成や、働き方改革に向けて自走できる環境を実現できます。

スムーズなコミュニケーションやコラボレーションで、学校のチーム力を高める

使いこなしのヒント

Google Workspace for Education と Chromebook の安全性

働く時間や場所を選べるような環境をつくるには、職員室の外や学校外に Chromebook を持ち出した際の安全性が担保されていなければなりません。Google Workspace for Education と Chromebook は、安全に活用できるようなセキュリティ対策も万全です。詳しくは第3章を参照してください。

まとめ 3つのポイントで先生の新しい働き方を実現

先生に1人1台 Chromebook 端末が整備されることで、職員室のパソコン以外や、学校外の環境であっても、安全に教育データを取り扱うことが可能です。「時間」「場所」「チーム」の3つの環境を自分で選択し、柔軟な働き方を実現できるよう、1人1台 Chromebook 端末の活用を進めていきましょう。

レッスン

08 学校DXを進めるには

成功に導くステップとアプローチ

レッスン7では、学校DXを成功へ導くための3つの「選べる」環境について紹介しました。本レッスンでは、学校DXを進めるための4つのステップと4つのアプローチについて、それぞれ具体的に確認をしていきましょう。

キーワード

ChromeOS	P.232
Google Chat	P.232
Google Chrome ブラウザ	P.233
Google Keep	P.233
Google Meet	P.233
Google ToDo リスト	P.233
Google カレンダー	P.233
Google スプレッドシート	P.234
Google フォーム	P.234

実効性のある学校DXのステップ

学校DXは3つの「選べる」環境の実現をイメージしながら、段階的に進めることが大切です。ここでは、学校DXを確実に進める4つのステップを紹介します。自分の学校は今どの段階で、次に何をするべきか、改めて確認しておきましょう。

Step 1 インフラの整備

↓

Step 2 個人でできる校務や授業準備の効率化

↓

Step 3 チームでできる校務や授業準備の効率化

↓

Step 4 学校全体でできるDX化

↓

学校DXの実現

4つのステップを着実に進めていくことで、学校DXを実現する

使いこなしのヒント

真の「先生の1人1台環境」とは

「先生の1人1台環境」というと、既存の職員室に備え付けられたパソコンを思い浮かべるかもしれません。しかし、教室や運動場、出張先や研修会場など、先生一人ひとりが使いたいときに柔軟に使える環境こそが真の「先生の1人1台環境」といえます。文部科学省もこうした教師用の1人1台端末の整備を重視しており、令和3年度の補正予算でその整備費用の補助が決定しました。

先生が使いたいときに使えることに加えて、導入や運用の手軽さ、何より子どもたちと先生が同じ端末を使うというメリットも考慮した端末の整備が必要です。

Step1：インフラの整備

GIGAスクール構想によってICTを活用した授業が急速に広がったように、先生の校務改革をはじめとした学校DXの大前提となるのがインフラの整備です。特に、「**校務にも適した1人1台端末**」と「**いつでもどこからでも接続できる高速大容量の通信ネットワーク**」の整備は必要不可欠です。3つの「選べる」環境の実現に適したChromebook とネットワーク環境をスピーディーに整備しましょう。

環境を整えることが、活用促進の第一歩となる

Step2：個人でできる校務や授業準備の効率化

インフラが整備されたら、個人でできる効率化に取り組んでみましょう。まずは「**今あるもののデジタル化**」です。例えば、紙のメモの代わりに Google Keep を使ったり、スケジュール帳の代わりにGoogle カレンダーで予定を管理したりしてみましょう。校務や授業準備を効率化するイメージやメリットを少しずつ実感できます。

身近なところから、少しずつデジタル化を進めていく

使いこなしのヒント

先生の1人1台端末にも最適なChromebook

Chromebook を子どもたちの1人1台端末として導入している場合、先生の1人1台端末も Chromebook でそろえると、子どもたちへの指示がとてもスムーズになります。また、子どもたちと同じ画面・同じツールで授業準備ができるので、データの互換性などを気にせずに準備を進められます。授業計画もイメージしやすくなり、ICT活用のハードルを下げることにもつながります。

使いこなしのヒント

世界で一番使われているブラウザ

Chromebook には Google が開発した「Google Chrome ブラウザ」というブラウザが搭載されています。ブラウザとは、インターネットの入口として、Webサービスにアクセスするためのソフトウェアです。世界で最も使われている Google Chrome は、常に安全な環境で Google が提供するアプリをスムーズに使用できます。また、優れた検索機能で必要な情報にすぐたどり着けるので、校務時間の短縮にも役立ちます。詳細はレッスン17を参照してください。

次のページに続く ➡

Step3：チームでできる校務や授業準備の効率化

個人による効率化が進んだら、次はチームでの取り組みに広げましょう。チームで取り組む効率化は「**共同作業（コラボレーション）**」と「**報連相の強化（コミュニケーション）**」の2つの視点があります。議事録や会議資料を共同で作成すれば、負担を分散できますし、Google Chat で即座にコミュニケーションが取れると、職員室と教室を往復することなく先生同士の連携を強化できます。

Step4：学校全体でできるDX化

ここまでくると、学校DXへの**前向きな意識改革**が生まれます。これまでのチームでの実践を学校全体に発展させたり、保護者・PTA・地域などを巻き込んで、コラボレーションやコミュニケーションの方法を変えたりと、先生の自由なアイデアと力強い推進力で、学校全体で学校DXに取り組みましょう。同時に、自校での取り組みを積極的に発信すれば、日本の教育現場全体の学校DX推進にもつながります。

使いこなしのヒント

Google のセーフブラウジング機能

Google Chrome では、ユーザーが安心してインターネットを使用できるように、フィッシングサイトや不正なソフトウェア（マルウェア）を配布している危険性の高いWebサイトを表示しようとした場合、警告が表示されます。Chromebook は、端末やブラウザなど複数の安全性を高める機能によって保護されているので、先生も子どもたちも、安心して利用できます。

使いこなしのヒント

サクサク動いてストレスフリーなChromebook

校務用端末としても Chromebook が魅力的な理由の1つは、圧倒的な起動の速さです。これは Chromebook に搭載されている ChromeOS がブラウザをベースとしたシンプルな設計であることが理由です。また、原則、データの保存先がクラウド上になっているため、処理速度が低下しにくくストレスフリーで作業できます。

それぞれの立場から学校DXへアプローチ

ここまでに紹介した学校DXを進めるための4つのステップで、自分の学校は今どのステップにいるのかを確認できたことと思います。次に、この4つのステップにあわせて、**レッスン7**で紹介した3つの「選べる」環境や、学校DXの実現を進めていく4つの立場から、どのようなアプローチができるのかそれぞれ確認していきましょう。

学校DXの実現に向けて、それぞれの立場から働きかける

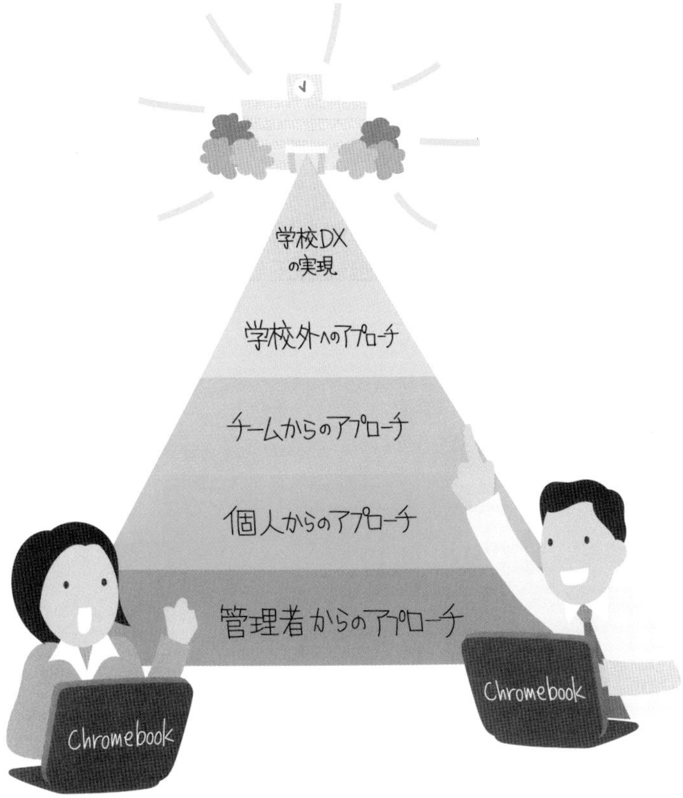

使いこなしのヒント

先生と子どもたちで異なる機種の使用も検討する

先生方が使う Chromebook が子どもたちと同じ端末でも十分に校務で活用できますが、映像配信やたくさんのツールを使った授業、さまざまな形式のファイルなどを扱う場合は、よりスペックの高い Chromebook を導入するのもよいでしょう。Chromebook はコストパフォーマンスが高く、種類も豊富なので、限られた予算内で最適な端末を導入できます。もちろん、別の機種を使用した場合でも、子どもたちと先生で操作感はほとんど変わりません。

使いこなしのヒント

スムーズな操作指導と授業での活用促進

学習用端末としてすでに多くの学校で導入されている Chromebook を、先生の1人1台端末として導入することは導入コストや管理負担の軽減以外にもメリットがあります。先生が校務で日常的に Chromebook を利用すれば、操作に困っている子どもたちへの指導もスムーズになり、授業における Chromebook の効果的な活用アイデアも生まれやすく、組織全体として授業での活用促進が期待できます。

次のページに続く➡

管理者からのアプローチ

管理者は端末やネットワークの整備に限らず、先生や子どもたちが安心して1人1台端末を活用できるような環境を整えることが大切です。第3章では、Google Workspace for Education を安心して活用するためのセキュリティ対策の設定方法、子どもたちや先生の1人1台端末として最適な Chromebook を導入するメリットなどについて紹介します。

セキュリティ対策の設定方法を理解し、安心して活用できる環境を整える

先生個人からのアプローチ

学校DXの実現に重要なのは、先生一人ひとりにとってICTの日常的な活用が当たり前となることです。例えば、今日のやることリストをつくりたい場合には、Google Keep、Google ToDo リスト、Google スプレッドシートなど、さまざまな選択肢があります。第4章で紹介する個人での活用アイデアを気軽に試し、自分に合う、お気に入りのツールを探してみましょう。

自分に合ったツールを見つけ、日常的に活用する

使いこなしのヒント

管理者の役割とは

Google Workspace for Education のすべてのサービスを管理することができる Google 管理コンソールにアクセスできるのは、管理者権限を持つアカウントだけです。管理者には、あらゆる設定や管理ができる特権管理者アカウントのほか、限定的な権限を持つ役割別の管理者アカウントがあります。役割別の管理者アカウントを設定できるのは特権管理者のみですが、「グループ管理者」「ユーザー管理者」といった管理者アカウントも設定できます。安全な環境を保ちつつ日常の要望に迅速に応えるため、複数の管理者体制で進めることが有効です。
また、特権管理者は、組織内に少なくとも1人は必要ですが、パスワード忘れなど万が一に備え、2人以上任命しておくと安心です。

チームからのアプローチ

学年や校務分掌などのチーム内でGoogleのツールを活用し、「共同作業（コラボレーション）」や「報連相の強化（コミュニケーション）」を活発化させ、先生同士の連携を強化しましょう。第5章では、Googleカレンダーを使ったチームでの予定管理方法を紹介するほか、Googleスプレッドシートで、効率的にチームで資料作成をする方法などを紹介します。

Google のツールを活用した連携で、校務の効率化を図る

学校外へのアプローチ

「誰もが、いつでもどこからでも、誰とでも、自分らしく学べる社会」を実現するには、ICTの活用を学校全体で行うことはもちろんですが、保護者・PTA・地域などを巻き込んだコラボレーションやコミュニケーションが大切です。第6章では、Googleフォームを活用した保護者との連携促進や、Google Meetを使った外部人材とのコラボレーションについて紹介します。

学校外へ活用を広げ、真の「ICT活用の日常化」を目指す

使いこなしのヒント

高い安全性を担保する自動更新ポリシー

Chromebookは「自動更新ポリシー」によってサポート期間が定められており、期間中の端末本体はもちろん、ChromeOS、Google Chromeのすべてが定期的に自動更新されます。高いレベルのセキュリティと安全性が提供され続けるため、1人1台端末に最適です。自動更新の有効期限は端末の機種ごとに異なるので、以下のヘルプページを確認しましょう。

▼Chrome Enterprise and Educationの［自動更新ポリシー］ページ
https://support.google.com/chrome/a/answer/6220366/

まとめ

それぞれの立場から学校DXを着実に進める

4つのステップに沿って、4つの立場から学校DXの実現へアプローチする方法について紹介しました。第3章では、インフラを整備する管理者からのアプローチ方法について紹介します。第4章以降でも、それぞれのステップとアプローチに対応した内容を確認していきましょう。

レッスン

09 学校DXを推進するリーダーの役割とは

管理職の先生のリーダーシップ

学校DXを推進するリーダーとは誰でしょうか。学校全体で力強く改革を進めるためのリーダーの役割を確認しておきましょう。

学校DXのリーダーは管理職の先生

新しいことを学校内で推進していくには、先生全員が一丸となって取り組むことが大切です。そこで重要なのが「リーダー」です。学校DXを推進していくリーダーは、管理職の先生です。教育現場では「ICT」という言葉のイメージから、情報機器に強い先生や校内で発言力のある先生をリーダーとして進めてしまいがちです。こうした体制では、一部の先生の活用は進んでも、学校全体のDXに至らない場合が多く、さらに不満や負担が増していく悪循環が起こる可能性があります。管理職の先生のリーダーシップの下、力強く活用を進めていくことが学校DXを成功に導くために必須といえます。

管理職の先生のリーダーシップで、学校一丸となってICT活用に取り組む

リーダーに求められる4つのポイント

学校DXを推進するうえで、リーダーである管理職の先生に求められるのは、専門的な知識や高いICT活用能力ではありません。次の4つのポイントを押さえて、チームで学校DXに臨みましょう。

4つのポイントで、ICT活用の推進力を高める

キーワード

リーダーシップ P.236

使いこなしのヒント

影響力のある年代を巻き込んだ学校DX

文部科学省の調査※によると、公立小中高等学校における先生の年齢構成の割合で最も多いのが50代、次に多いのが小中学校では30代、高等学校では40代です。指導の中核を担うベテラン層は、学校全体の雰囲気やほかの年代への影響力が大きく、新しいことを推進する際の大きな力となります。学校DXの推進においても、影響力のあるベテラン層を巻き込んだ推進計画の策定が大切です。

※文部科学省「令和元年度学校教員統計調査（確定値）の公表について」令和3年3月

用語解説

ミドルアップダウンマネジメント

各校のミドルリーダーと呼ばれる影響力のあるベテラン層が、管理職と教職員に働きかけることで意思疎通を深め、チームとしての取り組みをより高度化すること。学校DXの推進のためにマネジメント体制を強化できる有効な手段の1つです。

ビジョンの共有によって学校DXが動き出す

チームが一丸となって学校DXに取り組むには、先生全員とビジョンを共有しておくことが重要です。ここでのビジョンは、学校DXが成し遂げられたときの姿であり、先生が共感できるものであることが大切です。学校DXの実現によって変化した学校、先生の働き方、子どもたちの学びなどを具体的にイメージし、一人ひとりが自分事として捉えれば、全員で同じゴールを目指して進めるでしょう。

ICT担当者を孤立させないチーム体制の構築

学校DXを促進させるため、ICT担当を配置したチーム体制を構築する学校も多いですが、その際、ICT担当の先生を孤立させないことが重要です。学校DXをICT担当の先生だけで進めることは難しく、大きな負担がかかります。また、ICT担当とほかの先生では活用度の認識に差があり、適切な推進計画の策定が難しい場合もあります。管理職の先生がこうした状況を俯《ふ》瞰《かん》的に捉え、リーダーシップを発揮することで、チーム力を高めて学校DXに臨むことができます。

格差を恐れずに「やってみる」を後押しする

国際的に高い水準を保つ日本の教育では、格差が生じないように配慮する傾向があります。こうした配慮は、学校DXなどの新たな取り組みに対しても見られ、前向きな取り組みを抑止し、推進にブレーキをかけてしまう場合があります。

クラス間、学年間、学校間でのさまざまな格差を避けて「やらない」決断をするのではなく、まずは「やってみよう」という姿勢を管理職の先生が強く打ち出すことで、先生のプレッシャーを軽減し、チャレンジを後押しできます。格差を恐れない学校DXの推進が、結果的にICT活用度の格差や学校DXへの意識格差の是正につながります。

管理職の先生の前向きな姿勢で、学校DX推進に向けてのチーム力が高まる

使いこなしのヒント

意思決定における プロセス可視化の重要性

教育現場では、さまざまな意思決定が日々行われます。限られた人のみの閉鎖的な環境で意思決定を行うのではなく、意思決定のプロセスを明確かつ、ほかの先生が理解しやすい形にすることが重要です。結果、透明性が高まり、チームメンバー間のコミュニケーションがより強化されます。

使いこなしのヒント

ICT活用への不安を解消する アイデア

校務でも授業でもICTの活用が急速に進む中、不安や苦手意識のある先生へのサポートも同時に進めなければいけません。まずは、アンケートなどで実態を把握し、必要な支援を継続的に行いましょう。その際に、ICT支援員やGIGAスクールサポーターなどの外部人材の活用のほか、解説動画やデジタルテンプレートなどのコンテンツの活用を積極的に検討するとよいでしょう。

まとめ リーダーを中心にチームで学校DXを推進する

学校運営を担う管理職の先生のリーダーシップなくして、学校DXは実現しません。ビジョンの共有、孤立させない体制づくり、格差を恐れないチャレンジ精神といった管理職の先生のリーダーシップによって、チームとして学校DXに取り組む体制ができ、学校全体として大きく活用が進み出します。

この章のまとめ

学校DX推進のポイント

学校DXの実現を先生全員で達成するには、目指すべき具体的な目標を共有することが必要です。目標を立てる際のポイントは、学校DXの達成で期待されている先生方の働き方改革が促進されるよう、「時間の使い方」「働く場所」「チームのつながり方」を自由に選択できるようにすることです。目標が決まったら、どのように実行していくのか短期・中期・長期の計画を立てましょう。そして計画を実行する際には管理職の先生がリーダーシップをとり、「まずはやってみよう！」と、先生方のチャレンジをぜひ後押ししてください。さらに、Google for Education を利用して、管理者や先生個人、チーム、学校全体というように、段階的かつそれぞれの立場で、できることから取り組みを進めていきましょう。学習指導要領の改訂や実際の取り組みにより、必要に応じて目標や計画の見直しを行いましょう。学校DXを達成するには、学校の環境や情報技術の発展にあわせた、柔軟な取り組みが求められます。

チーム一丸となって学校DXを進めていくには、リーダーシップも重要な要素の1つとなる

学校DXに向けてできることがぼんやりと見えてきました！
まずは、フレームワークに沿って目標を立てて……。

そうですね。まずは、ポイントを意識して目指すべき具体的な目標を立てましょう。目標が決まったら実行に向けた計画を立て、役割を明確化しましょう。

活用編

第3章

学校DXに向けた管理者のアプローチ

学校DXを促進させる土台として、時代とともに移りゆく教育環境にあわせ学校システムそのものを整備していくことが重要です。本章では、学校DXに向けて、管理者ができるアプローチの内容を確認していきましょう。

10	学校DXに向けての管理者の役割とは	50
11	学校におけるセキュリティ対策とは	52
12	ゼロトラストセキュリティとは	54
13	先生の1人1台端末で学校DXを促進しよう	56
14	シンプルな運用を見据えた環境設定	62
15	ストレージを管理し共有ドライブを活用しよう	68

レッスン
10 Introduction この章で学ぶこと
学校DXに向けての管理者の役割とは

先生が安心して校務に取り組めるようなセキュリティ対策のほか、教育現場で円滑にICTを活用できるようなシステム設定やアカウントの更新など、学校DXに向けての管理者の役割は多岐に渡ります。学校DXを推進するために管理者が実施できることを確認しましょう。

学校DXに向けた管理者の役割

学校DXに向けての、学校管理者の役割って何だろう?

管理者は年度ごとのアカウントの更新作業や、システムの設定作業を行っているイメージだよね。

その通り！　更新や設定作業はもちろんのこと、それ以外にもたくさんの役割が管理者にはあります。

安全かつ柔軟な職場環境を実現する

先生が安全かつ、柔軟に働くことができる職場環境の実現を目指して、ICTの基盤を整備することも管理者の役割です。例えば、ICTの基盤としてクラウドを活用すると、場所に制限されずに働くことができます。

確かに、自宅から校務データにアクセスできたら仕事がはかどるな……。

学校以外の場所からアクセスする場合は、セキュリティがより重要になりますね!

先生の1人1台端末に最適なChromebook

先生の1人1台端末としてChromebookを導入することも、より学校DXを促進させる一歩といえます。管理者が端末を一元管理できるので、万が一のときも安心です。

今は、プライベートの端末を利用して、授業の準備や校務を行うときもあります……。

プライベート端末は便利な反面、紛失時などのセキュリティが不安です。確かに管理者が管理している1人1台端末の方が安心ですね。

シンプルな運用やメンテナンスを目指して

管理者は、端末やアカウント管理以外にもやることがいっぱいです。だからこそ、日々の運用やメンテナンスはよりシンプルに、必要最低限の設定でできるような工夫が重要です。

入学生のアカウント準備や、卒業に向けての設定など、毎年の定例作業こそ、シンプルさが肝心ですよね。
Google 管理コンソールを利用すれば、効率的な運用ができそうです!

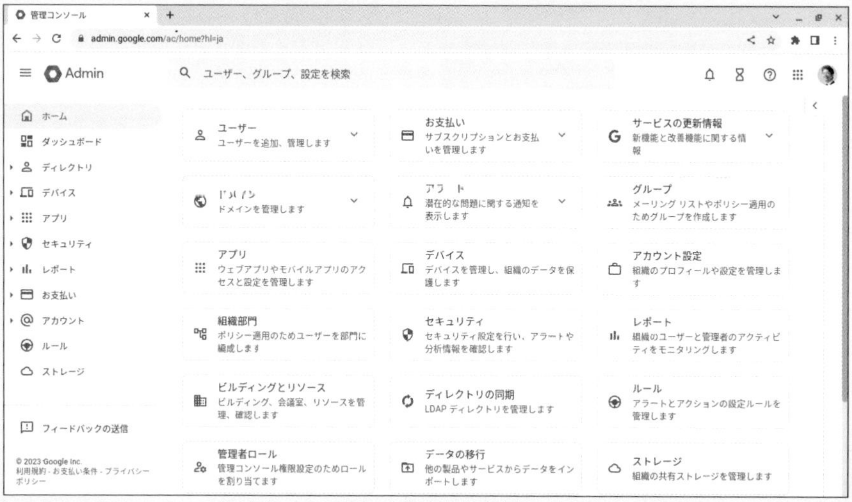

管理コンソールから先生や子どもたちのアカウントを一元管理できる

レッスン
11 学校におけるセキュリティ対策とは

より安全にクラウドを活用するために

クラウドサービスの利用がより日常的になる中、安全にクラウドを活用するためのセキュリティ対策を確認しましょう。

キーワード

2段階認証	P.232
セキュリティサンドボックス	P.236
マルウェア	P.236

情報セキュリティの3要素（CIA）

情報セキュリティの3要素とは、「機密性」「完全性」「可用性」のことを指し、それぞれの頭文字を取って「情報セキュリティのCIA」ともいわれています。「機密性」は情報へのアクセス権限の確実な管理、「完全性」は情報そのものの正確性と完全性の保持、「可用性」は必要な情報を必要なときに利用できる状態の担保を指します。セキュリティ対策を講じる場合には、この3要素が維持できていることが重要です。

学校で安全にクラウドを活用するためには情報セキュリティの3要素が重要

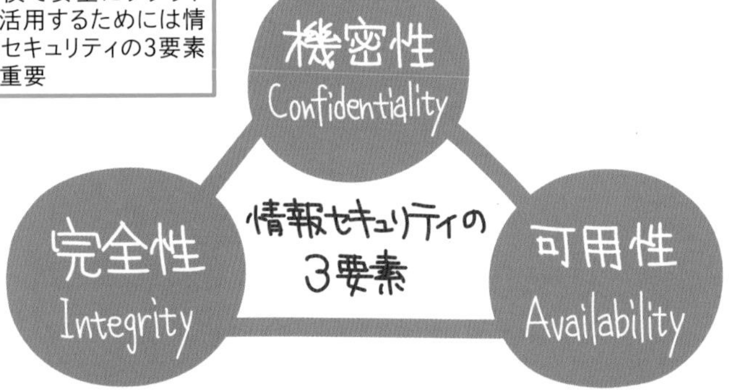

学校における情報セキュリティの考え方

情報セキュリティの3要素のうち、「機密性」と「完全性」を保持するために「可用性」（必要なときに利用できる状態）が損なわれるのは本末転倒です。学校における従来のセキュリティ対策は、学校や自治体などの使用者がシステムを管理する「オンプレミス型」での情報の取り扱いを前提として設計されており、校務でのクラウドの活用が考慮されていない実情があります。校務において、場所に制約されず情報資産にアクセスできる環境は、クラウドサービスで実現することができます。また、適切なセキュリティ対策を講じることによって、利便性と安全性をクラウドで両立できます。

使いこなしのヒント

情報セキュリティの7要素

情報セキュリティの7要素は、以下の4つの要素を加えたものを指します。

・真正性（Authenticity）
・信頼性（Reliability）
・責任追跡性（Accountability）
・否認防止（non-repudiation）

国際規格の情報セキュリティマネジメントシステムの日本語版であるJIS Q 27000には、CIAの3要素に加えて上記4つの特性の維持も含める場合がある旨の記述があります。

用語解説

教育情報セキュリティポリシーに関するガイドライン

文部科学省が発信する「教育情報セキュリティポリシーに関するガイドライン」は、先生や子どもたちが学校で安全にICTを活用するための情報セキュリティの考え方とその内容が整理されています。GIGAスクール構想の浸透に伴い、クラウドサービスの利用を前提とした内容に改訂されています。クラウドの活用では、「可用性」を損わないためにも、不用意に制限するのではなく正しいセキュリティ対策を講じることが重要です。

標的型攻撃やマルウェアから組織を守る

近年、IT技術の進化で、標的型攻撃やマルウェアなどのセキュリティ攻撃もより高度化されつつあります。従来は、個人情報など重要な情報資産を保持する企業に対しての攻撃が多かったですが、1人1台端末の普及や、校務のDXに伴い、教育機関をターゲットとしたより高度なセキュリティ攻撃も増えると想定されます。

このような中でも、Google for Education はより安全な環境でクラウドを利用できます。例えば Gmail では、機械学習により、迷惑メール、フィッシング、不正なソフトウェアが含まれるメールの99.9%以上がユーザーに届く前にブロックされます。また暗号化の技術により、第三者から情報を抜き取られる可能性も限りなく低いです。このような技術で、より安全に学校でメールを利用できます。

不正アクセスを防ぐ

今後、校務でのクラウド活用が促進される中、先生の1人1台端末は、子どもたちの個人情報を含むような、より重要なデータにアクセスすることも増えるでしょう。子どもたちの1人1台端末よりも、より強固なセキュリティ対策が必要です。例えば悪意をもった第三者からのログインを防ぐために、先生や管理者のアカウントには2段階認証を設定できます。Google Workspace for Education では、物理的なセキュリティキーやモバイルデバイスを利用したさまざまな2段階認証の方式が採用されています。

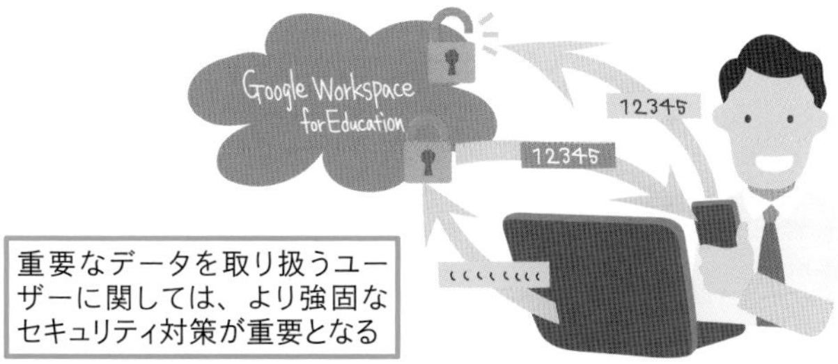

スキルアップ

さらに安全に Gmail を活用するためには

Education Standard と Education Plus のエディションで提供される Gmail のセキュリティサンドボックスの機能を利用することで、より安全にメールを利用できます。セキュリティサンドボックスでは、隔離された仮想環境で、メールに含まれたソフトウェアの挙動を一度確認し、メールの安全性を確認します。既存の攻撃パターンに一致しない未知のマルウェアや、近年増加傾向にある、標的型攻撃に対して有効です。

使いこなしのヒント

先生の1人1台端末で安心安全な校務基盤を

先生がプライベート端末を利用して校務を行った場合、誰がいつどのような操作を行ったかなどのログが取れず、セキュリティ事故が起きた際の対応が困難です。先生の1人1台端末で運用すれば、端末の使用状況やアカウントごとのログも個別に取得でき、より安心安全な環境で学校DXを進めることができます。

まとめ

クラウドを活用し安全で働きやすい環境を実現する

授業だけではなく、校務においてもクラウドを活用することによって、場所や時間に制約されない柔軟な働き方が実現でき、先生の働き方改革にもつながります。これからの情報セキュリティとして、校務でのクラウド利用を見据え、正しいセキュリティ対策を行っていくことが重要です。

レッスン

12 ゼロトラストセキュリティとは

アクセス制御で安全にクラウドを活用

「教育情報セキュリティポリシーに関するガイドライン」で、新たに明記されたアクセス制御型のセキュリティモデルについて確認しましょう。

キーワード

コンテキストアウェアアクセス　P.235
ゼロトラストセキュリティ　P.236

クラウドの利用を見据えたネットワーク構成

文部科学省策定の「教育情報セキュリティポリシーに関するガイドライン」が、令和4年3月に改訂され、クラウドの利用を主軸とした「認証によるアクセス制御を前提とした構成」が今後目指すべきネットワークの構成として、詳細に記載されました。一般的には、ゼロトラストセキュリティと呼ばれる考え方に基づいたネットワークの構成です。柔軟な働き方と安全性を両立するため、ゼロトラストセキュリティモデルの導入を見据えて、システムの設計計画を立てることが重要です。

クラウドの利用を念頭に、システムのセキュリティを見直すことが重要

境界型防御モデル

現在、多くの教育機関では、重要な情報資産にアクセスできる端末を固定し、開かれたネットワーク（インターネット）と閉ざされたネットワーク（学校のネットワーク）を分離することで重要な情報資産を守る「境界型防御モデル」が主流です。ただ、クラウドの利用が当たり前となり、働き方が多様化する中、職員室の限られた端末からでしか情報資産にアクセスすることができない環境は、使い勝手の観点から不都合が生じます。そこで注目されているのが、クラウドを安全に活用するための認証によるアクセス制御型セキュリティモデルです。

限られた端末だけしか校務系データにアクセスすることができない環境

使いこなしのヒント

**校務においても
クラウド・バイ・デフォルトの
原則を**

クラウドの利便性は、場所やデバイスに制限されずに、システムや情報にアクセスできることです。GIGAスクール構想の浸透により、授業や子どもたちとのコミュニケーションはクラウドサービスを利用することが当たり前となりました。校務においてもクラウド・バイ・デフォルトの原則に基づき、クラウドサービスを利用することで先生の働き方改革を確実に後押しできるでしょう。

ここに注意

近年、セキュリティ攻撃は技術的にどんどん高度化しています。ネットワーク分離による境界型防御モデルは、一度でもマルウェアなどのウイルスを内部のネットワークに侵入させると、内部で拡散し検知が難しいという弱点があります。クラウドを利用することで、一定レベルのセキュリティ対策をクラウド事業者に任せられるので、より安全に情報資産を保管できるでしょう。

ゼロトラストセキュリティとは

ゼロトラストセキュリティは、「学校のネットワークなら安全」と単一要素で安全性を判断するのではなく、情報にアクセスする通信を「すべて信頼せず」、複数の情報からアクセスの可否を総合的に判断します。例えば、ユーザー情報であるIDやパスワード以外にも、アクセス元の地域やアクセス時間、物理的な端末の情報など、さまざまな情報に基づいてアクセスを認証します。

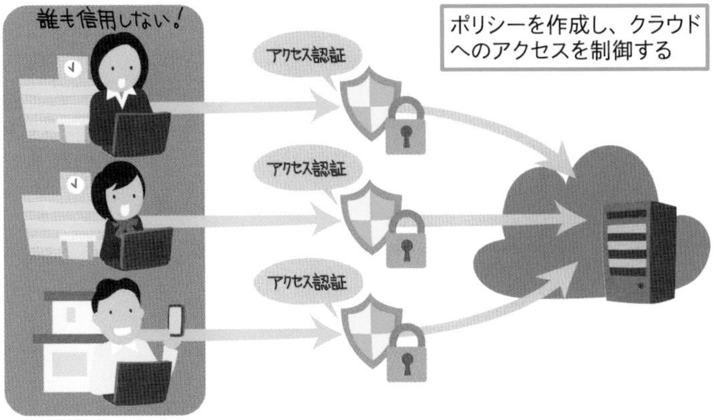

ポリシーを作成し、クラウドへのアクセスを制御する

Google で実現するゼロトラスト

Education Plus と Education Standard で提供されるコンテキストアウェアアクセスでは、Google Workspace for Education へのアクセスを制御できます。IDやパスワードなどのユーザー情報に加えて、アクセス元の国やIPアドレス、端末の情報など複数の情報に基づいてアクセスを認証します。コンテキストアウェアアクセスを利用することで、先生のプライベート端末からアクセスできるアプリケーションを制御したり、カフェなどのフリー Wi-Fiからのアクセスを制御したりすることができます。

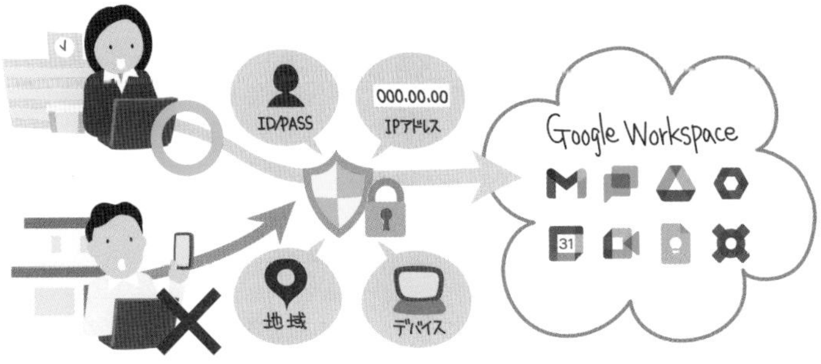

IDとパスワード以外の情報を組みあわせて、Google のツールへのアクセスを制御する

使いこなしのヒント

ゼロトラストの運用に最適な端末 Chromebook

ゼロトラストセキュリティの実現には、1人1台端末と1人1アカウントでの運用が必須です。セキュリティを担保しながら、クラウドでの一元管理が可能なChromebook は、ゼロトラストセキュリティによる運用にも対応できるので、今後の変化を見越しての導入に最適です。

スキルアップ

有償エディションで学校DXをさらに促進

認可済みの教育機関であれば無償で利用ができる Education Fundamentals 以外にも、より高度な機能が提供される3つのエディションがあります。各エディションと特徴は次の通りです。

エディション名	説明
Teaching and Learning Upgrade	Google Meet や Google Classroom の高度な機能が提供される
Education Standard	高度なセキュリティ機能や、ログの分析をサポートする
Education Plus	ほかのエディションの機能を統合するプレミアムなエディション

まとめ　ゼロトラストセキュリティで安全にクラウドを活用する

校務でもより安全にクラウドを利用するためには、ゼロトラストセキュリティモデルの導入が効果的です。まずは、学校資産を整理した上で、導入に向けてどのような整備が必要か、また導入する場合、どのようなポリシーを設定していくかを計画的に検討していきましょう。

レッスン

13 先生の1人1台端末で学校DXを促進しよう

YouTube 動画で見る
詳細は2ページへ

学校DXに最適な端末 Chromebook

Chromebook と Google が提供するモバイル端末管理（MDM）の導入で、先生の1人1台端末の整備が行えます。

「働き方改革」を促進させるために

先生の1人1台端末の導入は、「働き方改革」を促進させるための重要な土台となります。例えば、1人1台端末の導入によって、職員室の特定のパソコンでなければ操作できない、学校外で必要なデータが確認できないために学校にいなければならない、といった制約から解放され、柔軟かつ多様な働き方の実現につながります。先生の長時間労働や業務負担の削減のためには、働く場所を自由に選択できる環境の実現が重要です。

先生の1人1台端末を導入することで、働く場所を選択できる

管理された先生の1人1台端末 Chromebook

シャドー ITを生み出す背景として、現場の先生の業務負荷の増大と、現場の実状にそぐわないセキュリティ対策の強化によるひずみが挙げられます。組織として管理する Chromebook を先生に1人1台付与することは、シャドー ITの抑止、情報セキュリティの保持、さらには先生の業務負荷の軽減にも有効な手立てです。先生は管理された Chromebook を使って、管理された各種クラウドサービスを利用しながら、安心して校務を進められます。先生に1人1台専用の端末を付与し、先生固有のIDとパスワードでログインすることが、管理された安全な校務環境の実現に向けての最初の一歩となるでしょう。

キーワード

Chromebook	P.232
Chrome Education Upgrade ライセンス	P.232

使いこなしのヒント

柔軟かつ多様な働き方を目指して

コロナ禍で民間企業は急速にテレワークが進みましたが、教育現場はその性質上、テレワークの実施が難しい環境です。しかし、管理された安全な Chromebook を先生が1人1台保持すれば、学校でしか得られない学びの提供とあわせて、柔軟かつ多様な働き方が可能になります。

用語解説

シャドー IT

自治体や学校など、組織の管理者が把握・管理していない端末やサービスを利用して校務などを進め、セキュリティリスクがある状態のことです。仕事を進めるために止むなく利用している、利用して現実的に仕事がはかどっている、ということが大半です。シャドー ITのまん延を防ぐためにも、現場の実状を正しく把握し、適切な端末管理を行うことが重要です。

ソフトウェアのインストールが不要

Chromebook は、基本的に Google Chrome ブラウザを通じて、クラウド上の豊富なアプリケーションを使用できるため、ほかのソフトウェアを追加購入してインストールする必要はありません。
クラウド上で Google が提供するアプリケーションを自由に使用できますが、さらにバージョンアップした機能を使いたい場合は、Chrome ウェブストアで拡張機能を追加できます。先生全員にとって有益な拡張機能やアプリケーションは、管理コンソールから一括追加することも可能です。

◆Chrome ウェブストア
［ストアを検索］から必要な拡張機能やアプリを検索して追加できる

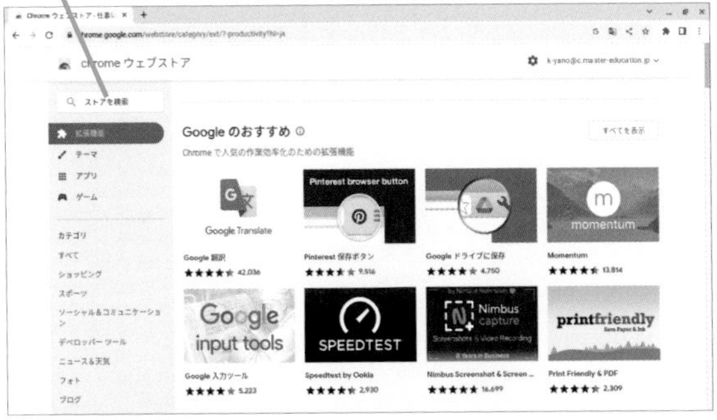

セキュリティソフトのインストールが不要

Chromebook は「多層防御」の原則に基づき、複数の層で情報を保護しているため、1つの層で問題が起きてもほかの層は機能し続けることができます。この Chromebook の優れたセキュリティ機能によって、新たにセキュリティソフトをインストールすることなく、先生が扱う機密性の高い情報をしっかりと守れます。

- 自動更新によって常に最新の状態に保全
- ウイルスに感染したWebページを開いても、ほかのアプリなどへの影響を防ぐ「サンドボックス」を実装
- 起動時に毎回セルフチェックが実施され、システムの問題点を自己修復
- 重要なデータを安全性の高いクラウドに保存できる
- Chromebook 本体にダウンロードしたファイルやCookieなどを暗号化し、データへの不正アクセスを阻止
- 万が一、問題が生じた場合にも、すぐに ChromeOS を復元

使いこなしのヒント

教育現場に最適な端末 Chromebook

Chromebook は、教育向けに設計され、授業向けに開発された軽量で耐久性の高いノートパソコンです。GIGAスクール構想の標準仕様対応モデルも数多く販売されていますが、先生が使う場合は、処理速度や画面サイズ、タッチパネル機能の有無など、子どもたちの端末より高性能のモデルを使用するのもよいでしょう。Chromebook は国内外のメーカーからさまざまな端末が販売されており、新機種もどんどん増えているので、用途に合った機種を選定できます。

使いこなしのヒント

アップデートの作業が不要

Chromebook は自動更新によって常に最新で安全な状態に保たれます。約4週間ごとに ChromeOS がアップデートされ、約2～3週間ごとにセキュリティの修正やソフトウェアのアップデートがリリースされます。こうした更新はすべてバックグラウンドにて1分程度で行われ、再起動のみで完了するため、業者へのアップデート作業の依頼が不要となります。

次のページに続く➡

クラウドを活用した遠隔からの一括管理

端末の導入に関する管理者の作業負荷を軽減することで、1人1台環境の実現をスムーズに進められます。
Chrome Education Upgrade ライセンスによって、組織内すべての Chromebook を管理アプリ「Google 管理コンソール」から一括管理できます。端末ごとの設定・制御はもちろん、運用後の変更や対処もオンライン上で遠隔操作できるので、ICT管理者の負担が大幅に軽減されます。

◆管理コンソール
ユーザーのアカウントや端末の運用をまとめて制御できる

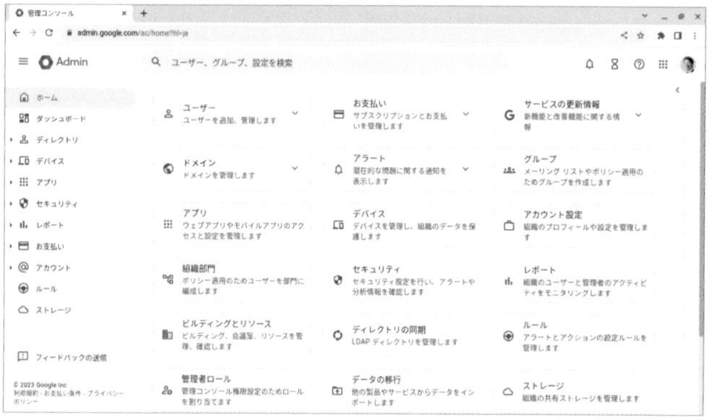

Chrome Education Upgrade ライセンス

Chromebook のモバイル端末管理（MDM）である Chrome Education Upgrade ライセンス（CEU）は、ICT管理者が Chromebook の設定・制御を一括管理するために必要なライセンスです。組織の Chromebook に Chrome Education Upgrade ライセンスを付与すると、特定の権限を持つ管理者は以下の操作を管理コンソールで遠隔操作でき、1人1台の Chromebook 環境を安全かつ管理負荷の少ない形で実現できます。

・端末のデータを消去
・端末の使用を無効化（動作しないようにする）
・使用しているアカウントと使用時間の確認
・最終起動日時の確認
・OSのバージョン確認
・CPU、メモリー、ディスクの使用量の確認
・型番など端末情報の確認

使いこなしのヒント

簡単セットアップですぐに使用を開始

Chromebook の設定はすべてオンラインで行えるため、基本的にはICT管理者が先生の端末を直接操作する必要はありません。初期設定も基本的には使用する先生自身が手順に沿って簡単な操作をするだけで使い始めることができます。

使いこなしのヒント

モバイル端末管理（MDM）の重要性

MDMは、組織の端末を安心・安全な環境下で適切に管理しながら使用するために必要不可欠です。文部科学省が発表した「教育情報セキュリティポリシーに関するガイドライン」でも、安心・安全な端末の利活用と管理負担の軽減のために、端末の持ち出しの有無にかかわらず、MDMは最低限必要なものと位置付けられています。Chromebook を導入したときに Chrome Education Upgrade ライセンスもあわせて登録すると、スムーズに管理を開始できます。

多様なポリシーによる柔軟な管理

Chromebook は、「デバイスポリシー」と「ユーザーポリシー」の2つに基づいた設定・制御を行えます。例えば、デバイスポリシーによって組織外のユーザーが学校の Chromebook にログインできないようにしたり、ユーザーポリシーによってUSBメモリーなどの外部ストレージの使用を禁止したりできます。設定できるポリシーは100項目以上もあり、日々追加・更新されています。おすすめのデバイスポリシーの設定は、次ページで紹介します。

●デバイスポリシーで制御できる主な項目

項目名	内容
ログインの制限	指定した組織のドメイン以外のアカウントによるログインを禁止（60ページ参照）
ドメインの オート コンプリート	ログイン時に@以降のドメインの入力を省略
ゲストモード	組織以外の Google アカウントでログインできないように、ゲストモードの利用を禁止
自動的に再登録	Chromebook をワイプ後、再起動した際に強制的に管理下に再登録

●ユーザーポリシーで制御できる主な項目

項目名	内容
ブラウザのログイン	Google Chrome ブラウザの使用時にログインを強制
シークレット モード	組織以外の Google アカウントでログインできないように、シークレット モードの利用を禁止
外部ストレージ デバイス	USBメモリーやSDカードなどの使用を禁止（61ページ参照）
管理対象の ブックマーク	管理者によるブックマークの追加
アプリと拡張機能	利用できるアプリや拡張機能を管理者によって自動的に追加

管理者で端末を一元管理することができる

用語解説

デバイスポリシー

デバイスポリシー（端末向け制御）は、管理コンソールに登録されているすべての Chromebook そのものに適用される設定です。ユーザーポリシーとの組みあわせによって、より柔軟な端末の管理・運用を実現できます。

用語解説

ユーザーポリシー

ユーザーポリシー（ユーザー向け制御）は、Chromebook にログインするユーザーごとに適用される設定です。デバイスポリシーとの組みあわせによって、より柔軟な端末の管理・運用を実現できます。

ここに注意

デバイスポリシーを設定する際には、Chrome Education Upgrade ライセンスに基づく Chromebook の管理コンソールへの登録が必要です。また、デバイスポリシーとユーザーポリシーで柔軟な管理を実現するためには、管理コンソールに必要な組織部門を作成し、そこに登録する必要があります。組織部門は、特定の端末やユーザーに応じたポリシーを付与するためのグルーピング機能として使用します。例えば、先生の1人1台端末とコンピューター教室の共有端末で、別のポリシーを適用させたい場合は、それぞれの Chromebook を「教師」「特別教室」のような組織部門に登録します。できるだけシンプルな運用や管理のためには、この組織部門を複雑にしないことが大切なポイントです。

次のページに続く ➡

デバイスポリシーによるログインの制限

管理コンソールの［ホーム］画面を表示しておく

1 画面左のメニューにある［デバイス］をクリック

2 ［Chrome］をクリック

3 ［設定］をクリック

4 ［デバイス］をクリック

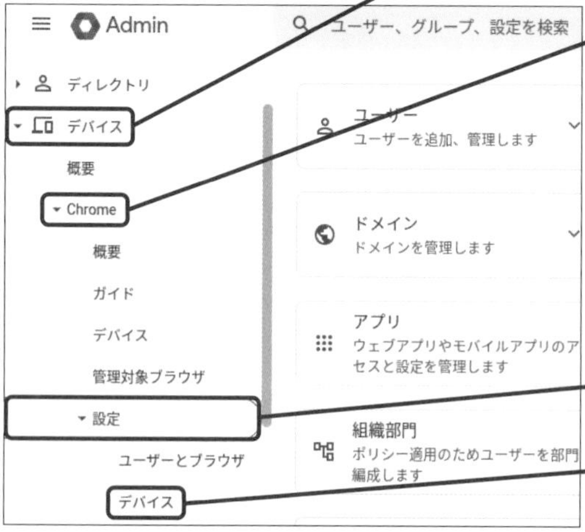

［デバイスの設定］画面が表示されたら、設定を行う組織部門を選択する

5 ［フィルタを追加、または検索］をクリック

6 設定したいデバイスポリシーのキーワードを入力

ここでは「ログイン」と入力する

7 Enter キーを押す

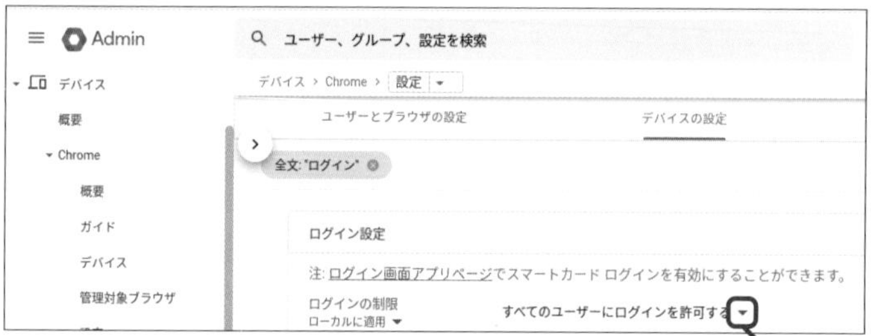

［ログイン設定］の項目が表示された

8 ［ログインの制限］の［すべてのユーザーにログインを許可する］の［▼］をクリック

9 ［ログインをリスト内のユーザーのみに制限する］をクリック

10 ［許可するユーザー］に「*@○○（組織のドメイン名）」と入力

11 ［保存］をクリック

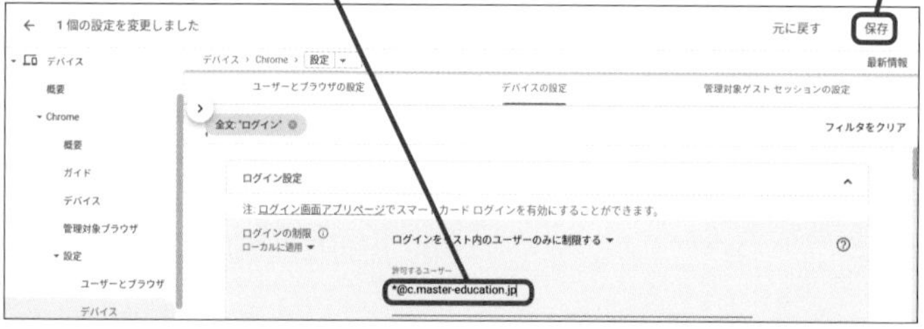

使いこなしのヒント

紛失・盗難時に端末の情報を保護

万が一、紛失や盗難が起きた場合、1秒でも早く端末内の情報を保護する必要があります。Chromebook は管理コンソールから遠隔で対象端末の操作を完全にロックし、第三者による不正使用を阻止できます。また、端末内のデータを遠隔で消去し、情報漏えいを未然に防ぐことも可能です。Chromebook で大切な情報をクラウドに保存しておけば、先生の財産ともいえる教材データなどを守り、万が一のデータ消去に備えられます。

使いこなしのヒント

コンピューター教室のChromebook も遠隔でシンプルに管理

コンピューター教室などの特別教室に配置する Chromebook には、そこで行われる学習に応じたポリシーを適用することで、学習用端末、先生用端末、特別教室の端末でそれぞれの役割を明確に分けて管理できます。例えば、管理下にある特別教室の Chromebook のみ、ユーザーがログアウトするたびに端末内に保存されている設定やデータがすべて消去される設定にできます。もちろんクラウド上に保存されているデータは消去されないので、引き続き使用可能です。

ユーザーポリシーによる外部ストレージデバイスの禁止

管理コンソールの［ホーム］画面を表示しておく

1 画面左のメニューにある［デバイス］をクリック

2 ［Chrome］をクリック

3 ［設定］をクリック

4 ［ユーザーとブラウザ］をクリック

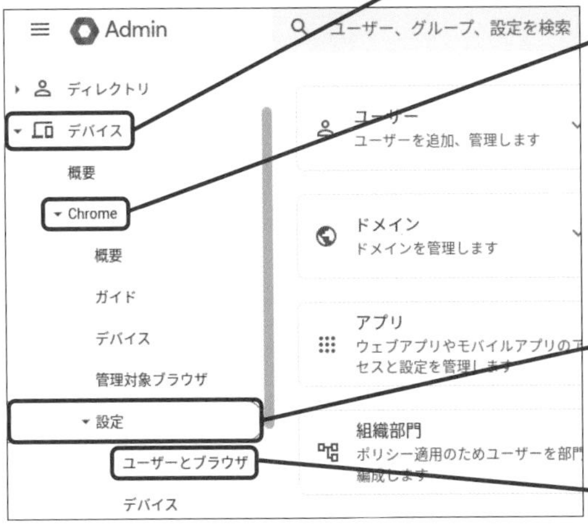

［ユーザーとブラウザの設定］画面が表示されたら、設定を行う組織部門を選択する

5 ［フィルタを追加、または検索］をクリック

6 設定したいデバイスポリシーのキーワードを入力

ここでは「外部ストレージ」と入力する

7 Enter キーを押す

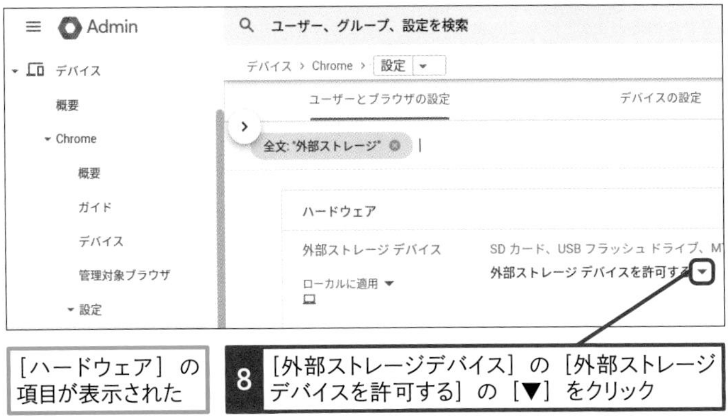

［ハードウェア］の項目が表示された

8 ［外部ストレージデバイス］の［外部ストレージデバイスを許可する］の［▼］をクリック

9 ［外部ストレージデバイスを許可しない］を選択

10 ［保存］をクリック

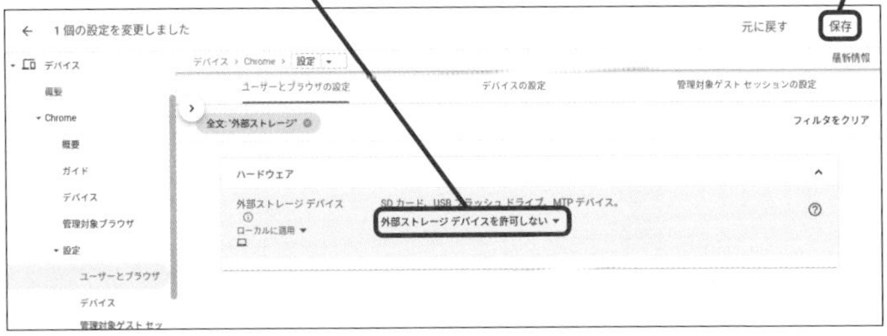

操作9で［外部ストレージデバイスを許可する（読み取り専用）］を選択すると、外部ストレージデバイスにあるファイルを読み取れるが、書き込みは不可になる

ここに注意

業務の負荷が年々大きくなっている先生は、自宅に持ち帰って作業をすることもあると思います。ただし、USBメモリーを利用して必要な情報を持ち出す方法は紛失や置き忘れなどによる情報漏えいのリスクがあります。先生専用の管理された Chromebook があれば、万が一の場合も遠隔で端末を管理できるため安心です。また、自宅に持ち帰ってログインするだけで必要な情報へ安全にアクセスすることができます。

まとめ　安全な環境をシンプルな操作で

Chromebook では、基本的にすべての管理を、オンライン上の管理コンソールで操作できます。管理コンソールはシンプルな画面構成になっているため、専門家に依頼せずとも、必要な設定や管理を随時行えます。初期設定が手軽で、万が一にも遠隔で即時対応できる Chromebook と Chrome Education Upgrade ライセンスによって、導入から運用後の管理、設定の見直しに至るまでシンプルな管理環境を実現できます。

レッスン

14 シンプルな運用を見据えた環境設定

YouTube動画で見る 詳細は2ページへ

組織部門（OU）の構成と年次更新作業

管理者にとって、日々の運用を見据えた環境設定は重要となります。ここでは設定を行う上でのポイントを確認しましょう。

組織部門（OU）の役割

組織部門（OU）は、特定のユーザーに応じたポリシーを付与するためのグルーピング機能として利用します。例えば、「教職員」や「児童・生徒」で、利用できる Google Workspace for Education の各種サービスや Chromebook の設定を変更したい場合、「教職員」の組織部門（OU）と「児童・生徒」の組織部門（OU）を作成します。どのような組織部門（OU）の作成が必要か、日々の運用や、年次更新作業でのメンテナンスの作業を想定した上で、構成を考える必要があります。

●Google Workspace for Education におけるアプリケーションの利用設定イメージ

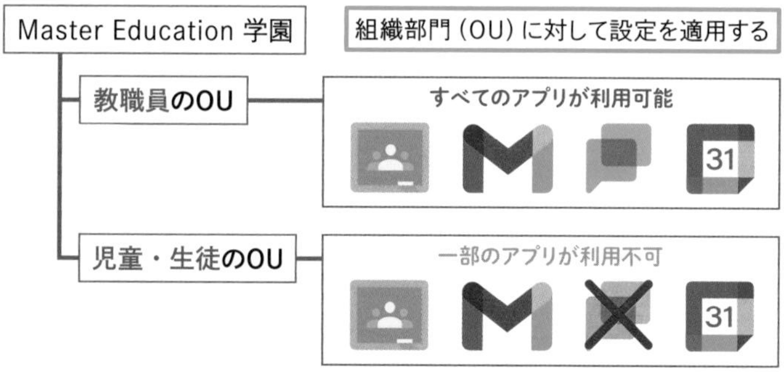

●Chromebook 端末の利用環境の設定イメージ

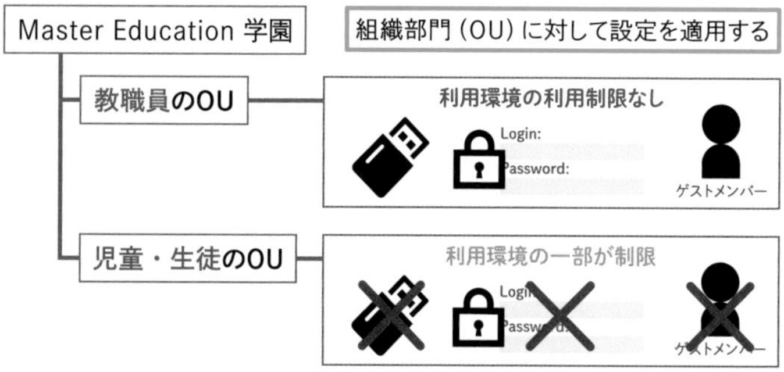

キーワード

Google データエクスポート　P.234
組織部門（OU）　P.236

使いこなしのヒント

Google 管理コンソールでできること

管理コンソールとは Chromebook 端末や、Google Workspace for Education などの一括管理が行える管理者向けのアプリケーションです。管理コンソールでは主に、ユーザーアカウントの管理や、グループアドレスの管理、各種アプリの設定や、デバイスの管理が行えます。

スキルアップ

アプリケーションの詳細設定

Google Workspace for Education のアプリケーションは、単純に「有効化」「無効化」を設定する以外にも、アプリケーションの細かな機能ごとに、組織部門を選んで設定をカスタマイズできます。例えば、子どもたちに対しては、Google ドライブのアプリ自体は「有効化」に設定して、組織外部への資料共有のみ「無効化」に設定できます。ユーザーの属性に応じて、各種アプリケーションの設定を行いましょう。

組織部門（OU）の特性

組織部門（OU）の設定は、上位階層の組織部門（OU）の設定が、そのまま1つ下の階層の組織部門（OU）に継承されます。つまり、第一階層の組織部門（OU）の設定は第二階層の組織部門（OU）にそのまま継承され、第二階層の組織部門（OU）で何かの変更を加えた場合は、変更後の設定が第三階層の組織部門（OU）にそのまま継承されるイメージです。基本的に継承の仕組みを利用して設定を行い、必要な部分のみ個別に変更することで、効率よく管理を行えます。

●組織部門（OU）におけるポリシーの設定

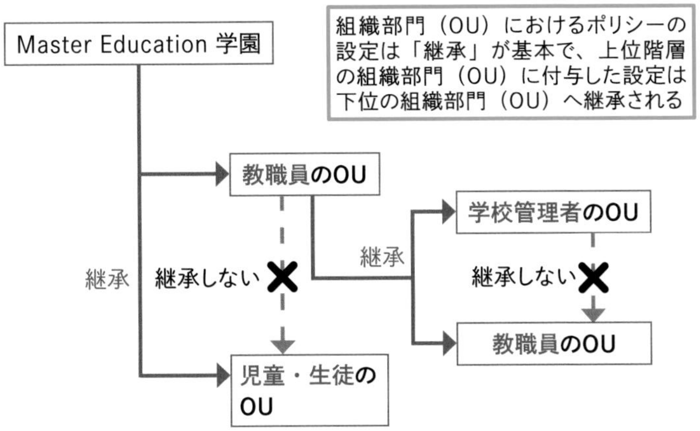

●特定の組織部門（OU）へ個別にポリシー設定をしたい場合

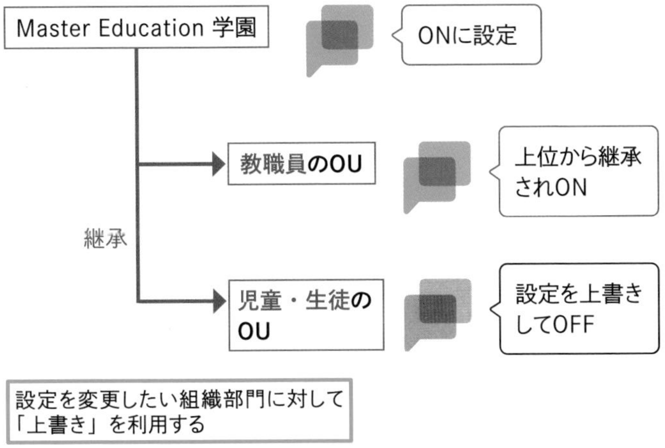

使いこなしのヒント

厳しく制限するのではなく、必要最小限の環境設定を

Google Workspace for Education の各種サービスは、アプリケーション間のコラボレーション機能が充実しています。子どもたちにとって、より充実した学習環境を提供するためにも、リスク回避のための制限や禁止でなく、必要に応じて利用のルールを設け、正しいツールの利用方法を学ぶことが重要です。

ここに注意

上書き設定は、常に継承の設定よりも優先されます。下位の組織部門で、上書き設定を行っている項目があった場合、上位の組織部門の設定を変更しても、設定が継承されません。メンテナンスの際に、どの組織部門で変更をすれば、どこが影響されるのかを把握するため、必ず、各組織部門でどのような上書き設定を行ったかについての管理表などを作成しましょう。

次のページに続く➡

組織部門（OU）を構成する上でのポイント

組織部門（OU）は、設定を変更したい最小単位から考え始めるとイメージがしやすいです。例えば「教職員」と「児童・生徒」で設定を別にしたい場合は、最上位の「教育委員会」または「学園」の下の階層に、この2つの組織部門（OU）「教職員」「児童・生徒」を作成しましょう。そこから小学校と中学校でさらに設定を変える必要がある場合は、「教職員」「児童・生徒」の階層の下に「小学校」「中学校」を、それぞれ作成していくイメージとなります。組織部門（OU）の構造は、可能な限りシンプルにしておくと管理の手間を減らせるため、本当にその単位で設定を分ける必要があるのかをしっかり検討することをおすすめします。

利用者をベースとした構成

利用者をベースとした組織部門（OU）を2階層目に作成した場合、アプリケーションなどの設定におけるメンテナンスがシンプルになります。例えば、管理するすべての小中学校の児童・生徒に対して、一括でアプリケーションの設定内容の変更が必要になった場合、「児童・生徒のOU」の設定を変更すれば、そこでグルーピングされているユーザーすべてに設定を反映できます。また、仮に3階層目に「小学校」「中学校」と組織部門（OU）が分岐していても、「児童・生徒のOU」の設定が継承されるので、下位の組織部門（OU）に対して個別の設定が不要となります。

●利用者をベースとした組織部門（OU）のイメージ

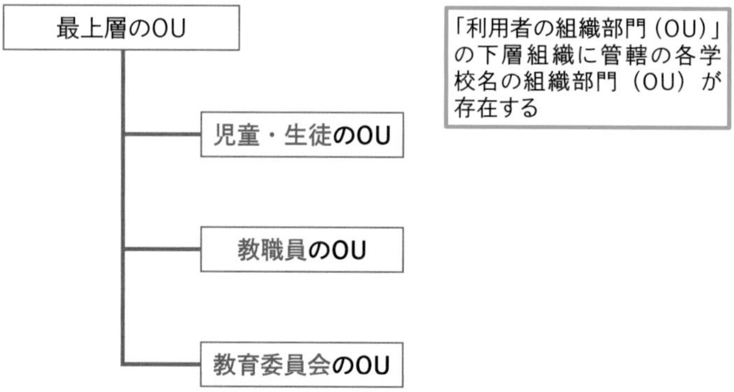

使いこなしのヒント

メンテナンスを最小限に

管理コンソールにおける組織部門は、あくまで設定用のフォルダのようなイメージなので、学校種別、学年、クラスなど既存の組織の属性にあわせて作成するとは限りません。「組織部門」を分けると、ユーザーの所属が変わった場合に、アカウントの移動が必要になります。例えば、「小学校」「中学校」と組織部門を分けた場合、小学校の卒業後に「児童・生徒」のアカウントを中学校の組織部門に移動するメンテナンスが必要です。「小学校」「中学校」で設定を分ける必要がなければ、「児童・生徒」でまとめてしまうのも1つの方法です。

スキルアップ

設定グループを活用し、利用制限をより柔軟に

組織部門以外にもGoogle グループを利用して特定のユーザーに対してアプリケーションの設定ができます。組織部門の設定よりも、Google グループで適用されている設定が優先されることを覚えておきましょう。例えば、児童・生徒の組織部門に対して、全体の設定を行い、その中でも特別な支援が必要な児童・生徒にのみ設定をカスタマイズする場合、特別支援のグループを作成し、そのグループに対して個別設定を行うことができます。

学校組織をベースとした構成

学校組織をベースとした組織部門（OU）を2階層目に作成した場合、各校への管理の譲渡が容易になります。例えば、新入生のアカウント作成や、卒業生のアカウント削除、パスワードのリセット対応などユーザー管理を各学校の管理者が実行する際に、各学校の組織部門（OU）に対して、ユーザー管理の権限を付与できます。

●学校組織をベースとした組織部門（OU）のイメージ

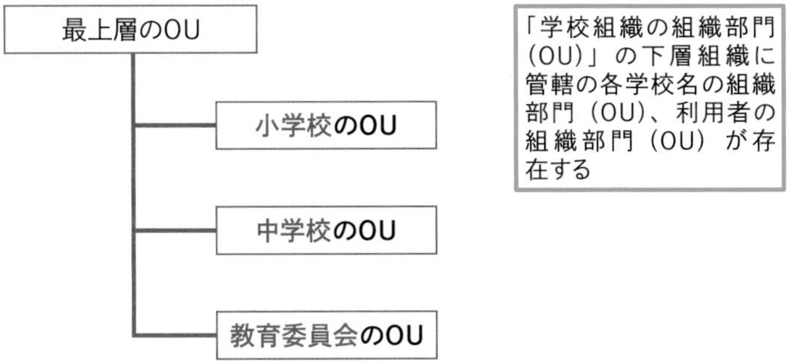

学年ごとに設定を変えたい

小中一貫校や中高一貫校など児童・生徒を期で管理している学校の場合、「学年のOU」の下層に「期のOU」を作成しておくと、管理がしやすくなります。学年ごとのポリシーの設定は、「学年のOU」に対して行い、「期のOU」は進級のタイミングで組織部門（OU）ごと、進級先の学年の下層に移動することができます。組織部門（OU）ごと移動することによって、「学年のOU」に設定したポリシーが「期のOU」に継承されます。

●学年ごとに設定を変えた場合の組織部門（OU）のイメージ

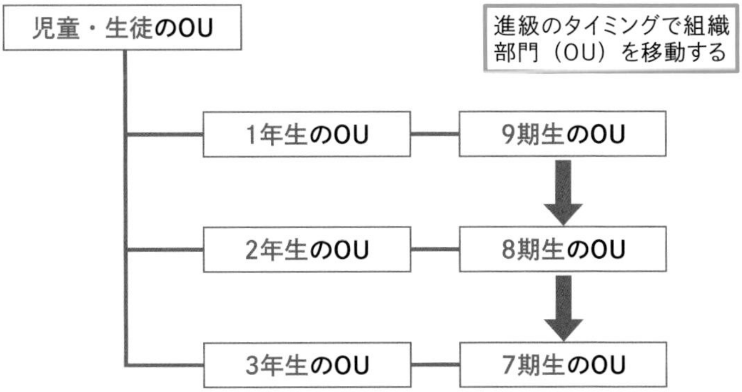

使いこなしのヒント

チームで管理を行う

管理者には、あらゆる設定や管理ができる特権管理者アカウントのほか、限定的な権限を持つ役割別の管理者アカウントがあります。役割別の管理者アカウントを設定できるのは特権管理者のみですが、「グループ管理者」「ユーザー管理者」などで分けて設定ができます。安全な環境を保ちつつ日常の要望に迅速に応えるため、複数の管理を進めることが有効です。

スキルアップ

管理者権限の範囲を限定できる

「ユーザー管理者」など一部の管理者権限に関しては、組織全体ではなく、一部の組織部門に対してのみ限定的に、権限を付与することができます。例えば、小学校ごとに組織部門が作成されていた場合、特定の小学校の管理者は、管理を行いたい小学校の組織部門に限定してユーザー管理を任せることができます。これにより、間違ってほかの学校の組織部門のユーザーアカウントのパスワードを変えてしまったり、アカウントを削除してしまったりするといった設定ミスを減らせます。

次のページに続く➡

年次更新作業

年度末では新年度へ向けて、児童・生徒の卒業・入学などに伴う環境整備が必要です。以下のステップに沿って大まかな流れを確認しましょう。

●Step1：卒業生のアカウントを移動する

卒業生が同じテナント内で進学する場合、卒業生のユーザーアカウントを進学先となる組織部門へ移動します。

またテナントを離れる卒業生に対して、データ移行を許可したい場合は、卒業生用の組織部門を作成して、作成した卒業生専用の組織部門に卒業生アカウントを移動します。

●Step2：卒業生のデータ移行を許可する

在学中の学習成果物に関するデータの取り扱いについては、各自治体・学校の方針によるところですが、卒業生にデータの持ち出しを許可する場合、エクスポート機能を使って、個人の Google アカウントや進路先で利用する Google アカウントへ移行させることが可能です。具体的な設定方法は次のページで説明します。

●Step3：新入生／新人教職員のアカウントを作成する

CSVファイルを使って新入生と新人教職員のユーザーアカウントを作成・登録します。在校生や異動教職員のアカウントの組織部門の移動が必要であれば、あわせてアカウントを移動します。

●Step4：卒業生／退職者のアカウントを削除する

卒業生が別テナントへ進学する場合、すべての卒業生のデータ移行が完了してから、卒業生のユーザーアカウントを削除します。

また、必要に応じて退職者のアカウントも削除しましょう。

管理コンソールを利用することで、年次更新作業をよりシンプルに行うことができる

使いこなしのヒント

入学年度ごとに組織部門を作成しておくと便利

児童・生徒のユーザーアカウントを入学年度別に組織部門で管理しておくと、年度末のアカウント管理が楽になります。組織部門単位で卒業生のCSVファイルをダウンロードしたり、ユーザーを移動したりすることができます。

卒業生のみ、データエクスポートなどの個別設定が必要な場合は、卒業生用の組織部門を作成しておくと便利でしょう。

ここに注意

端末にCSVファイルを編集するソフトウェア（Excelなど）がインストールされていなくても、Google スプレッドシートを利用すれば一括登録が可能です。

UTF-8という文字コード形式が採用されているCSVファイルは、Excelでデータの読み込み機能を利用し、文字コードを指定し直さないと日本語が文字化けしてしまいますが、Google スプレッドシートを利用すれば、文字コードを意識せずにすぐにCSVファイルを開けます。

卒業生のデータ移行を許可する

前ページで紹介した年次更新作業のStep2の設定手順です。

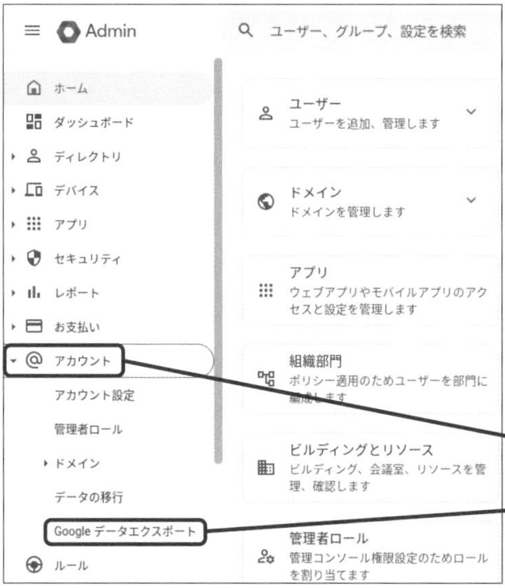

管理コンソールの［ホーム］画面を表示しておく

1 ［アカウント］をクリック

2 ［Google データエクスポート］をクリック

3 ［追加の移行権限］をクリック

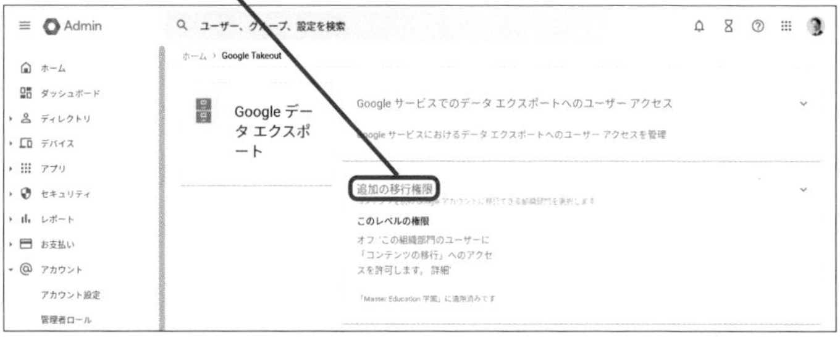

4 設定を行う組織部門を選択

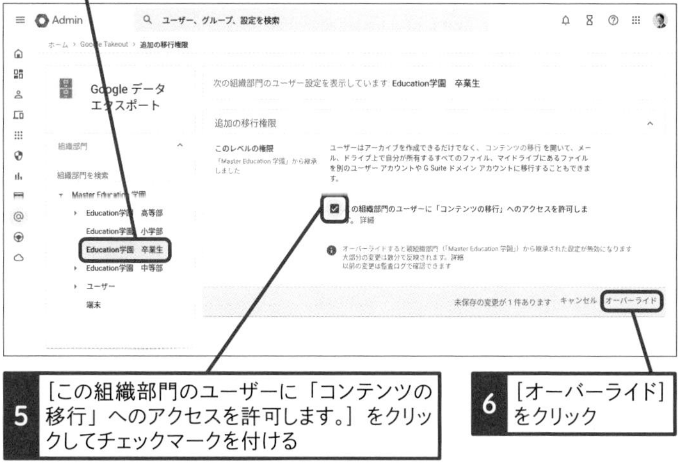

5 ［この組織部門のユーザーに「コンテンツの移行」へのアクセスを許可します。］をクリックしてチェックマークを付ける

6 ［オーバーライド］をクリック

コンテンツの移行権限が許可される

使いこなしのヒント

卒業生は任意のアカウントに対してコンテンツを移行

アカウントの削除前に任意のアカウントに対してコンテンツを移行するには、卒業生自身での操作が必要です。移行元のアカウントで Google Chrome を開き、右上のユーザアイコンをクリックし、［Google アカウントを管理］-［ホーム］-［転送を開始］を選択して移行作業に進むことができます。なお、コンテンツの移行ができるデータは次の2つとなります。

・Gmail 内のメール

・卒業生がオーナーのドライブ内のデータ

まとめ 長期的な運用を見据えた環境設定

先生や子どもたちがストレスなくICTを活用するためにも、管理者での初期設定や日々のメンテナンス、年次更新作業が必要となります。管理者の作業負荷を軽減し、シンプルな運用を目指すためには、運用を見据えた上で、アプリを設定したり、組織部門の構成を十分に検討し構築したりすることが重要です。

レッスン 15
ストレージを管理し共有ドライブを活用しよう

YouTube動画で見る
詳細は2ページへ

ストレージの管理と共有ドライブ

組織で使用できるストレージの上限値は決まっています。管理者がどのようにストレージを管理できるのかを確認しましょう。

組織のストレージ上限

組織全体で使用できるストレージ上限は、原則100TBです。組織全体の Google ドライブ内のデータや、Google フォト、Gmail などの保存容量が対象となります。100TBの上限を超えてしまった場合、組織全体で新規資料が作成できないなどの影響が発生するので、管理者によるストレージ管理が重要です。

100TBの保存容量は、組織全体で使用できる上限値となる

ストレージの管理について

管理者は、管理対象の各学校や、先生、子どもたちが平等にストレージを使用できるように管理コンソールでストレージの使用容量を管理することができます。ストレージの容量を一部のユーザーだけで利用されないよう、管理者が、個人で使用できるストレージの上限値を設定しましょう。

個人で使用できるストレージの上限値を設定することで、組織の最大値を超えないように管理できる

キーワード

共有ドライブ	P.235
ストレージ管理ツール	P.235

使いこなしのヒント

ストレージの追加

組織で使用できるストレージの100TBからストレージを追加する方法として、有償エディションを契約する方法があります。エディションごとの追加容量は次の通りです。

エディション	1ライセンスあたりの追加容量
Teaching and Learning Upgrade	100 GB
Education Plus	20 GB

ここに注意

組織のストレージの使用量が上限を25%超過した時点、もしくは上限を超過した状態が2週間続いた時点のどちらかの早いタイミングで、主に次のような影響があります。

影響1	新しいファイルや画像などのデータを Google ドライブにアップロードできなくなる
影響2	スプレッドシートやドキュメント、スライド、図形描画、フォームなどのファイル作成および、影響を受けたファイルの編集ができなくなる
影響3	写真や動画を Google フォトにバックアップできなくなる

共有ドライブを利用して情報資産を蓄積

学校で管理するファイルは、共有ドライブに保存すると、チーム間での連携がよりスムーズになります。共有ドライブのファイルは先生個人ではなく組織がオーナーとなるため、共有フォルダのように利用可能です。また異動や退職の際にオーナー権限を譲渡する必要もなく、学校として情報資産を長期に渡って保管し、有効活用できます。

◆Google ドライブ
校務分掌や、教科ごとに共有ドライブを作成して管理できる

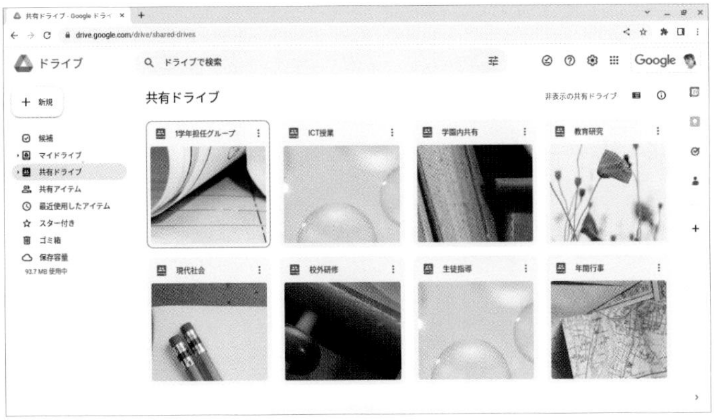

共有ドライブごとにストレージの上限を決定

管理者は、ストレージ管理ツールから、個人で使用できるストレージの上限値を設定できるほか、共有ドライブごとに保存容量の上限値を設定できます。特定の共有ドライブが、組織全体で使用できるストレージをひっ迫しないように容量の上限値を設定しましょう。

共有ドライブの上限値を設定して適切に活用すると、組織内での情報共有をより促進できる

ここに注意

管理者は共有ドライブを作成できるユーザーを制限できます。組織内のユーザーが自由に共有ドライブを作成できる状態にすると、共有ドライブの管理が煩雑になり組織全体で使用できるストレージが思わぬ形でひっ迫する恐れがあります。共有ドライブを作成できるユーザーは、管理職の先生などに制限しておくことが望ましいでしょう。

使いこなしのヒント

共有ドライブを組織部門に配置

管理者は、共有ドライブを各組織部門に設置できます。組織内で作成されている共有ドライブを最上位の組織部門から各組織部門に移動することで、共有ドライブに対して、細かなポリシーを適用し、ストレージの管理が行えます。例えば、最上位の組織部門で外部共有が無効になっていた場合でも、下位の組織部門で外部共有を有効化し、その組織部門に共有ドライブを移動すれば、対象の共有ドライブは外部共有が可能となります。

次のページに続く

1 ストレージを設定する組織部門を選択する

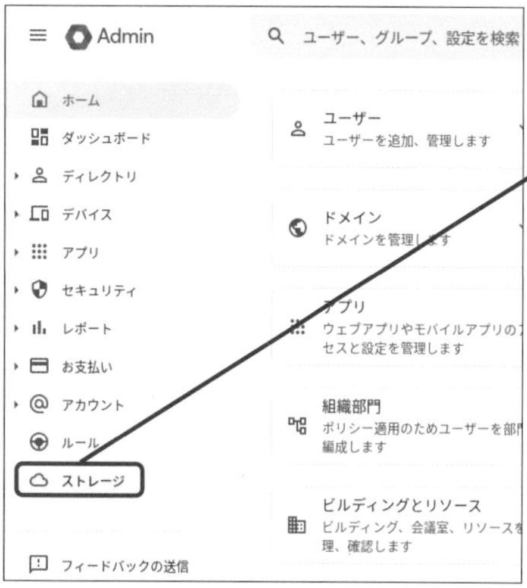

管理コンソールの［ホーム］画面を表示しておく

1 画面左のメニューにある［ストレージ］をクリック

［ストレージ］画面が表示された

［メインメニュー］をクリックすると、画面左側のメニューを非表示にできる

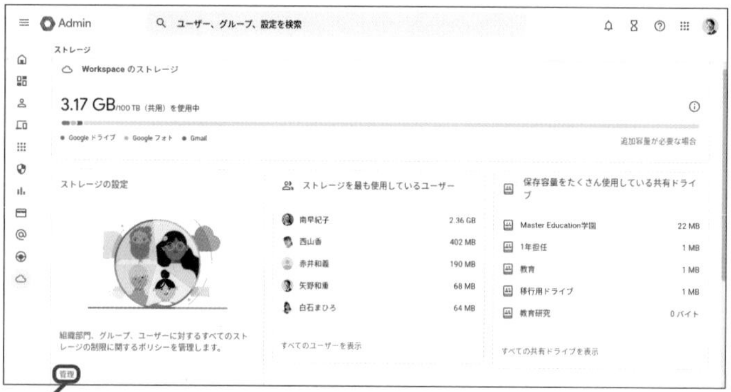

2 ［管理］をクリック

［保存容量の使用と設定］項目が表示された

3 設定を有効にする組織部門を選択

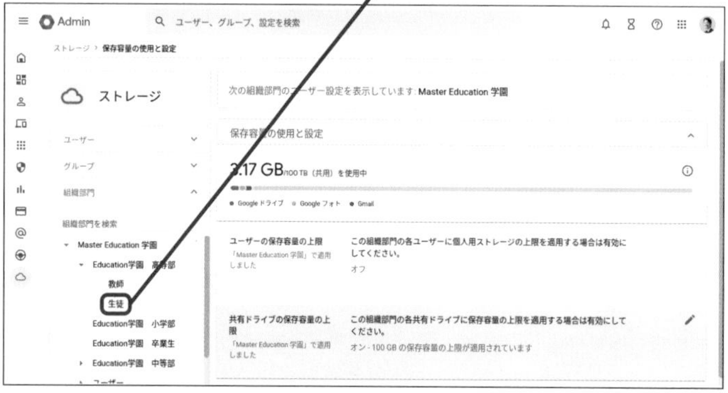

使いこなしのヒント

まずは、組織の使用容量の実態を把握

ストレージ管理ツールでは、ストレージを最も使用しているユーザーや共有ドライブを一目で確認できます。また、ユーザーや共有ドライブごとに、どれくらいの容量を使用しているかをCSVファイルや、スプレッドシートに出力できます。まずは、どのユーザーがどれくらいの容量を使っているのか実態を正しく把握した上で、上限値の設定など対策を行いましょう。

使いこなしのヒント

最上位の組織部門に設定することでストレージの上限を漏れなく設定

個人で使用できるストレージの上限を各組織部門で設定する場合、まずは最上位の組織部門でベースとなる上限値を設定しておけば、ベースの値が下位の組織部門に継承されるので、漏れなく管理可能です。

例えば、先生や子どもたちなどの使用できる容量の上限値をベースの設定値から変更したい場合は、その単位で組織部門を作成し、上書き設定で上限値を変更できます。

2 ユーザーの保存容量の上限を指定する

ユーザーが利用するストレージの上限設定を行う

1 ［ユーザーの保存容量の上限］をクリック

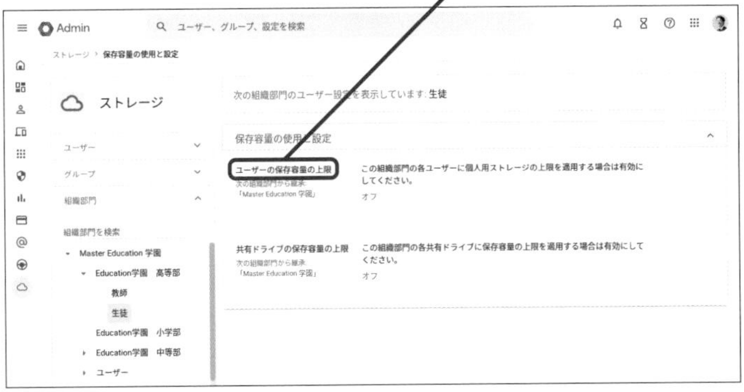

2 ［オン］をクリック

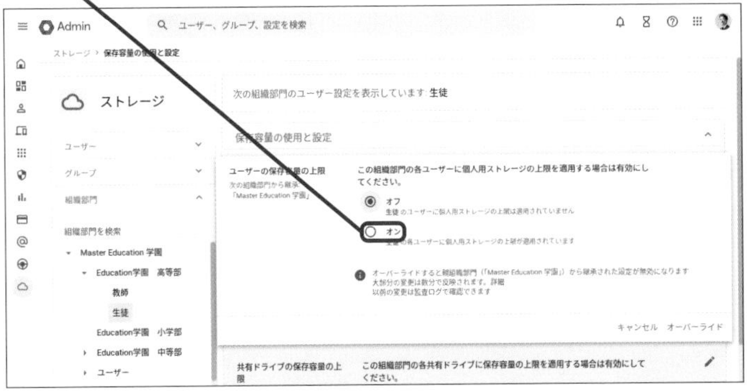

［ユーザーの保存容量の上限］が有効化された

3 ［保存容量の上限］に数値を入力

4 単位を選択

5 ［オーバーライド］をクリック

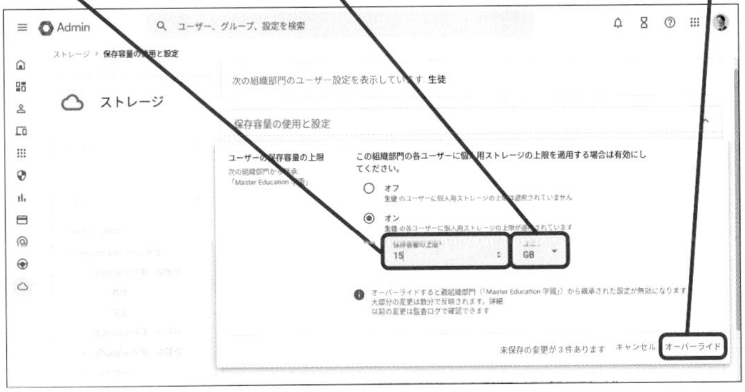

設定が上書きされる

スキルアップ

特別枠はグループで管理

Google グループを利用して、上限値を設定することができます。限定的に上限値を変更したいユーザーが組織部門をまたいで複数存在する場合は、そのユーザーでGoogle グループを作成し、上限値を変更することができます。Google グループで設定した値は、そのユーザーが属している組織部門の設定よりも優先されます。

まとめ 管理者でのストレージ管理の重要性

先生や子どもたちが、ICTを有効活用するにあたり、充分なストレージがあることは非常に重要です。組織全体で限られたストレージをユーザーが無駄なく使用できるように管理者で正しく管理を行い、ICTの利活用を促進していきましょう。

この章のまとめ

学校DXを促進していくための、管理者の役割

子どもたちの1人1台端末の導入によって、授業のICT化は浸透しつつあります。一方で、先生の校務負担が日々増える中、情報システムが旧来的なままとなっているため、思うように校務のICT化が進まないという教育現場も多いでしょう。管理者の役割として、教育現場で円滑にICTが活用できるように、システムの設定やアカウントの更新作業を行うことも重要です。また、時代の変化や、先生の働き方の多様化にあわせて、ときには情報システムの仕組みそのものの設計の見直しも必要でしょう。先生の1人1台端末と校務のクラウド化が、働き方改革という視点での学校DXをより促進させます。また、クラウド化とあわせて、先生や子どもたちが安心してICTを活用できるように、セキュリティも重要な観点となります。どれも一朝一夕ではできないので、まずは教育現場の目指すべき目標を定め、現状のリソースを洗い出して、どのような準備が必要か計画を立てていきましょう。

校務でも、1人1台端末とクラウドを利用できるようになれば、授業用端末と校務用端末を使い分けなくていいかもしれないな……。

そうですね。そのためには、先生が安全に利用できるように、ゼロトラストセキュリティの導入など、セキュリティ対策もあわせて検討する必要があります。

活用編

第4章

学校DXと先生個人でできる働き方改革

学校DXの実現に向けて、学校やチームとしての活用を促進するには、まず先生方個人での活用を進めることが重要です。本章では、校務の省力化に対し個人ではじめられるさまざまな活用アイデアを紹介します。できることから1つずつ取り組んでいきましょう。

16	学校DXに向けた個人でできる校務改革とは	74
17	欲しい情報へ効率的にアクセスするには	76
18	デジタルメモをほかのツールと連動して使うには	80
19	タスクを追加して校務を見える化しよう	84
20	デジタルワークシートを活用するには	88
21	見栄えのする資料を作成するには	94
22	手描きイラストを資料に挿入するには	98
23	採点・集計が簡単なテストを作るには	102
24	子どもたちの学びの記録を一元管理するには	108

レッスン
16 Introduction この章で学ぶこと
学校DXに向けた個人でできる校務改革とは

学校DXを促進するためには、まずは先生自身が校務改革を実践していくことが重要です。先生個人でできる、校務を省力化するためのアイデアを学んでいきましょう。

メモのデジタル化と共有

学校DXを促進したいけれど、正直、校務が忙しくて手が回らないです！

そのようなときこそ、ICTをうまく活用して校務の効率化を図りましょう！　例えば、Google Keepを活用すれば、簡単に画像付きのメモを残せます。ほかのツールとも連動しているので、さまざまなシーンでの活用が可能です。

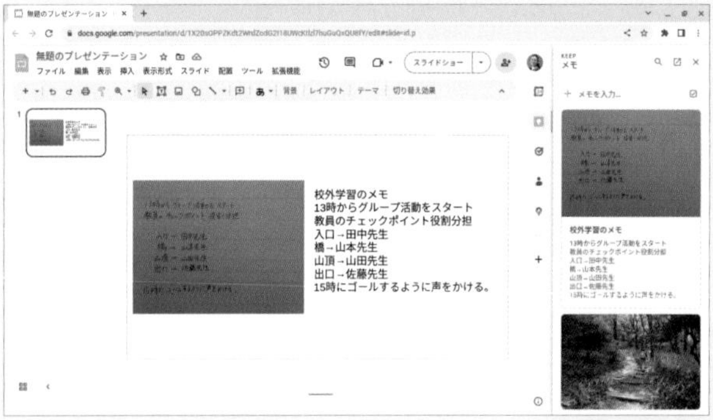

Google Keep をほかのツールと連動させて活用する

シンプルなタスク管理を実現

先生は日々、さまざまなタスクに追われていることでしょう。Google ToDo リストを利用すれば、効率的にタスク管理が行えます。

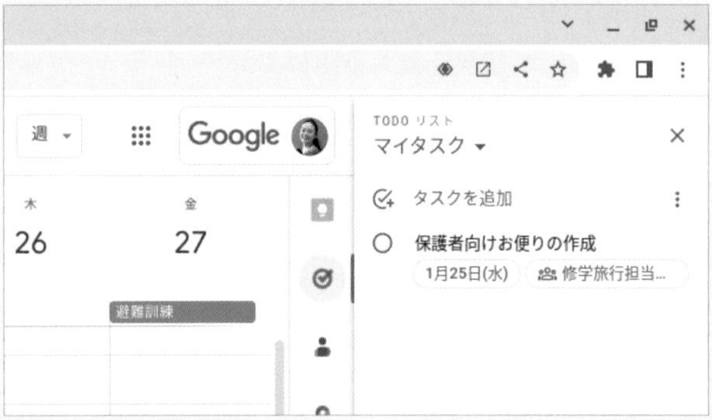

毎朝、ToDo リスト を確認する習慣を付けたら対応漏れをなくせそうです！

Google ToDo リストで毎日の業務を確認する

テストの採点や集計を効率化

Google フォームを利用すれば、アンケートやテストの集計時間を大幅に短縮できます。また、回答に応じた別の質問を用意できるので、より詳しく分析や振り返りができます。

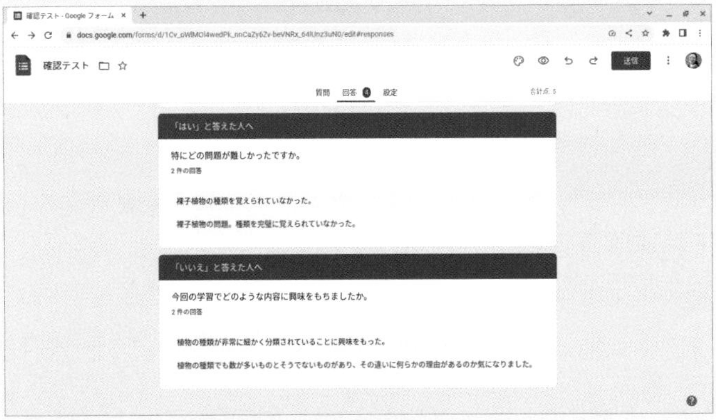

Google フォームで小テストの作成から集計までを効率化する

健康観察アンケートや、授業での小テスト、課題に対する振り返りなど、さまざまな場面で活用できそうです！

子どもたちの学びと成長の記録をデジタルで管理

Google Classroom を利用して連絡事項を子どもたちに送っているのですが、ほかの機能をどう使ったらいいのか、いまいち分からないです……。

Classroom の真髄は、効率的な課題の管理です。子どもたちに課題を配信する以外にも、課題の提出状況や課題の点数などを一元管理できます。本章で方法を学びましょう！

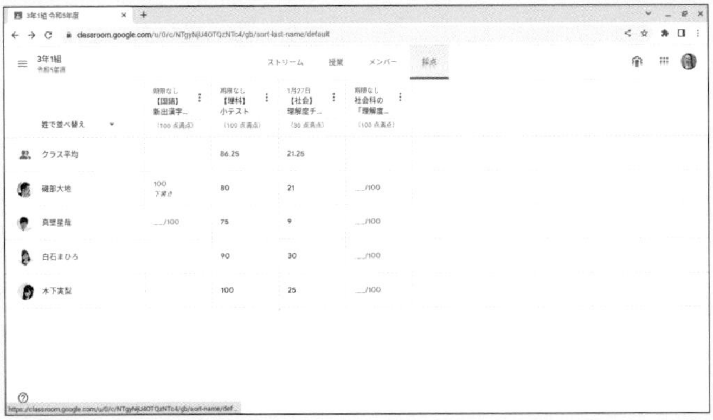

Google Classroom で連絡事項や授業の課題をまとめて管理できる

レッスン
17 欲しい情報へ効率的にアクセスするには

YouTube動画で見る
詳細は2ページへ

Google Chrome ブラウザ

Google Chrome には、素早く情報にアクセスするための機能が数多く用意されています。さまざまな機能を利用することで、知りたい情報をすぐに探し出せます。

1 サイドパネルを利用する

Google Chrome を起動し、Google検索の画面を表示しておく

ここでは「文部科学省 学習指導要領」と入力する

1 キーワードを入力

2 Enter キーを押す

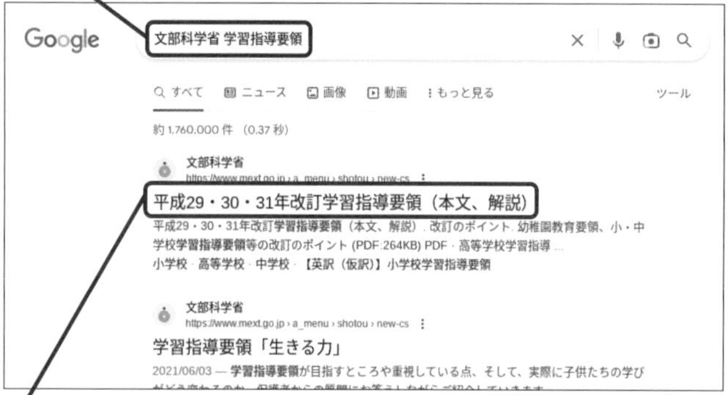

3 表示したい検索結果をクリック

Webページが表示された

4 ［サイドパネルで検索を開く］をクリック

サイドパネルが開き、検索結果が表示される

5 閲覧したいページをクリック

別のWebページが表示された

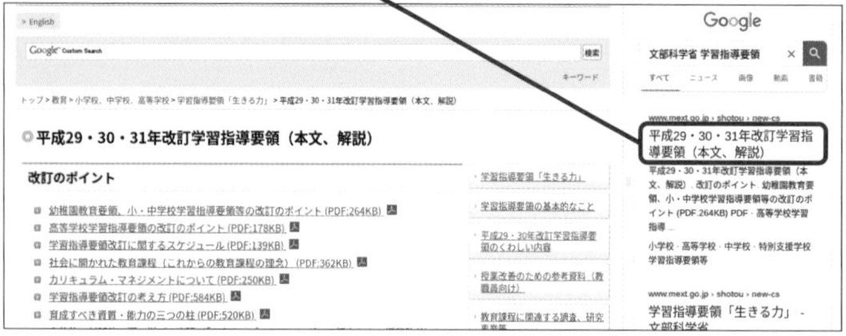

キーワード

Google Chrome ブラウザ	P.233
サイドパネル	P.235

使いこなしのヒント

サイドパネルの位置を変更する

Google Chrome 右上の［Google Chrome の設定］（⋮）-［設定］-［デザイン］の順にクリックすると［デザイン］画面が表示されます。［サイドパネル］の項目でサイドパネルの表示位置を右側または左側に変更できます。

時短ワザ

リーディングリストを活用しよう

検索したページを後で見たいときは、いったんリーディングリストに登録するといいでしょう。リストのページ名にマウスポインターをあわせて、ページ名の右にある［既読にする］か［未読にする］をクリックすると、ページの仕分けができます。不要なページは［削除］をクリックしてリストから削除しましょう。

検索結果画面を表示しておく

1 ［サイドパネルを表示］をクリック

2 ［現在のタブを追加］をクリック

リーディングリストにページが追加される

2 ブックマークに追加して整理する

ブックマークに追加するWebページを表示しておく

1 ［このタブをブックマークに追加します］をクリック

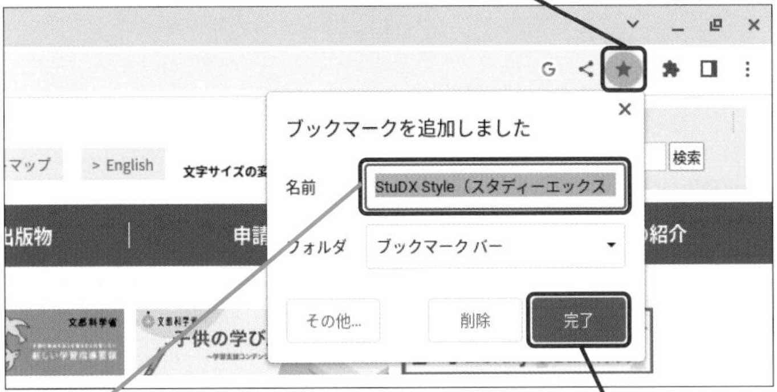

［名前］のテキストボックスをクリックすると、ブックマーク名を変更できる

2 ［完了］をクリック

3 ［Google Chromeの設定］をクリック

4 ［ブックマーク］にマウスポインターをあわせる

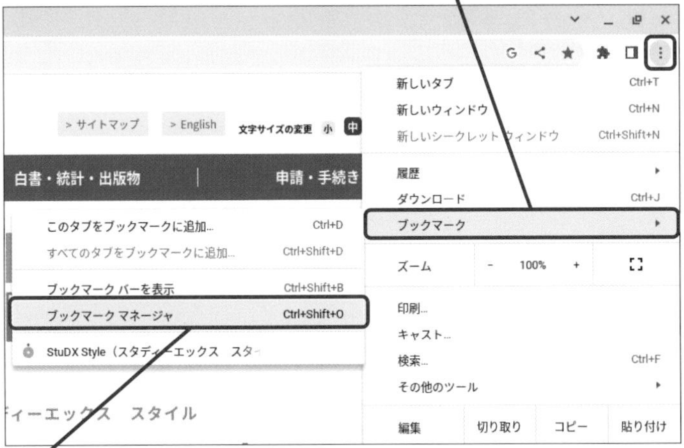

5 ［ブックマークマネージャ］をクリック

［ブックマークマネージャ］が表示された

6 ［管理］をクリック

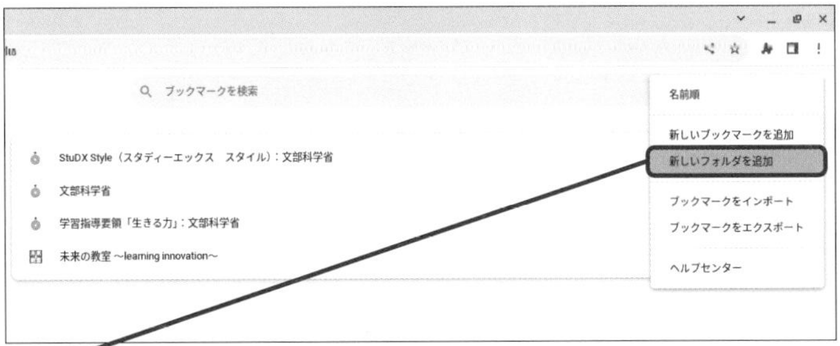

7 ［新しいフォルダを追加］をクリック

［フォルダの追加］ダイアログボックスで、フォルダ名を指定し［保存］をクリックする

使いこなしのヒント

サイドパネルにブックマークを表示できる

前ページの時短ワザを参考に、［サイドパネルを表示］をクリックしてから［リーディングリスト］-［ブックマーク］の順にクリックすると、サイドパネルにブックマークの一覧が表示されます。

使いこなしのヒント

ドラッグ操作でブックマークを整理する

操作6の画面でブックマークをドラッグすれば、表示順の変更や作成したフォルダへの移動が可能です。自分が使いやすいようにブックマークを整理しましょう。

時短ワザ

以前見たページをすぐに表示できる

以下の方法で履歴を活用すると、過去に閲覧したページをすぐに表示できます。

Google Chrome を起動しておく

1 ［Google Chromeの設定］をクリック

2 ［履歴］にマウスポインターをあわせる

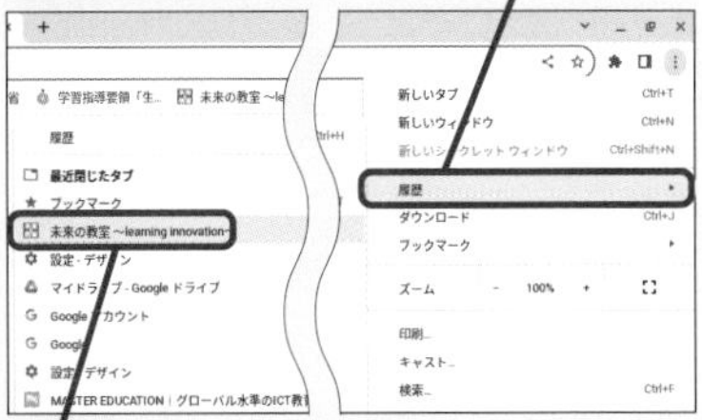

3 開きたいWebページをクリック

次のページに続く

3 同期の設定を有効にする

Google Chrome を起動しておく

1 [Google Chrome の設定] をクリック

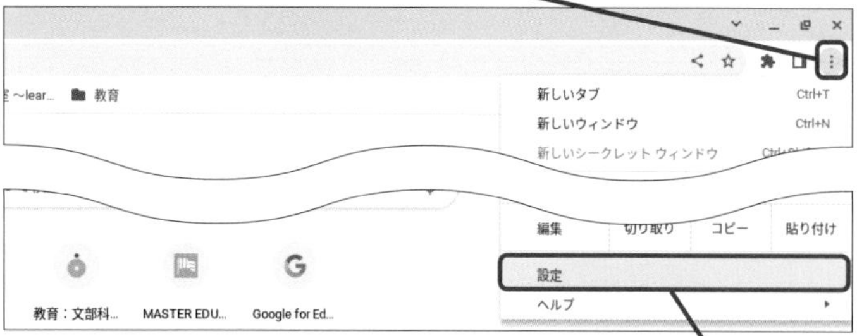

2 [設定] をクリック

3 [同期と Google サービス] をクリック

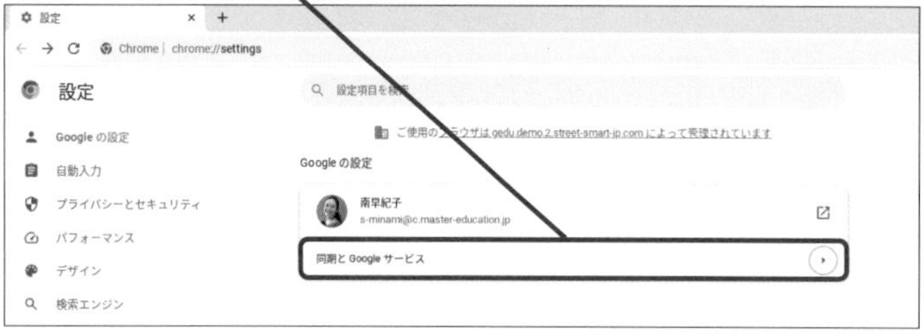

4 [同期する内容の管理] をクリック

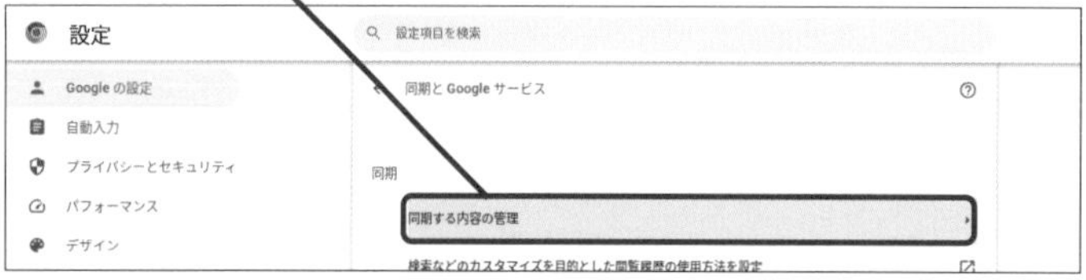

5 [すべてを同期する] をクリック

ブックマークがすべて同期される

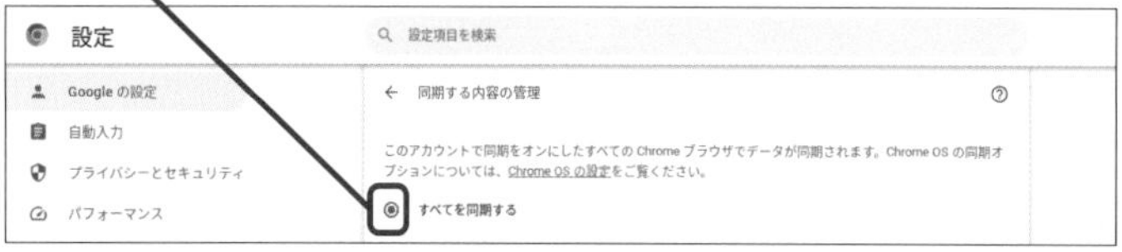

4 タブを整理する

Google Chrome を起動し、タブを固定したいWebページを表示しておく

1 固定したいタブを右クリック

2 [固定] をクリック

タブが左端に移動して固定される

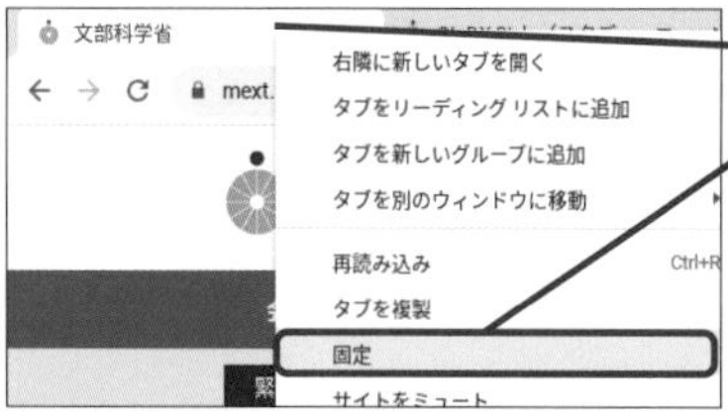

スキルアップ

同期する内容を変更するには

Google Chrome を開き、[Google Chrome の設定] (⋮) - [設定] - [同期と Google サービス] - [同期する内容の管理] - [同期をカスタマイズする] の順にクリックします。同じアカウントで複数の端末にログインするとき、活用したいものの項目だけを選択し、同期させることができます。

使いこなしのヒント

「同期させる」とは?

ブックマークや履歴、パスワードなどの情報はすべて Google アカウントに保存されています。同期を実行しておけば、別のコンピューターの Google Chrome でブックマークや履歴が表示されるようになります。ただし、同じ Google アカウントでログインしないと同期されません。なお、公共のパソコンを使用する場合は、Google Chrome の右上の [プロフィール] - [ゲスト] をクリックし、ゲストモードで使用します。ゲストモードを終了すると、閲覧の記録はパソコンから削除されます。

●タブをグループ化する

Google Chrome を起動し、グループに追加する複数のタブを表示しておく

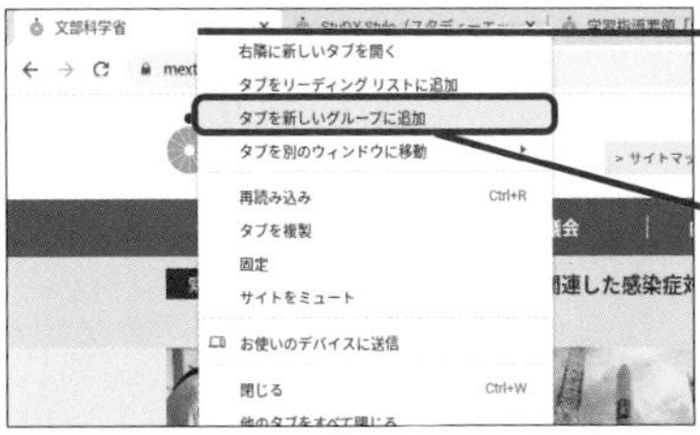

3 グループ化したいタブを右クリック

4 ［タブを新しいグループに追加］をクリック

ここでは「教育」という名前のタブグループを作成する

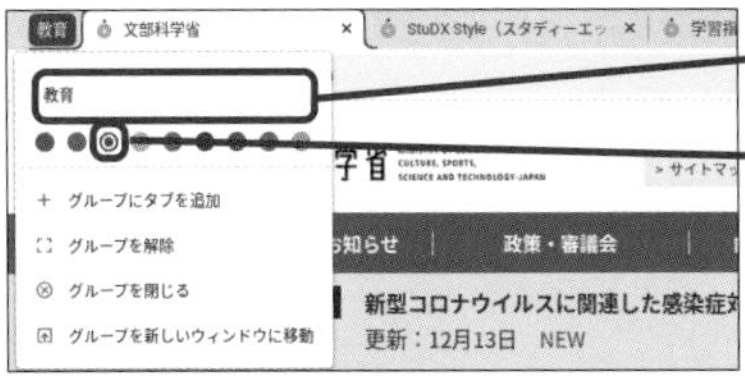

5 グループ名を入力

6 グループの色を選択

タブグループが作成できた

7 グループに追加したいタブを右クリック

8 ［タブをグループに追加］をクリック

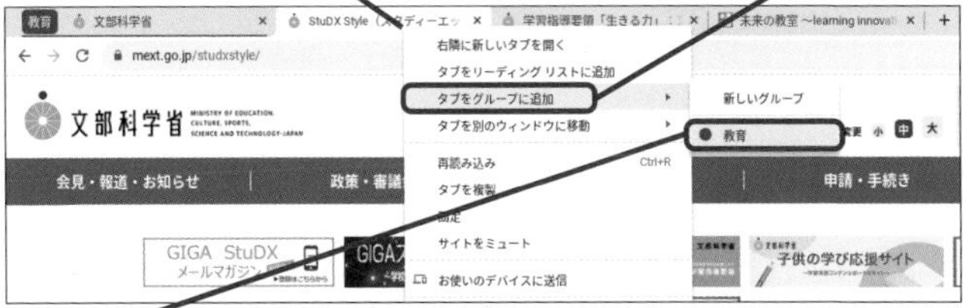

9 ［教育］をクリック

「教育」グループに追加される

使いこなしのヒント

タブの追加や表示・非表示も自由自在

新しく開いたタブをドラッグして、既存のグループに追加できます。また、表示されているグループ名をクリックすると、グループ化されたタブが表示または非表示になります。グループ名を右クリックをすると、［グループにタブを追加］［グループを解除］［グループを閉じる］［グループを新しいウィンドウに移動］という機能も活用できます。

まとめ　Google Chrome の機能を使い効率的に情報へアクセスする

ここで紹介した機能を活用して、素早く情報へアクセスしたり、蓄積した情報を整理したりすることによって、業務の効率化を図れます。ここで紹介した機能は、子どもたちが調べ学習で Google Chrome を活用する際にも役立ちます。

スキルアップ

起動時にいつも同じタブを開くには

Google Chrome の起動時に毎回同じタブが表示されるように設定すると、必要な情報をすぐに確認できるので便利です。Gmail や Google カレンダー、Google ToDo リスト、ニュース、天気などを表示するようにすれば、すぐに仕事を始められます。また、起動時に表示するページをタブで開いた状態で、［現在のページを使用］をクリックすると、開いているタブが起動時に表示されるようになります。

前ページを参考にして、［設定］画面を表示しておく

1 ［起動時］をクリック

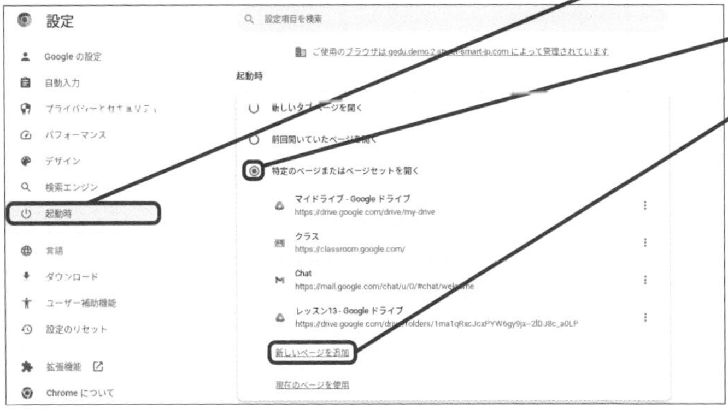

2 ［特定のページまたはページセットを開く］をクリック

3 ［新しいページを追加］をクリック

［新しいページを追加］ダイアログボックスでURLを指定し、［追加］をクリックする

レッスン 18

デジタルメモをほかのツールと連動して使うには

YouTube動画で見る
詳細は2ページへ

Google Keep

Google Keep を使ってメモをデジタル化し、テキストの抽出やGoogle スライドへの書き出しを実行すれば、業務をより効率化させることができます。

1 画像入りのメモを作成する

Google Keep を起動しておく

1 ［メモを入力］をクリック

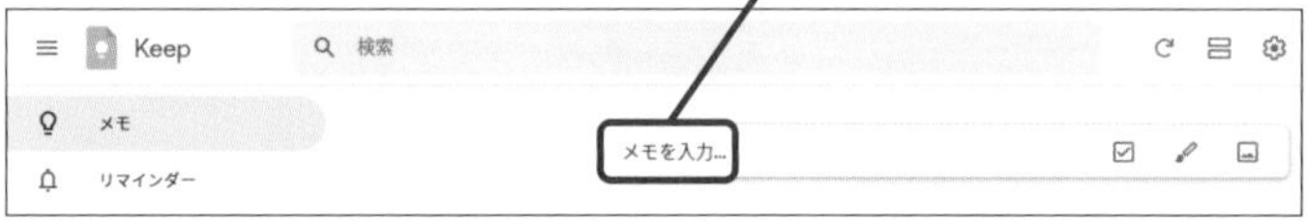

2 メモのタイトルと本文を入力

3 ［閉じる］をクリック

4 メモにマウスポインターをあわせる

メモがカードの状態で表示された

5 ［画像を追加］をクリック

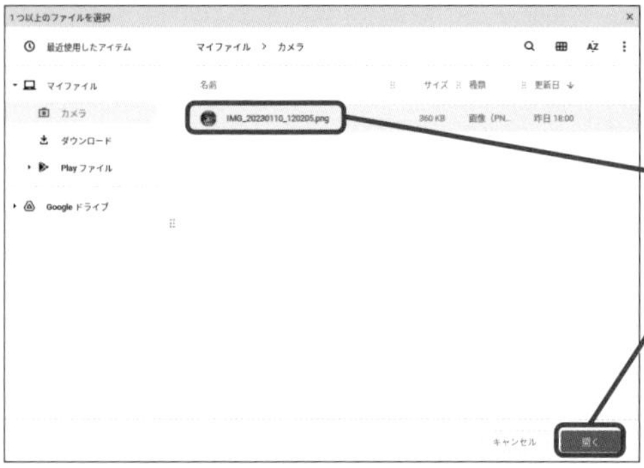

ここでは、撮影済みの画像を挿入する

6 画像をクリック

7 ［開く］をクリック

メモに画像が挿入される

キーワード

Google Keep　P.233

使いこなしのヒント

手書き文字や図形をメモするには

マウスやタッチペンなどで描画した文字や図形をメモとして残すには、以下のように操作します。

Google Keep の［メモ］の画面を表示しておく

1 ［メモを入力］をクリック

2 ［その他のアクション］をクリック

3 ［図形描画を追加］をクリック

4 図形を描画

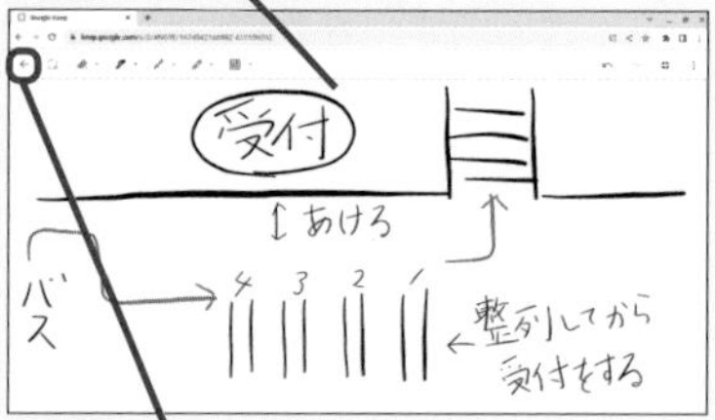

5 ［←］をクリック

画像付きメモが作成される

2 画像のテキストを抽出する

ここでは、手書き文字のテキストを抽出する

1 Chromebook のカメラで手書きメモを撮影

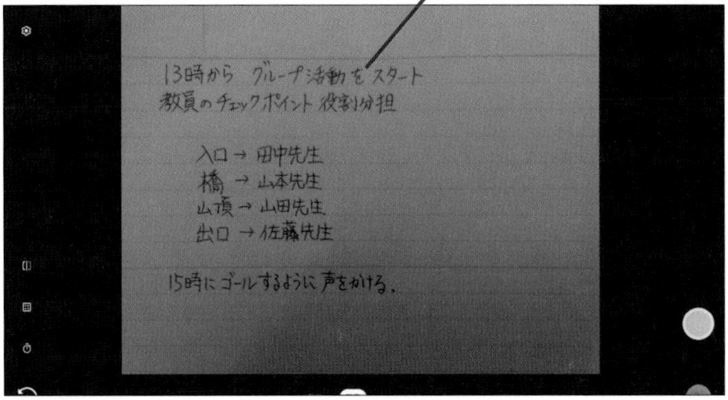

印刷した文書の文字でも、テキストを抽出できる

Google Keep でメモを作成し、タイトルを入力しておく

2 ［画像を追加］をクリック

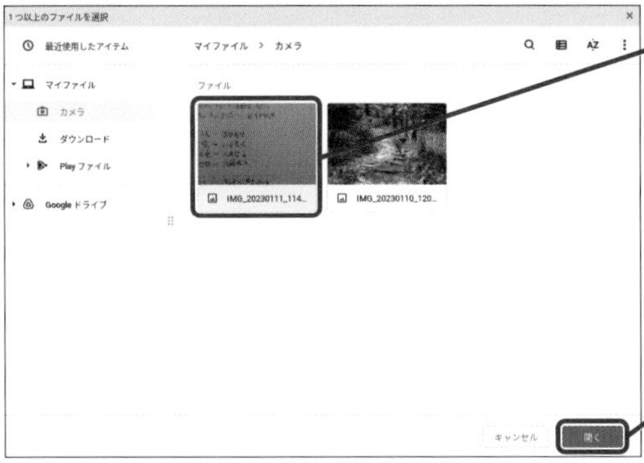

3 撮影した画像をクリック

4 ［開く］をクリック

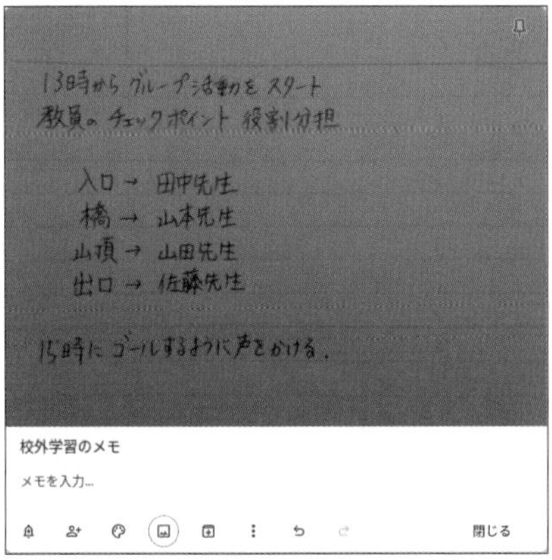

メモに画像が挿入された

スキルアップ

メモをほかのユーザーと共有するには

Google Keep のメモは、ほかのユーザーにも共有できます。メモした内容をすぐに共有できるため、メールの作成やメモの清書をする手間を減らせます。

Google Keep でメモを作成し、タイトルを入力しておく

1 ［共同編集者］をクリック

［共同編集者］の画面が表示された

2 共有相手のユーザー名またはメールアドレスを入力

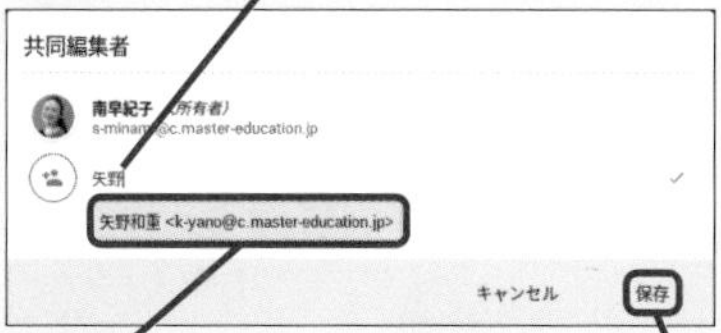

3 ユーザーを選択

4 ［保存］をクリック

メモが共有され、共有ユーザーのアイコン画像が表示された

次のページに続く

●画像のテキストを抽出する

5 ［その他のアクション］をクリック

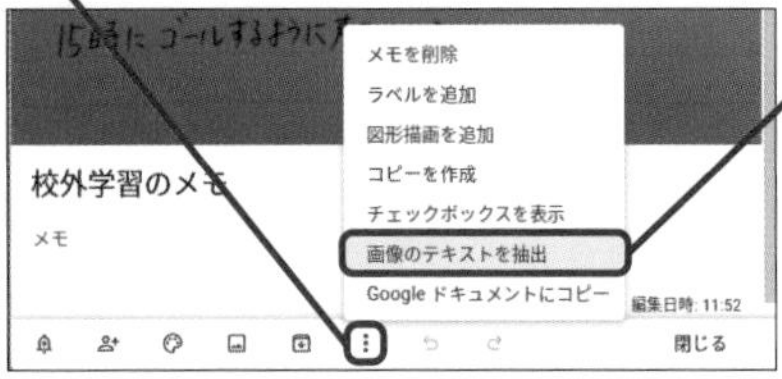

6 ［画像のテキストを抽出］をクリック

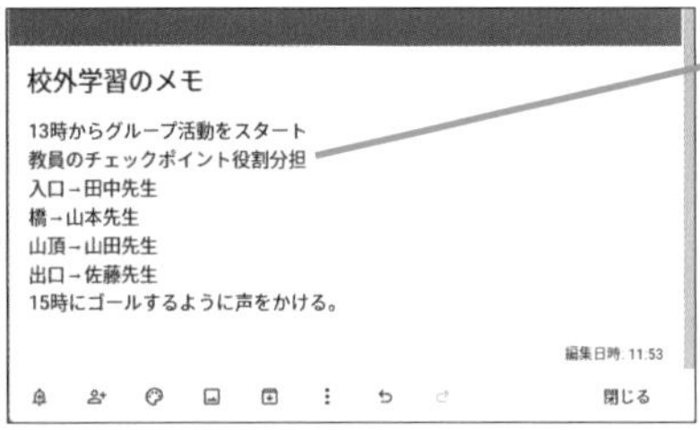

画像の手書き文字が抽出された

3 チェックボックス付きのメモを作成する

Google Keep でメモを作成し、タイトルを入力しておく

1 ［その他のアクション］をクリック

2 ［チェックボックスを表示］をクリック

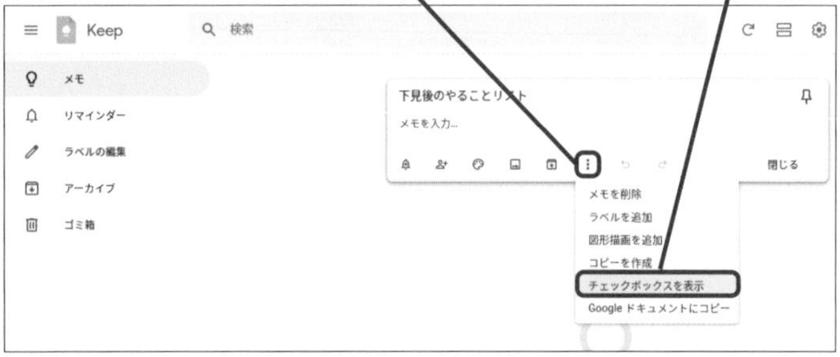

［リストアイテム］が表示された

3 ［リストアイテム］にメモを入力

4 Enter キーを押す

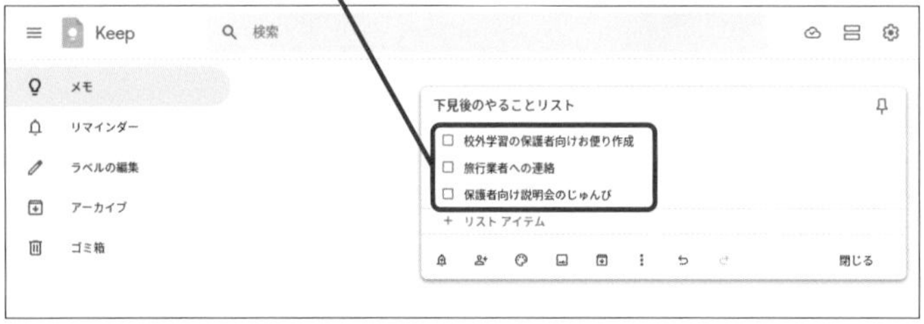

次のリスト項目が作成されるので、続きを入力する

時短ワザ

テキストの抽出をさらに活用するには

手順2のテキスト抽出機能では、手書きの文字でも印刷物の文字でも抽出が可能です。会議でホワイトボードに記録した内容や、校外学習で記録した手書きのメモやパンフレットの内容なども、撮影してテキストとして抽出できます。また、デジタル教科書の画面をスクリーンキャプチャで画像として保存し、その画像からテキストを抽出して定期テストの問題として活用するのも1つの方法です。ただし、教科書や教材を撮影した画像は授業内での利用にとどめておき、データの共有や再配布はしないようにしましょう。

使いこなしのヒント

メモを共有し、メンバー全員のやることリストとして活用する

前ページのスキルアップを参考にして、メモを先生と共有することで、学年や学校全体のやることリストとして活用できます。また、項目のチェックボックスをクリックすると［完了済みアイテム］としてメモの下部にまとめて表示されるので、進捗《しんちょく》確認にも役立ちます。

4 メモを Google スライドに書き出す

Google スライドを起動し、無題のプレゼンテーションを作成しておく

サイドパネルが表示されていない場合は、画面右下の［サイドパネルを表示］をクリックする

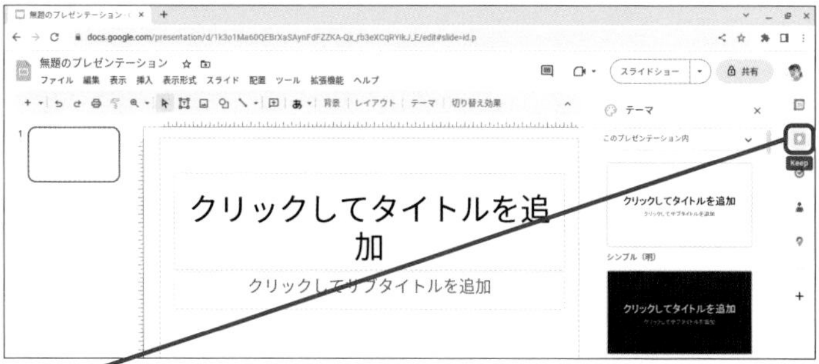

1 ［Keep］をクリック

同様の操作で、Google ドキュメントでもメモを表示できる

画面右に［Keep］のメモが表示された

2 挿入するメモをスライドにドラッグ

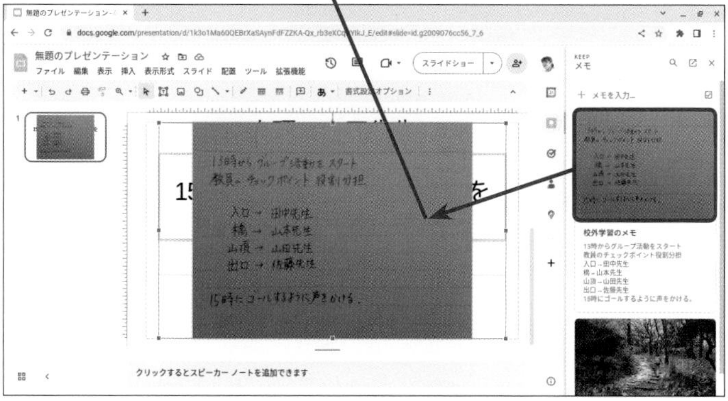

［Keep］の画像付きメモがスライドにコピーされた

レッスン20を参考に、画像やテキストボックスの大きさ、フォントを変更する

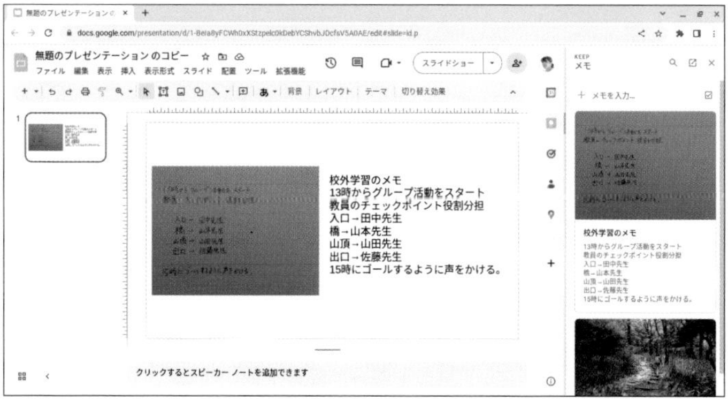

使いこなしのヒント

メモを反映させるテキストボックスを選ぶ

スライド内に挿入されているテキストボックスにメモをドラッグしてコピーすると、テキストボックスの形式にあわせてメモの内容をコピーできます。

1 メモをテキストボックスにドラッグ

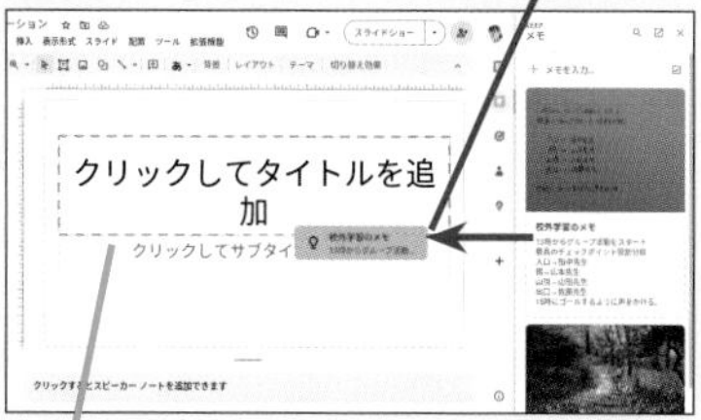

テキストボックスの囲み線の色が変わる

まとめ リアルタイムで情報を整理できる

Google Keep でメモしたことは簡単に共有でき、ほかのツールとも連動できます。例えば社会科見学の下見の際に学校に残った先生とメモを共有し、リアルタイムで下見の様子を把握してもらったり、画像付きメモやテキストを抽出したメモを Google スライドにコピーして、保護者説明会の資料として活用したりすることも可能です。このように、デジタルメモをほかのツールと連動させると、スムーズに校務を進められます。

レッスン

19 タスクを追加して校務を見える化しよう

YouTube動画で見る
詳細は2ページへ

Google ToDo リスト

Google ToDo リストは、タスクの期限やカテゴリーを設定できるほか、ほかのツールでの入力内容をリストに反映できるなど、多彩な機能を兼ね備えたタスク管理アプリです。

1 タスクを作成する

Google カレンダーを表示しておく

1 サイドパネルにある［ToDo リスト］をクリック

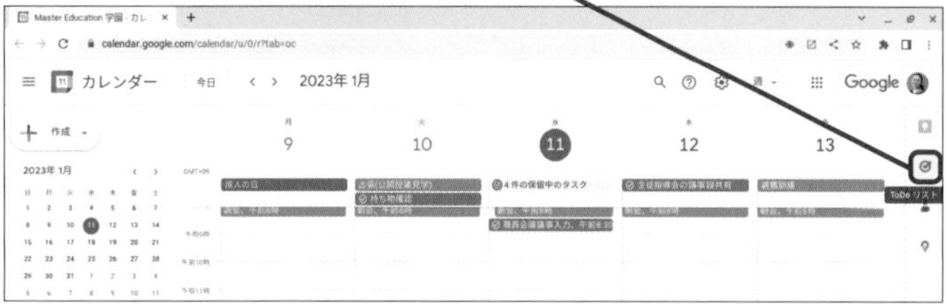

［マイタスク］の画面が表示された

2 ［タスクを追加］をクリック

3 タスクを入力

［詳細］をクリックすると、より詳しいタスクの内容を入力できる

［日時］をクリックすると、タスクの期限を設定できる

4 タスクの入力枠の外をクリック

［マイタスク］にタスクが表示された

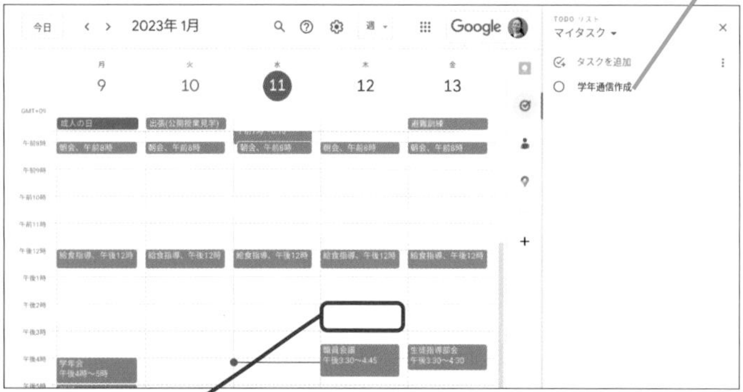

5 タスクを設定する日時をクリック

キーワード

Google ToDo リスト　P.233

使いこなしのヒント

タスクを完了するには

タスクの終了後は、各タスク名左の［○］をクリックして完了とできます。完了としたタスクは［マイタスク］の下部に表示されます。完了したタスクを削除するときは、タスクにマウスポインターをあわせてから［タスクを削除］をクリックしましょう。

時短ワザ

タスクを繰り返し設定する

操作3の［日時］では、タスクの繰り返しも設定できます。毎週木曜日の会議前に資料を作成する必要がある場合、［日時］-［繰り返し］の順にクリックし、何日ごとにタスクを追加するかを設定できます。

使いこなしのヒント

タスクをカテゴリー別にリスト化してみよう

Google ToDo リストはタスクをカテゴリーに分けて管理できます。［ToDo リスト］上部にある［マイタスク］をクリックし［新しいリストを作成］をクリックします。任意のリスト名を入力して［完了］をクリックすると、マイタスクとは別のタスクリストが作成されます。「研究」「生徒指導」など校務の内容で整理したり、「今日」「今週」というように時間や期間のカテゴリー名で整理したりするのもいいでしょう。

●カレンダー上でのタスクの作成

タスクの作成画面が表示された

6 タスクのタイトルを入力

7 ［タスク］をクリック

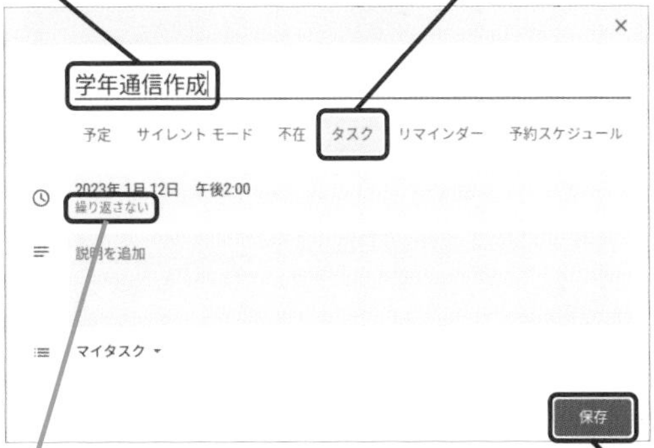

84ページの時短ワザを参考に、ここをクリックしてタスクの繰り返しを設定する

8 ［保存］をクリック

カレンダーにタスクが表示された

サイドパネルの［ToDo リスト］をクリックしても、タスクが表示される

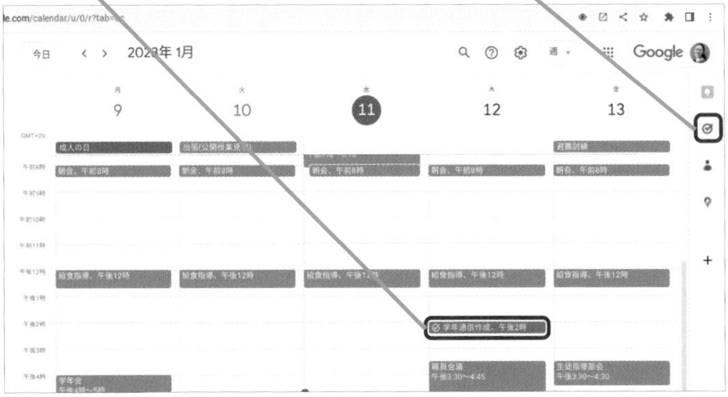

2 Google Chat でタスクを作成する

Google Chat を起動しておく

1 任意のスペースをクリック

2 ［タスク］タブをクリック

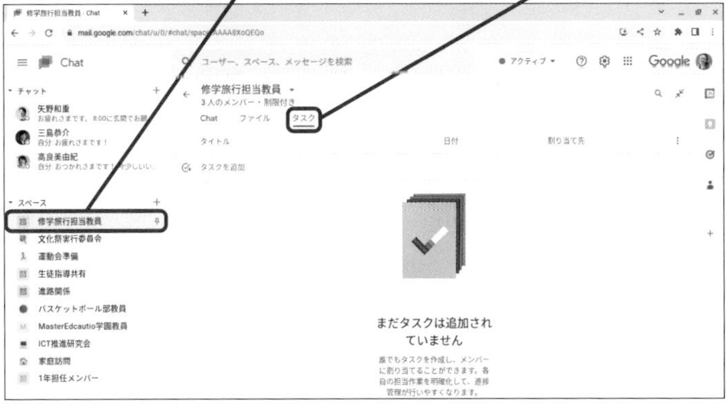

使いこなしのヒント

完了したタスクをすべて削除するには

完了したタスクをすべて一括で削除したいときは、［タスクを追加］の右側の［リストのオプション］から［完了したタスクをすべて削除］をクリックします。

使いこなしのヒント

サブタスクを設定する

前ページの手順1操作2の画面で以下のように操作すると、サブタスクを作成できます。例えば、「学園祭準備」というタスクを作成し、「第1回会議資料作成」「保護者案内作成」というように、より詳細なタスクとして管理できます。

1 ［メニューを開く］をクリック

2 ［サブタスクを追加］をクリック

使いこなしのヒント

タスクを通知する

タスクに日付と時間を追加すると、その日時に通知されるようになります。日付が追加されているタスクは Google カレンダーにも表示されます。時間が追加されていないタスクについては、午前9時に通知が表示されます。

次のページに続く

●タスクの追加と日時の設定

[タスク] の画面が表示された

3 [タスクを追加] をクリック

4 任意のタスク名を入力

5 [日時を追加] をクリック

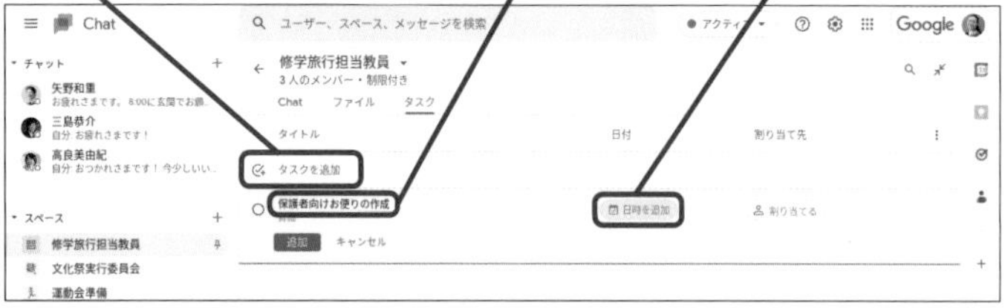

ここでは1月25日を選択する

6 日付をクリック

7 [OK] をクリック

日付が設定された

8 日付の右にある [割り当てる] をクリック

ここではタスクを自分に割り当てる

9 タスクを割り当てるユーザーをクリック

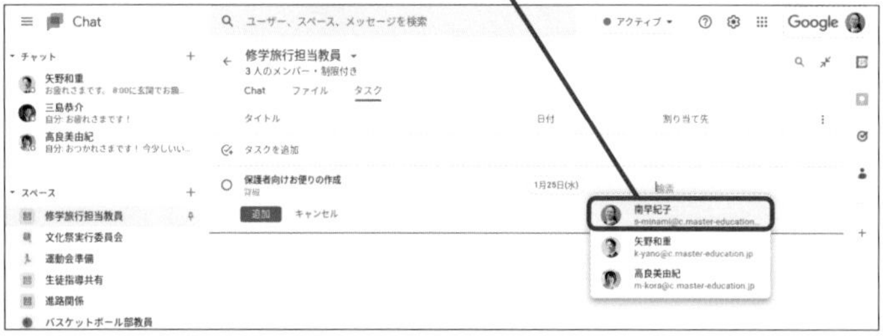

タスクが自分に割り当てられた

10 [追加] をクリック

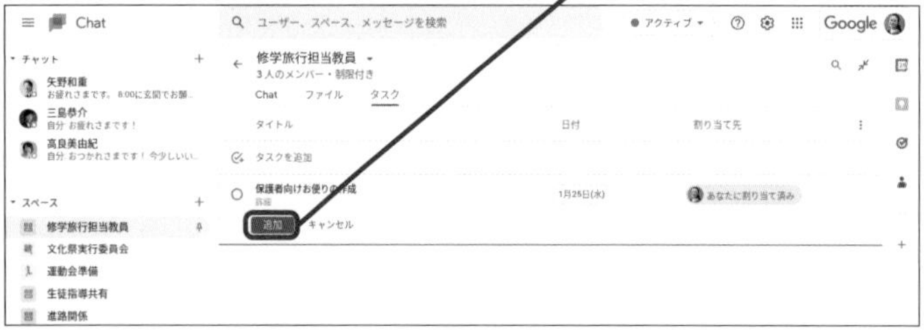

スキルアップ

タスクを印刷する

84ページの手順1を参考に [マイタスク] の画面を表示し、[タスクを追加] の右にある [リストのオプション] - [リストを印刷] をクリックすると、ToDo リストをPDFファイルで保存し、印刷ができます。活用場面に応じて、デジタルと紙をうまく使い分けましょう。

使いこなしのヒント

ほかのメンバーにタスクを割り当てる

手順2の操作9でほかのメンバーをクリックすると、ほかの人にタスクを割り当てることができます。スペースのメンバーで会議をしながらお互いにタスクを割り当てたり、メンバーの誰か1人が一括で全体のタスクを管理したりすることも可能です。

●タスクの確認

84ページの手順1を参考に、［マイタスク］を表示しておく

11 タスクを確認

3 メールの内容をタスクに追加する

Gmail を起動し、［受信トレイ］を表示しておく

84ページの手順1を参考に、［マイタスク］を表示しておく

1 メールを［マイタスク］にドラッグ

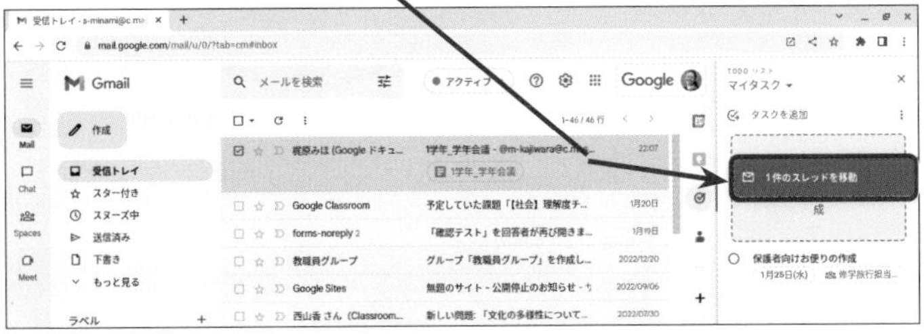

メールが［マイタスク］に追加された

2 タスクにあるメールアイコンをクリック

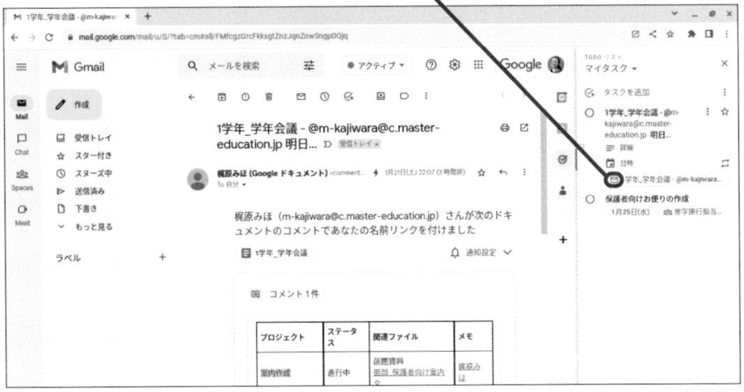

メール画面が表示され、内容を確認できるようになる

使いこなしのヒント

さまざまなアプリからタスクを確認できる

各ツールの画面右に表示されるサイドパネルの［ToDo リスト］をクリックすると、すぐに Google ToDo リストが表示されます。作業をしながら同じ画面上でタスクを確認したり、追加したりすることができます。

サイドパネルから ToDo リストを表示できるのは以下のツールです。

・Gmail
・Google カレンダー
・Google Chat
・Google ドライブ
・Google ドキュメント
・Google スプレッドシート
・Google スライド

まとめ　Google ToDo リストで校務を見える化する

Google ToDo リストは、さまざまなツールからタスクを追加・確認できるタスク管理アプリです。Google のさまざまなアプリを使っているときでも、画面右側のサイドパネルからアイコンをクリックして、タスクを確認できます。また、タスクに日時を設定すると通知されるため、タスクの抜け漏れの防止にもなります。多彩な機能を活用し、タスクをスマートに管理しましょう。

レッスン
20 デジタルワークシートを活用するには

YouTube 動画で見る
詳細は2ページへ

Google スライド

Google スライドのプレースホルダを利用して、子どもたちが迷わず入力できるデジタルワークシートが作成できます。先生間で共有すれば、教材作成の労力を抑えて授業準備の効率を上げられます。

1 配布用のデジタルワークシートを作成する

Google スライドを起動し、新しいスライドを作成しておく

ここでは、子どもたちが入力するワークシートを作成する

1 ［クリックしてタイトルを追加］をクリックし、タイトルを入力

2 ［クリックしてサブタイトルを追加］をクリックし、サブタイトルを入力

◆テキストボックス

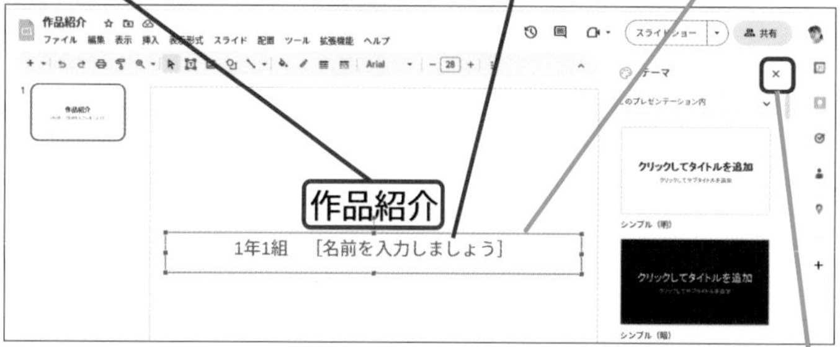

［閉じる］をクリックして［テーマ］ウィンドウを閉じておく

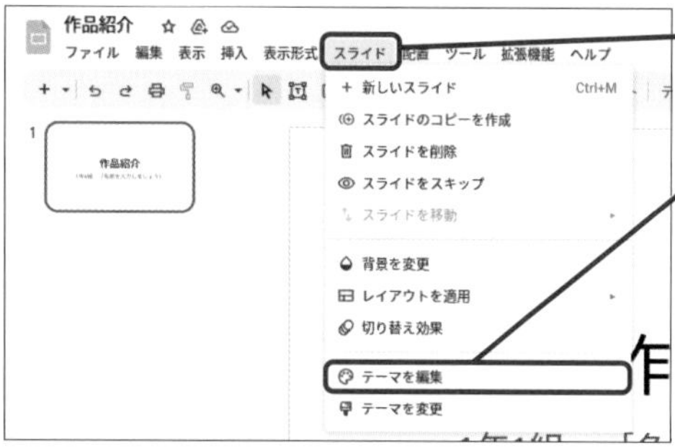

3 ［スライド］をクリック

4 ［テーマを編集］をクリック

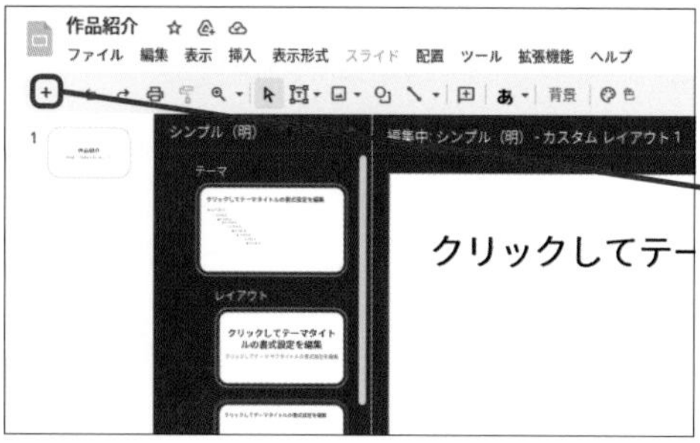

［テーマを編集］の画面に切り替わった

5 ［新しいレイアウト］をクリック

キーワード

Google スライド	P.234
カスタムレイアウト	P.234
データ探索	P.236

使いこなしのヒント
デジタルワークシートとは

本レッスンでは、子どもたちが学習時に端末上で考えを入力したり、まとめたりするためのファイルをデジタルワークシートと呼びます。一度作成したデジタルワークシートは先生同士で手軽に共有できるので、授業準備の時間の短縮にもつながります。

使いこなしのヒント
スライドは自動で上書き保存される

Google スライドは編集後に自動で上書き保存されます。そのため、保存のし忘れや端末のトラブルでデータが失われる心配もありません。また、編集履歴はすべて保存されており、任意の編集状態に戻すことも可能です。

ここをクリックすると、編集履歴を確認できる

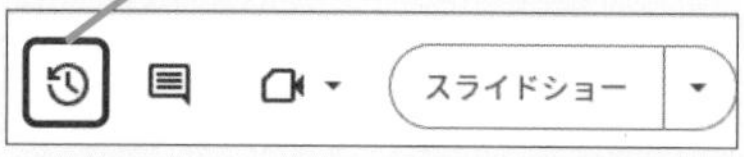

使いこなしのヒント
「テーマを編集」とは

手順1操作4の「テーマを編集」は、スライドのひな形（カスタム レイアウト）を自分で作成できる機能です。画像やテキストボックスを任意の場所に配置したスライドのひな形を作成できます。

●画像を挿入するための枠組みを作成する

新しいレイアウトが作成された

6 ［カスタム レイアウト1］と表示されていることを確認

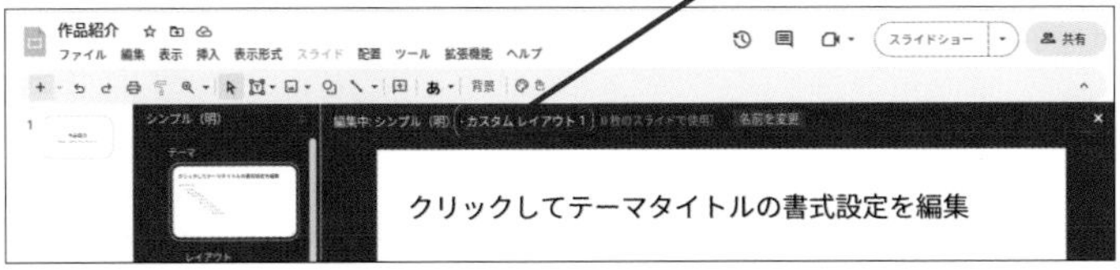

画像を入力するための枠組みを作成する

7 ［挿入］をクリック

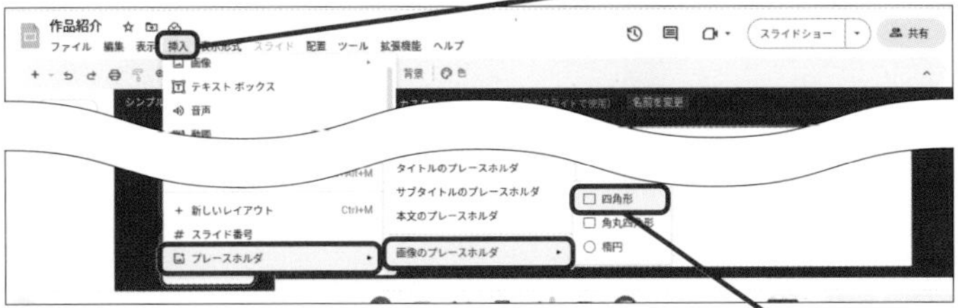

8 ［プレースホルダ］-［画像のプレースホルダ］-［四角形］の順にクリック

マウスポインターの形が変わった

＋

9 任意の場所をドラッグ

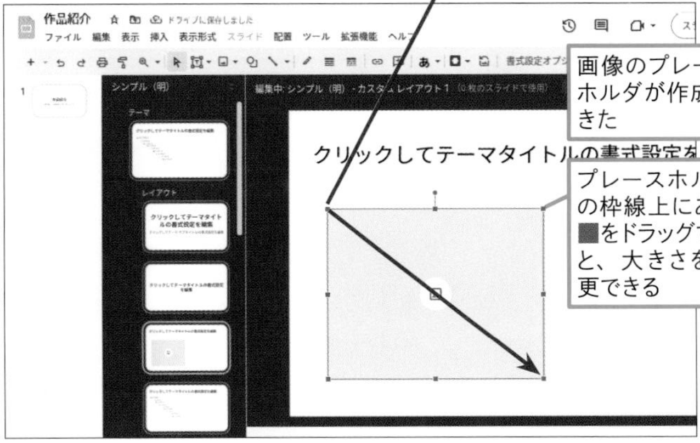

画像のプレースホルダが作成できた

プレースホルダの枠線上にある■をドラッグすると、大きさを変更できる

用語解説

プレースホルダ

画像やテキストを入力するための仮の枠組みです。プレースホルダがあれば、テキストや画像を入力することをすぐに把握できます。

スキルアップ

master study を活用する

このレッスンで紹介するデジタルワークシートは、以下のQRコードからダウンロードできます。また、「master study」では、コピーしてすぐに活用できるテンプレートやICTを活用した授業の準備をする際の負担軽減に役立つコンテンツを数多く用意しています。

▼デジタルワークシートのコピー

※Google アカウントで利用する必要があります。また、管理者の設定で［外部からのファイル共有］が有効になっている必要があります。

▼master study

スキルアップ

カスタムレイアウトでスムーズな入力を

Google スライドでデジタルワークシートを作成するポイントは、「子どもたちが操作に迷わないこと」と「思考整理のための入力枠が変更されないようにすること」です。図形や入力枠を固定したカスタム レイアウトを作成することで、2つのポイントをクリアできます。特に、子どもたちがスライドの操作に慣れていない場合は、カスタム レイアウトをうまく活用して、スムーズな入力を促しましょう。

子どもたちの誤入力などを防げる

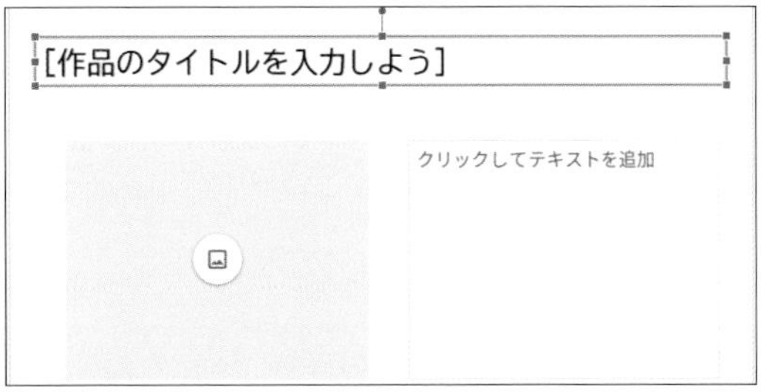

次のページに続く ➡

●文章を入力するための枠組みを作成する

文章入力用の枠組みを作成する

10 ［挿入］をクリック

11 ［プレースホルダ］-［本文のプレースホルダ］の順にクリック

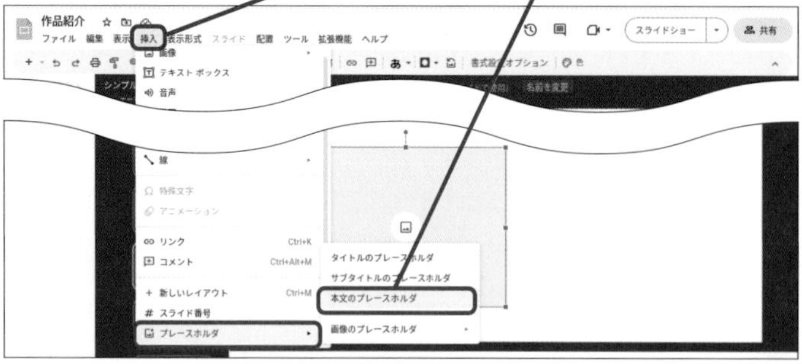

12 操作7～9を参考に、任意の場所にプレースホルダを作成

プレースホルダを選択後、［フォントサイズを拡大］［フォントサイズを縮小］［フォントサイズ］でフォントサイズを変更する

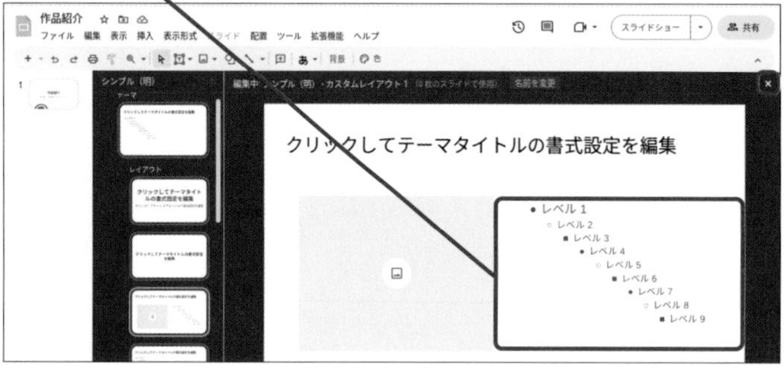

13 画面右上の［×］をクリック

14 ［レイアウトを指定して新しいスライドを作成］のここをクリック

15 ［カスタム レイアウト1］をクリック

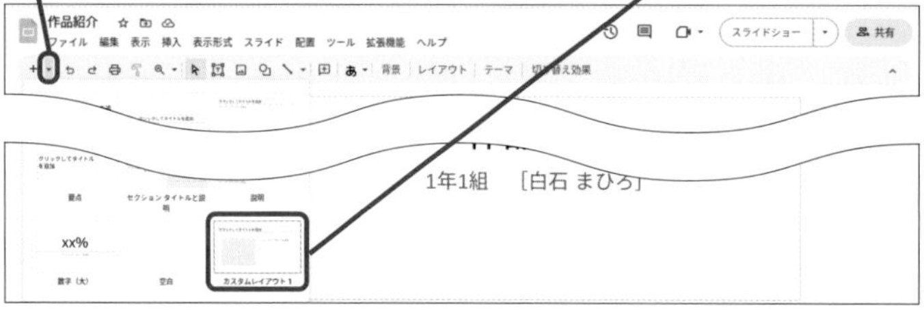

ここでは「作品のタイトルを入力しよう」と入力する

16 ［クリックしてタイトルを追加］をクリックし、タイトルを入力

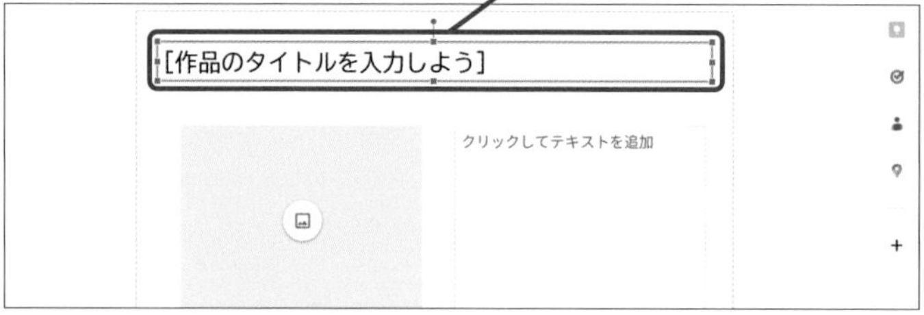

2枚目のスライドが作成された

必要に応じてスライドを追加し、ワークシートを完成させる

時短ワザ

ツールバーからプレースホルダを挿入できる

テーマを編集する際にツールバーから選択し、プレースホルダを挿入できます。

●本文のプレースホルダ

［テキストのプレースホルダを挿入］-［本文のプレースホルダ］の順にクリックする

●画像のプレースホルダ

［画像のプレースホルダを挿入］-［画像のプレースホルダ］-［四角形］の順にクリックする

使いこなしのヒント

本文のプレースホルダのフォントを変更する

本文のプレースホルダをクリックした状態で［フォント］をクリックし、任意のフォントを選択すると、フォントを変更できます。

使いこなしのヒント

UDフォントの設定について

ユニバーサルデザインに配慮した「BIZ UDフォント」を使うには、ツールバーの［フォント］-［その他のフォント］をクリックします。「UD」のキーワードで検索を実行し、4種類の「BIZ UDフォント」から必要なものを選んで追加しましょう。

2 子どもがデジタルワークシートに入力する

ここでは、子どもたちがGoogle スライドに入力をする手順を紹介する

レッスン24を参考に、Google Classroom から課題を配布しておく

1 自分の名前を入力

2 2枚目のスライドをクリック

3 [作品のタイトルを入力しよう]をクリックし、タイトルを入力

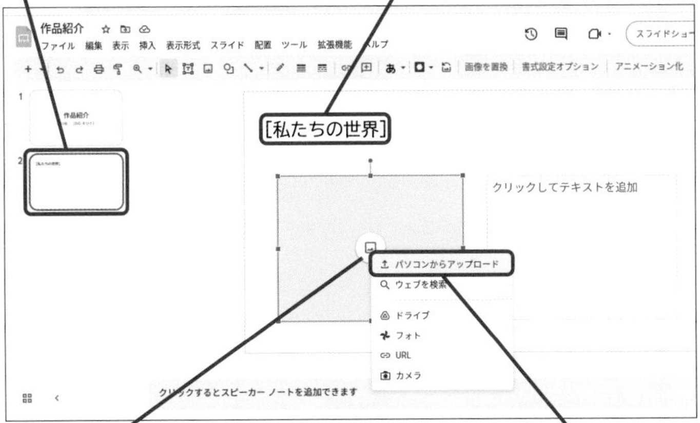

4 画像のプレースホルダのここをクリック

5 [パソコンからアップロード]をクリック

6 挿入したい画像をクリック

7 [開く] をクリック

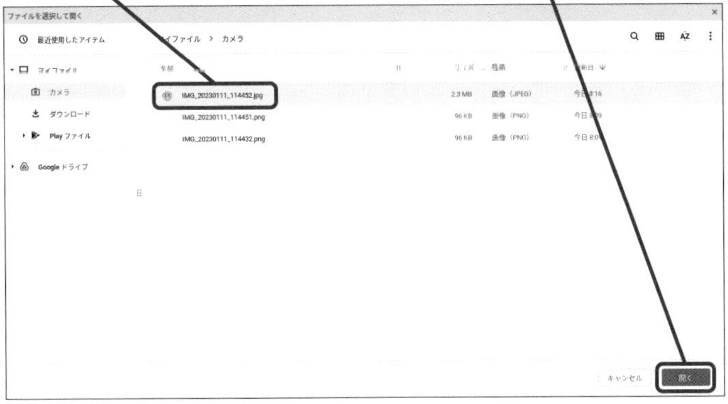

スキルアップ

スライドのテーマを設定するには

スライドのテーマ（デザイン）は、あらかじめ決めておくことができます。スライドの画面上で［スライド］-［テーマを変更］とクリックすると、［テーマ］の一覧が表示されるので、任意のテーマをクリックしてテーマを適用します。

使いこなしのヒント

選択した画像をプレースホルダに収めるには

プレースホルダに画像を挿入するとき、画像がプレースホルダ内にきれいに収まらないことがあります。その場合は、画像を右クリックしてから［画像をリセット］をクリックすると、画像がすべて表示されるようになります。必要に応じて画像の大きさを調整するといいでしょう。

使いこなしのヒント

レイアウトを決めてスライドを追加するには

スライドのレイアウトを設定せずに新しいスライドを追加するときは、前スライドのレイアウトが自動で適用されます。別のレイアウトで新たにスライドを追加したい場合は、前ページの手順1操作14～15を参考に任意のレイアウトを選択しましょう。

次のページに続く

●テキストを入力する

画像が挿入された

8 ［クリックしてテキストを追加］をクリック

9 テキストを入力

必要に応じて90ページを参考にフォントサイズを調整する

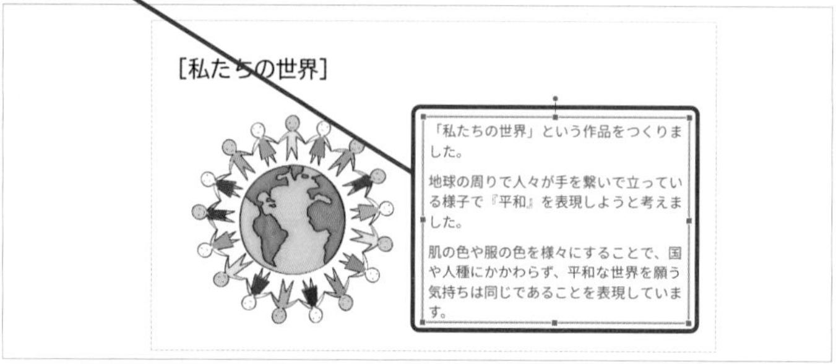

3 スライドに画像を挿入しデザインを変更する

1 1枚目のスライドをクリック

2 ［ツール］をクリック

3 ［データ探索］をクリック

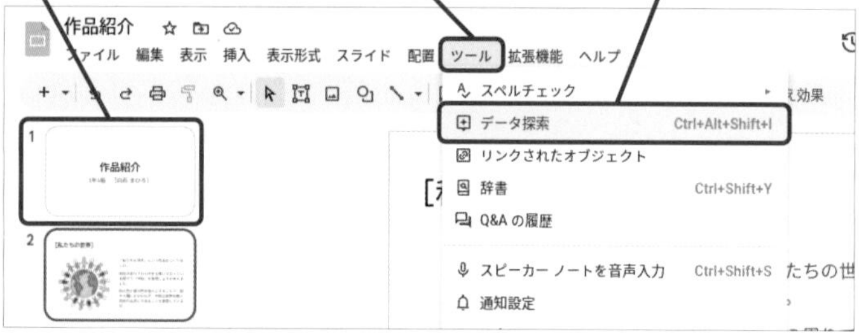

画面右に［データ探索］が表示された

ここでは「地球」の画像を検索する

4 ［ドキュメントやウェブを検索］をクリックし、キーワードを入力

5 Enter キーを押す

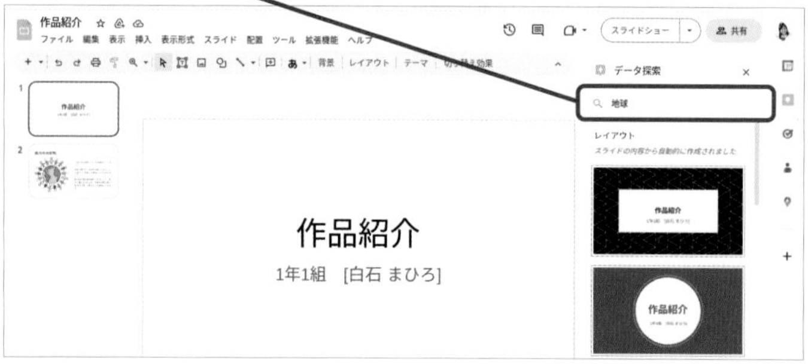

使いこなしのヒント
箇条書きで入力するには

テキストボックスをクリックし、［表示形式］-［箇条書きと番号付きリスト］-［箇条書きメニュー］の順にクリックし、任意の箇条書きの種類を選択すると、［箇条書き］を挿入できます。［箇条書き］を選択して、テキストを入力すると、改行後も自動的に次の項目が作成されます。また、ツールバーの［箇条書き］をクリックしても挿入できます。

使いこなしのヒント
プレースホルダの画像を置き換えるには

プレースホルダに挿入した画像にマウスポインターをあわせて右クリックし、［画像を置換］-［パソコンからアップロード］をクリックすると、Chromebook に保存済みの別の画像と差し替えができます。

使いこなしのヒント
端末に保存した画像を挿入するには

［挿入］-［画像］-［パソコンからアップロード］の順にクリックすると、Chromebook に保存した任意の画像をスライドに挿入できます。［画像の挿入］（）をクリックしても同様の操作が行えます。

●スライドに画像を挿入する

検索結果が表示された

6 ［画像］をクリック

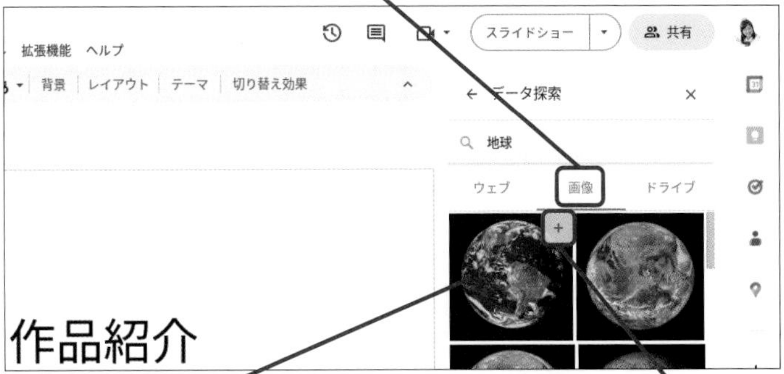

7 任意の画像にマウスポインターをあわせる

8 ［+］をクリック

スライドに画像が挿入された

9 ［データ探索］をクリック

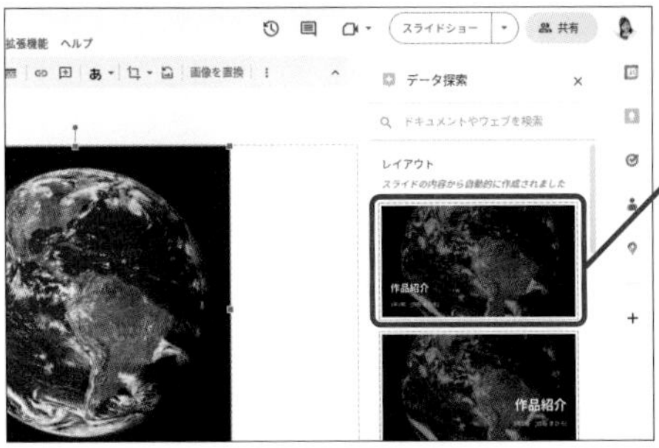

画面右に［レイアウト］の一覧が表示された

10 任意のレイアウトをクリック

レイアウトのデザインがスライドに反映された

11 ［データ探索を閉じる］をクリック

作成したスライドは Google Classroom から先生に提出する

使いこなしのヒント

スライドに動画を挿入するには

スライドのツールバーから［挿入］-［動画］をクリックすると、動画をスライドに挿入できます。体育や音楽の学習での実技を自身の振り返りと一緒に記録したり、部活動の試合を記録し、活動日誌を作成したりすることもできます。また、動画で記録を残すことにより、先生方が子どもたちの学習内容を確認する際に、それぞれの子どもの頑張りを確実に把握できるため、評価にも役立ちます。

使いこなしのヒント

資料作成の時間を短縮するには

操作9で紹介している［データ探索］を活用してスライドに画像を挿入したり、デザインを変更したりする機能は、校務でも大いに役立ちます。保護者説明会や研究発表など、資料作成が必要な場面で活用し、校務の時間を短縮しましょう。

まとめ デジタルワークシートは授業力アップにもつながる

プレースホルダを活用したデジタルワークシートによって、子どもたちは迷わず意見を入力でき、安心して学習に取り組めます。デジタルワークシートを一度作成すれば、コピーするだけで新しく作成するスライドにも活用できます。また、「デジタルワークシート集」のようなスライドを1つ作成して先生全員に共有すれば、先生同士の知見や新しいアイデアの共有が可能になるだけでなく、何度も同じデジタルワークシートを作成する必要もなくなるため、さらなる校務の効率化につながります。

レッスン

21 見栄えのする資料を作成するには

YouTube動画で見る
詳細は2ページへ

Google 図形描画

Google 図形描画では、平面や立体の図形を作成したり、文字やグラフを挿入したりできます。このレッスンではGoogle 図形描画を活用したグループワーク資料を作成する方法を紹介します。

1 タイトルと発問を作成する

Google 図形描画の画面を表示した後、画面左上にある［無題の図形描画］をクリックしファイル名を入力する

1 ［挿入］をクリック

2 ［ワードアート］をクリック

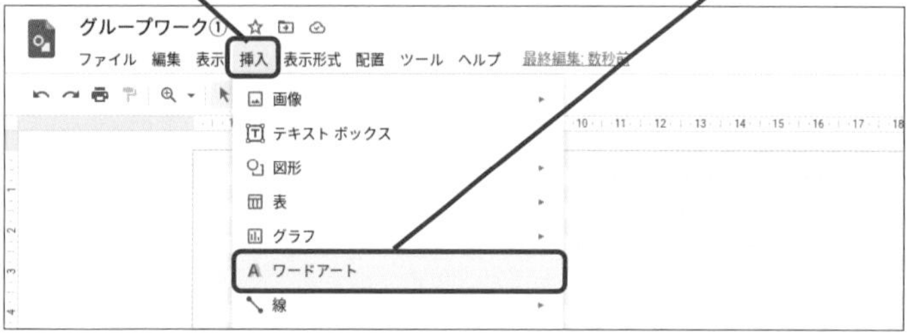

テキストの入力枠が表示された

ここでは「グループワーク①」と入力する

3 文字を入力

4 Enter キーを押す

ワードアートが挿入された

5 ワードアートの角にある■を内側へドラッグ

ワードアートの大きさが変更される

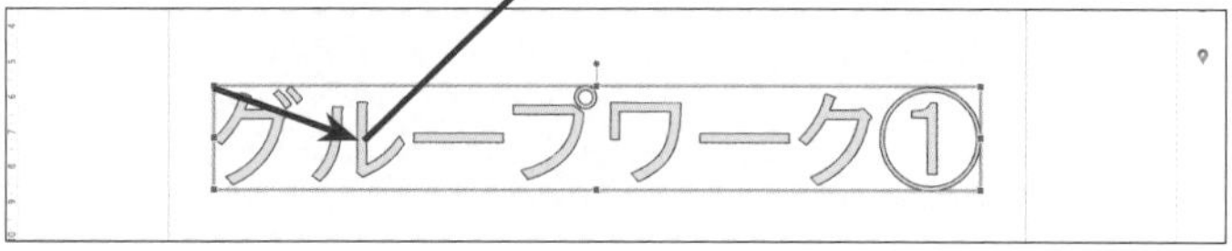

6 ワードアートをクリックしたまま、画面左上へドラッグ

ワードアートが移動できた

キーワード

Google 図形描画 P.234

使いこなしのヒント

Google 図形描画の起動方法を覚えておこう

Google 図形描画は、Google ドライブを起動してから画面左上の［新規］をクリックし、［その他］-［Google 図形描画］の順にクリックして起動します。

使いこなしのヒント

ページの大きさを変えるには

Google 図形描画でページのサイズを変えるには、[ファイル] - [ページ設定] をクリックし、［ページ設定］の画面で大きさを設定します。このレッスンで作成するページは、Google スライドや Google Jamboard で使うことを前提として、［ワイドスクリーン（16:9)］の大きさに変更しています。

使いこなしのヒント

ハンドルを使いこなそう

挿入後のワードアートに表示される8つの青い四角のことを「ハンドル」といいます。ハンドルをドラッグすると、ワードアートの大きさを自由に変更できます。操作5で Shift キーを押しながら四隅のハンドルをドラッグすると、縦と横の比率を保ったままワードアートの大きさを変更できます。

●テキストボックスを挿入し、発問を入力する

続けて、テキストボックスを挿入する

7 ［挿入］をクリック

8 ［テキストボックス］をクリック

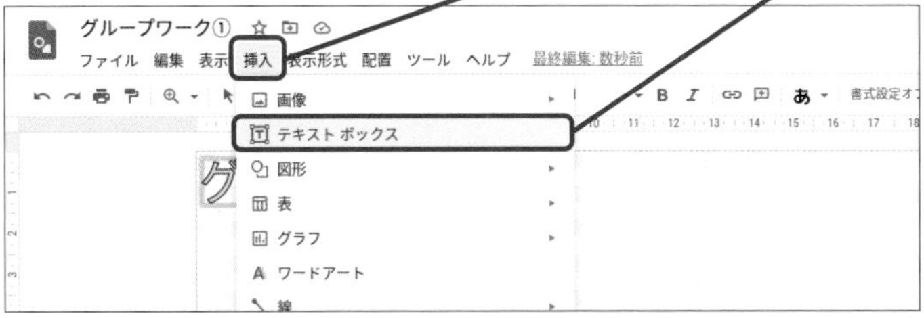

マウスポインターの形が変わった

9 ここをクリック

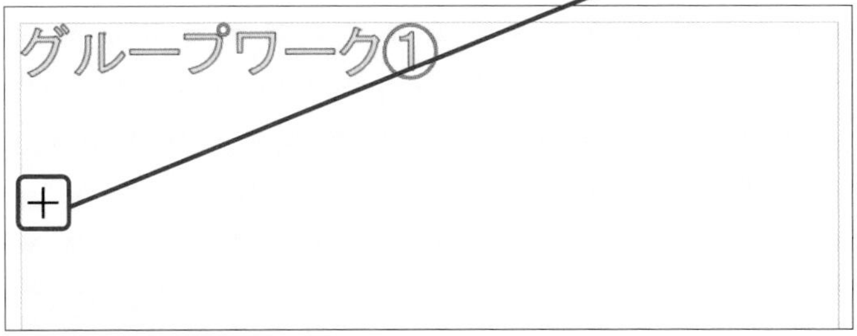

10 テキストの先頭をクリック

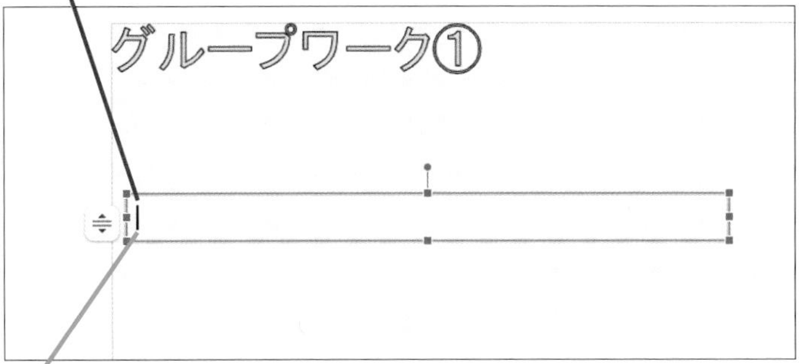

テキストボックスが挿入され、入力位置にカーソルが表示される

11 発問を入力

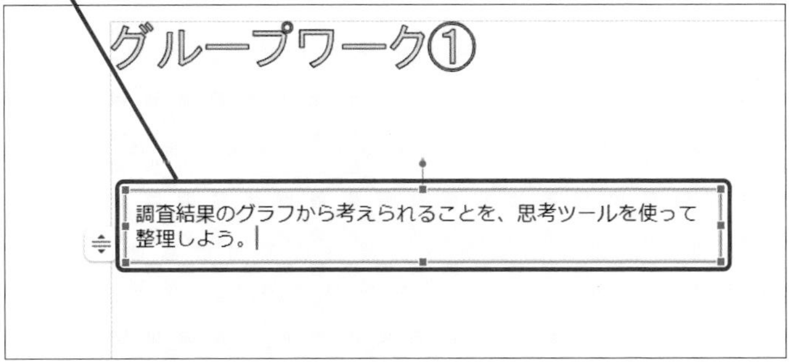

94ページの操作5～6を参考に、テキストボックスの大きさと位置を変更する

右のヒントを参考に、フォントやフォントサイズを変更しておく

使いこなしのヒント

ワードアートやテキストボックスの書式を変更するには

ワードアートやテキストボックスが選択されている状態なら、メニューにある以下のボタンで書式を簡単に変更できます。なお、テキストボックスにある一部の文字だけフォントを変える、太字にするという場合は、文字列をドラッグしてからフォントや太字の設定を行います。

アイコン	名称	説明
	［塗りつぶしの色］	塗りつぶしの色を変更する
	［枠線の色］	枠線の色を変更する
	［枠線の太さ］	枠線の太さを変更する
	［破線の枠線］	枠線の種類を変更する
Arial	［フォント］	フォントを変更する
B	［太字］	文字を太字に設定する
I	［斜体］	文字を斜体に設定する

使いこなしのヒント

テキストボックスの文字を目立たせるには

下線を付けたり、文字の色を変えたりすることでテキストボックスの文字を目立たせることができます。メニューにある以下のボタンを使いましょう。一部だけ書式を変えるときは、文字をドラッグしてから［下線］や［テキストの色］などで書式を変更します。

アイコン	名称	説明
U	［下線］	テキストに下線を挿入する
A	［テキストの色］	テキストの色を変更する
	［ハイライトの色］	テキストにハイライトを挿入し強調する

次のページに続く

2 グラフを挿入する

Google スプレッドシートで143ページを参考にグラフを作成しておく

Google スプレッドシートで作成済みのグラフをワークシートに挿入する

1 [挿入] をクリック

2 [グラフ] - [スプレッドシートから] の順にクリック

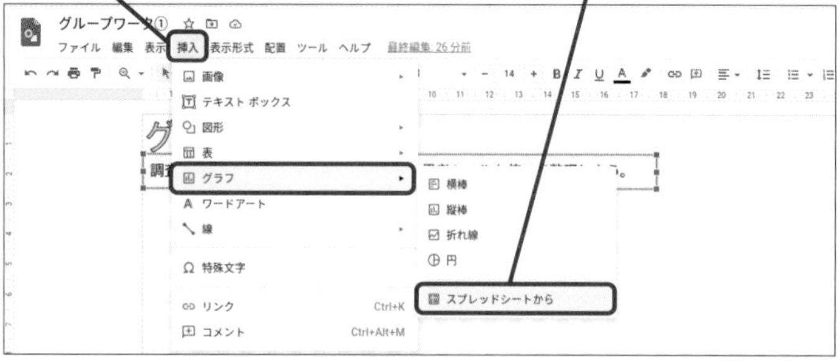

[グラフの挿入] ダイアログボックスが表示された

3 グラフを作成したファイルをクリック

4 [選択] をクリック

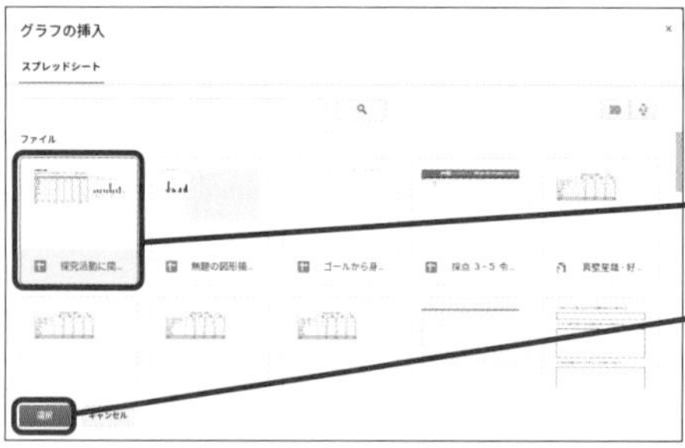

[グラフのインポート] ダイアログボックスが表示された

5 挿入したいグラフをクリック

6 [インポート] をクリック

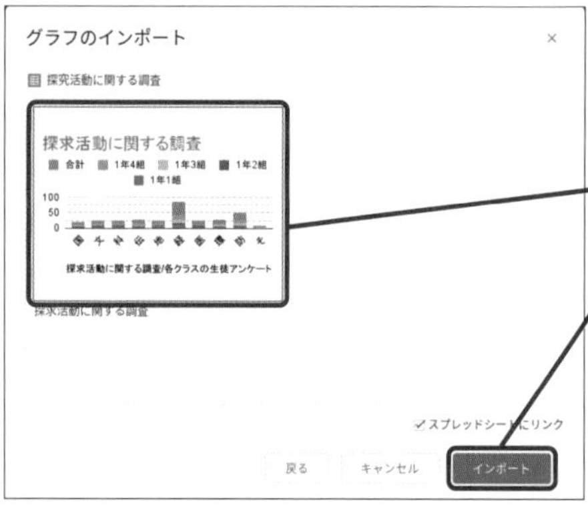

グラフが挿入できた

94ページの手順1操作5 ~ 6を参考に、グラフの大きさと位置を変更する

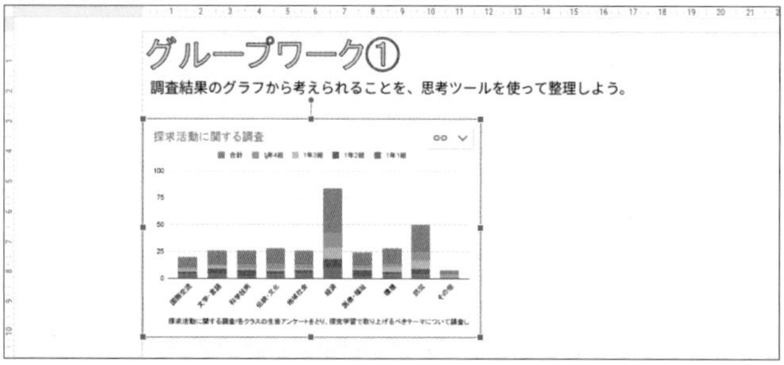

スキルアップ

Google 図形描画上でグラフを作成するには

[挿入] - [グラフ] をクリックしてグラフの種類を選択すると、図形描画にグラフが挿入されます。グラフ右上の [リンクされたグラフのオプション] から [ソースデータを開く] をクリックすることで、該当のGoogle スプレッドシートが表示されるので、数値を変更してグラフを編集できます。

[挿入] - [グラフ] の順にクリックした後、作成したいグラフの種類を選択してグラフを挿入する

1 [リンクされたグラフのオプション] をクリック

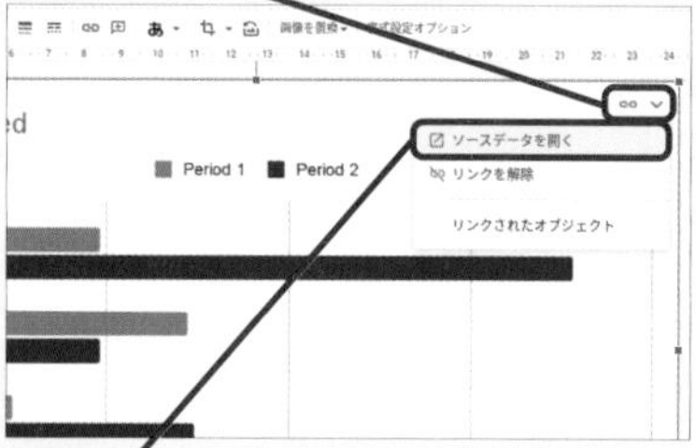

2 [ソースデータを開く] をクリック

Google スプレッドシートが表示された

表の数値を変更してグラフを編集できる

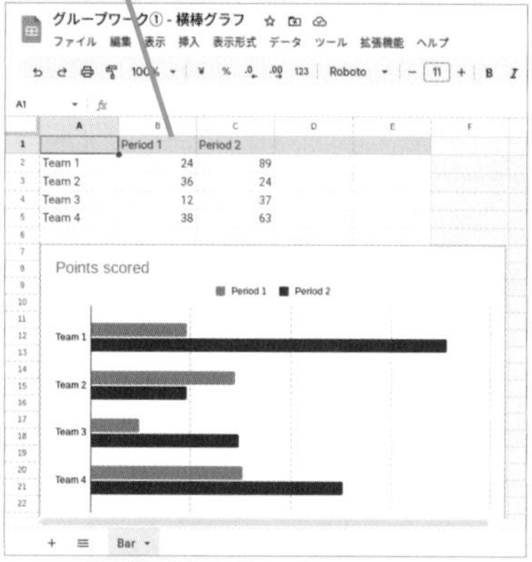

3 思考ツールを作成する

Google 図形描画の線ツールで思考ツールを作成する

1 ［挿入］をクリック

2 ［線］-［線］の順にクリック

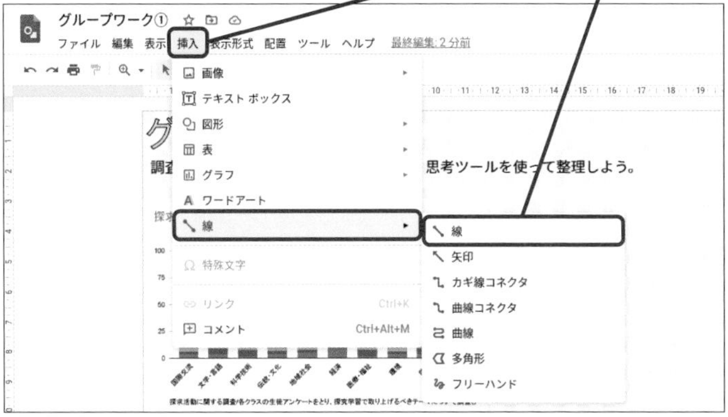

マウスポインターの形が変わった

3 線を挿入したい場所をクリック

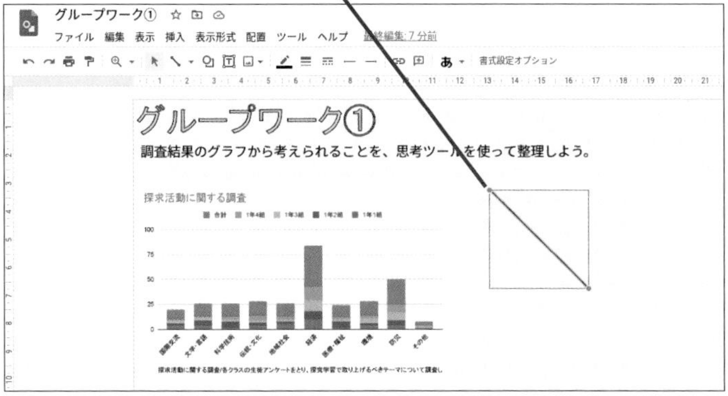

94ページの手順1操作5 ～ 6を参考に、線の長さと位置を変更する

操作1 ～ 3を参考に、残り2本の線を描画する

95ページを参考に、テキストボックスを挿入して、文字を入力する

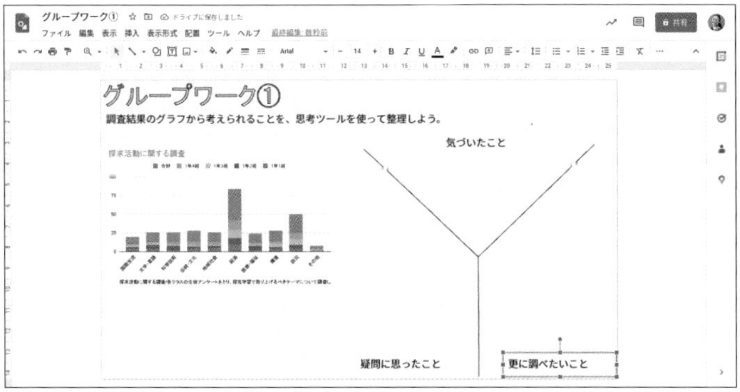

［ファイル］-［ダウンロード］-［PNG画像（.png）］の順にクリックして保存すると、Google スライドやGoogle Jamboard 上で画像として挿入できる

使いこなしのヒント

挿入したグラフを編集するには

前ページの手順2で挿入したグラフを編集するには、Google スプレッドシートで元のグラフを編集した後、図形描画上のグラフの右上に表示される［更新］をクリックします。

使いこなしのヒント

線の書式を変更するには

Google 図形描画では、線をクリックしてからメニューにある以下のボタンで書式を変更できます。線を矢印にするときは［線の始点］や［線の終点］で矢印の項目を選びましょう。

アイコン	名称	説明
	［線の色］	線の色を変更する
	［線の太さ］	線の太さを変更する
	［破線］	線の種類を変更する
	［線の始点］	線の始点のデザインを変更する
	［線の終点］	線の終点のデザインを変更する

まとめ デジタルとアナログの両方で活用できる

Google 図形描画では算数や数学で利用する図形を作成するだけでなく、ほかのツールと連携させてデジタルワークシートを作成できます。94ページの「ページの大きさを変えるには」の使いこなしのヒントを参考にして、［ページ設定］の画面で［カスタム］を選択し、A4（［21］×［29.7］cm）やB4（［25.7］×［36.4］cm）などのサイズを数値で指定すれば、決まった用紙サイズにあわせてページの作成や印刷ができます。

レッスン 22

手描きイラストを資料に挿入するには

YouTube動画で見る
詳細は2ページへ

Chrome 描画キャンバス

Chrome 描画キャンバスを使って自由に絵を描けます。描いた絵を画像として保存すると、Google Jamboard や Google スライドに挿入できます。

1 Chrome 描画キャンバスに背景を挿入する

デスクトップ画面を表示しておく

1 画面左下の［ランチャー］をクリック

2 ［Chrome 描画キャンバス］をクリック

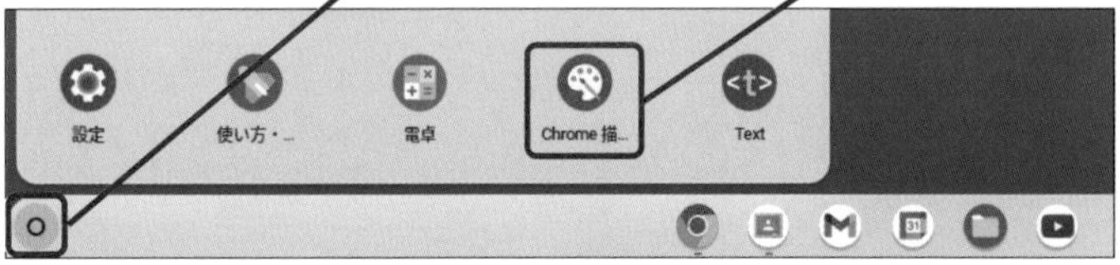

Chrome 描画キャンバスが起動した

3 ［最大化］をクリック

画面左のバーからペンの種類や色を選択し、タッチパッドやタッチスクリーンで描画できる

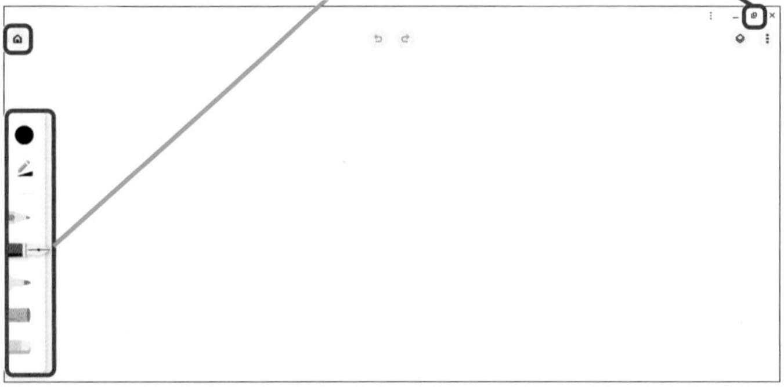

4 画面左上の［ギャラリーに戻る］をクリック

ギャラリーが表示された

ここでは、下絵とする画像を挿入する

5 ［画像から新規作成］をクリック

キーワード

Chrome 描画キャンバス P.232

ここに注意

Chrome 描画キャンバスはブラウザからも開くことができます。下記のQRコードを Chromebook のカメラで読み込んでアクセスすることができます。

使いこなしのヒント

さまざまな種類の線を使いこなす

Chrome 描画キャンバスでは4種類の線を使って絵を描くことができます。表現したいものにあわせて使い分けましょう。

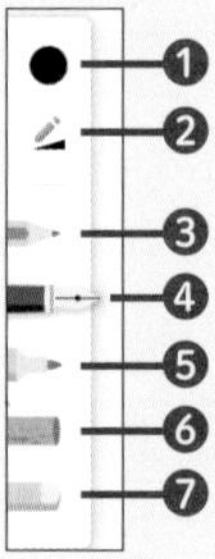

❶［カラーパレット］：色を変更する
❷［ブラシのサイズと不透明度］：線の太さと透明度を変更する
❸［鉛筆］
❹［ペン］
❺［マーカー］
❻［チョーク］
❼［消しゴム］

●背景に挿入する画像を選択する

マイファイルや Google ドライブに画像を保存しておく

［ファイルを選択して開く］ダイアログボックスが表示された

6 挿入したい画像をクリック

7 ［開く］をクリック

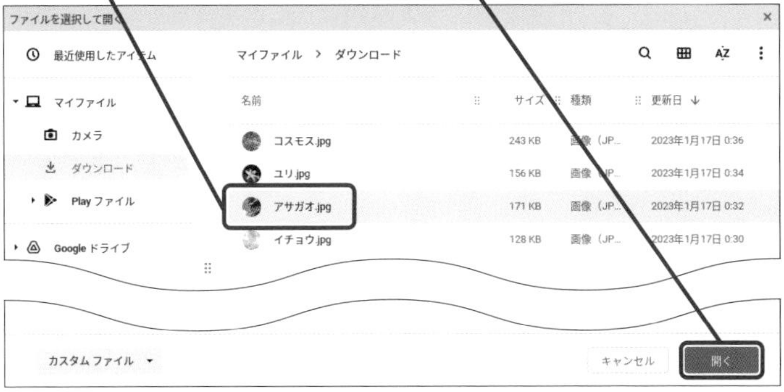

2 画像をもとに絵を描く

画像が背景に挿入された

ここでは、背景画像をなぞりながら描画する

1 ［ペン］をクリック

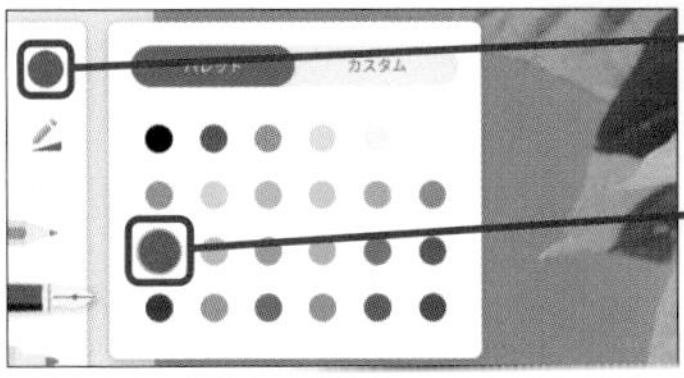

2 ［カラーパレット］をクリック

3 使いたい色をクリック

4 ［ブラシのサイズと不透明度］をクリック

5 ポインターを左右にドラッグして［サイズ］と［不透明度］を変更

設定したペンの太さと透明度が表示される

6 画面のほかの場所をクリック

使いこなしのヒント

ぬり絵やなぞり書きができる

手順1操作6で、背景に挿入する画像としてイラストの画像を挿入すると、ぬり絵として活用できます。また、文字の画像を挿入すれば、なぞり書きで文字を書く練習をするツールとしても活用可能です。

使いこなしのヒント

ペンの色をカスタムする

手順2の操作2で［カラーパレット］-［カスタム］の順にクリックすると、使いたい色を自由にカスタマイズできます。

◆［色相スライダー］
ドラッグして基調色を決め、上の画面をクリックして色合いを決める

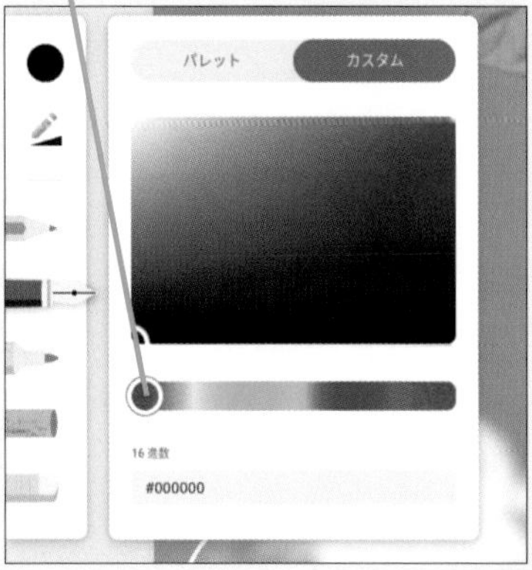

次のページに続く➡

●絵を描く

99ページの操作2 ～ 6を参考に、ペンの色やサイズを変更しながら描画する

操作を取り消すときは、[元に戻す][やり直す]をクリックする

背景の写真をもとに絵が描けた

7 画面右上の[レイヤ]をクリック

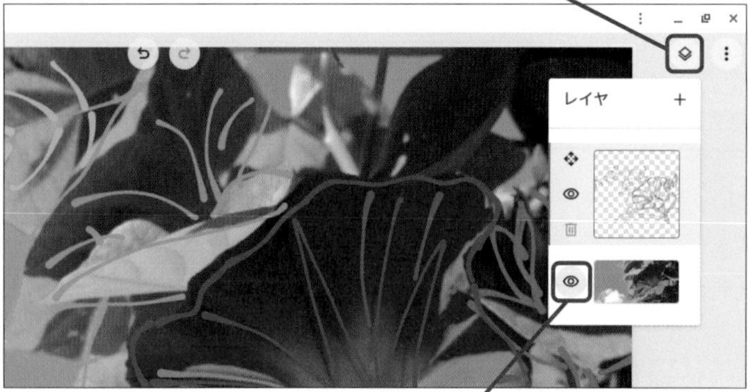

8 画像レイヤのここをクリック

背景にある画像が非表示になった

背景が非表示のアイコンに変わる

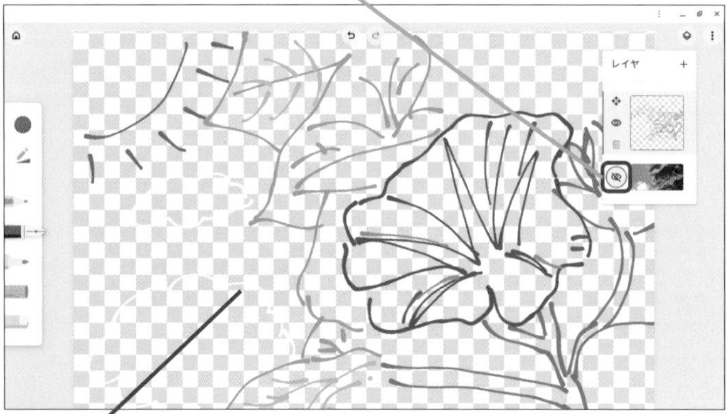

9 画面上の任意の場所をクリック

背景画像を再表示するときは、操作7 ～ 8と同様に操作する

用語解説

レイヤ

描画キャンバス上にある透明なシートのことです。例えば「画像を挿入するレイヤ」「背景を描くレイヤ」「人物を描くレイヤ」というように、レイヤごとに描く内容を分けることで、人物を描いているときに背景を間違って消してしまわないようにできます。

使いこなしのヒント

新しいレイヤを追加する

操作7で[レイヤを追加](+)をクリックして新しいレイヤを追加できます。新しく追加したレイヤも、操作7 ～ 8と同様に非表示にできます。

3 描いた絵を画像として保存する

絵が完成した

1 画面右上の［その他のオプション］をクリック

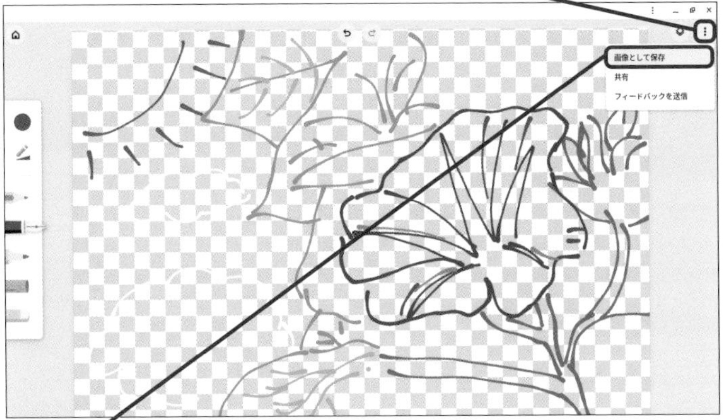

2 ［画像として保存］をクリック

［ダウンロード完了］と表示された

［フォルダを開く］をクリックすると、画像が保存されたフォルダが表示される

［クリップボードにコピー］をクリックすると画像がコピーされる

3 ［ギャラリーに戻る］をクリック

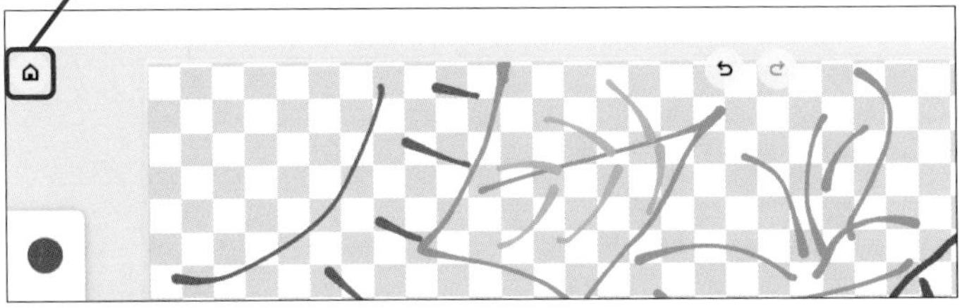

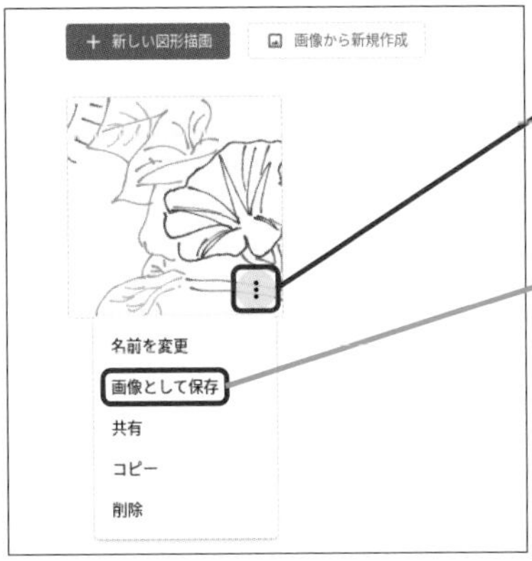

ギャラリーが表示された

4 ここをクリック

［画像として保存］などのメニューが表示される

使いこなしのヒント

画像を挿入した状態で保存する

操作7～8を実行せず、背景の画像を表示した状態で、手順3の「描いた絵を画像として保存する」を実行すると、背景の画像を含めた状態で、図形描画全体を画像として保存できます。

まとめ 資料作成や授業にも役立てることができる

Chrome 描画キャンバスは単に絵を描くだけでなく、資料作成にも役立ちます。画像に指示やポイントを書き込み、画像として Google Jamboard や Google スライドに挿入すれば、会議や説明会の資料として活用したり、授業の中で子どもたちに解説をする際のガイドとして活用したりできます。

レッスン

23 採点・集計が簡単なテストを作るには

YouTube動画で見る 詳細は2ページへ

Google フォーム

Google フォームでは画像や動画を含むアンケートやテストを作成したり、採点や集計を自動化したりすることで、校務を効率化できます。

1 選択肢に画像が入った問題を作成する

Google フォームを起動し、新しいフォームを作成しておく

1 ［設定］タブをクリック

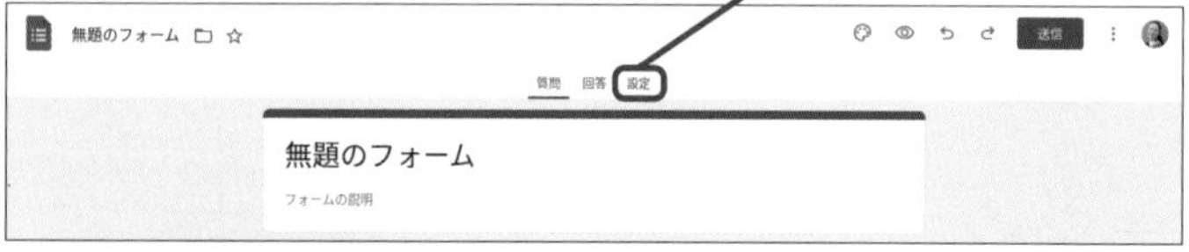

［設定］の画面が表示された

2 ［テストにする］のここをクリックしてオンに設定

［テストにする］の詳細設定が表示される

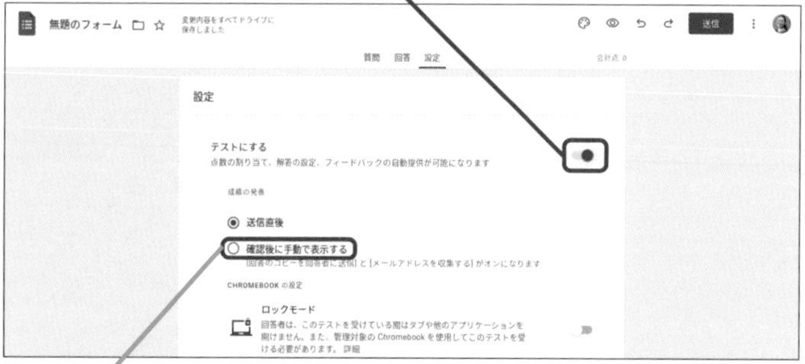

自由採点にするときは、［確認後に手動で表示する］をクリックする

［回答者の設定］で、自動採点時に子どもたちが確認できる項目を設定する

問題に割り当てる点数を［デフォルトで質問に割り当てる点数］で設定できる

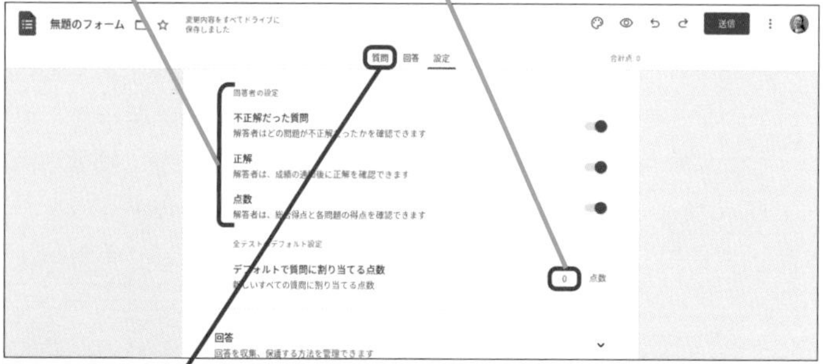

3 ［質問］タブをクリック

フォームの設定は自動で保存される

キーワード

Google フォーム P.234
セクション P.236

使いこなしのヒント

採点結果も含め、子どもたちへの表示内容を決めておこう

テストの結果について、どういった内容をどの段階で表示するのかを事前に決めておくことができます。フォームの質問方法やテストの目的に応じて柔軟に設定しましょう。

ここに注意

フォームの自動採点ができるのは事前に答えが設定できる設問に限ります。子どもたちの考えを自由に記述させるような問題は、後から個別に答えを確認し、採点します。その場合は、操作2で［確認後に手動で表示する］を選択しましょう。

使いこなしのヒント

ロックモードとは

操作2の画面にある［ロックモード］を有効にすると、子どもたちがChromebookを使用している場合に限り、テストが完了するまでWebページの閲覧やアプリの起動ができなくなります。テストに集中させたいときに活用するといいでしょう。

●タイトルと問題文を入力する

1問目を作成する

4 ［無題のフォーム］をクリックしてファイル名を入力

5 ［無題のフォーム］をクリックして、ファイル名を反映

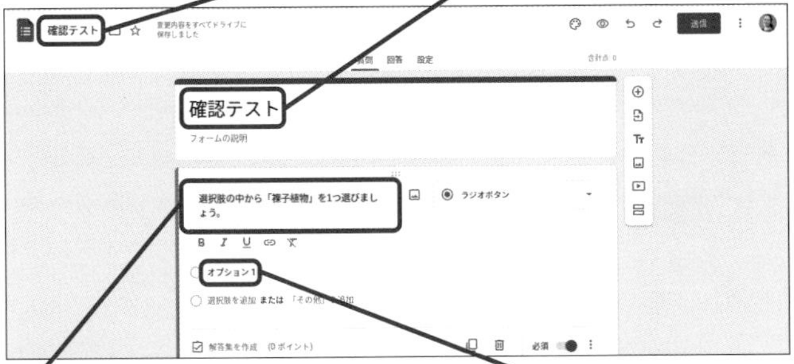

6 ［無題の質問］をクリックして問題文を入力

7 ［オプション1］をクリック

ここでは、選択式の問題を作成する

質問形式を変更するときは、［ラジオボタン］のここをクリックして、［記述式］などを選択する

8 「1」と入力

9 ［選択肢を追加］をクリック

同様の手順で、2～4という選択肢を作成する

［候補］に表示された項目をクリックしてもいい

10 選択肢の「1」にマウスポインターをあわせる

11 ［画像を追加］をクリック

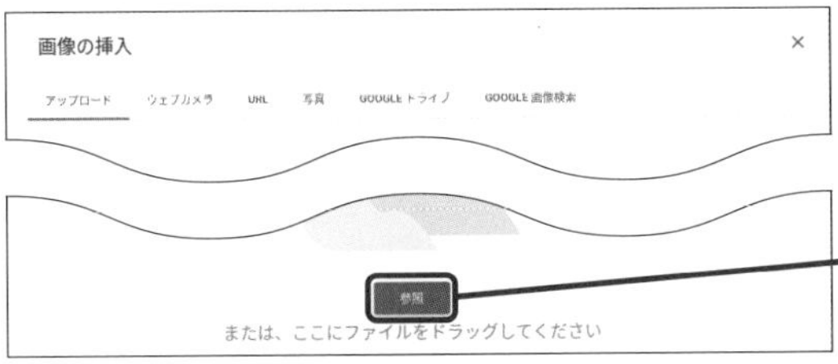

［画像の挿入］ダイアログボックスが表示された

12 ［参照］をクリック

使いこなしのヒント

動画も挿入できる

Google フォームは、画像だけでなく動画も挿入できます。例えば、英語の会話の様子の動画を挿入すれば、リスニング問題としても活用できます。問題を作成する画面の右横にある一覧から［動画を追加］をクリックして動画を追加します。

使いこなしのヒント

画像を検索して質問に挿入する

操作10～14では端末に保存した画像を選択肢に挿入しましたが、Google 画像検索を使って検索した画像を挿入することもできます。

操作11を参考に、［画像の挿入］ダイアログボックスを表示する

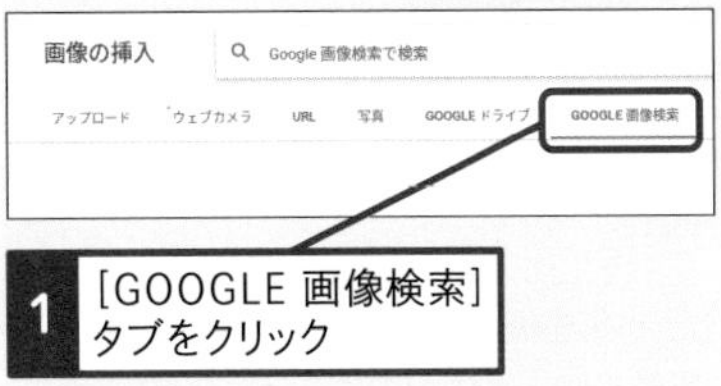

1 ［GOOGLE 画像検索］タブをクリック

キーワードを入力して画像を検索する

次のページに続く

●挿入する画像を選択する

13 挿入したい画像をクリック

14 ［開く］をクリック

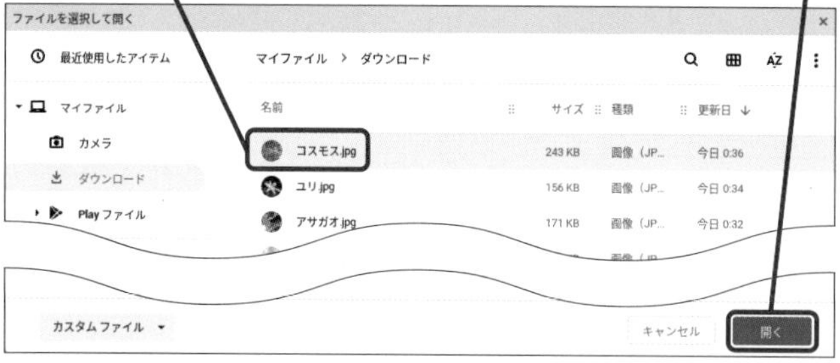

同様の手順で選択肢2 ～ 4の画像も挿入する

2 正解を入力し、点数を設定する

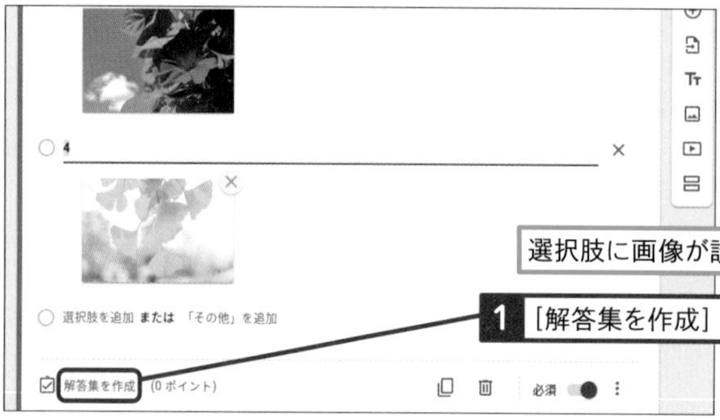

選択肢に画像が設定された

1 ［解答集を作成］をクリック

「正しい解答を選択してください」と表示された

2 「0」をクリックして点数を入力

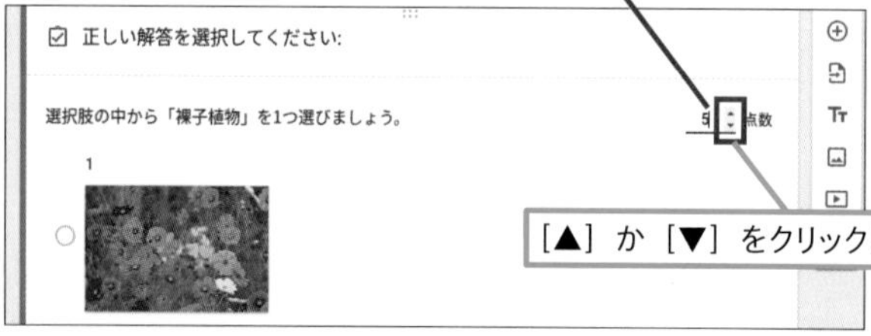

［▲］か［▼］をクリックしてもいい

3 正解の選択肢のここをクリック

4 ［完了］をクリック

［質問を追加］をクリックし、同様の手順で残りの問題を作成する

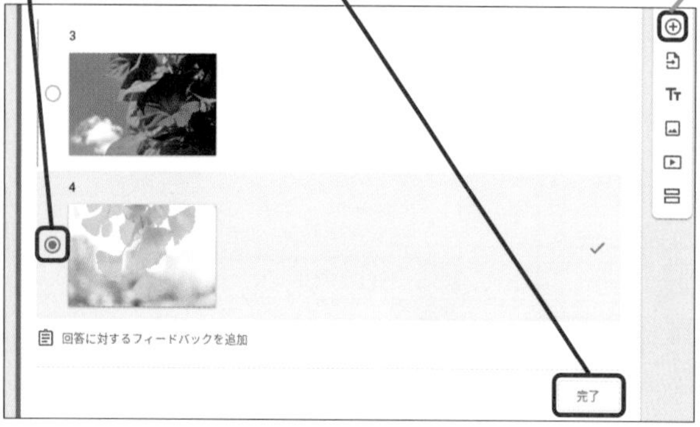

スキルアップ

フィードバックを活用する

手順2操作3の画面で［回答に対するフィードバックを追加］をクリックし、子どもたちへのフィードバックを入力することが可能です。不正解または正解別にフィードバックを入力できます。フィードバックを入力しておくことで、テスト後に子どもたちが自分で問題を見直し、学びを深めることができます。

不正解と正解に分けてフィードバックを入力する

1 ［不正解］タブをクリック

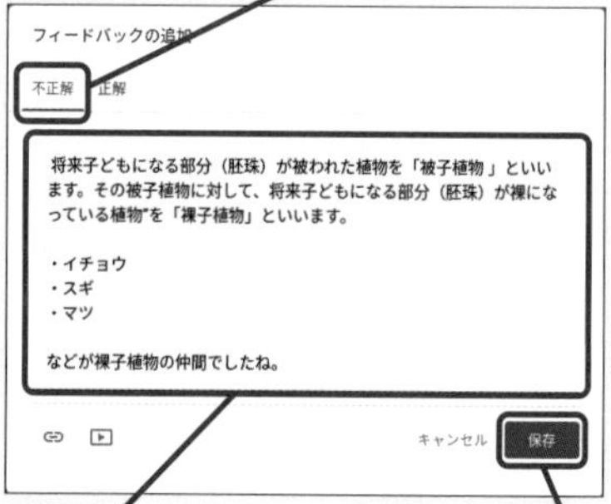

2 フィードバックを入力

3 ［保存］をクリック

リンクや動画も挿入できる

3 選択肢を分岐させた振り返り記入欄を作成する

テストの振り返りを入力するための質問を作成する

[質問を追加] をクリックし、新しい質問を作成しておく

1 103ページを参考に、問題文と「はい」「いいえ」の選択肢を作成

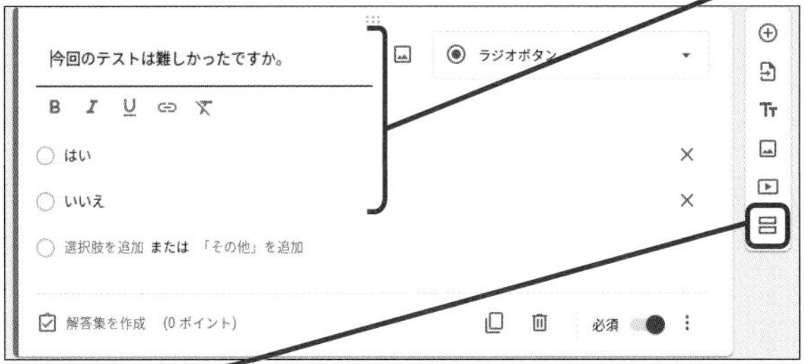

2 [セクションを追加] をクリック

新しいセクションが追加された

「はい」と答えたときの質問を作成する

3 [無題のセクション] をクリックし、「「はい」と答えた人へ」と入力

4 [質問を追加] をクリック

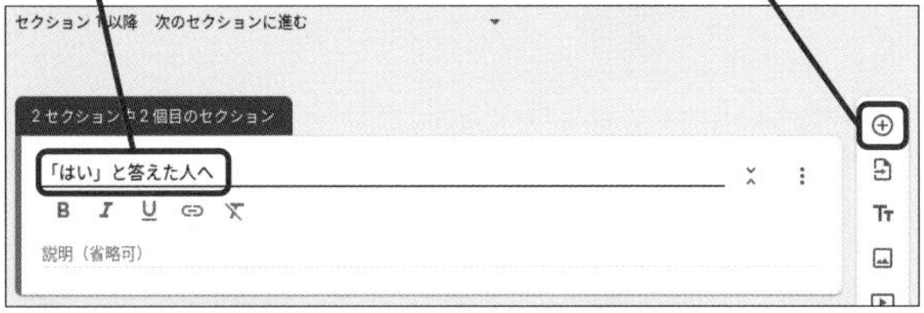

5 質問を入力

6 質問形式を [段落] に設定

7 [セクションを追加] をクリック

操作3～6を参考に、「いいえ」と答えたときの質問を作成する

使いこなしのヒント

分岐機能を活用する

小テストだけでなく、さまざまな場面で分岐の機能を活用できます。例えば、生徒指導に関するアンケートで「心配なことがありますか」という質問に対し「はい」と答えた子どもたちと「いいえ」と答えた子どもたちに異なる質問を投げかけたり、欠席連絡フォームで、発熱がある場合とない場合で質問内容を変えて活用したりすることができます。

使いこなしのヒント

分岐した内容ごとに集計できる

分岐機能を活用したフォームでアンケートをとった場合、[回答] ページを見ると、分岐させた質問内容ごとに集計結果を確認することができます。分岐機能を活用すれば答えを項目ごとに整理する必要がなくなるので、集計作業の時間を大幅に短縮し、その時間を結果の分析や今後の方針を話し合う時間にあてることができます。

次のページに続く

●回答後の分岐先を指定する

画面を上にスクロールして、105ページの手順3で作成した質問を表示する

8 質問をクリック

9 ［その他のオプション］をクリック

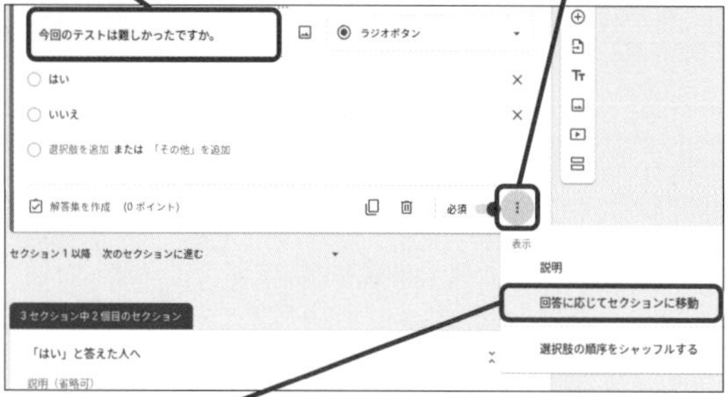

10 ［回答に応じてセクションに移動］をクリック

分岐先の選択肢が表示された

11 ［はい］の右側にある［次のセクションに進む］をクリックして、［セクション2（「はい」と答えた人へ）に移動］を選択

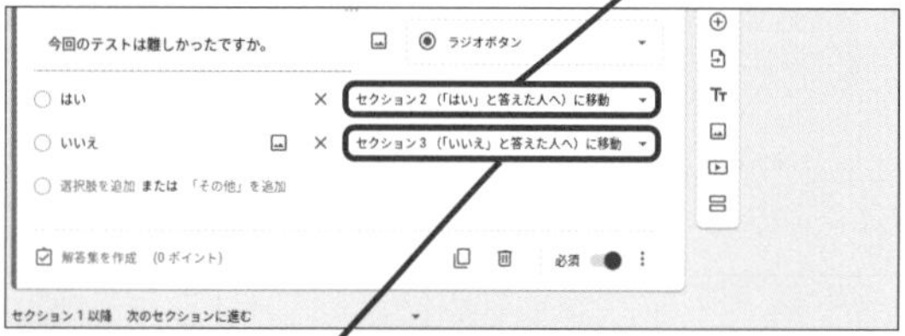

12 ［いいえ］の右側にある［次のセクションに進む］をクリックして、［セクション3（「いいえ」と答えた人へ）に移動］を選択

「「はい」と答えた人へ」のセクションを表示する

13 ［次のセクションに進む］をクリック

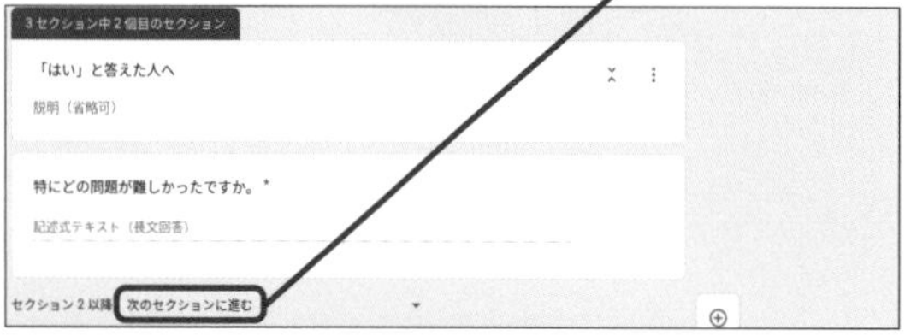

14 ［フォームを送信］をクリック

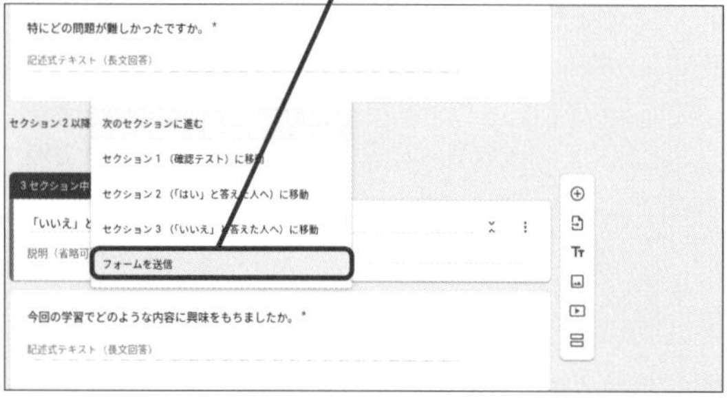

「はい」と回答した場合の質問に回答し終えると、回答の［送信］ボタンが表示される

作成したテストを配布し、実施する

使いこなしのヒント

正しく問題が作成できているかを確かめるには

手順1操作1の画面の右上に表示されている［プレビュー］をクリックすることで、子どもたちがテストやアンケートに答える画面を表示し、フォームの内容や見え方を確認できます。プレビューの画面上で入力できるので、正しく分岐の設定ができているかを確認することもできます。

使いこなしのヒント

作成したテストを配布する

作成したテストはGoogle Classroomから「課題」として配布することで、Classroom上で得点の管理もでき、大変便利です。また、手順1操作1の画面の右上の［送信］をクリックすると、Gmailでフォームを送信したり、フォームに回答してもらうためのリンクをコピーしたりすることができます。フォームの内容や回答してもらう相手によって、共有方法を使い分けるといいでしょう。

4 回答を表示する

子どもたちから送信された回答を確認する

［質問］画面を表示しておく

1 ［回答］タブをクリック

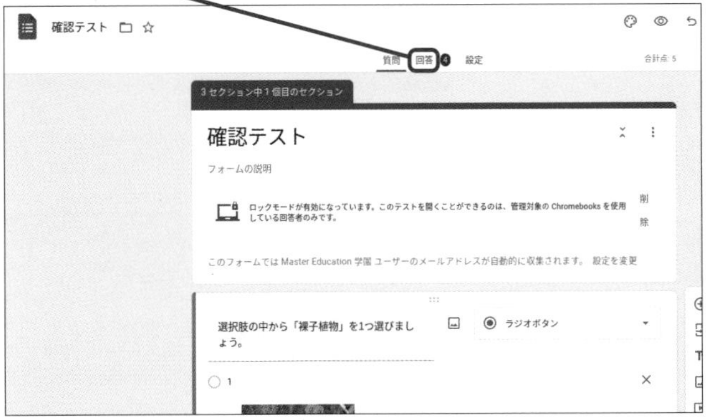

［概要］の画面が表示され、得点の分布がグラフとして表示される

［回答を受付中］をクリックしてオフに設定すると、テストが締め切られる

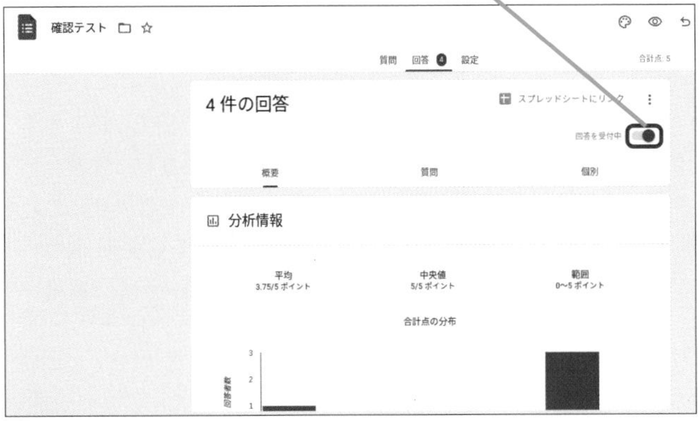

2 画面を下にスクロール

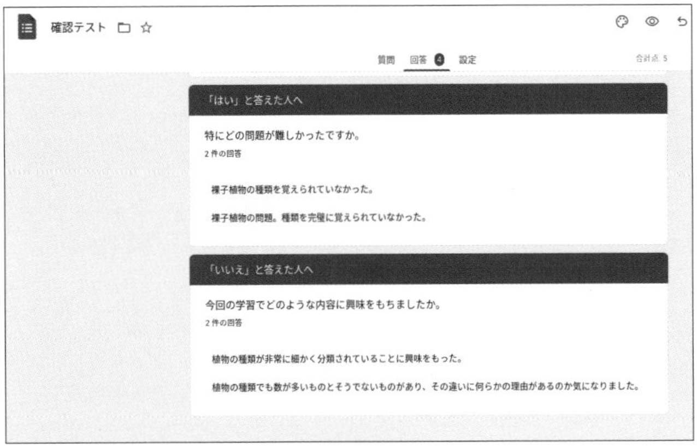

セクションごとの質問の回答も表示される

使いこなしのヒント

解答の確認方法を知ろう

手順4操作1の画面では、タブの切り替えにより答えの確認方法を変更できます。［概要］タブではクラス全体の平均点や個人のスコア、各設問の分析結果などが表示されます。［質問］タブでは、設問ごとに子どもたちの解答内容を一元管理でき、手動で採点する場合に非常に便利です。［個別］からは子どもたちごとにテストの解答を確認できます。

まとめ Google フォームで校務の効率化と主体的な学びを実現

Google フォームで画像や動画を活用してテストを作成することで、作成できる問題の幅が広がります。また、分岐機能を活用すれば、条件ごとに問題や質問内容を変えることができ、効率的に回答を集計できます。フィードバックを活用することで子どもたちもテスト後に自身の理解度を自分で確認したり、学びをさらに深めたりすることができ、より主体的に学習に取り組めるようになります。

レッスン

24 子どもたちの学びの記録を一元管理するには

YouTube 動画で見る
詳細は2ページへ

Google Classroom

Google Classroom は課題の配布・採点・返却をはじめとして、子どもたちの学びを手助けする機能がたくさんあります。Classroom の機能をフル活用して子どもたちのより豊かな学びを実現しましょう。

1 課題の作成を開始する

Google Classroom を起動し、［課題］の画面を表示しておく

1 ［タイトル］に課題のタイトルを入力

2 ［課題の詳細（省略可）］に課題の詳細を入力

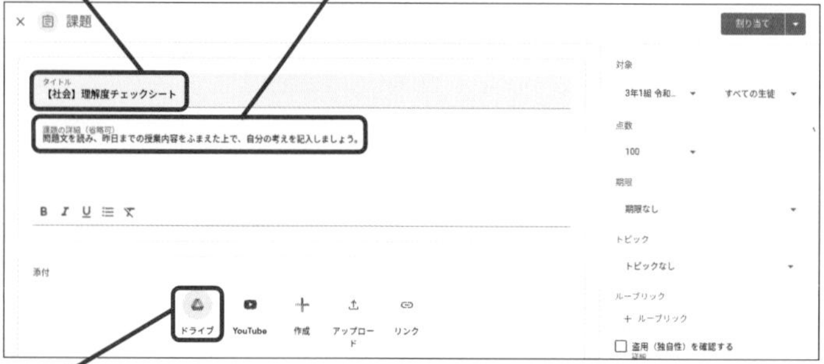

3 ［添付］の［ドライブ］をクリック

ここでは、事前に作成した課題を選択する

4 ［マイドライブ］タブをクリック

5 課題をクリック

6 ［追加］をクリック

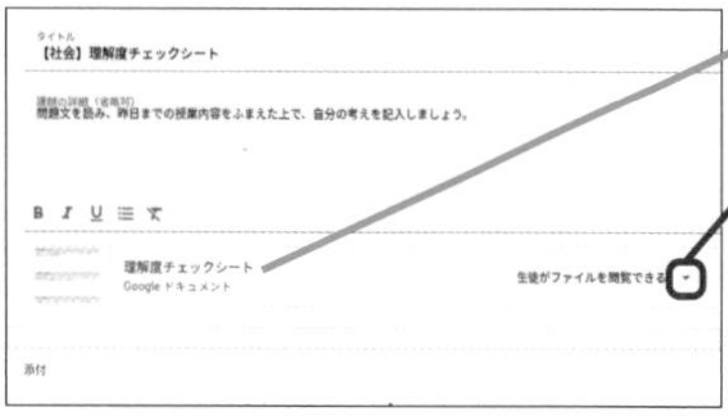

課題ファイルが添付できた

7 ［生徒がファイルを閲覧できる］のここをクリック

8 ［各生徒にコピーを作成］をクリック

課題のコピーが子どもたちに配布される

キーワード

Google Classroom P.233
ルーブリック P.236

使いこなしのヒント

課題は投稿の予約ができる

Google Classroom では、課題の投稿日時を予約できます。手順1の画面右上にある［割り当て］の［▼］をクリックして［予定を設定］を選択すると、任意の日時を設定できます。予約された課題は、［授業］ページに［投稿予定］として保存されます。投稿の予約をする機能は、［ストリーム］ページでの投稿にも活用できます。

予約機能の利用により、授業の終了するタイミングにあわせて自動的に課題を配布したり、子どもたちの登校時間にあわせて先生からのメッセージを投稿したりもできるので、課題の準備や配布の時間が減らせます。

使いこなしのヒント

子どもたちの操作範囲を設定できる

手順1の操作7では子どもたちの操作方法を設定できます。

操作方法	説明
［生徒がファイルを閲覧できる］	ファイルを閲覧できるが、編集不可
［生徒がファイルを編集できる］	1つのファイルを同時に編集可能。ただし、Google アプリのファイル形式以外は編集不可
［各生徒にコピーを作成］	ファイルのコピーが配布され、個別のファイルを編集可能

●課題の点数と提出期限を設定する

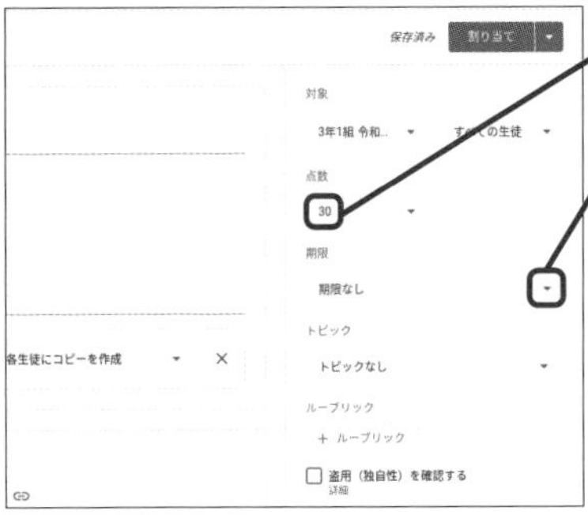

9 ［点数］のここをクリックして数値を入力

10 ［期限］のここをクリック

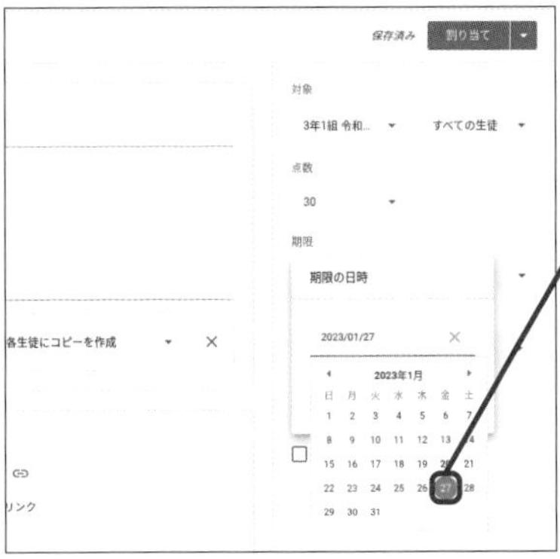

ここでは提出期限を1月27日に設定する

11 ［期限なし］をクリック

12 提出期限の日付をクリック

13 カレンダー以外の場所をクリック

点数と提出期限が設定される

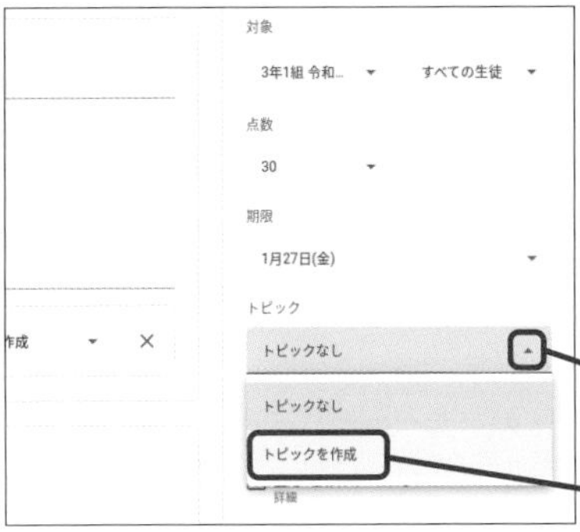

「【課題】」という名称でトピックを作成する

14 ［トピック］のここをクリック

15 ［トピックを作成］をクリック

2 ルーブリックを作成する

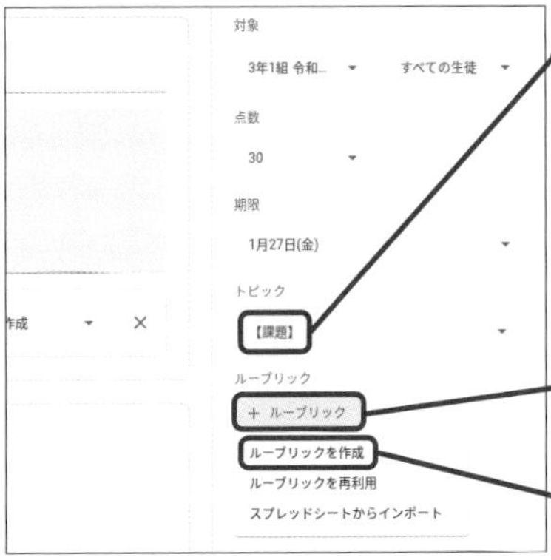

1 トピック名を入力

2 ［ルーブリック］をクリック

3 ［ルーブリックを作成］をクリック

使いこなしのヒント

課題を配布する子どもたちを選択できる

操作9の画面で［対象］の［すべての生徒］をクリックすると、課題を配布する対象を選択できます。再テストや個別の課題など、メンバー全員に課題を配る必要がないときに便利な機能です。

1 ［すべての生徒］のここをクリック

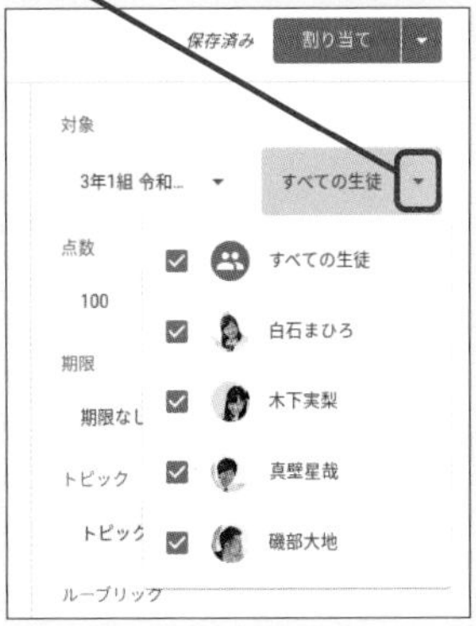

子どもの名前の左にあるチェックボックスをクリックして、配布対象を選択する

使いこなしのヒント

トピックを活用し課題を整理するには

トピックを作成すると、［授業］ページで投稿された内容をトピックごとに整理できます。教科名のほか、「課題」「小テスト」「振り返り」などのカテゴリー別もおすすめです。

次のページに続く ➡

●評価基準を入力する

［ルーブリック］の画面が表示された

ルーブリックを採点に使用しないときは、［スコアを使用］のここをクリックしてオフに設定する

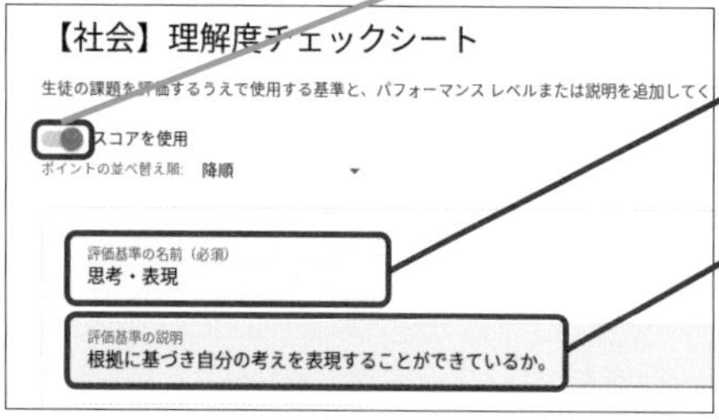

4 ［評価基準の名前（必須）］をクリックして、名前を入力

5 ［評価基準の説明］をクリックして、説明文を入力

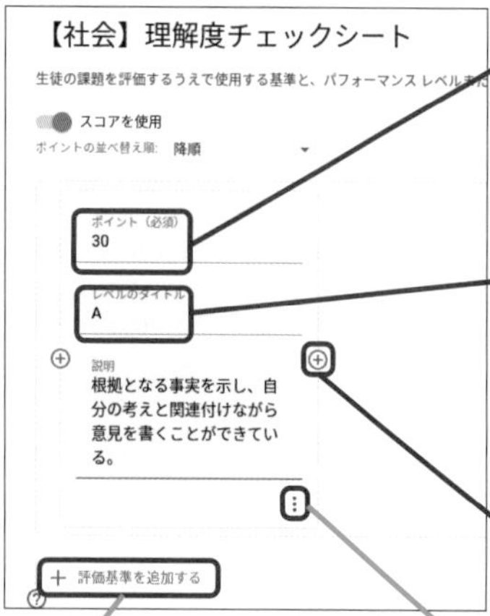

6 ［ポイント（必須）］の数字をクリックして、数値を入力

［▲］［▼］をクリックしても数値を設定できる

7 ［レベルのタイトル］をクリックして、タイトルを入力

8 ［説明］をクリックして、このレベルに求められる達成度を入力

9 ［+］をクリック

［+評価基準を追加する］をクリックすると、評価基準を追加できる

ここをクリックして［レベルを削除］をクリックすると、評価レベルを削除できる

新しい評価レベルが作成される

10 操作6～9を参考に、評価レベルを作成

11 ［保存］をクリック

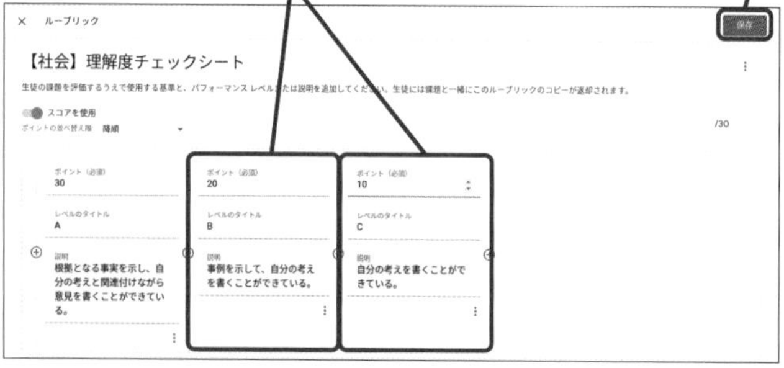

［ルーブリック］が作成できた

12 ［割り当て］をクリック

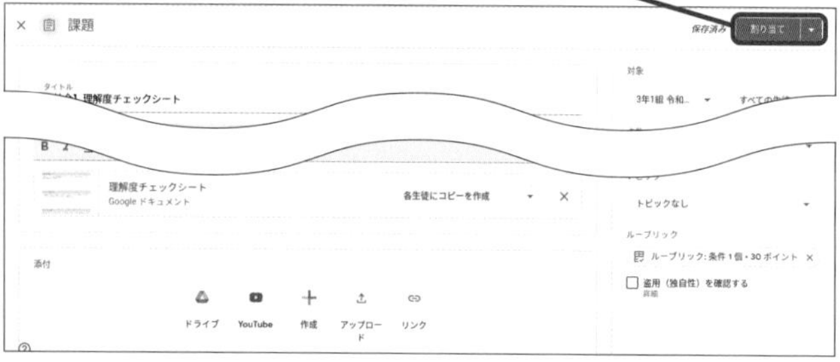

スキルアップ

盗用（独自性）を確認するとは

前ページの手順1の操作9の画面右下にある［盗用（独自性）を確認する］をクリックしてチェックマークを付けると、子どもたちが作成した提出物の中に、引用表記のないコンテンツや意図しない盗用がないかを確認できます。先生も課題が提出された際に同様に確認できます。

Google Workspace for Education Fundamentals のアカウントを利用する場合、各クラスで独自性レポートを有効にできる課題は5件までです。Teaching and Learning Upgrade または Google Workspace for Education Plus へアップグレードすると、独自性レポートを無制限に活用できます。

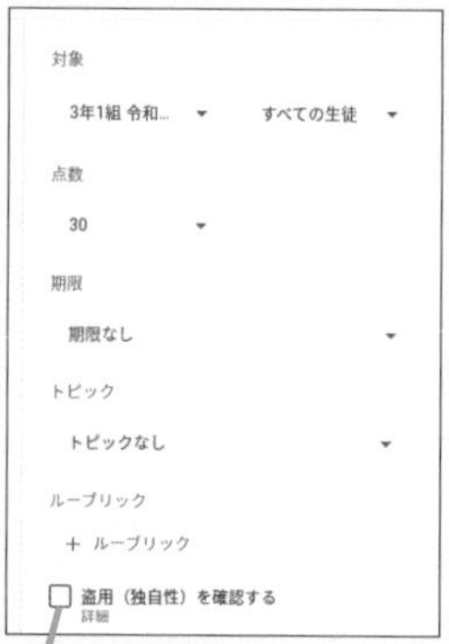

ここをクリックすると、インターネット上にある文献と一致するものがあるかを確認できる

使いこなしのヒント

ルーブリック機能を使って課題の評価基準を明確にする

Google Classroom のルーブリック機能を活用することで、評価の基準を示した状態で課題を配布できます。基準を示すことで、子どもたちの学習活動や自己評価の基準が明確になります。また、先生が課題を採点するときは、設定した基準をもとに採点できるので、採点時間の短縮にもつながります。

●課題が配布された

13 ［授業］タブをクリック

期限付きの課題が、［【課題】］のトピック内に整理された状態で子どもたちに配布された

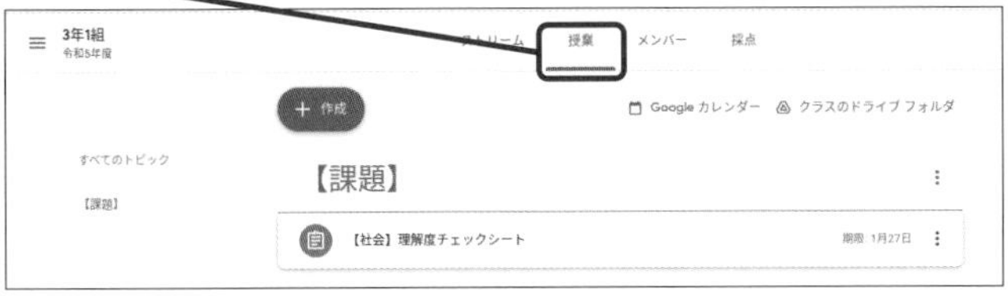

3 課題の進み具合を確認する

課題の進み具合をたずねる質問を作成する

1 ［作成］をクリック

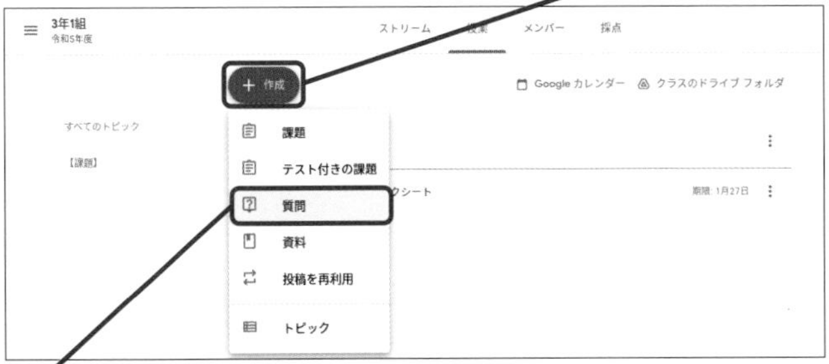

2 ［質問］をクリック

3 ［質問］をクリックして、質問を入力

4 ［記述式］をクリックして、［選択式］をクリック

5 ［選択肢1］をクリックして内容を入力

6 ［選択肢を追加］をクリックする操作を繰り返して選択肢を入力

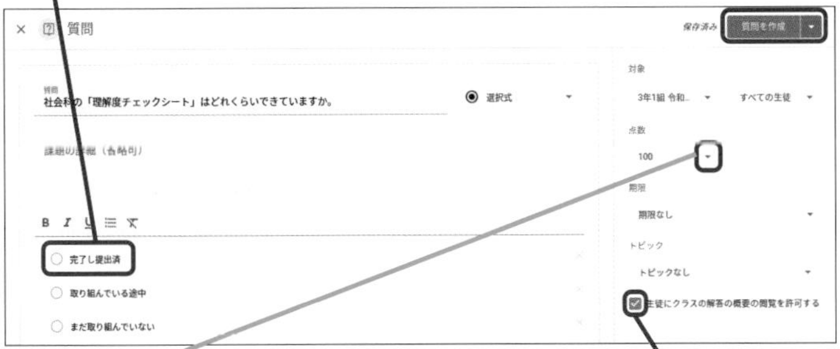

採点しないときは、［点数］のここをクリックして［採点なし］を選択する

7 ［生徒にクラスの解答の概要の閲覧を許可する］のここをクリックしてオンに設定

8 ［質問を作成］をクリック

使いこなしのヒント

ルーブリックは繰り返し使える

109～110ページでルーブリックを作成する際に［ルーブリックを再利用］を選択すると、以前に作成したルーブリックを再利用できます。各ルーブリックには最大50個の評価基準を作成でき、各評価基準には最大10個の評価レベルを作成できます。

使いこなしのヒント

記述式の質問を投稿するには

手順3の操作4で［記述式］を選択することで、子どもたちは質問に対して記述式で答えることができます。また［生徒はクラスメートに返信できます］をクリックしてチェックマークを付けると、子どもたちはほかの意見に対してコメントを付けることができます。これにより、Google Classroom 上で意見交換を行ったりインターネット上でのコミュニケーションのとり方を学んだりする場として活用したりできます。

次のページに続く

●質問が配布された

9 ［授業］タブをクリック

［授業］のページ内に質問が配布された

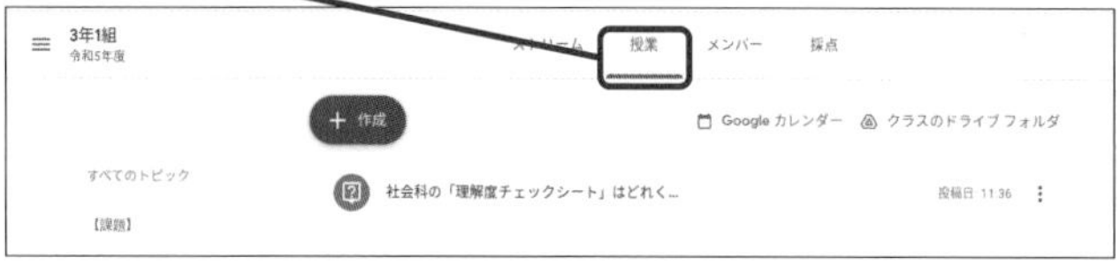

作成した質問への回答状況を確認する

10 回答状況を確認したい質問をクリック

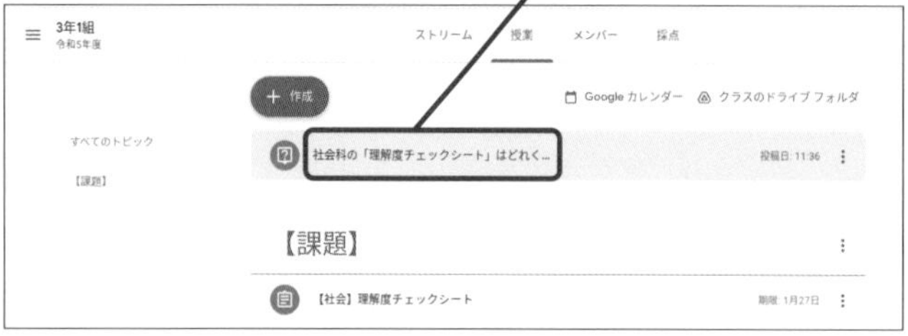

質問への回答状況が表示された

［提出済み］には質問への回答数が表示される

［割り当て済み］には質問への未回答数が表示される

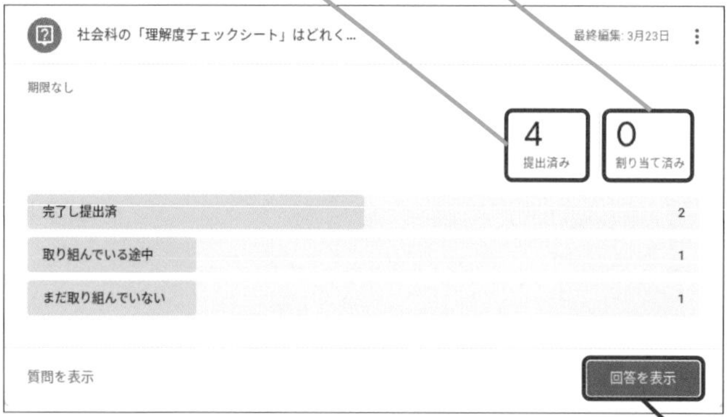

11 ［回答を表示］をクリック

［すべての生徒の解答］タブが表示された

12 子どもの名前をクリック

子どもたちの回答結果の詳細が表示された

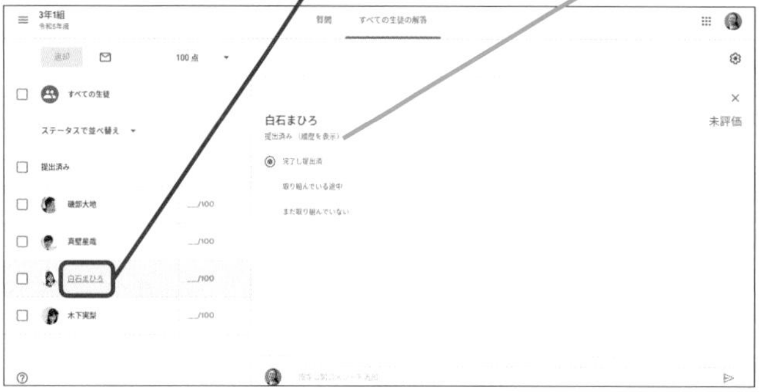

スキルアップ

子どもたちの回答を確認

子どもたちは［ストリーム］画面もしくは［授業］画面から、配布された質問を表示して回答します。どの選択肢に何票入っているのかも、回答後にすぐ確認できます。課題の進み具合を確認するだけでなく、授業中に授業の内容について全員の意見を素早く集計し、その結果を後の議論に生かすこともできます。

1 回答を選択

2 ［提出］をクリック

回答を提出後、全体の結果がすぐに表示される

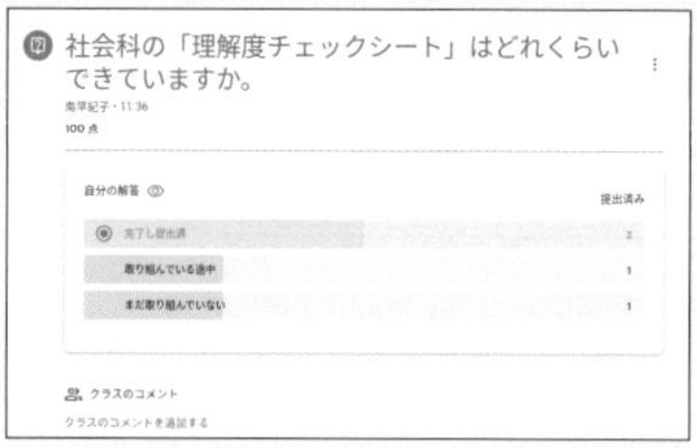

4 提出物を採点して返却する

Google Classroomを起動し、採点する課題を表示しておく

ここではドキュメント形式の提出物を採点する

1 [生徒の提出物]タブをクリック

2 提出物をクリック

Google ドキュメントが起動し、提出物が表示された

3 [ルーブリック]の評価基準をクリック

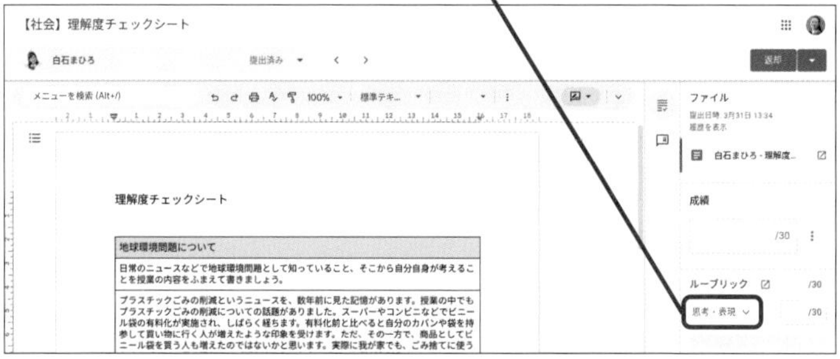

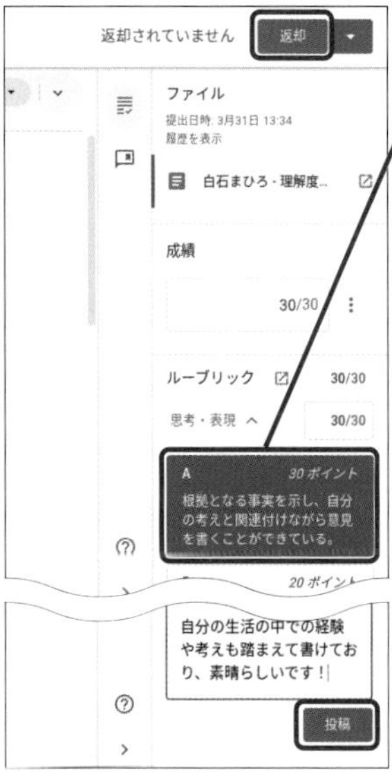

評価レベルが表示された

4 評価レベルをクリック

[成績]に[ルーブリック]のポイントに準じた得点が反映される

[限定公開のコメント]に追加のコメントを入力できる

5 [投稿]をクリック

操作3の画面上部の子どもの名前をクリックするか、子どもの名前の右側にある[>]をクリックすると、次の子どもの提出物の画面が表示される

6 画面右上の[返却]をクリック

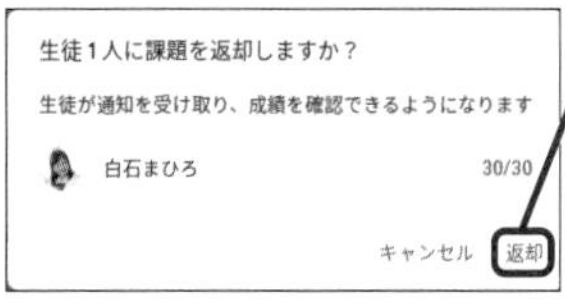

7 [返却]をクリック

提出物が返却される

使いこなしのヒント

提出物に直接コメントを付けるには

提出物の文章をドラッグし、[コメントを追加]をクリックすると、選択箇所に直接コメントを付けることができます。

1 コメントする場所をドラッグして選択

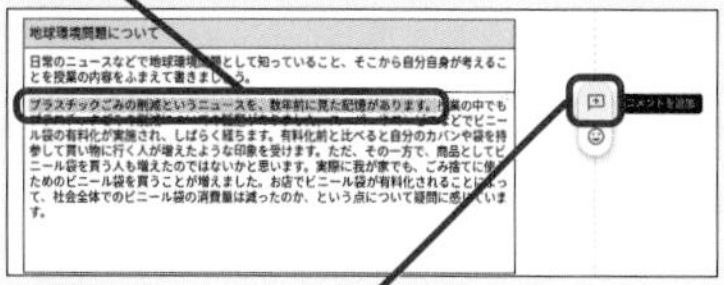

2 [コメントを追加]をクリック

3 コメントを入力

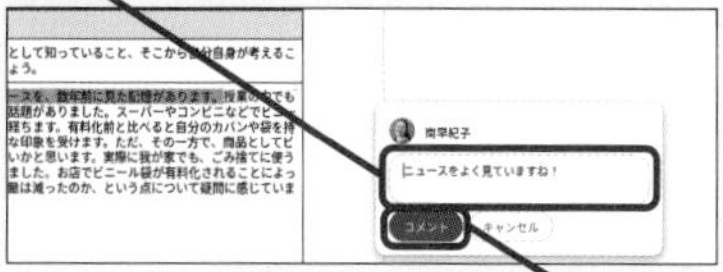

4 [コメント]をクリック

時短ワザ

コメントバンクで素早くコメントするには

複数の子どもに同じコメントを付けるときは、[コメントバンク]－[＋バンクに追加]の順にクリックしてコメントを蓄積すると便利です。蓄積したコメントは、[クリップボードにコピー]をクリックしてコピーできます。

1 [コメントバンク]をクリック

2 [＋バンクに追加]をクリック

コメントバンクに登録される

ここをクリックすると、クリップボードにコピーされる

次のページに続く

5 成績を Google スプレッドシートに書き出す

Google Classroom を起動しておく

1 ［採点］タブをクリック

各自の課題ごとの成績や進捗状況が表示された

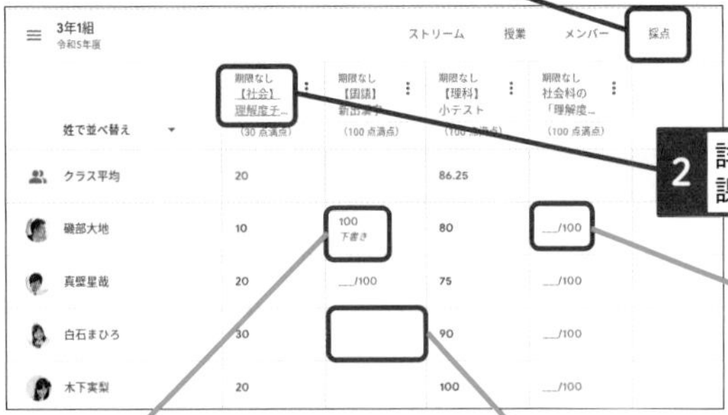

2 詳細を確認したい課題をクリック

未採点の課題は「__/100」と表示される

採点済みで未返却の課題は「下書き」と表示される

未提出の課題は空欄になっている

［生徒の提出物］タブの画面が表示された

3 画面右上のここをクリック

4 ［すべての成績を Google スプレッドシートにコピー］をクリック

Google スプレッドシートに課題の成績一覧が表示された

未提出の課題や返却されていない課題は、空欄になっている

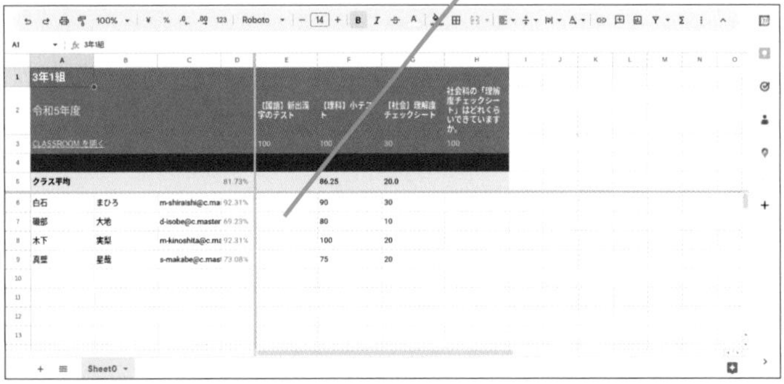

スプレッドシートは［マイドライブ］の［Classroom］フォルダに保存される

使いこなしのヒント

［採点］画面からも提出物を返却できる

［採点］画面からも、下書き状態の提出物を個別または一括で返却できます。［授業］画面から個別の［課題］画面を表示する手間もなく素早く返却することが可能です。

●子どもへの個別の返却

1 子どもの課題欄にマウスポインターをあわせる

2 ここをクリック

3 ［返却］をクリック

●一括返却

1 課題名にマウスポインターをあわせる

2 ここをクリック

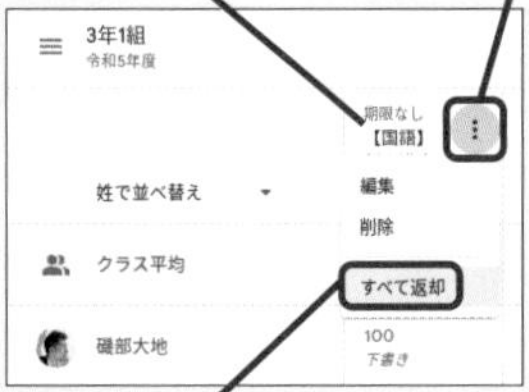

3 ［すべて返却］をクリック

ここに注意

手順5操作3の画面で子どもの名前の左にあるチェックボックスをクリックした後、［返却］ボタンの右にある［選択した生徒にメール］をクリックすると、課題についてのメールを送信できます。ただし、自治体によっては Gmail の使用を制限している場合があるため、注意が必要です。

6 再テストの案内を送る

Google Classroomを起動しておく

1 ［ストリーム］タブをクリック

ここでは、再テストの案内を通知する

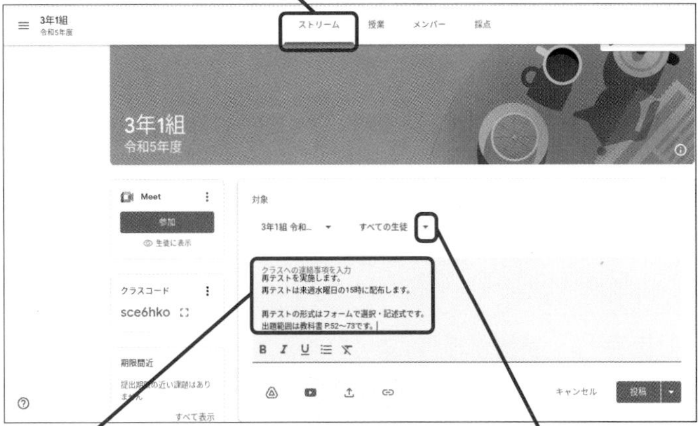

2 ［クラスへの連絡事項を入力］をクリックして、通知内容を入力

3 ［すべての生徒］のここをクリック

子どもたちの一覧が表示された

4 通知する子どものここをクリックしてチェックマークを付ける

投稿を送信する子どもの人数が表示された

5 ［投稿］をクリック

連絡事項が投稿された

6 ［生徒1人］をクリック

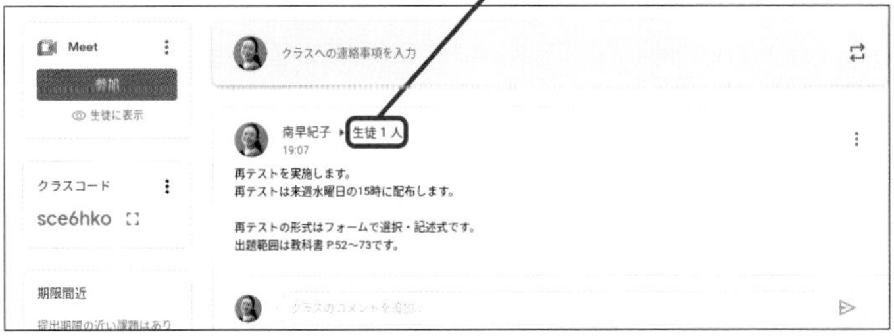

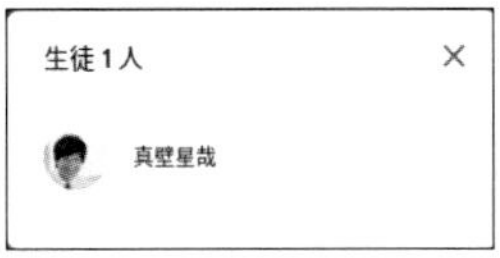

連絡事項を投稿した子どもの名前が表示された

使いこなしのヒント

連絡事項の投稿を使い分けるには

手順6操作4のように、［ストリーム］画面から連絡事項を投稿する際に、メンバーの誰に対して投稿するのかを選択できます。108ページの1つ目の使いこなしのヒントを参考にして、投稿予約を活用したり、Google ドライブに保存したファイル、YouTube 動画やリンクなどを添付して投稿したりもできます。投稿内容でこれらの機能を使い分けると、簡単かつ素早く情報を伝達できます。

まとめ 学びの質を高め校務を省力化する

Google Classroom は子どもたちの学びの記録を一元管理し、学習管理での先生方の負担を減らすだけでなく、子どもたちと先生、子どもたち同士のコミュニケーションを活性化し、より主体的・対話的で協働的な学びの実現を力強くサポートしてくれます。Classroom の機能をフル活用して子どもの学びの質を高め、先生方の校務の省力化を実現しましょう。

この章のまとめ

「個人」での活用が「チーム」での活用につながる

GIGAスクール構想により、学校では1人1台Chromebook などの端末と、高速大容量の通信ネットワークの整備が行われました。しかし、「学校全体としての活用が思うように進まない」という声が聞かれるのも事実です。学校全体での活用を促進するためには、管理職の先生やICT担当の先生など、限られた先生方だけでなく、先生一人ひとりが自身の授業や校務で1人1台端末を活用しようとする姿勢が必要不可欠です。

本章では、先生方が個人でできるICT活用アイデアについて紹介しました。メモや予定の管理をデジタル化する、さまざまなツールを使って素早くデジタルワークシートを作成する、小テストをデジタル化する、というように今までアナログだったものをデジタル化することで、校務が省力化されます。アプリを活用することでデータの連携が容易になり、チームで子どもたちの学びを支えたり、校務を進めたりすることが可能になります。

本章で紹介した1人1台端末の活用を、先生個人で着実に実践することで活用の土台を固め、第5～6章で紹介する「チーム」での活用につなげていきましょう。

学校DXを促進させるために、まずは先生1人1人が授業や校務にデジタルを積極的に取り入れていくことが重要となる

校務や授業準備で実践できそうなアイデアをたくさん学べました！　学校DXを推し進めるために、まずは個人で取り組めることに挑戦します！

そうですね！　先生1人1人がICTを活用することにより、先生の経験値が増え、チームで取り組む土台になります。「まずはやってみよう」を心がけて、学校DXを主体的に促進させましょう。

活用編

第5章

学校DXがつくる新しいチームのつながり方

学校DXのさらなる促進に向けて、個人での活用から、チームでの活用に輪を広げていくことが重要です。さらに Google の多くのツールは、チームでのコラボレーションをより促進させるような機能がたくさんあります。本章で、チームで取り組むことができる働き方改革の実践的なアイデアを学んでいきましょう。

25	チームで取り組む学校DX	118
26	スムーズかつ安全に情報連携するには	120
27	ヒト・モノ・コトを一元管理するには	126
28	シームレスな連携を促進するには	134
29	データの集約・可視化・分析を簡単にするには	142
30	校内のコミュニケーションを円滑にするには	148

レッスン
25
Introduction この章で学ぶこと

チームで取り組む学校DX

学校DXをより促進させていくためには、個人の働き方改革だけでなく、チーム全体での取り組みを進めることが重要です。チームでの活用を進めるために先生間のコミュニケーションや情報連携をよりスムーズに行うことができるアイデアを学びましょう。

スムーズな情報共有と連絡を実現

先生個人でできる働き方改革が分かったので、チームでできる働き方改革も知りたいです！

例えば、チームでの情報連携をスムーズに行える「Google グループ」というツールがあります。グループを作成すると、複数のユーザーに対する資料の一括共有や、メールの一斉配信を簡単に行えます。

校内の先生全員へお知らせを送信したいときや、保護者への一斉連絡の際に利用できそうですね！

予定を共有して、チームの連携を強化

Google カレンダーを活用すれば、先生全員へ予定を簡単に共有できます。

先生全員のスケジュールを確認することで、すぐに会議の調整ができそうです！

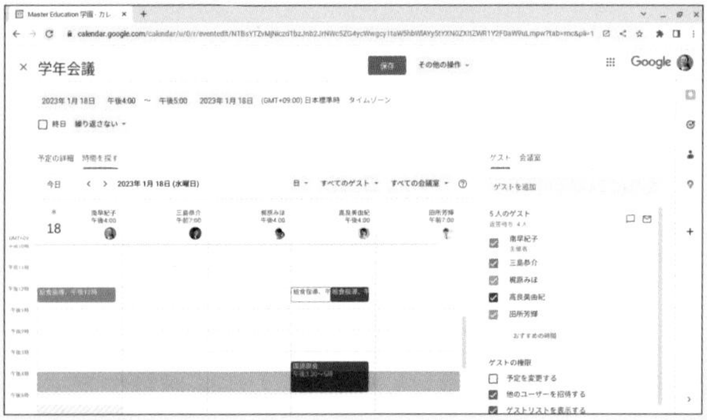

◆Google カレンダー
メンバー全員の予定を確認しながら会議の予定を作成できる

効率的な資料作成で、協働作業を促進

Googleドキュメントなどの資料作成でスマートキャンバス機能を利用すれば、チームの協働作業をよりスムーズに行うことができます。「会議のメモ」などの機能を利用して簡単に資料を作成できます。

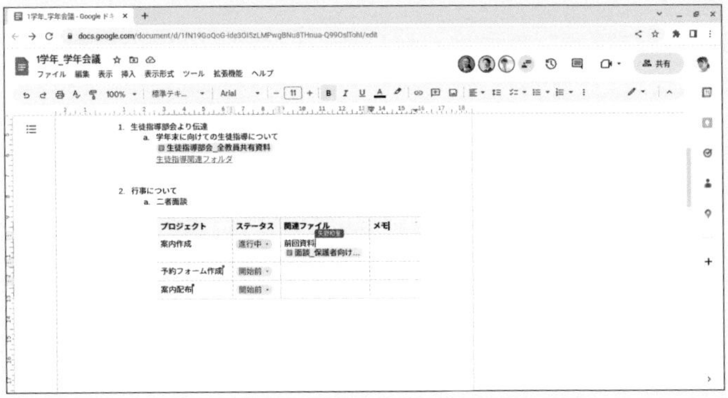

ファイルを共有しながら複数名で編集できる

資料の内容によっては、先生個人で作成するよりも、チームで取り組んだ方が効率的ですね！

先生間のコミュニケーションを活性化

Google Chatを利用すれば、先生の間で気軽にコミュニケーションができます。また「スペース」を活用することで、資料をすぐに共有できます。

職員朝礼や行事、校務分掌での連絡を円滑に行うことができて、伝達漏れなどのミスを減らすことができそう……。

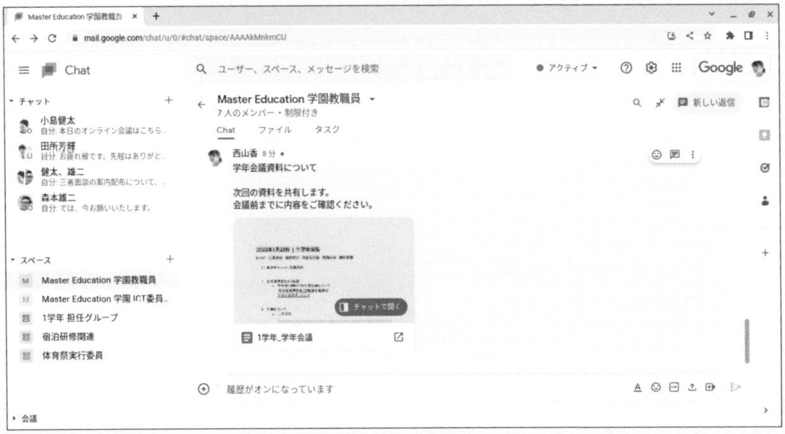

◆Google Chat
メンバーと気軽に素早くやりとりができる

26 スムーズかつ安全に情報連携するには

YouTube動画で見る
詳細は2ページへ

Google グループ

Google グループでは、あらゆる Google のツールで活用できるグループを作成できます。グループは1つのアカウントに複数のユーザーをひも付け、資料の共有やメンバーとの連携がより簡単に行えます。

1 グループを作成する

Google グループを起動し、［マイグループ］画面を表示しておく

1 ［グループを作成］をクリック

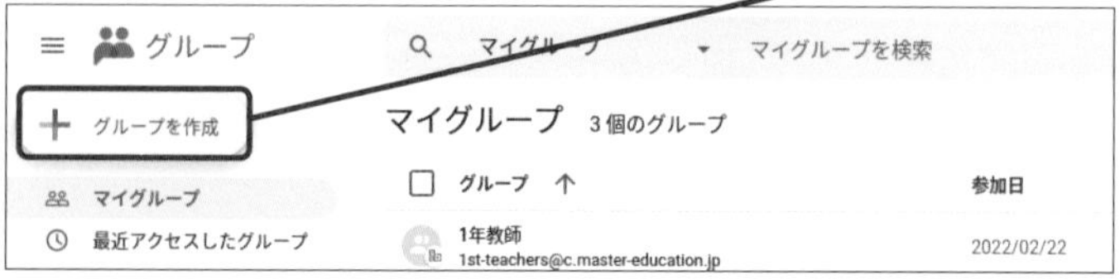

グループの設定画面が表示された

2 グループ名を入力

ここでは、「教職員グループ」というグループを作成する

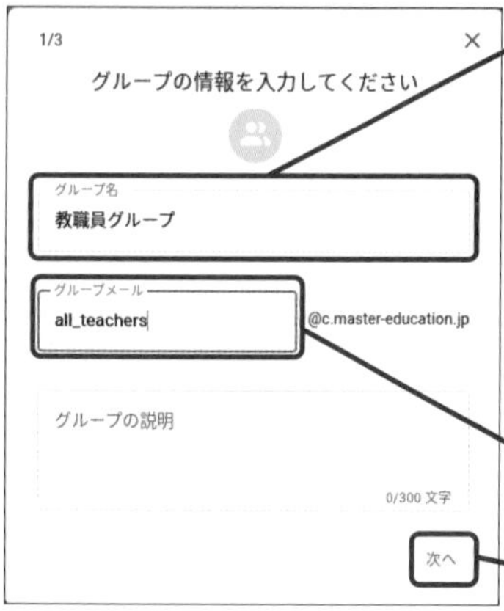

3 ［グループメール］をクリックして、グループアドレスを半角英数字で入力

4 ［次へ］をクリック

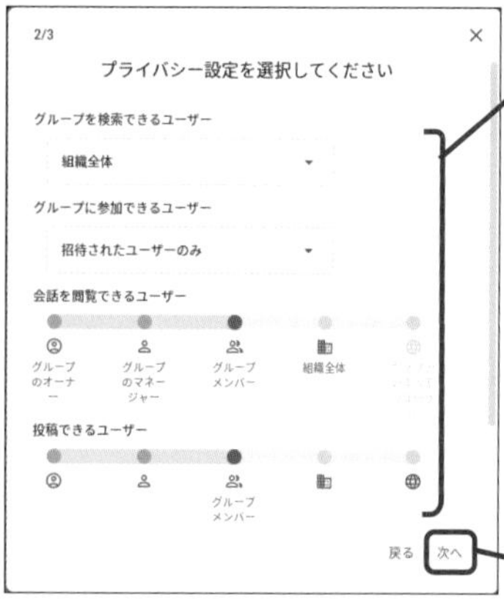

5 作成するグループについて検索や参加、会話の閲覧、投稿、メンバーの表示できる範囲を選択

6 ［次へ］をクリック

キーワード

Google グループ P.233

使いこなしのヒント

グループの作成単位について

グループはさまざまな単位で作成が可能です。組織の全ユーザーをグループに追加することも可能なため、自治体や学校の Google アカウントを所有している先生や子ども全体への情報周知にも役立ちます。また、「〇〇学校教職員」や「〇〇自治体管理職」などの単位で作成できるため、用途に応じて使い分けることができます。

使いこなしのヒント

グループメールアドレスの設定について

新規作成するグループのメールアドレスは、同じ組織内でまだ使用されていないものであれば、任意のものを設定できます。分かりやすいメールアドレスを設定すると、どのグループに該当するアドレスなのか判別しやすくなります。

使いこなしのヒント

プライバシー設定とは

グループの検索範囲や、グループへの参加、会話の閲覧、投稿、メンバー一覧の閲覧などに制限をかけることが可能です。先生のみが所属しているグループでは、グループ設定を調整することで、より安全なやりとりができます。

●メンバーを追加する

7 ［グループメンバー］をクリックして、追加したいユーザーのアカウントを入力

8 ［グループを作成］をクリック

グループが作成できた

9 ［×］をクリック

［グループに移動］をクリックすると、作成したグループの詳細画面が表示される

2 グループメンバーへメッセージを送る

ここでは、作成した「教職員グループ」に一斉メールを送信する

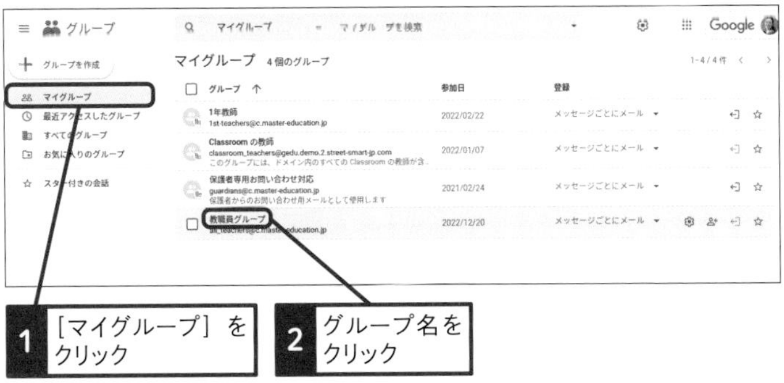

1 ［マイグループ］をクリック

2 グループ名をクリック

使いこなしのヒント

グループのオーナーとマネージャーの違いとは

グループでは、メンバーとその役割を管理できるユーザーとして、オーナーとマネージャーを設定できます。オーナーのみができる操作には、グループの削除やほかのメンバーへのオーナー権限付与などがあります。

マネージャーはグループの設定変更などを行うことができ、オーナーの次に強い権限を持ちます。オーナーやマネージャーの操作によってグループの設定が変更されるため、グループのオーナーやマネージャーの人数はできるだけ少ない人数で運用することがおすすめです。

使いこなしのヒント

グループを活用した一斉メール送信について

グループアドレスへ送信したメッセージは、メンバー全員に送信されます。校内の先生全員へお知らせを送信したいときや、他校の担当の先生へ研究授業の案内を一斉送信したいときなどに便利です。

次のページに続く

●新しい会話を投稿する

グループの［会話］画面が表示された

3 ［+新しい会話］をクリック

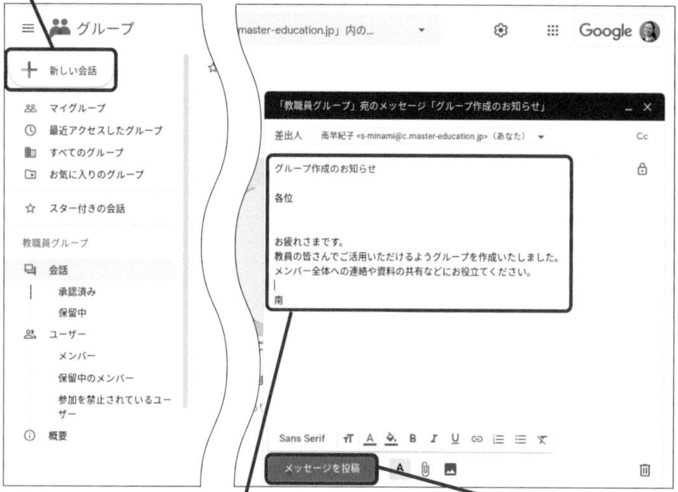

画面右下に投稿画面が表示された

4 投稿のタイトルと本文を入力

5 ［メッセージを投稿］をクリック

会話が投稿され、［会話］画面に投稿内容が表示された

6 投稿をクリック

投稿の詳細が表示される

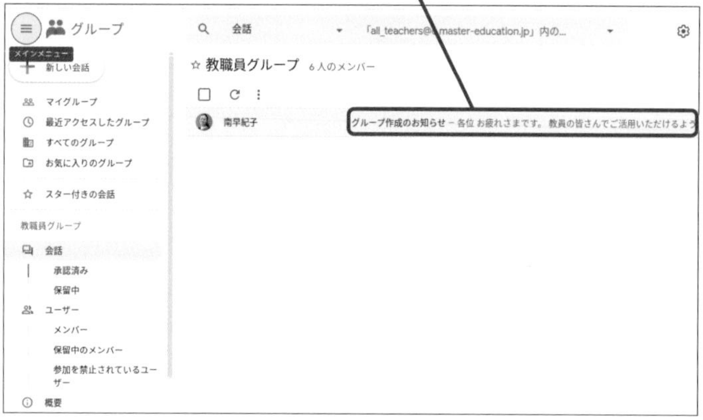

使いこなしのヒント

Gmail からも確認できる

グループに投稿されたメッセージは、Gmail からでも確認可能です。

Gmail 上でもグループに投稿されたメッセージの確認が可能

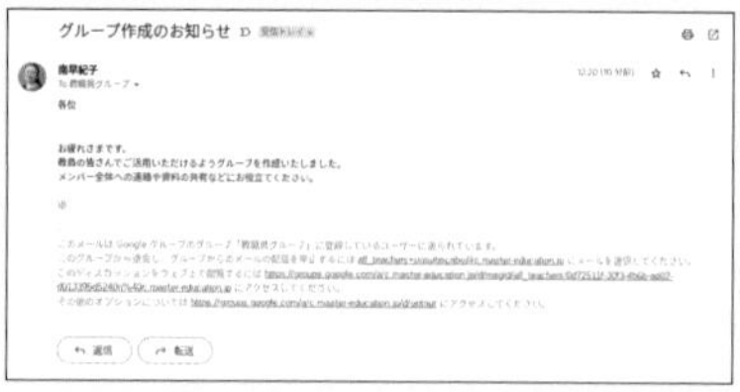

使いこなしのヒント

学校代表アドレスとしての活用

保護者との出欠連絡や外部の業者とのやりとりを学校として把握しておきたいときは､グループアドレスを活用しましょう。先生個人のメールアドレスを使うと、ほかの先生がメールの内容を確認できません。グループアドレスを学校の代表アドレスとして問い合わせに利用すれば、送られてきたメールが自動的に全員のメールアドレスへ届くため、グループメンバー全員が状況を把握しながら対応できます。

使いこなしのヒント

グループ機能で保護者へのお知らせも簡単

グループは Google アカウントのないユーザーでも所属でき、メッセージを受信可能です。Google アカウントを保護者へ配布したり、取得依頼をしない場合、Google アカウント以外のメールアドレスでもメンバーとして登録し、メッセージを一括で送信できます。

保護者それぞれが使い慣れているメールアドレスへメッセージを送信可能なため、紙のお便りや掲示板への投稿以上に、メッセージの開封率を上げることができます。

3 グループのメッセージへ返信する

グループの［会話］で投稿の詳細画面を表示しておく

ここでは、やりとりがメンバーに見えるように全員に返信する

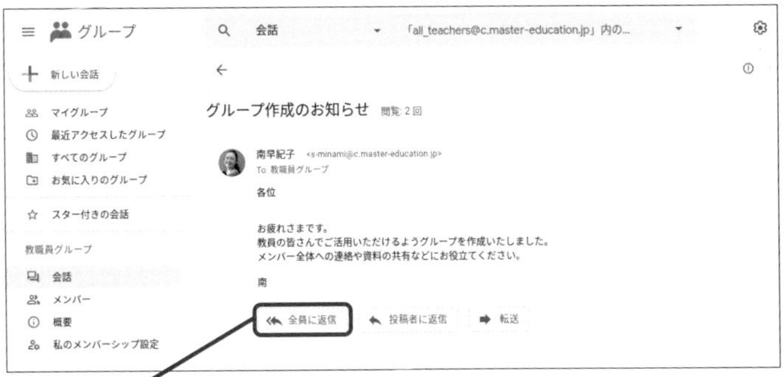

1 ［全員に返信］をクリック

返信欄が表示された

2 本文を入力

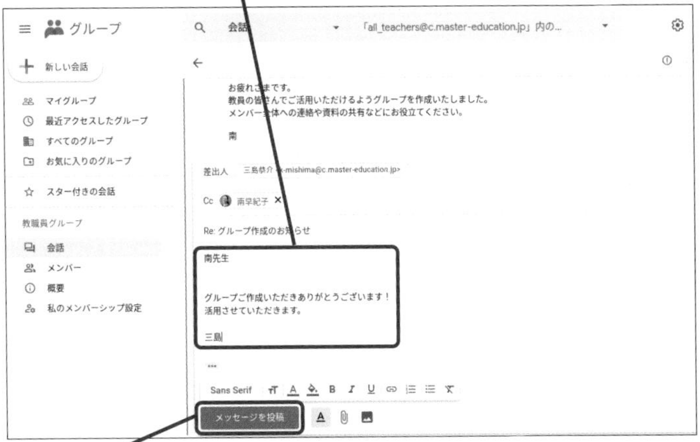

3 ［メッセージを投稿］をクリック

返信内容が投稿された

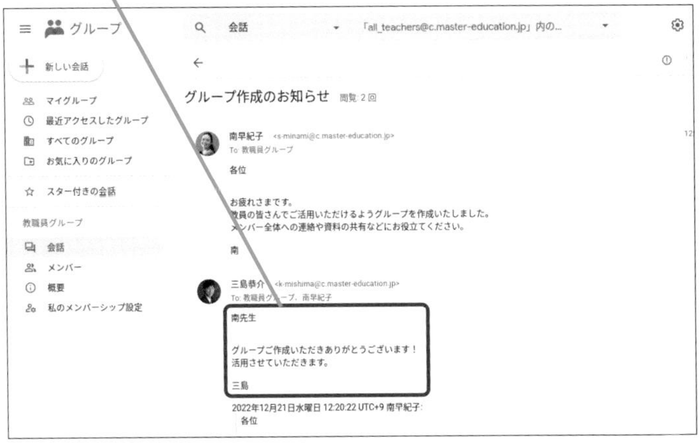

使いこなしのヒント

メール配信の設定について

グループに投稿されたメッセージは、メールで配信が可能です。121ページの手順2の画面にある［登録］からメール配信の設定ができます。［メッセージごとにメール］［ダイジェスト］［要約］［メールなし］から、各自でグループごとに設定します。［ダイジェスト］の場合は、最大25件のメッセージが1通のメールへまとめられて毎日配信され、［要約］の場合は、最大150件のメッセージの要旨が1通のメールへまとめられて毎日配信されます。

ここに注意

所属している自治体や学校によっては、グループの数が多くなってしまい管理が大変にならないように、管理職の先生やICT推進リーダーの先生など、グループの作成権限を一部の先生のみに付与する場合があります。その際は、管理コンソール上で［組織の管理者だけがグループを作成できる］を設定して、任意の先生に［グループ管理者］などの管理者ロールを割り当てましょう。
グループは自治体や学校の実態にあわせて活用しましょう。

使いこなしのヒント

詳細なグループ設定を行うには

［マイグループ］に表示されたグループ名の右側にある［グループ設定］（⚙）をクリックすると、設定の変更や詳細な調整が可能です。
グループの設定は管理権限のあるオーナーとマネージャーが行うことができます。グループの活用を進める中で、必要に応じて設定を調整しましょう。

次のページに続く ➡

スキルアップ

グループを活用したカレンダー共有

教職員全員や、学年担当の先生などが所属しているグループを作成しておけば、職員会議や学年会など、参加者の多い予定を Google カレンダーへ入力する際に便利です。

Google カレンダーの予定作成画面の[ゲスト]に、参加者が該当するグループアドレスを入力すれば、1人ずつアカウントを入力しなくても、グループメンバー全員に予定を共有できます。

Google カレンダーで、グループを追加したい予定の［編集］をクリックする

1 ［ゲストを追加］をクリックしてグループアドレスを入力

追加したグループアドレスのメンバー全員を予定に招待できる

スキルアップ

グループへの共有権限の付与

Google カレンダーへの予定作成と同様に、Google ドライブ上で作成した資料などを共有する際もグループが活用できます。画面右上の［共有］をクリックした後、［ユーザーやグループを追加］にグループアドレスを入力すると、ドキュメントやPDFなどの資料をグループメンバー全員へ共有可能です。

共有したいファイルを表示しておく

1 ［共有］をクリック

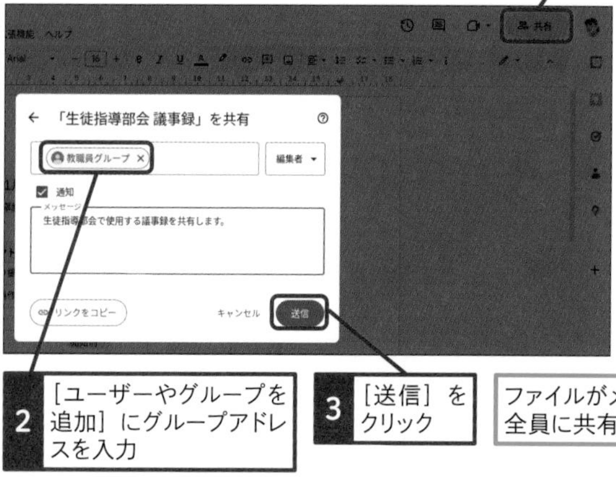

2 ［ユーザーやグループを追加］にグループアドレスを入力

3 ［送信］をクリック

ファイルがメンバー全員に共有される

使いこなしのヒント

Google カレンダーの新規予定作成について

カレンダーに予定を作成する方法については、レッスン27を参照してください。カレンダーを利用した予定の活用方法を詳しく紹介しています。

ここに注意

グループアドレスを利用すると、資料の共有を一括で実行できてとても便利ですが、メンバー全員に同じ共有権限が付与されるので注意しましょう。

同じグループの中で、編集権限を付与したい人と閲覧権限のみを付与したい人が混在している場合は、グループアドレスではなく、各個人のアカウントへ権限付与を行う必要があります。

スキルアップ

動的グループでメンバーを最新の状態に

動的グループは、ユーザーの情報に基づいて自動的に管理されるグループのことです。グループの管理者が動的グループを作成すると、メンバーの登録情報に基づいてグループのメンバーが自動的に追加または削除されます。異動や退職などに伴い、自動的にメンバーを最新の状態に保つことが可能です。

スキルアップ

データの共有は「対象グループ」に

対象グループとはGoogle ドライブやGoogle ドキュメント、Google Chat上で、ファイルの共有先としてユーザーに推奨できるグループのことです。対象グループを管理者が設定することにより、ユーザーが共有設定を行う際に対象グループが表示され、必要以上の範囲に共有される危険性を抑えられます。

共有の設定画面に、あらかじめ設定した対象グループが表示されるようになる

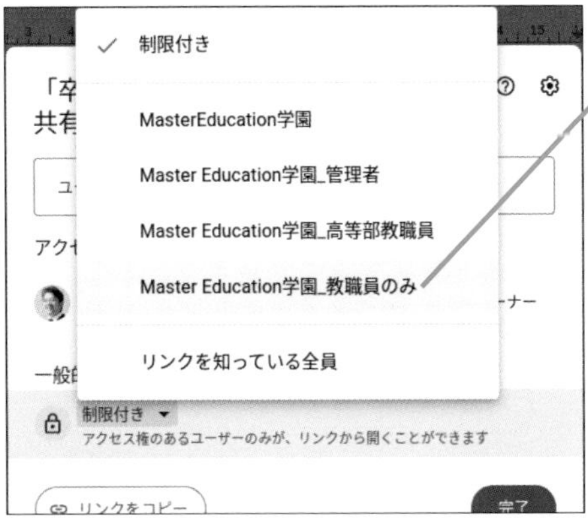

［一般的なアクセス］から、設定したい対象グループを選択する

使いこなしのヒント

動的グループ、対象グループが利用可能なエディション

これら2つの機能は、Google for EducationのEducation Standard、Education Plusのエディションにおいて利用が可能です。組織の情報共有におけるセキュリティレベルや、グループ管理をより簡単にしたい場合に有効な機能となります。

まとめ

グループの活用で組織内の連携を安全に

グループを活用することにより、グループ内での情報連携や、資料共有を組織内で安全かつ円滑に行えます。
また、保護者などの外部からの問い合わせ対応などにも活用することで、先生1人ではなく、関連する先生全員で情報を把握できるようになります。
一方でファイルを共有する際にはグループ全員へ同様の権限が付与されるため、異なる権限を付与したい先生が混在している際は注意が必要です。用途に応じて、グループを適切に活用しましょう。

レッスン

27 ヒト・モノ・コトを一元管理するには

YouTube動画で見る 詳細は2ページへ

Google カレンダー

Google カレンダーは、自身の予定だけではなく、学校全体や行事の予定などを先生全員で共有して管理できます。本レッスンでは、さまざまな予定を一元管理する方法を紹介します。

1 会議の予定を作成する

Google カレンダーを起動しておく

ここでは、18日の午後4 ～ 5時の予定を作成する

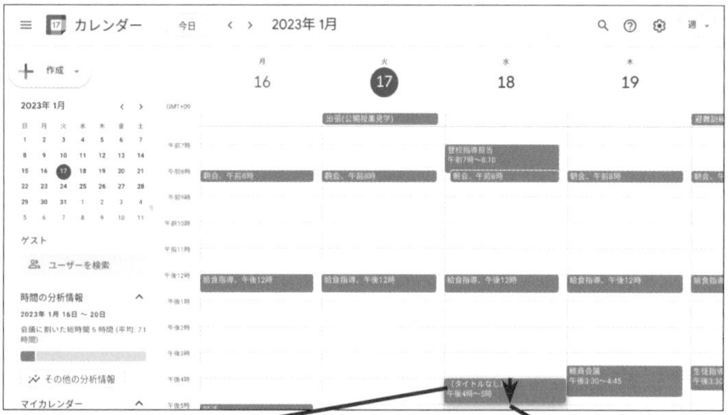

1 予定の開始時間にマウスポインターをあわせる

2 終了時間までドラッグ

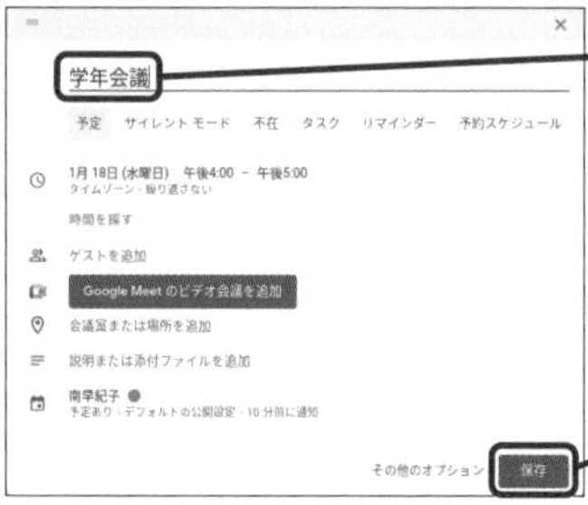

3 ［タイトルを追加］に予定のタイトルを入力

4 ［保存］をクリック

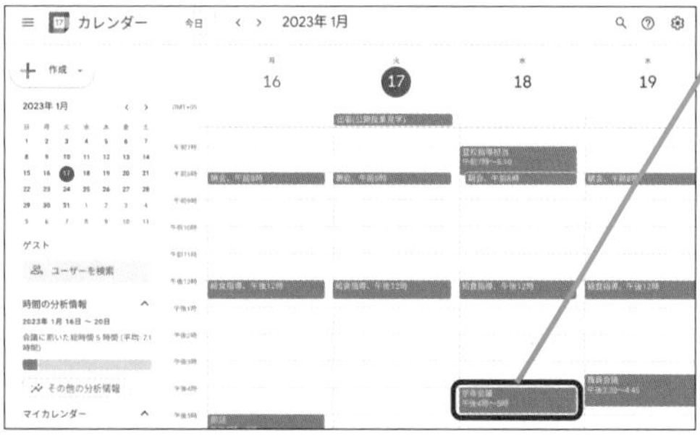

18日の午後4 ～ 5時の予定が作成できた

キーワード

Google カレンダー	P.233
サブカレンダー	P.235

時短ワザ

［Google アプリ］以外からカレンダーにアクセスするには

Google ドライブや Gmail など、さまざまなアプリを開くと、画面の右側にサイドパネルが表示されます。サイドパネルから表示したいアプリをクリックすることで、2つのアプリを1つの画面で操作可能です。例えば、資料などを確認しながら、関連した予定をカレンダーに入力できます。

1 サイドパネルの［カレンダー］をクリック

画面右側に Google カレンダーが表示される

使いこなしのヒント

カレンダー活用のコツ

学校全体でカレンダーの活用を促進するには、各個人が自身の予定をカレンダーへ入力することが重要です。個人の予定が入力されていれば、後述する予定の共有などの際に、スケジュール調整が容易にできます。

2 予定を同僚の先生に共有する

Googleカレンダーを起動しておく

1 共有したい予定をクリック

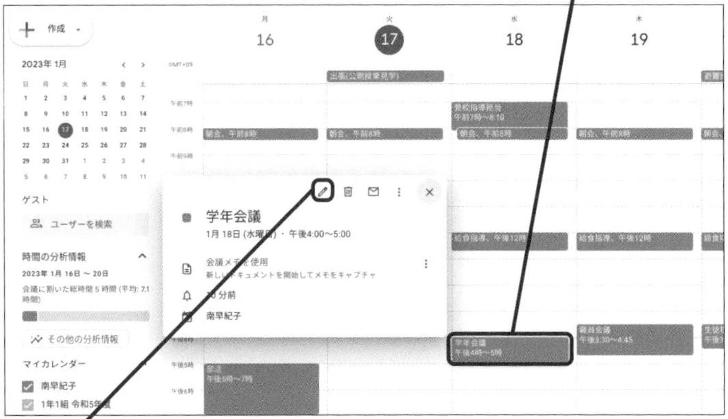

2 ［編集］をクリック

予定の詳細設定画面が表示された

3 ［ゲストを追加］をクリックして、共有したいユーザーのメールアドレスを入力

ゲストが追加された

4 ［時間を探す］タブをクリック

ゲスト全員の予定が表示された

5 参加メンバー全員が空いている日時を確認

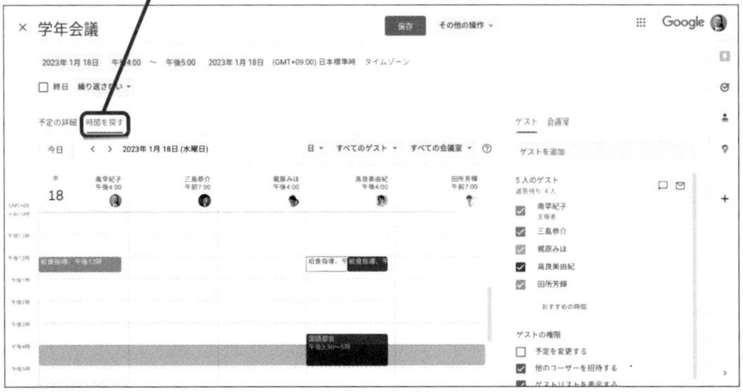

使いこなしのヒント

予定を共有するメリット

カレンダーを共有することで、会議予定や行事の予定などを学校全体で管理可能です。会議の予定であれば、代表者が作成した予定をほかの参加者全員に共有することで、伝え漏れや間違いを防げます。

時短ワザ

表示形式をショートカットキーで変更する

1日の予定を大きく表示したいときや、週の予定をまとめて確認したいときなどは、カレンダーの表示を切り替えます。1日のみの表示はdキー、1週間分はwキー、1カ月分はmキー、1年全体はyキーを押すと表示が簡単に切り替わります。
また、過去の予定や先の予定を確認後、今日の予定へと表示を戻したい場合は、tキーを押しましょう。

時短ワザ

ゲスト全員の予定が空いている日時を素早く見つけられる

［おすすめの時間］の機能を活用すると、直近の日時からゲスト全員の空いている時間をAIが探してくれます。

予定へゲストを招待後、［おすすめの時間］をクリックすると、候補日時が一覧表示される

次のページに続く

●日程を変更する

ここでは、予定の日付を1月23日に変更する

6 予定の日付をクリック

カレンダーが表示された

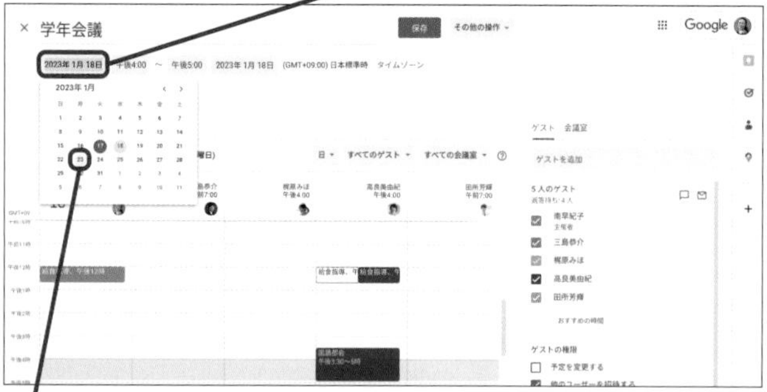

7 変更する日付をクリック

3 必要な資料を添付する

1 ［予定の詳細］タブをクリック

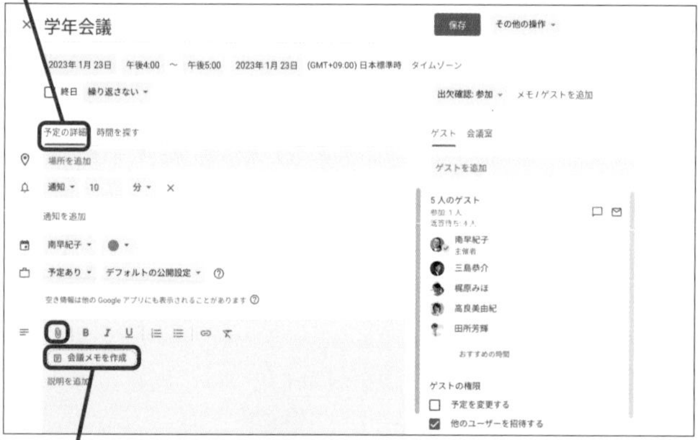

2 ［会議メモを作成］をクリック

3 ［添付ファイルを追加］をクリック

［Google ドライブから選択］ダイアログボックスが表示された

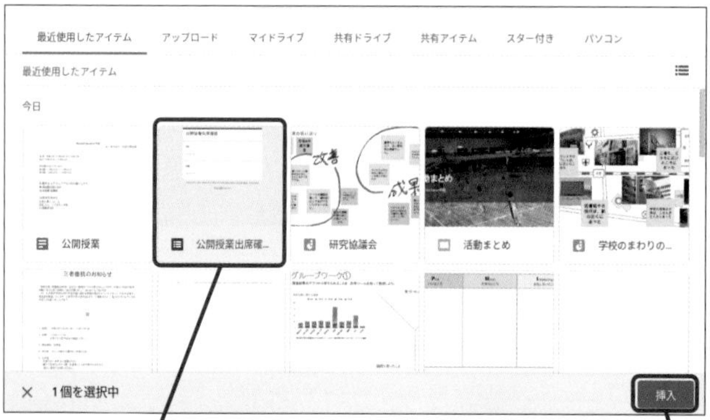

4 任意のファイルを選択

5 ［挿入］をクリック

時短ワザ

繰り返しの予定を設定するには

毎週・毎月など、決まった日時に開催される予定は、繰り返しの予定として設定しましょう。
予定の詳細設定画面の日時表示の下にある［繰り返さない］をクリックすると、そのほかの選択肢を表示できます。［毎日］［毎週金曜日］などのほか、［カスタム］から［カスタムの繰り返し］を設定できます。

使いこなしのヒント

終日の予定を設定するには

終日の出張や行事などの予定は終日の予定として登録が可能です。
カレンダーを日ごとや週ごとの表示としている場合、日付が表示されている下のスペースをクリックすると終日の予定を作成できます。
［不在］や［勤務場所］なども設定可能なため、出張などの外出が多い場合や不規則な勤務形態の場合に勤務状況や場所を周知するのに役立ちます。

使いこなしのヒント

［会議メモ］の活用について

予定を作成するときに、［会議メモ］も一緒に作成しておくと、該当の予定と連動したドキュメントを準備できます。［会議メモ］は、予定に登録されているゲストへ手軽に共有できるため、会議の参加者全員が編集可能な議事録などを作成できます。

4 予定を保存して共有する

ファイルを予定に添付できた

1 ［保存］をクリック

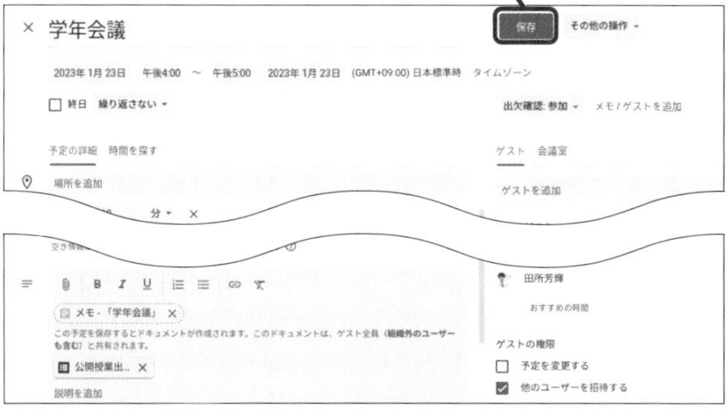

ゲストへのメール送信についての確認画面が表示された

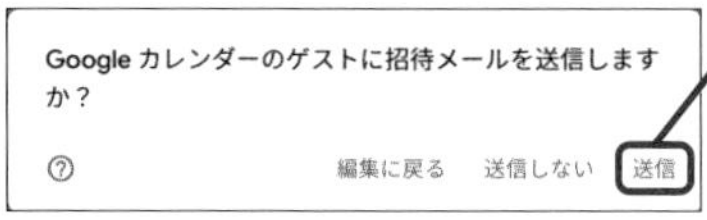

2 ［送信］をクリック

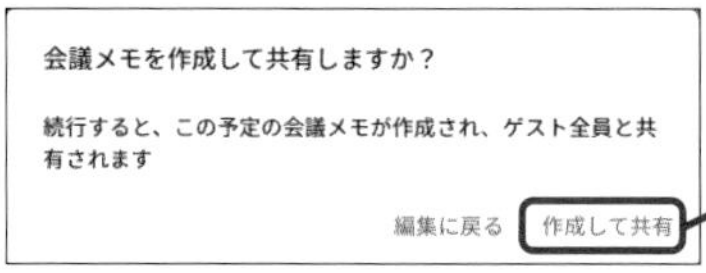

会議メモについての確認画面が表示された

3 ［作成して共有］をクリック

資料が添付された予定を共有できた

予定の参加者に共有されていないファイルを添付した場合は、権限の確認画面が表示される

4 作成した予定をクリック

2つの資料が添付されている

使いこなしのヒント

場所の設定について

カレンダーはドキュメントだけでなく、さまざまな Google のサービスと連携させることが可能です。

例えば、Google マップと連携させて、予定に地図を挿入できます。出張や校外学習の際には、予定の確認とあわせて地図から移動経路の確認ができます。

また、組織の管理者が事前に会議室やリソースを登録しておくと、予定を作成する際に、特別教室や利用したい備品の予約も一度に完結させられます。

使いこなしのヒント

招待された予定への承認について

ユーザーを予定へ招待すると、ゲストはカレンダー上で参加の意思表示を行えます。［参加しますか？］から［参加］［いいえ］［未定］のいずれかで回答が可能です。

また、予定の作成者がゲストを追加した予定を保存する際、Gmail と連動させてゲストへ招待メールを送信することもできます。招待メールには予定の日時などの情報や参加に関する意思表示のボタンが記載されます。

ゲストが予定に招待されたことに気が付きやすいよう、手順4のように招待メールを送ると親切です。

スキルアップ

非公開の予定を作成する

管理職との面談など、あまり公にしたくない予定は、公開設定を調整しましょう。予定の詳細設定から［非公開］を選択すると、ほかのユーザーには「予定あり」の表記のみが表示され、プライバシーを守れます。

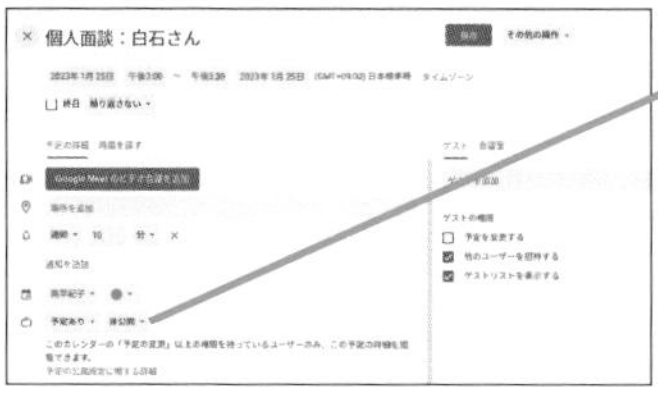

予定の詳細画面で［デフォルトの公開設定］-［非公開］の順にクリックする

次のページに続く

5 サブカレンダーを作成する

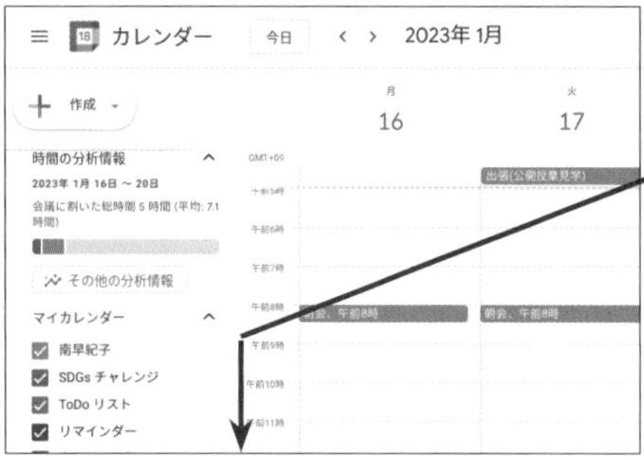

Google カレンダーを起動しておく

1 スクロールバーを下にドラッグ

2 ［他のカレンダーを追加］をクリック

＋

3 ［新しいカレンダーを作成］をクリック

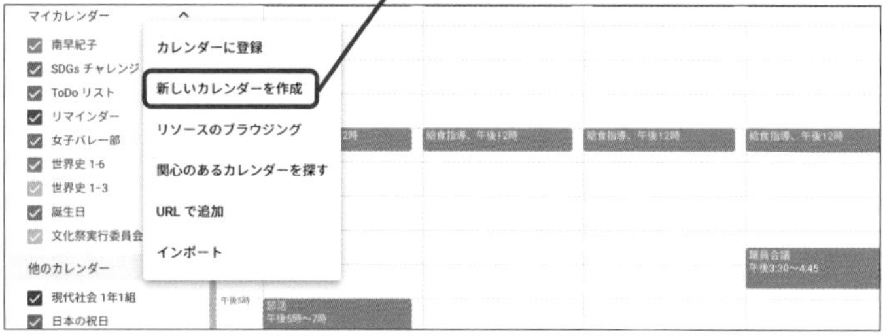

［新しいカレンダーを作成］画面が表示された

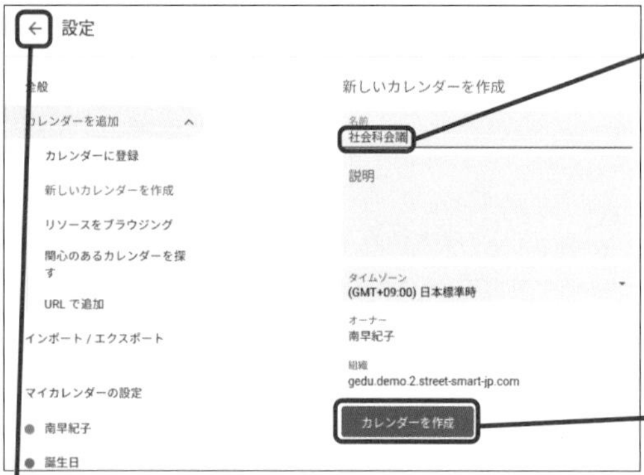

4 予定を表す名前を入力

5 ［カレンダーを作成］をクリック

6 画面左上の［戻る］をクリック

［マイカレンダー］に「社会科会議」が追加された

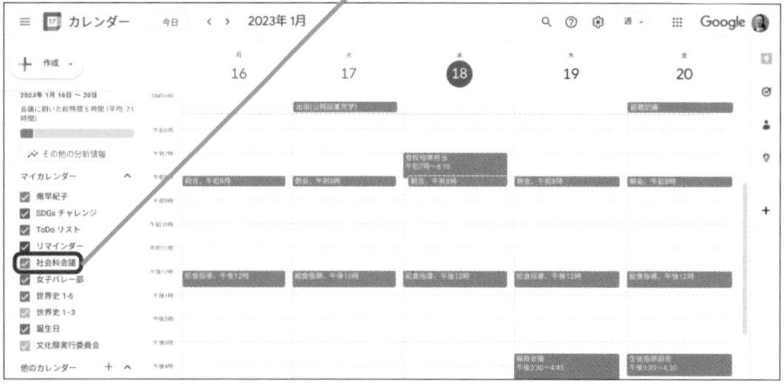

使いこなしのヒント

カレンダーを使い分けよう

自身のカレンダーのみでなく、分掌や研修などのカレンダーを作成すると、業務を視覚的に把握できるようになります。［マイカレンダー］や［他のカレンダー］に登録されているカレンダーは、登録名左側のチェックボックスをクリックして、表示と非表示を簡単に切り替えられます。業務管理の工夫として、すぐに利用できる機能の1つです。

使いこなしのヒント

サブカレンダーをほかのユーザーへ共有するには

Google カレンダーの画面で、上部の［設定メニュー］-［設定］をクリックします。［設定］の画面の左側をスクロールし、［マイカレンダーの設定］から設定を変更したいカレンダーをクリックすることで、詳細な設定が可能です。

［予定のアクセス権限］からリンクを取得してカレンダーを一緒に活用してほしい先生にリンクを送信すると、リンク先へアクセスしてもらうことでカレンダーを共有できます。もしくは［特定のユーザーまたはグループと共有する］からもカレンダーを共有することが可能です。

［共有可能なリンクを取得］をクリックしてカレンダーのリンクをコピーし、他の人に送信できる

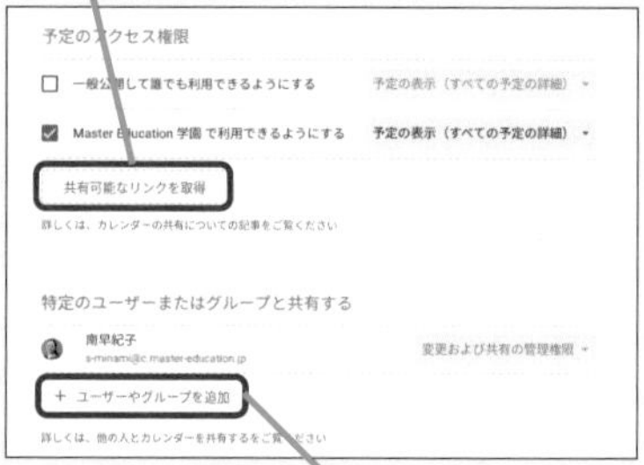

［＋ユーザーやグループを追加］をクリックして相手を指定して送信すると、カレンダーを共有できる

●サブカレンダーの予定を作成する

Google カレンダーを起動しておく

18日の15時30分～16時30分に「社会科会議」の予定を作成する

126ページの手順1を参考に、予定を作成する

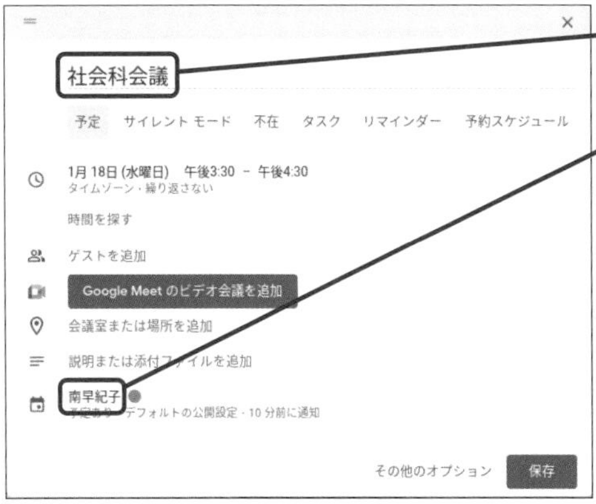

7 予定のタイトルを入力

8 カレンダー名をクリック

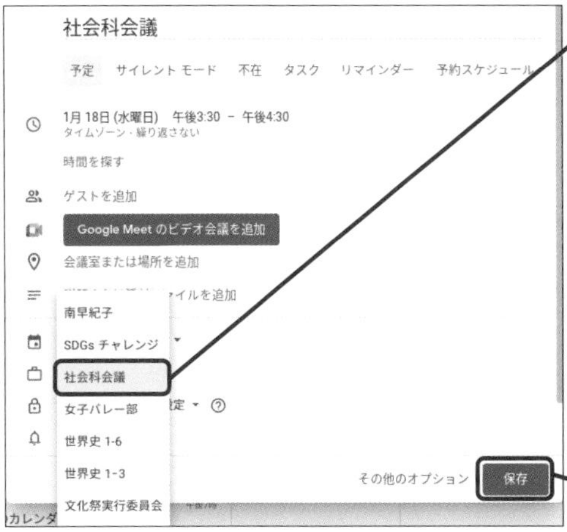

9 ［社会科会議］をクリック

10 ［保存］をクリック

サブカレンダーの予定が追加できた

予定はサブカレンダーの色で表示される

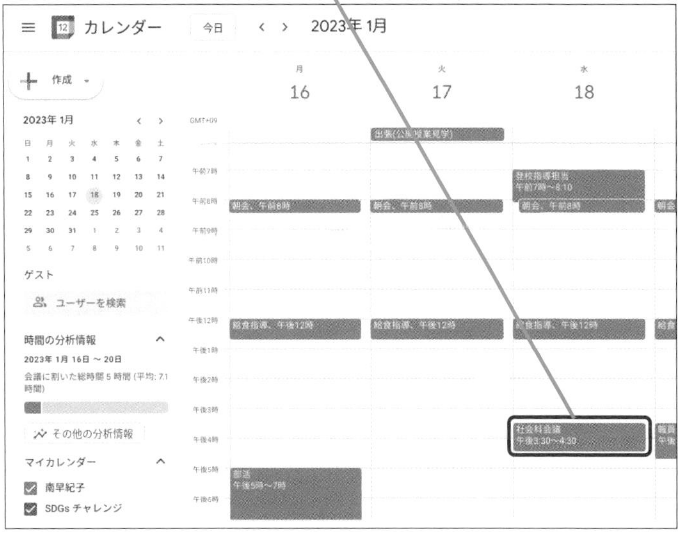

使いこなしのヒント

カレンダーで施設や備品を管理しよう

サブカレンダーは施設や学校の備品の使用にも活用できます。「図書室」や「プロジェクター」などのサブカレンダーを作成して先生全員へ共有しておけば、予約状況を手軽に把握できます。本レッスンで前述した会議室やリソースは管理者のみ設定可能ですが、サブカレンダーは各個人が作成できるので、より学校の実状にあわせた運用が可能です。

使いこなしのヒント

カレンダーの色を変更しよう

カレンダーの項目は自動で色分けされるので、自分自身の予定なのか、クラスや学校の予定なのかがひと目で分かります。予定を任意の色に設定するときは、以下の手順を実行します。

1 色を変更したいカレンダーにマウスポインターをあわせる

2 ［「○○（カレンダー名）」のオーバーフローメニュー］をクリック

3 色をクリック

次のページに続く

6 個人の仕事時間を確保する

Google カレンダーを起動しておく

126ページの手順1を参考に、予定を作成する

1 予定のタイトルを入力

2 ［サイレントモード］をクリック

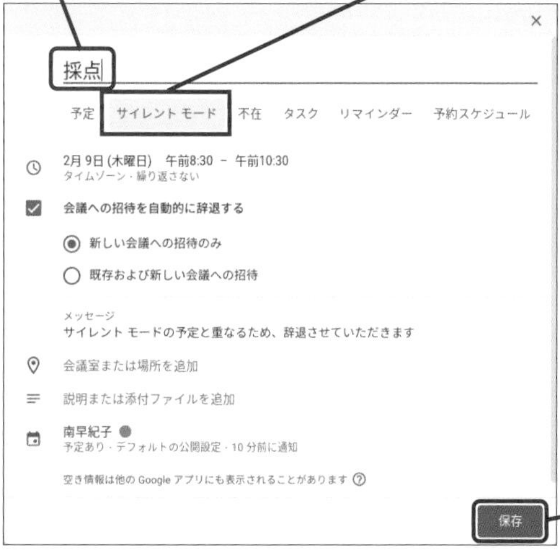

3 ［保存］をクリック

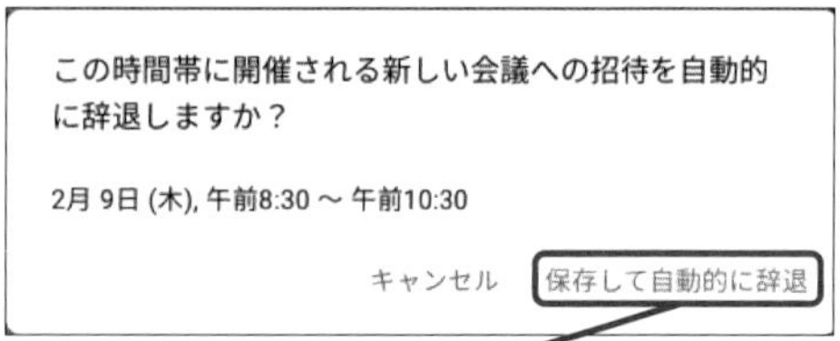

4 ［保存して自動的に辞退］をクリック

以降、同じ時間帯での新たな会議への招待が自動で辞退されるようになる

使いこなしのヒント

サイレントモードで自分の時間を確保する

手順6のように採点や授業準備などの予定を［サイレントモード］として登録すると、自分の予定を確保できます。［サイレントモード］をクリックすると、［会議への招待を自動的に辞退する］を選択可能となります。サイレントモードの予定を登録すると、予定の時間帯は作業中であることがカレンダーに表示されます。ほかの人からの会議の招待を辞退し、業務に集中したいときに設定するといいでしょう。

スキルアップ

予定の振り返りが可能

カレンダー上の予定について、AIが情報を分析してくれます。これにより、個人の作業や会議にどのくらいの時間を費やしているかなどを確認でき、業務時間の使い方を見直すきっかけとなります。個人での活用はもちろん、学校全体の業務改善にもつなげられます。

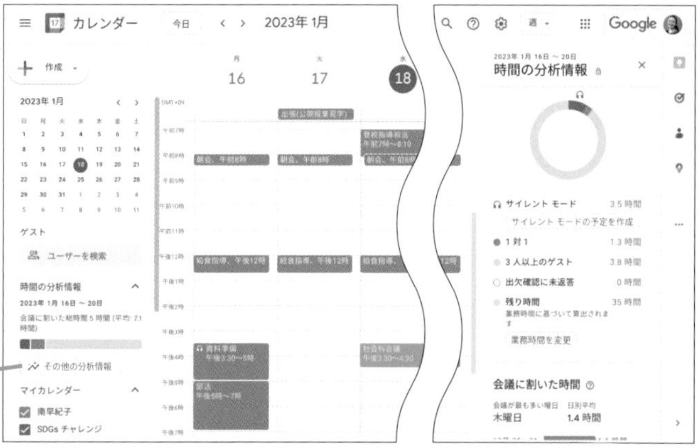

［その他の分析情報］をクリックすると、画面に［時間の分析情報］が表示される

7 予約枠を設定する

ここでは、面談予約ができる時間枠を設定する

126ページの手順1を参考に予定を作成し、タイトルを入力する

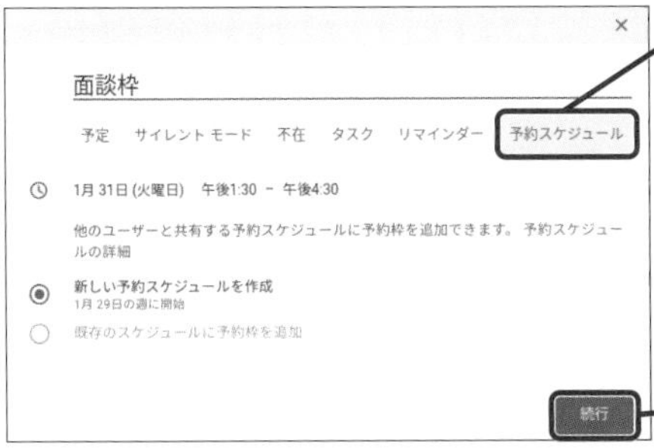

1 ［予約スケジュール］をクリック

2 ［続行］をクリック

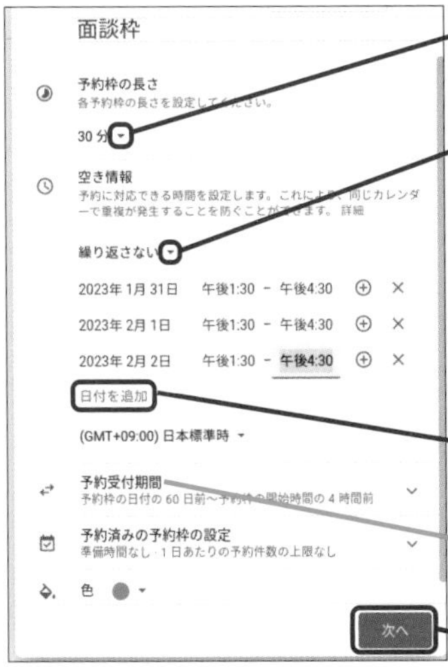

3 ［予約枠の長さ］のここをクリックして、［30分］を選択

4 ［毎週繰り返す］のここをクリックして、［繰り返さない］を選択

5 ［日付を追加］をクリックして、日時を追加

必要に応じて［予約受付期間］などの詳細を設定する

6 ［次へ］をクリック

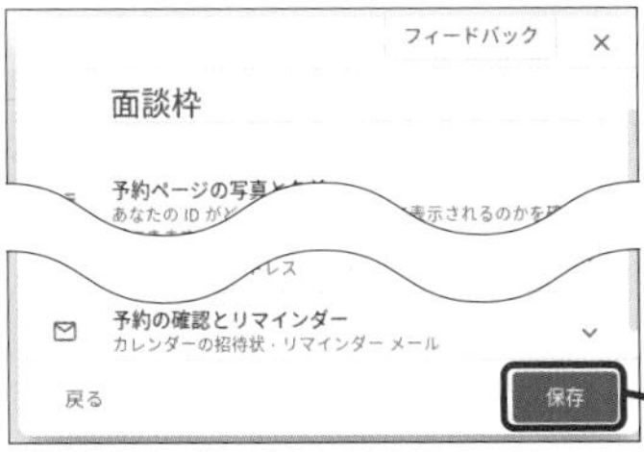

7 ［保存］をクリック

ほかのユーザーに予約してもらう枠を設定できた

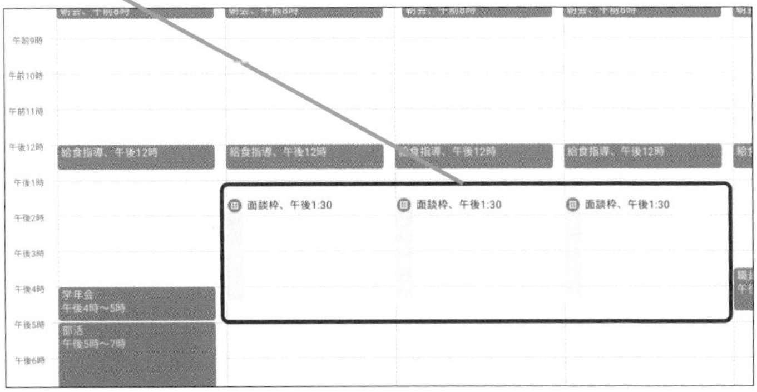

使いこなしのヒント

予約ページを共有するには

設定した［予約スケジュール］は、以下の方法でユーザーへ案内を送りましょう。［予約スケジュール］の情報を受け取ったユーザーは設定された時間枠の中から予約します。ただし、1つの枠に予約できるのは1ユーザーのみのため、すでにほかのユーザーが予約している時間帯は選択できません。

1 作成した［予約スケジュール］をクリック

2 ［共有］をクリック

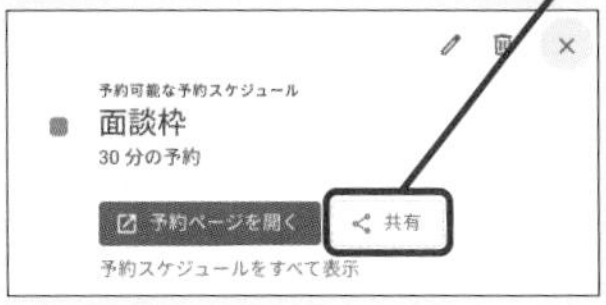

3 ［1つの予約ページ］をクリック

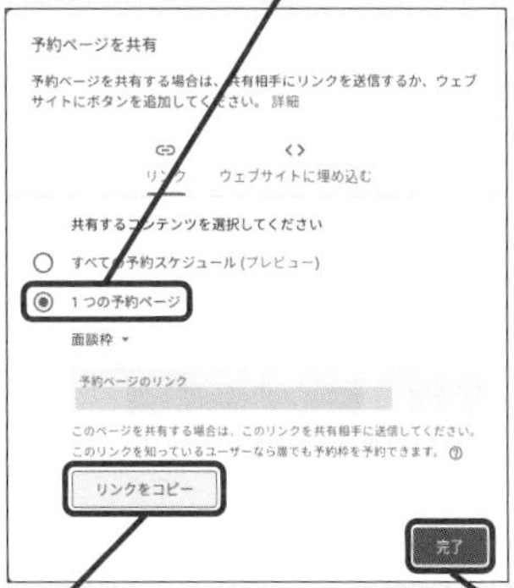

4 ［リンクをコピー］をクリック

5 ［完了］をクリック

リンクをメールで送信したり、QRコードを作成して掲載したりする

まとめ　予定はカレンダーへ登録してスケジュール管理を効率よく

自分の予定はもちろん、学校や校務分掌のメンバーと共有した予定も登録ができるので、すべての予定をカレンダーへ集約しておくことで、スケジュール管理を効率化できます。同僚の先生同士でもお互いの予定を把握し合うことができるので、急な会議などの日程調整にも便利です。

レッスン

28 シームレスな連携を促進するには

Google ドキュメント

Google ドキュメントは、お便りやテストなどはもちろん、会議資料の作成にも便利です。ここでは先生たちの連携をさらに促進させる会議資料の作成について紹介します。

1 会議資料を作成する

Google ドキュメントを起動し、ドキュメントを作成しておく

1 ［無題のドキュメント］をクリックして、ファイル名を入力

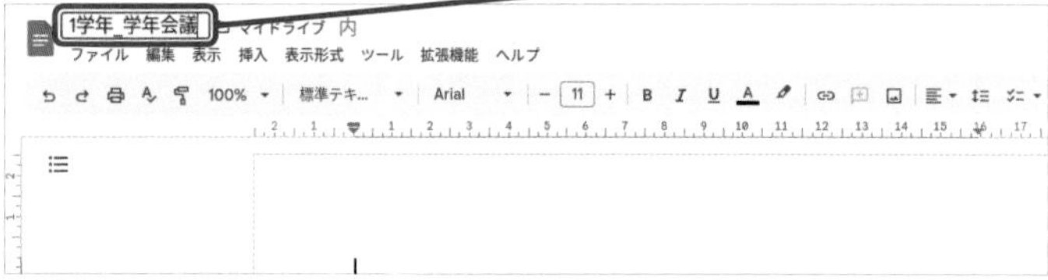

レッスン27を参考に、会議予定を作成してゲストを招待する

2 半角の「@」を入力

［@メニュー］が表示された

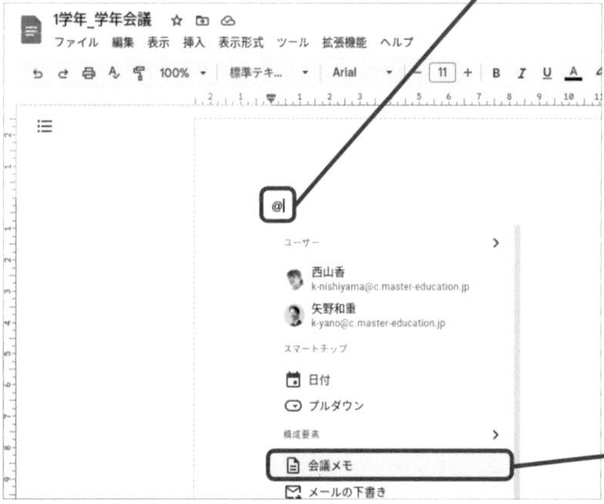

3 ［会議メモ］をクリック

4 会議資料を作成する予定をクリック

予定が表示されない場合は、「@」の後ろに予定名を入力して選択する

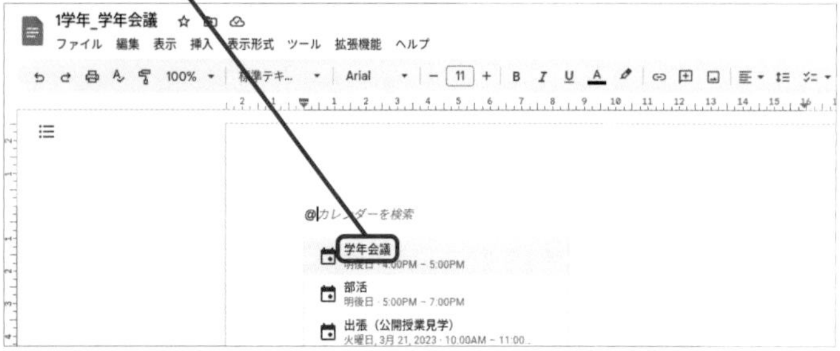

キーワード

Google ドキュメント	P.234
スマートキャンバス	P.235

用語解説

スマートキャンバス

ドキュメントやスプレッドシート上で半角の「@」を入力し、［@メニュー］からスマートチップや、テンプレートなどを挿入できる機能です。スマートチップにはユーザーやファイル、会議リストなどさまざまな種類があり、ユーザーへの資料共有や関連付けられている資料の確認を、1つのドキュメントの中で容易に行うことができます。

使いこなしのヒント

会議資料は1つのファイルへ統合し通年で利用

職員会議の資料は4月分、5月分……とファイルを分けて作成するよりも、1つのファイルへ統合した方が、資料を探す時間を短縮でき、管理する労力も省力化できます。新しい会議の情報をファイルの上部へ書き足していけば、新たな情報の確認も簡単です。また、136ページの手順3のように、1つのファイルに会議に関連する資料を挿入しておくことで、会議の参加者は1つのファイル内からすべての資料を確認でき、帳合や印刷の手間を省くこともできます。

2 資料を共有する

予定に登録されている情報が反映された

1 ［共有して添付］をクリック

共有対象のユーザーが表示された

2 共有ユーザーを確認

3 ［共有］をクリック

資料が共有される

「○人のユーザーと共有しています」と表された

使いこなしのヒント

Google カレンダーと Google ドキュメントの連携について

スマートキャンバス機能を活用することで、ドキュメントと予定を簡単に連携できます。予定の詳細をドキュメントへ転記したり、予定に関連するドキュメントを挿入したりするなど、効率的に資料を管理できます。Google カレンダーの詳しい操作方法はレッスン27を参照してください。

使いこなしのヒント

資料の共有方法について

[共有して添付]をクリックして共有する方法以外にも、さまざまな方法でほかのユーザーと資料を共有できます。

ドキュメントを表示した状態で、［共有］-［ユーザーやグループを追加］の順にクリックし、共有したい個人やグループのアドレスを追加しましょう。

スキルアップ

予定へ資料を自動で添付

このレッスンで紹介した方法で会議資料を共有すると、Google カレンダー上の該当する予定に、ドキュメントが自動で添付されます。参加者が会議前に資料を確認できるので、限られた時間で、情報の共有やすりあわせができるようになります。

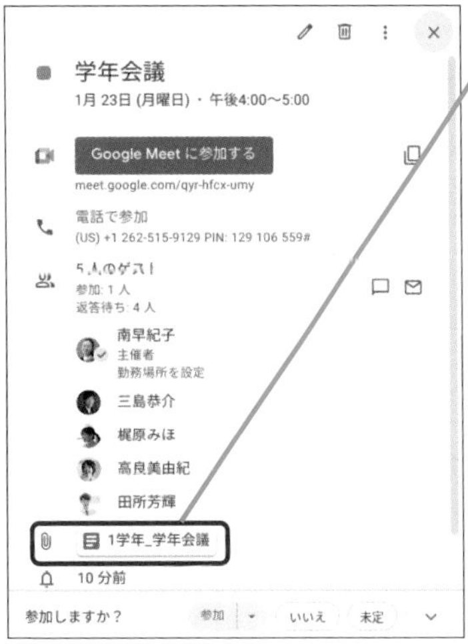

連携させた予定へ［会議メモ］としてドキュメントが添付された

次のページに続く

3 会議資料の詳細を入力する

番号付きのリスト形式で議題を入力する

1 ［番号付きリスト］のここをクリック

2 任意のリスト形式をクリック

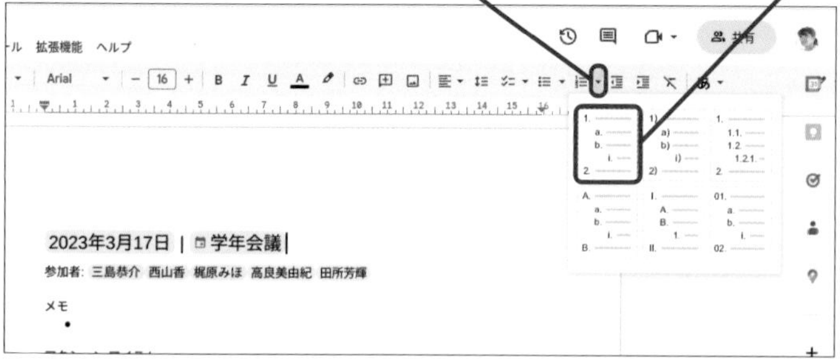

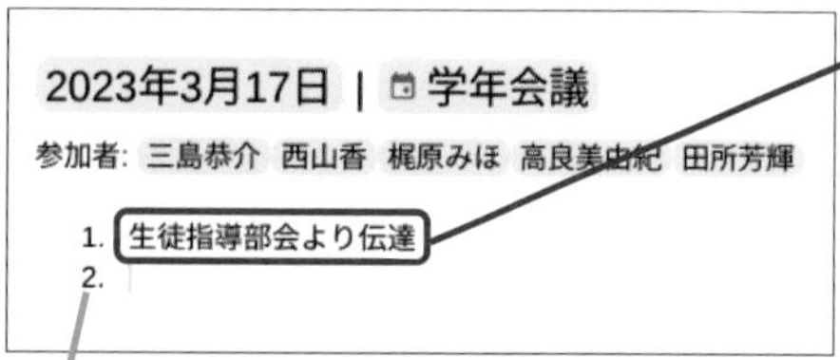

3 リスト内容を入力

4 Enter キーを押す

次の行にカーソルが移動し、「2.」の段落番号が表示された

5 Tab キーを押す

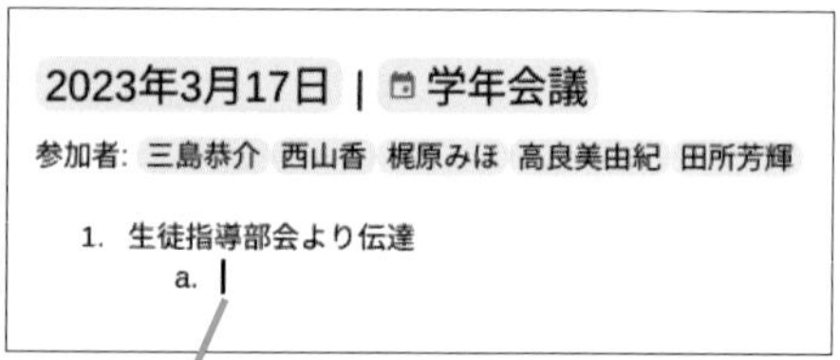

リストレベルが1つ下がり、「a.」の行頭文字が表示された

リスト内容を入力する

ドキュメントへ挿入したいファイルのリンクを事前にコピーしておく

6 リンクの挿入位置をクリック

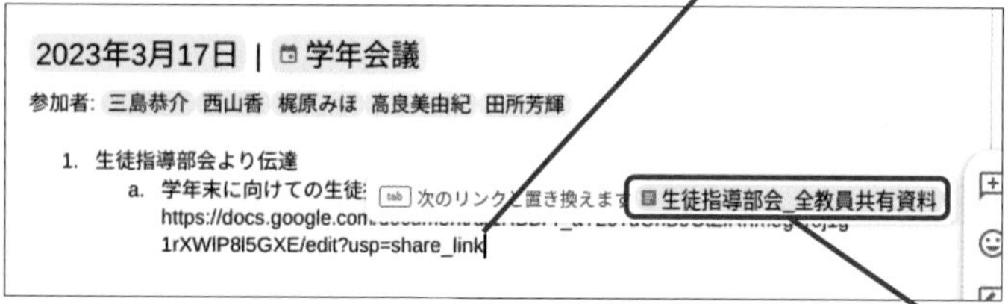

7 リンクを貼り付け

8 挿入資料のスマートチップをクリック

tab キーを押してもスマートチップを選択できる

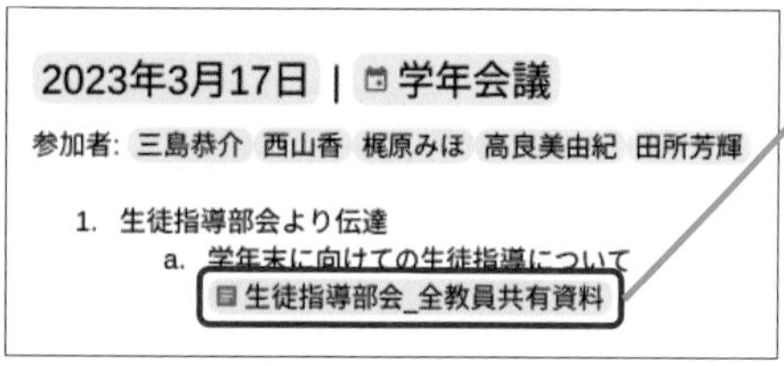

ドキュメントに別のファイルを挿入できた

時短ワザ

見出しにスタイルを設定しよう

Google ドキュメントで議事録や会議の資料を作成するときは、見出しに［タイトル］や［サブタイトル］［見出し1］［見出し2］などのスタイルを設定しましょう。見出しにする行の文字列を選択し、［スタイル］をクリックしてスタイルを設定します。大見出しや中見出し、小見出しにそれぞれスタイルを設定し、メニューの［表示］-［概要を表示］をクリックすると、スタイルを設定した見出しが［概要］欄に一覧で表示されます。［概要］欄の見出しをクリックすると、見出しの場所にジャンプするので、資料を効率よく確認できます。

画面左の［概要］に見出しが自動で追加される

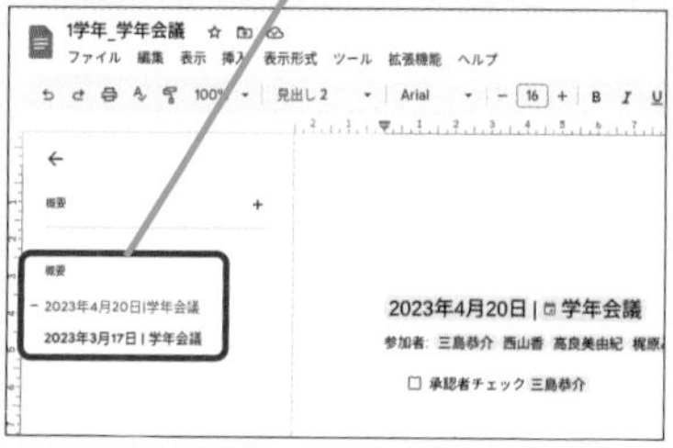

ここに注意

ドキュメントやスライドなどへファイルを挿入した資料を作成すると、1つのファイルから関連資料へ簡単にアクセスできます。ただし、共有権限の付与はファイルごとに行う必要があるため、挿入した各ファイルがメンバーへ共有されているか確認しましょう。

ファイルへのアクセス権限がないと相手がファイルを開けない

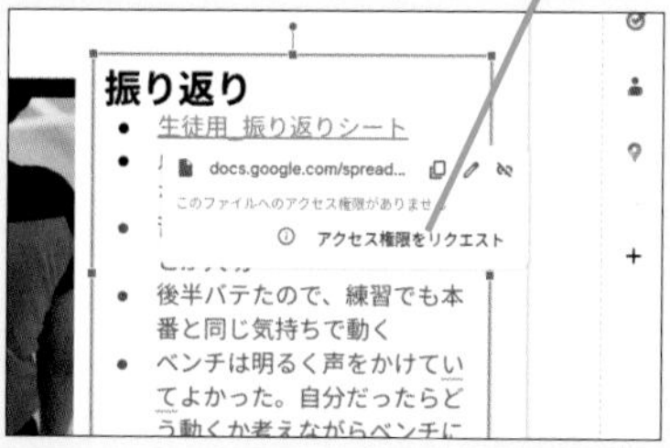

スキルアップ

関連資料をリンクして分かりやすい資料を作る

説明を減らし、簡潔かつ分かりやすい資料を作るにはリンクの設定が重要です。資料や画像を引用するときは、テキストにWebページや画像のURLを設定し、資料を見る人の理解を助けるように工夫しましょう。資料を見た人が、インターネットで関連情報を検索するとしても、あらかじめ知らせておきたい情報をリンクとして埋め込んでおくとスマートです。

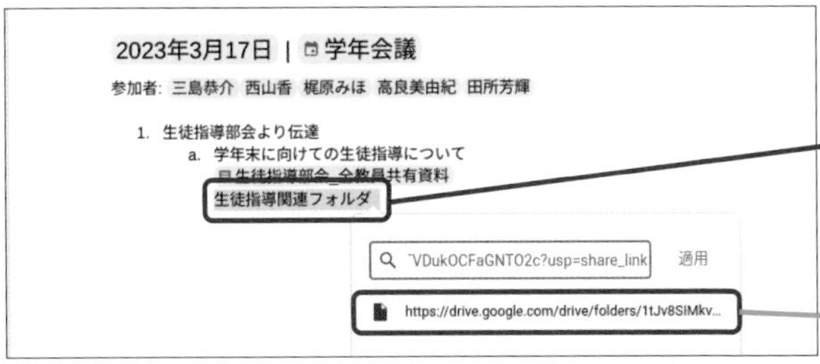

挿入したいファイルのリンクをコピーしておく

1 テキストをドラッグして選択

2 画面上部の［リンクを挿入］をクリック

［リンクを検索または貼り付け］にリンクを貼り付け、［適用］をクリックする

4 行事の予定を作成する

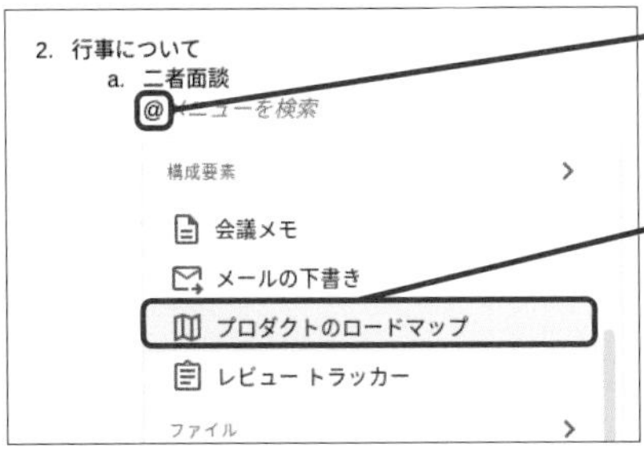

1 半角の「@」を入力

［@メニュー］が表示された

2 ［プロダクトのロードマップ］をクリック

ロードマップが挿入できた

3 ［プロジェクト］の項目を入力

4 ［関連ファイル］を入力

5 前ページの手順3操作6～8を参考に、関連ファイルのリンクを設定

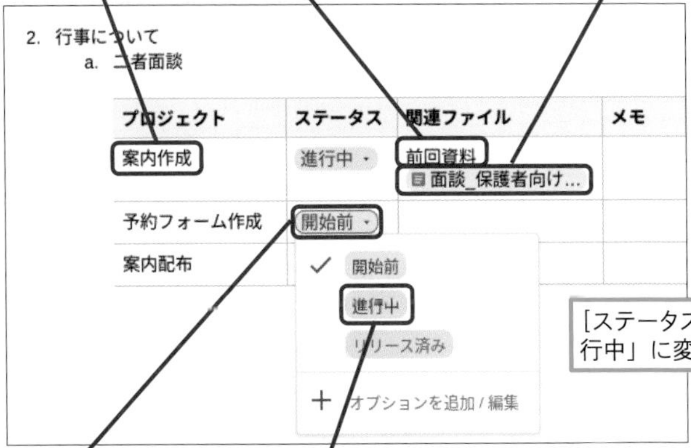

［ステータス］を「進行中」に変更する

6 ［ステータス］の項目をクリック

7 ［進行中］をクリック

使いこなしのヒント

プルダウンのオプションを編集するには

あらかじめ設定されているプルダウンの項目が実状にあわない場合は項目を編集し、内容が不足している場合は追加が可能です。以下の手順で項目を調整しましょう。

［ステータス］の項目を表示し、［オプションを追加/編集］をクリックする

［プルダウンの項目］ダイアログボックスが表示された

1 各項目の色と名前を設定

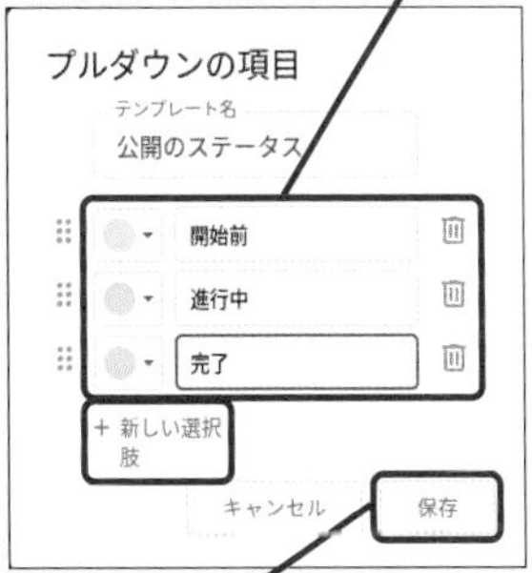

2 ［保存］をクリック

選択肢を追加する場合は［新しい選択肢］をクリックする

次のページに続く

●担当者を割り当てる

各プロジェクトへ担当者を割り当てる

8 ［メモ］欄をクリックして半角の「@」を入力

［@メニュー］が表示された

9 ［ユーザー］から該当者をクリック

ユーザーのスマートチップを挿入できた

5 カレンダーから日付を挿入する

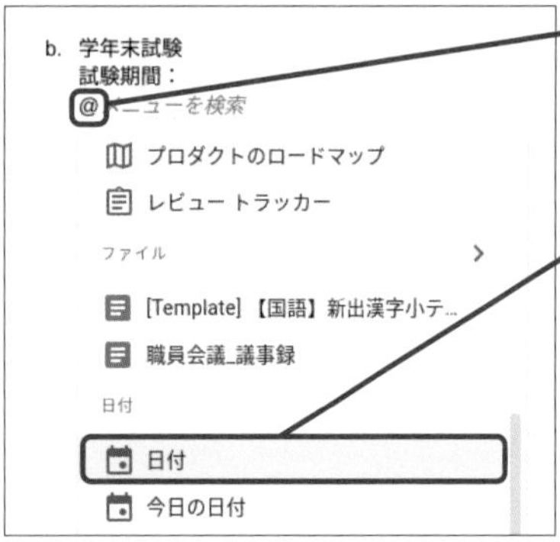

1 半角の「@」を入力

［@メニュー］が表示された

2 ［日付］をクリック

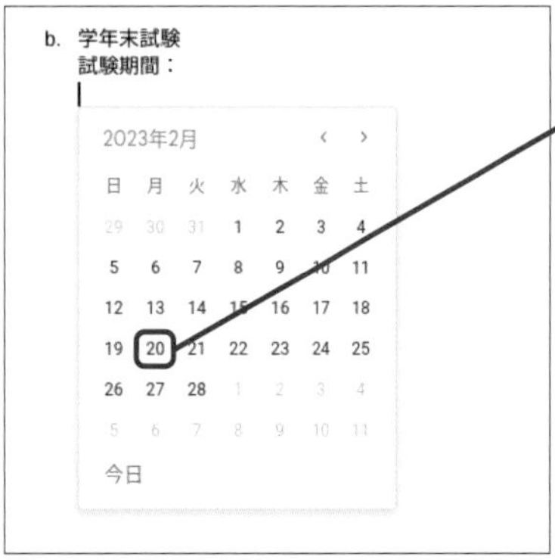

カレンダーが表示された

3 設定する日付をクリック

使いこなしのヒント

プルダウンの項目を個別設定する

［ステータス］の項目を個別に設定したい場合は、前ページのヒントを参考にして内容を編集した後、［保存］-［このインスタンスのみ］の順にクリックすると、設定したプルダウンへのみ編集内容が適用されます。

［このインスタンスのみ］をクリックすると、編集した1カ所だけ設定が反映される

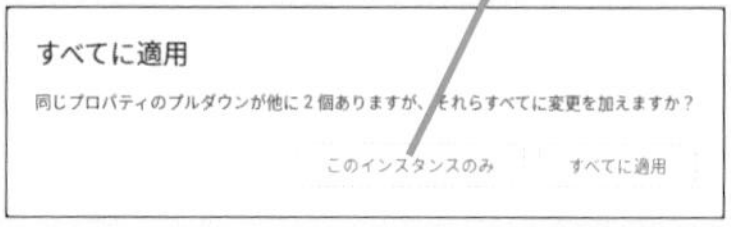

使いこなしのヒント

伝えたい相手への連絡方法を決める

［@メニュー］から挿入されたユーザーのスマートチップをクリックすると、そのユーザーへの連絡手段が表示されます。Gmail や Chat、Google Meet、カレンダーなどのアイコンが表示され、スムーズに次のコミュニケーションへとつなげることができます。

使いこなしのヒント

日付はカレンダーで選択しよう

日付入力の間違いによるトラブルを避けるには、カレンダーから日付を指定するのがおすすめです。手順5のようにカレンダーで曜日と日付をよく確認して日付を設定すれば、相手に誤った日付を伝えることを防げます。

6 メモを転記する

1 ［サイドパネル］にある［Keep］をクリック

画面右側にメモの一覧が表示された

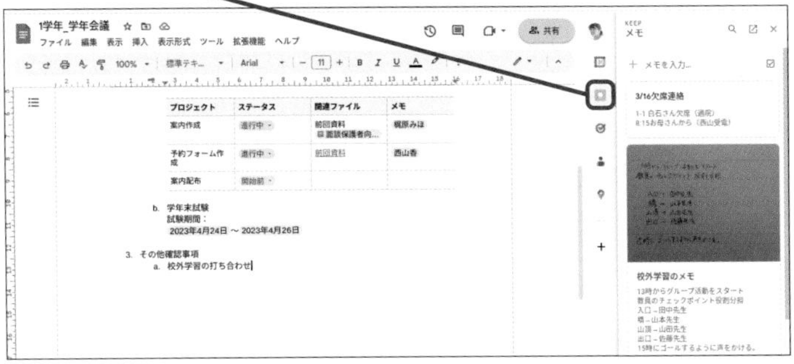

2 メモにマウスポインターをあわせる

3 ドキュメント上にドラッグ

メモの画像やテキストがドキュメントに転記された

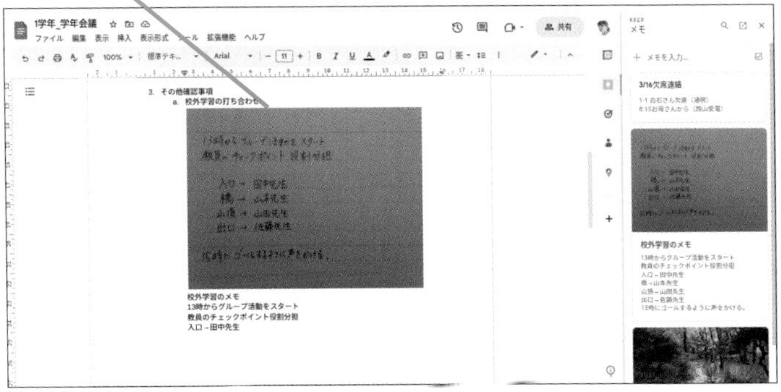

スキルアップ

Google Keep の詳しい使い方

Google のデジタルメモツールである Keep は、端末から自分の Google アカウントへログインさえすれば、時間や場所を問わず自分のメモを確認することができる人気のツールの1つです。詳しい内容は、レッスン18で紹介しています。

使いこなしのヒント

サイドパネルを活用しよう

サイドパネルを活用すれば、資料を作りながら Google カレンダーで予定を確認したり、ToDo リストへタスクを追加したりと、ほかのタブを開かずに同じ画面で2つのツールを使用できます。

次のページに続く

7 管理職の先生に資料の内容確認をとる

1 ［チェックリスト］のここをクリック

2 任意のリスト形式をクリック

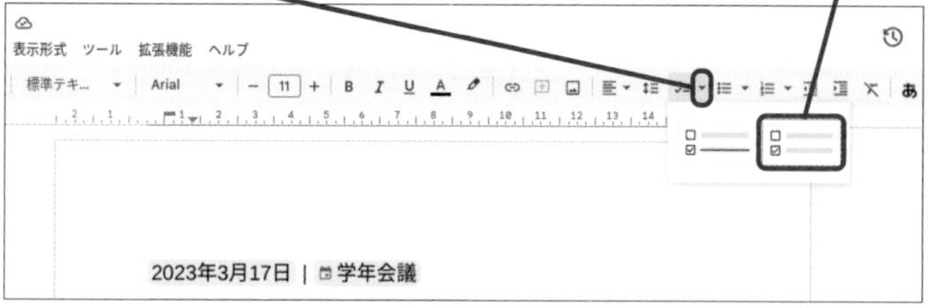

チェックリストが挿入された

3 項目名を入力

4 半角スペースを追加し、半角の「@」を入力

ここでは、［@メニュー］の［ユーザー］に表示されないユーザーを指定する

5 ［ユーザー］の右にあるここをクリック

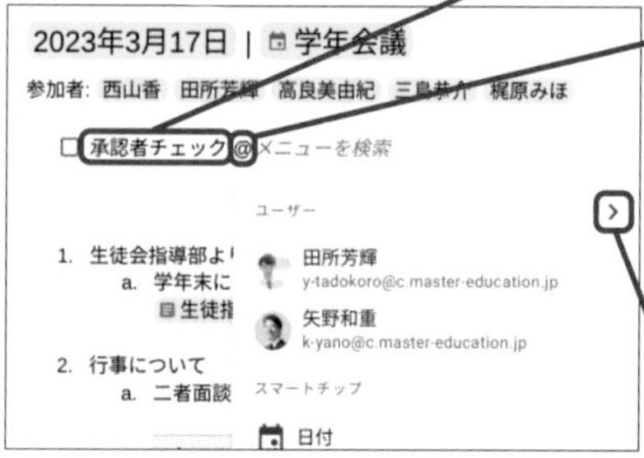

ユーザーがさらに表示された

6 該当者をクリック

承認者へ資料確認の依頼をしておく

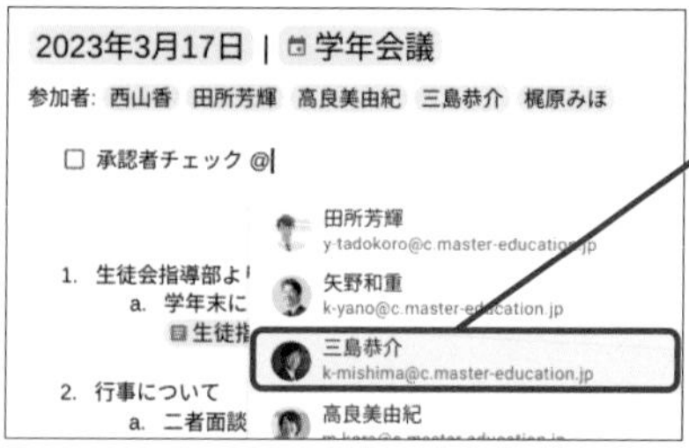

使いこなしのヒント

ペーパーレスで脱印鑑

出張などの多い管理職の先生へ資料の承認を依頼する際、紙へ印鑑をもらう必要があると、資料を渡したり、確認してもらったりするタイミングが限られます。印刷せず、Chat やメールで資料データを共有し、承認欄の作成や、承認機能の使用で、時間や場所を問わずスムーズに連携することができます。

使いこなしのヒント

依頼された資料を承認するには

承認者は資料を確認したら、操作2で作成したチェックボックスをクリックします。紙の資料のように手渡して回覧する必要もなく、ドキュメントを共有されているメンバーは好きなタイミングで資料を確認できます。

スキルアップ

Education Plus では［承認］の機能を利用できる

Education Plus のエディションでは、［承認］の機能を利用して、フィードバックや承認を依頼できます。承認者へリクエストを送信し、承認者から「承認」「拒否」のほか、詳細なフィードバックを受け取ることができます。

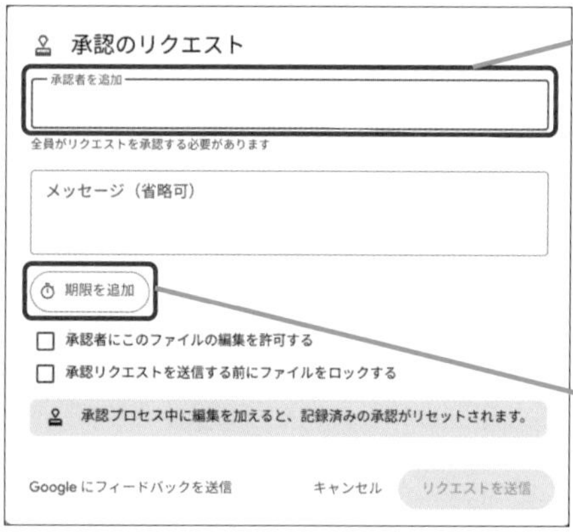

［承認者を追加］をクリックしてユーザーを追加する

［期限を追加］をクリックして日時を設定できる

ユーザーと期限などを設定し、［リクエストを送信］をクリックする

8 特定のユーザー宛のコメントを追加する

全員で1つの資料へ記録をし、認識の相違を防ぐ

1 コメントを付けたい箇所をドラッグ

2 ［コメントを追加］をクリック

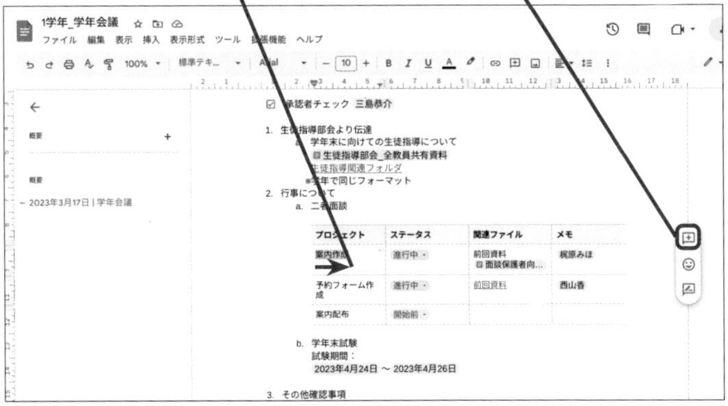

3 半角の「@」と相手の名前またはメールアドレス、メッセージを入力

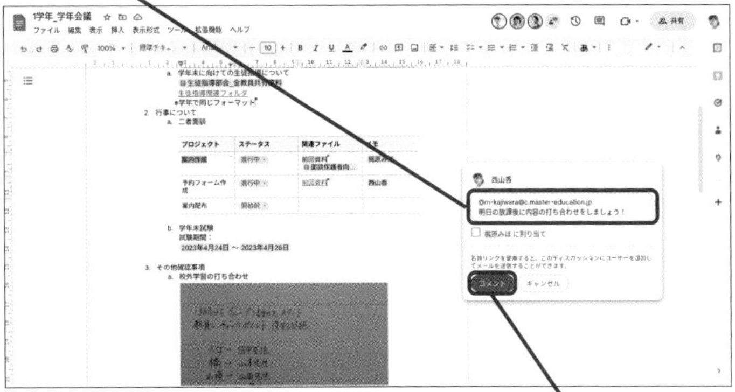

4 ［コメント］をクリック

特定のユーザー宛のコメントを追加する

ここをクリックすると、コメントが非表示になる

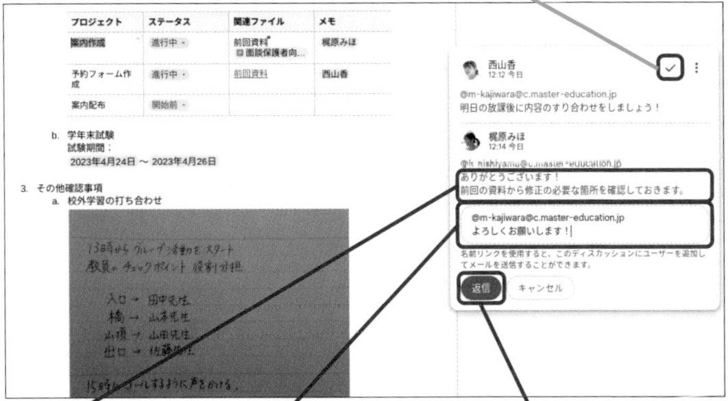

5 投稿されたコメントをクリック

6 返信内容を入力

7 ［返信］をクリック

返信が追加される

使いこなしのヒント

コメントのメリット

半角の「@」とメールアドレスでユーザーを指定してコメントすると、相手にGmailで通知が届きます。普通にコメントするよりも、気付いてもらいやすくなるので、積極的に活用しましょう。

使いこなしのヒント

コメントを非表示にする

ほかのユーザーとのやりとりを記録として残せる便利なコメント機能ですが、終了した会話を残しておくと、必要な情報が埋もれてしまう可能性があります。確認済みのコメントはチェックアイコンをクリックして非表示にしましょう。非表示にしたコメントも含め、［コメント履歴を開く］をクリックすると、これまでのやりとりを確認できます。

［コメント履歴を開く］をクリックすると、すべてのコメントが表示される

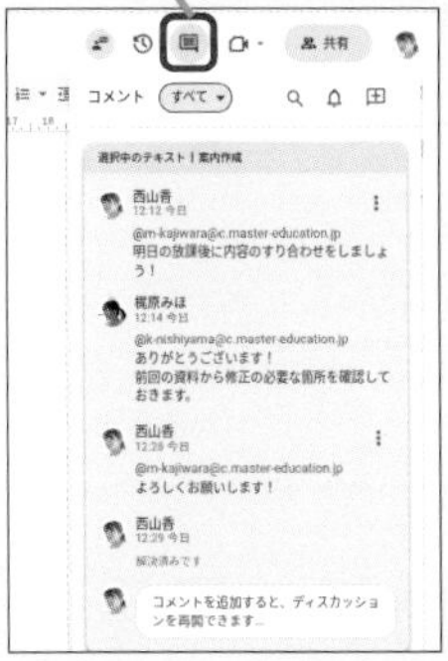

まとめ 資料のペーパーレス化でスムーズな連携を強化

ドキュメントに搭載されているスマートキャンバスやコメントなどの機能を活用すれば、時間や場所にとらわれない情報連携が可能となります。また、会議資料などの作成では1つのドキュメントへ関連したファイルを挿入し情報を集約すれば、複数の資料を探す時間や手間も削減でき、さらにスムーズな連携を促進できます。

レッスン

29 データの集約・可視化・分析を簡単にするには

YouTube動画で見る 詳細は2ページへ

Google スプレッドシート

Google スプレッドシートには、データの可視化や分析を簡単にできる機能が備わっています。ここでは効率よくデータを活用する方法を紹介します。

キーワード

Google スプレッドシート　P.234
データ探索　P.236

使いこなしのヒント

データの自動保存と変更履歴について

スプレッドシートなどの Google のツールの更新内容は基本的に自動保存されます。文字入力や画像挿入、削除などを行うたび、自動でデータが保存されるので、操作途中でファイルを閉じても安心です。また、更新の履歴も残ります。[ファイル]-[変更履歴] - [変更履歴を表示] を順にクリックすると、これまで編集した履歴をさかのぼって、更新前の状態を確認したり、以前の状態へ戻したりすることができます。

1 テスト結果を集約する表を作成する

Google スプレッドシートを起動し、新規のスプレッドシートを作成しておく

1 [無題のスプレッドシート] をクリックして、タイトルを入力

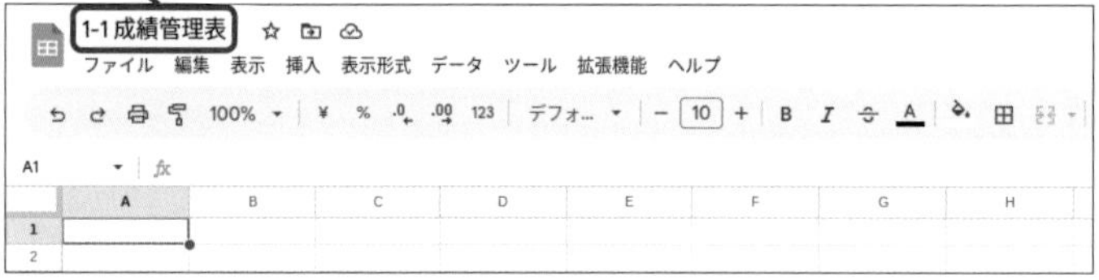

2 子どもたちの氏名や点数などの情報を入力

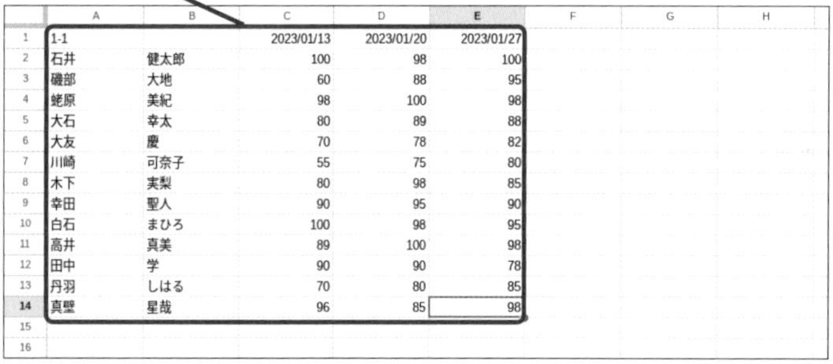

1-1		2023/01/13	2023/01/20	2023/01/27
石井	健太郎	100	98	100
磯部	大地	60	88	95
蛯原	美紀	98	100	98
大石	幸太	80	89	88
大友	慶	70	78	82
川崎	可奈子	55	75	80
木下	実梨	80	98	85
幸田	聖人	90	95	90
白石	まひろ	100	98	95
高井	真美	89	100	98
田中	学	90	90	78
丹羽	しはる	70	80	85
真壁	星哉	96	85	98

文字のサイズを調整する

3 表全体をドラッグして選択

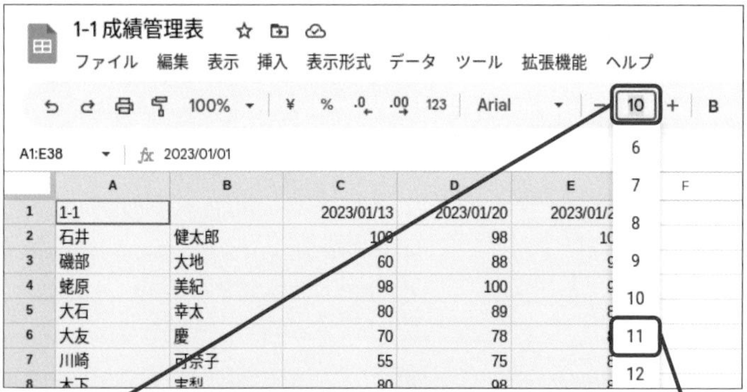

4 [フォントサイズ] をクリック

5 任意のフォントサイズをクリック

使いこなしのヒント

その他のフォントについて

画面上部のツールバーにある [フォント] の (▼) をクリックすると、フォントの変更が可能です。初期設定で表示されているフォント以外のフォントを使用したい場合、[その他のフォント] をクリックして [フォント] の画面で別のフォントを選択できます。

●表を見やすい色へ調整する

6 ［データ探索］をクリック

［データ探索］が表示された

7 ［書式］から任意の色をクリック

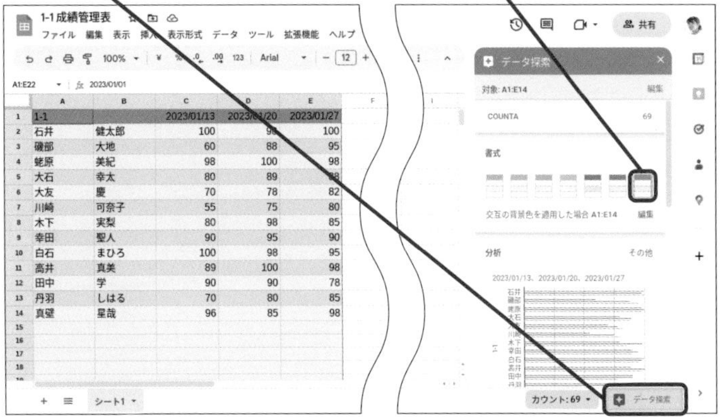

表に書式が設定された

2 作成した表からグラフを自動作成する

1 ［分析］の［グラフを挿入］をクリック

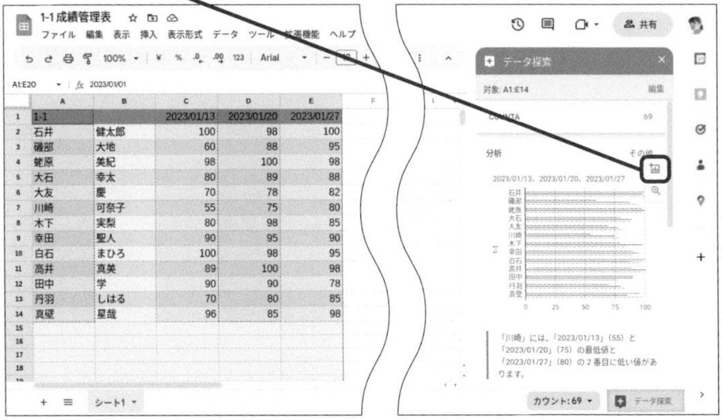

グラフが挿入できた

2 ここをクリック

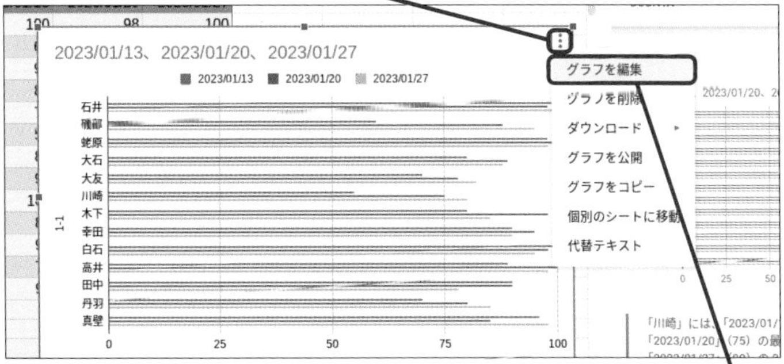

3 ［グラフを編集］をクリック

スキルアップ

［条件付き書式］を設定するには

例えば、入力したデータが「あり」の場合は「赤」に、「なし」の場合は「青」になるよう、入力された情報ごとに自動でセルの色を変えるには［条件付き書式］を設定します。設定したい範囲を選択し、［表示形式］-［条件付き書式］の順にクリックし、画面右側に表示される［条件付き書式設定ルール］に任意のルールを設定します。

使いこなしのヒント

フォームの回答データからグラフを作成するには

このレッスンでは自身で作成した表からグラフを作成する方法を説明していますが、スプレッドシートへ送信したフォームの回答結果からも［データ探索］を活用したグラフ作成が可能です。状況に応じて、効率よく活用しましょう。

次のページに続く

●グラフの種類を変更する

［グラフエディタ］が表示された

4 ［グラフの種類］をクリック

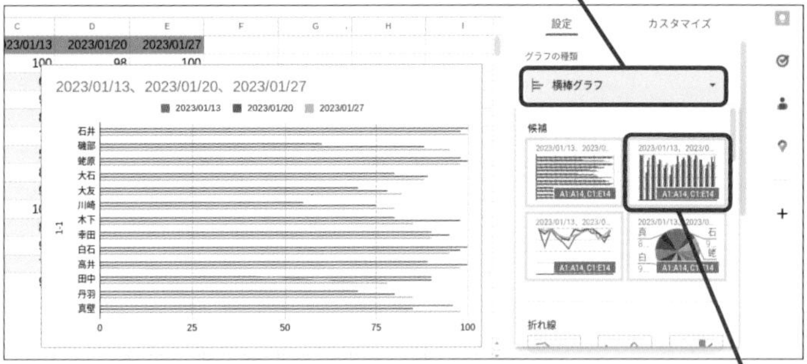

5 任意のグラフをクリック

グラフの種類が変更できた

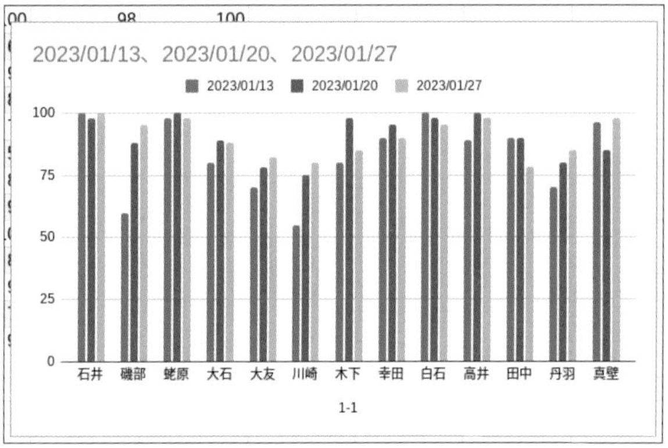

3 グラフの詳細を調整する

1 ［グラフエディタ］の［カスタマイズ］タブをクリック

2 ［グラフと軸のタイトル］のここクリック

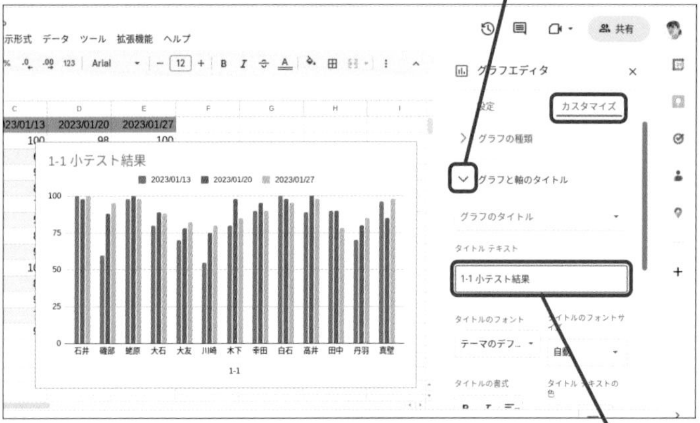

3 ［タイトルテキスト］をクリックしてタイトルを入力

使いこなしのヒント

グラフの候補と種類について

［データ探索］からグラフを自動作成すると、選択した範囲の情報から自動的にグラフの候補が表示されます。候補以外のグラフもクリック1つでグラフを作成できるため、よりイメージに近いグラフを簡単に作成できます。

スキルアップ

グラフの色を変更するには

「系列」とはグラフのデータ要素です。手順3の場合、青や赤、黄色の棒の1つひとつが系列となります。グラフの色を変えるには、色を変更したいグラフをダブルクリックした後、［グラフエディタ］-［カスタマイズ］-［系列］-［すべての系列に適用］の順にクリックし、色を変更したい系列を選択します。表示される［塗りつぶしの色］や［線の色］をカラーパレットから色を選択することで変更が可能です。ほかの報告資料などと色合いをあわせ、グラフを見やすく調整できます。

●横軸のタイトルを削除する

グラフのタイトルを変更できた

4 ［タイトルの種類セレクタ］をクリックして［横軸のタイトル］を選択

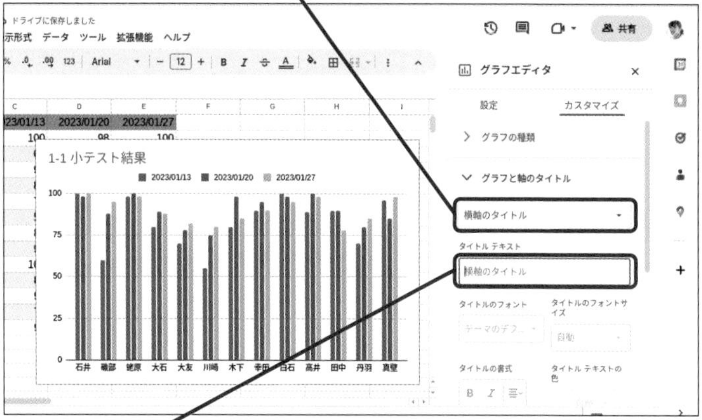

5 ［タイトルテキスト］にあるタイトルをドラッグして選択

6 Back space キーを押す

横軸のタイトルが削除できた

スキルアップ

表の情報を並び替える

［フィルタ］とは､表に入力されたデータを絞り込む機能です。［フィルタ］を設定すると、分析したい情報にあわせて表の情報を並び替えることが可能です。

情報を並べ替えたい範囲を選択し、［データ］-［フィルタを作成］の順にクリックすると選択した範囲の最上行にフィルタが作成されます。フィルタをクリックし、データの並び替えや、条件に当てはまるデータのみを抽出できるので、子どもたちのテスト結果やアンケート結果の情報分析へ活用できます。

1 情報を並べ替えたい範囲をドラッグして選択

2 ［データ］をクリック

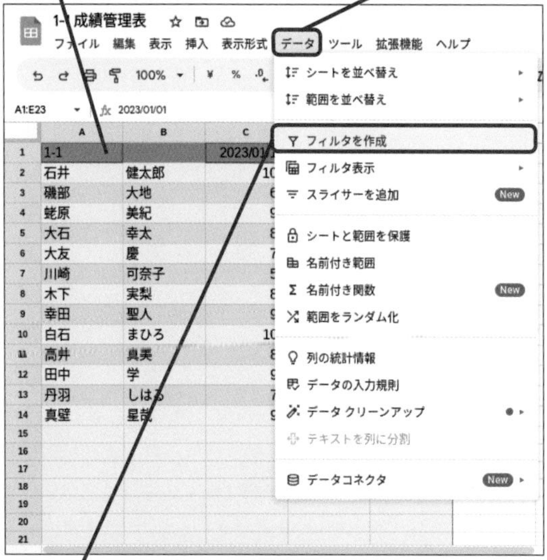

3 ［フィルタを作成］をクリック

フィルタが作成された

4 並べ替えの基準となるデータのここをクリック

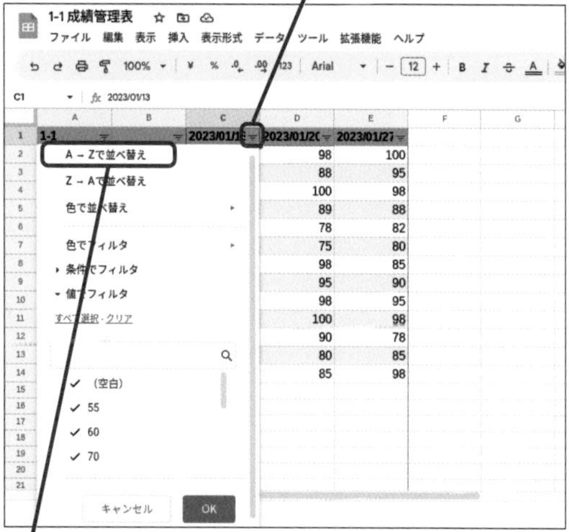

5 任意の条件を選択

設定した条件に基き、データが並び替えられる

次のページに続く

4 作成したグラフをほかのツールへ貼り付ける

1 グラフをクリック

2 ここをクリック

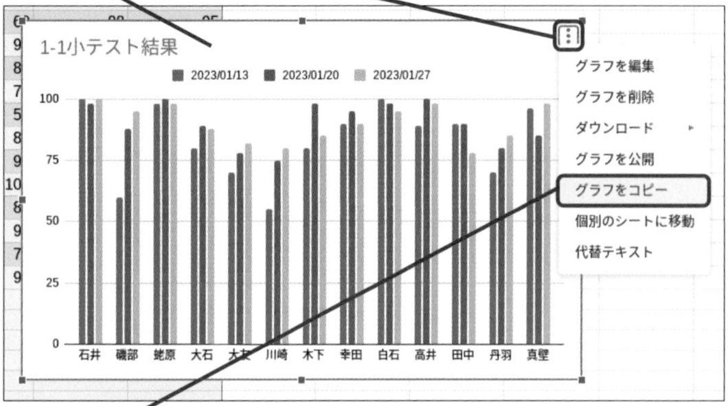

3 ［グラフをコピー］をクリック

グラフがコピーされる

ここでは、Google スライドへグラフを貼り付ける

グラフを貼り付けたいスライドを表示しておく

4 Ctrl + V キーを押す

［グラフの貼り付け］ダイアログボックスが表示された

5 ［貼り付け］をクリック

スライドへグラフを貼り付けられた

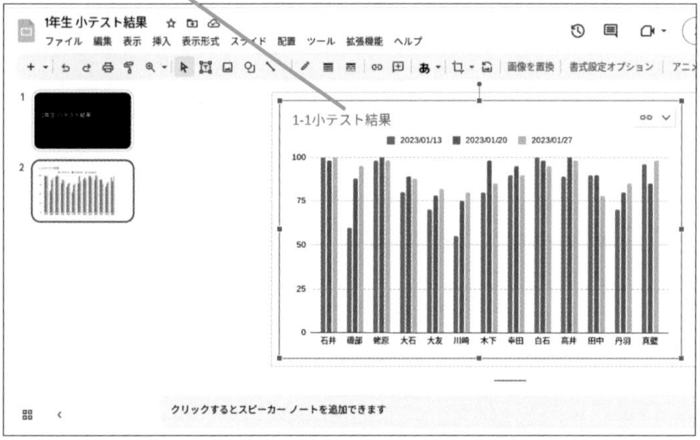

使いこなしのヒント

グラフと他ツールの連携について

スプレッドシート上で作成したグラフは、スライドやドキュメントへ連携できます。スライドなどへグラフを貼り付けた後でも、グラフのデータを更新し、貼り付け先のグラフで［更新］ボタンをクリックするだけで、更新内容が反映されます。アンケート結果の収集期限を待たずとも、グラフを作成して研究資料などへ貼り付け、後から最新情報へ更新できるため、時間に囚われない資料作成に役立てることができます。

ここに注意

操作5の画面で［リンクなしで貼り付け］を選んで貼り付けを実行すると、グラフは画像として貼り付けられます。意図しないデータの更新を防ぐには［リンクなしで貼り付け］を選びましょう。常に最新のデータに更新したいときは［スプレッドシートにリンク］を選びます。

5 更新された表の情報をグラフへ反映させる

スプレッドシートの表から、小テストの結果を1回分削除する

1 列を選択

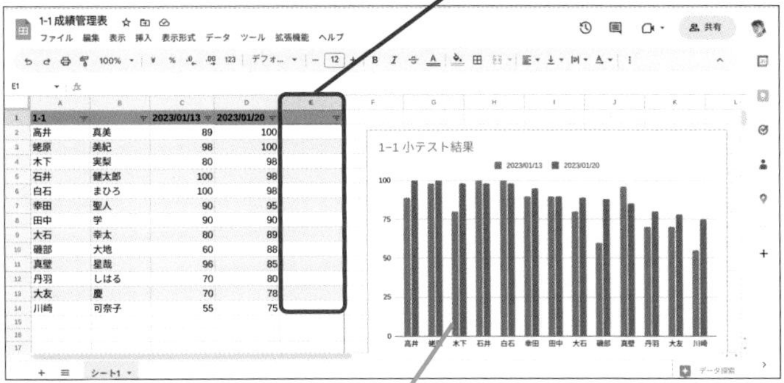

2 Back space キーを押す

スプレッドシートのグラフが自動的に更新される

前ページの手順4操作4でグラフを貼り付けた Google スライドを表示する

グラフデータはまだ更新されていない

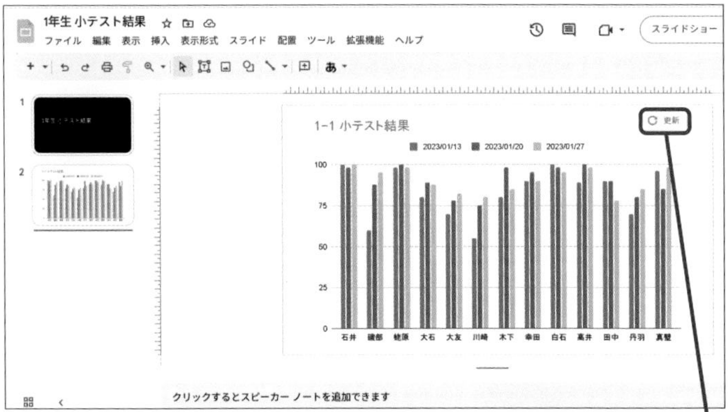

3 ［更新］をクリック

グラフが更新された

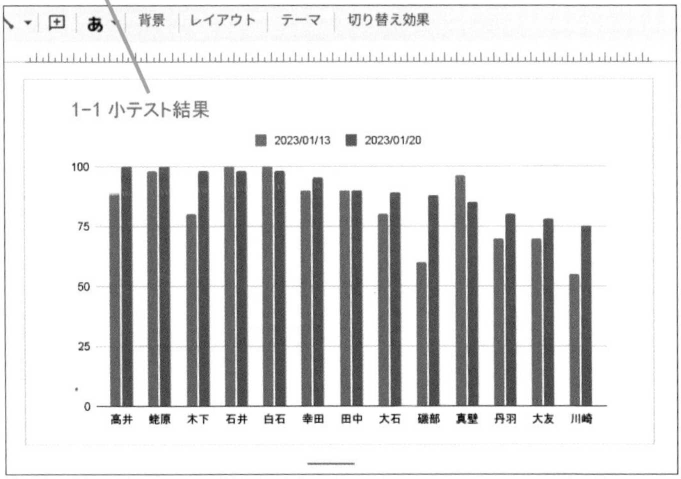

使いこなしのヒント

関数の活用について

関数を活用してデータを簡単に計算することも可能です。［挿入］-［関数］の順にクリックして、さまざまな関数を選択できます。ほかの表計算ツールにも備わっている一般的な関数や、スプレッドシート特有の関数も選択できます。表示される関数の最下部にある［詳細］をクリックすると、スプレッドシートのヘルプページが開き、キーワードで関連する関数を検索できます。どの関数を使えばよいか困ったときに活用できます。

使いこなしのヒント

ツールを連携した資料作成について

先生の資料作成や子どもたちのグループワークなどで、スプレッドシートの作成担当、スライドの作成担当と役割を割り振るのがおすすめです。同時進行で作業を進めることができ、資料作成の時間短縮が期待できます。

まとめ　データ分析を簡単に

スプレッドシートの中には、検索やAIの機能によって情報を可視化したり、分析したりするのに便利な機能が搭載されています。また、ドキュメントやスライドへのデータ連携が可能なため、最新情報への更新なども簡単に行えます。資料作成の時間が短縮できるため、授業や校務など、さまざまな場面で活用してみましょう。

レッスン
30 校内のコミュニケーションを円滑にするには

YouTube動画で見る
詳細は2ページへ

Google Chat

同じ校内で働く先生同士でも、授業や出張などで直接会話ができないこともあるでしょう。Google Chat を活用してさらに情報連携をスムーズにする方法を紹介します。

キーワード

Google Chat	P.232
スペース	P.235

使いこなしのヒント

チャットの種類について

Chat には個人宛のメッセージをやりとりできるダイレクトチャット、複数メンバーとの会話が可能な［グループの会話］、継続的なグループでの活用に便利な［スペース］の3種類があります。本レッスンでは、主に［スペース］の活用について紹介します。

ここに注意

スペースへ大勢のメンバーを追加する際、該当メンバーが所属しているグループアドレスがあると一括追加ができ便利です。ただし、グループからメンバーが削除されたときでも、スペースからは自動削除されないので注意が必要です。

1 グループで会話のできるスペースを作成

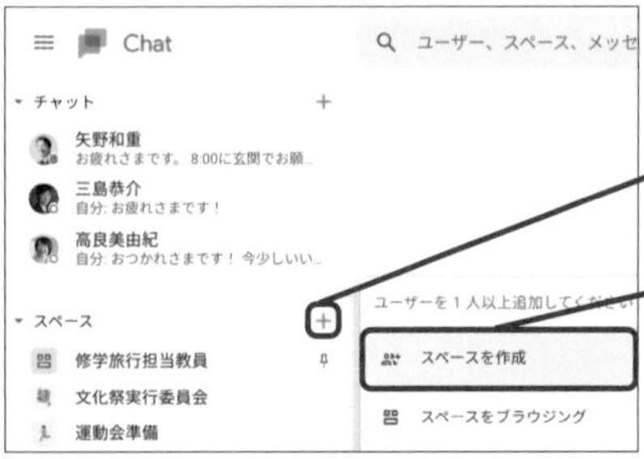

Google Chat を起動しておく

1 ［スペース］の［+］をクリック

2 ［スペースを作成］をクリック

3 ［スペース名］を入力

4 ［ユーザーの名前やメールアドレス、またはグループを入力］をクリックしてユーザーを入力

5 ［作成］をクリック

スキルアップ

スペースのアイコンを設定しよう

スペースは、任意でアイコンを設定することが可能です。スペースの内容やテーマによって絵文字を選ぶといいでしょう。スペース名とアイコンを工夫すれば、スペースの数が増えたときでも区別がしやすくなって便利です。

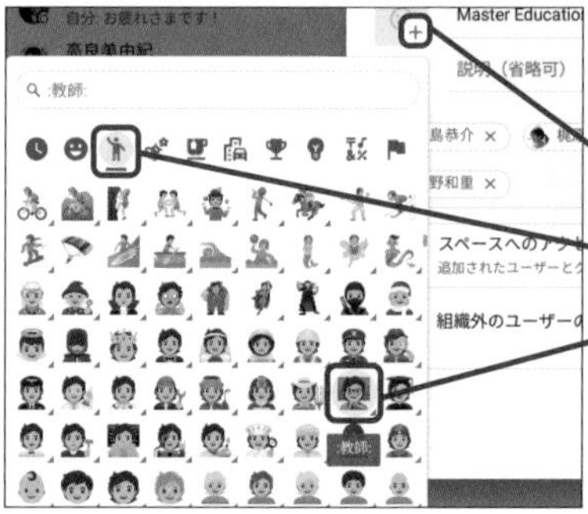

ここでは、アイコンとして絵文字を挿入する

1 ［+］をクリック

2 絵文字の種類を選択

3 任意の絵文字をクリック

2 スペースで会話を始める

1 メッセージを入力　**2** ［メッセージを送信］をクリック

Enter キーを押しても送信できる

同様の手順で、スペース内へさらにメッセージを送信する

●メッセージを返信する

メンバーから届いたメッセージに返信する

3 返信したいメッセージにマウスポインターをあわせる　**4** ［スレッドで返信］をクリック

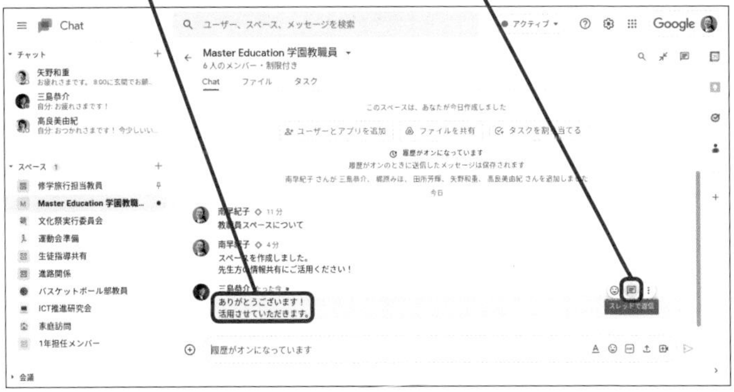

使いこなしのヒント

スペースメンバーの追加や削除について

スペース上部のスペース名をクリックすると、［メンバーを管理］からメンバーの追加や削除が可能です。追加の場合は［追加］をクリック、削除の場合はユーザー名の右側にある（⋮）-［スペースから削除］を選択します。後から追加されたメンバーもスペース内の過去の会話をさかのぼって確認できるため、情報の引き継ぎの手間を減らすことができます。削除されたメンバーが再び参加する場合は、現行のメンバーが再度スペースへ追加する必要があります。

使いこなしのヒント

リアクションを追加する

リアクションしたいメッセージにマウスポインターをあわせて［リアクションを追加］をクリックし、表示された一覧から任意の絵文字を選択すると、絵文字でリアクションできます。メッセージの下に表示された絵文字にマウスポインターをあわせることで誰がリアクションをしたのかを確認できるので、既読マークのようなイメージで活用できます。

1 リアクションしたいメッセージにマウスポインターをあわせる

2 ［リアクションを追加］をクリック

任意の絵文字をクリックしてリアクションする

次のページに続く

●スレッドで返信をする

画面右側にスレッドパネルが表示された

5 返信を入力

6 ［メッセージを送信］をクリック

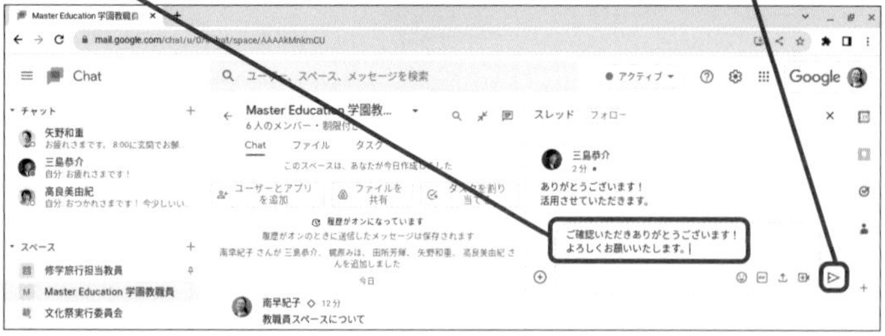

返信を送信できた

7 ［スレッドを閉じる］をクリック

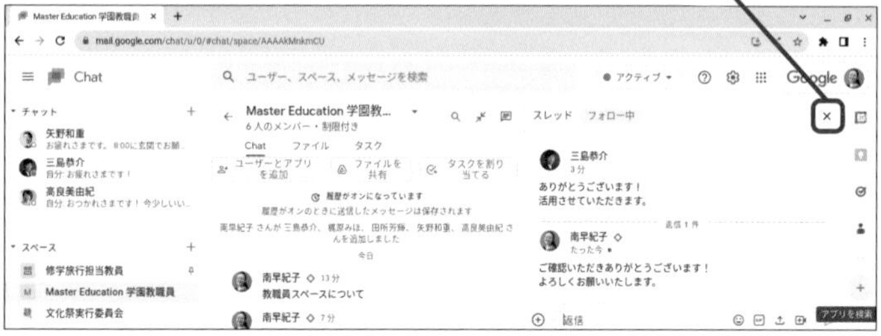

3 ドライブからファイルを送信する

ここでは、Google ドライブのファイルを添付して送信する

1 ［＋］（Google Workspace ツール）をクリック

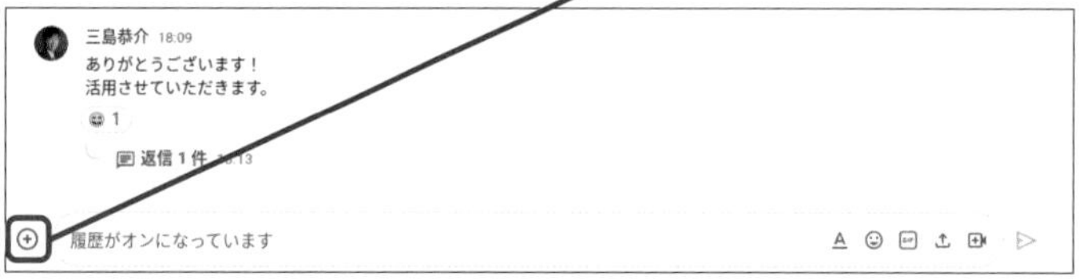

2 ［Google ドライブ］をクリック

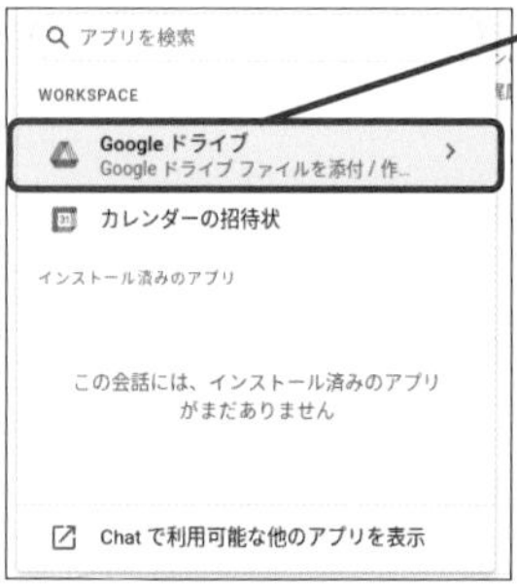

3 ［Google ドライブ ファイルを添付］をクリック

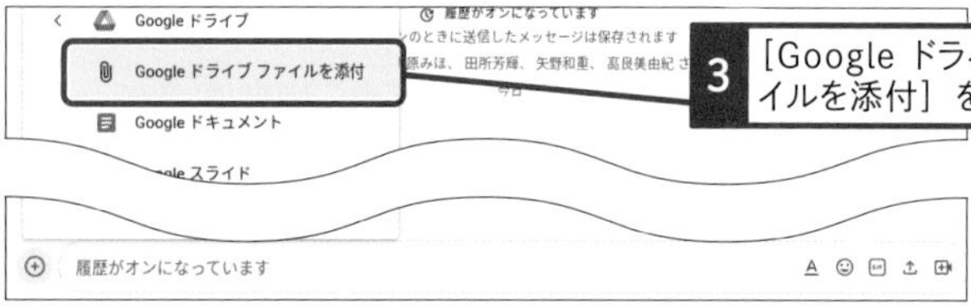

使いこなしのヒント

スレッド内で会話をする

［スレッドで返信］から返信した場合、返信をしたメッセージの下に［返信1件］というように表示されます。ここをクリックすることで、再びスレッドが開かれます。同じ話題についてスレッドの中でやりとりできるので、スペースをすっきりと整理できます。

スキルアップ

スペースのメンバーへ予定を作成し共有できる

Chat は Google カレンダーとも連携して活用することが可能です。手順3操作2の画面で［カレンダーの招待状］をクリックした後、予定を作成してスペースのメンバーへ共有できます。Google カレンダーの詳しい使い方はレッスン27を参照してください。

1 手順3操作2の画面で［カレンダーの招待状］をクリック

画面右にカレンダーが表示される

2 レッスン27を参考に、予定を作成

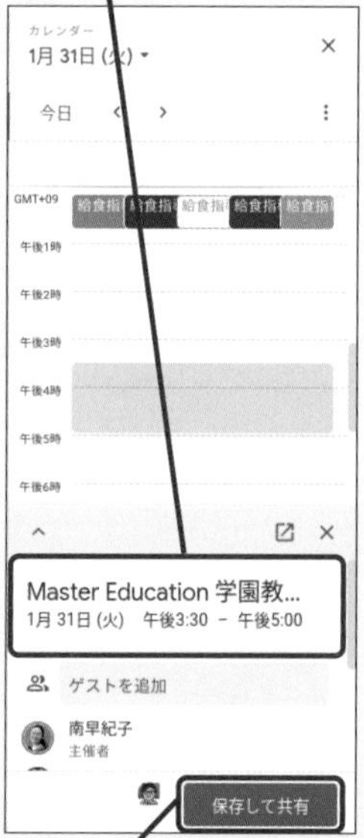

3 ［保存して共有］をクリック

●ファイルを選択する

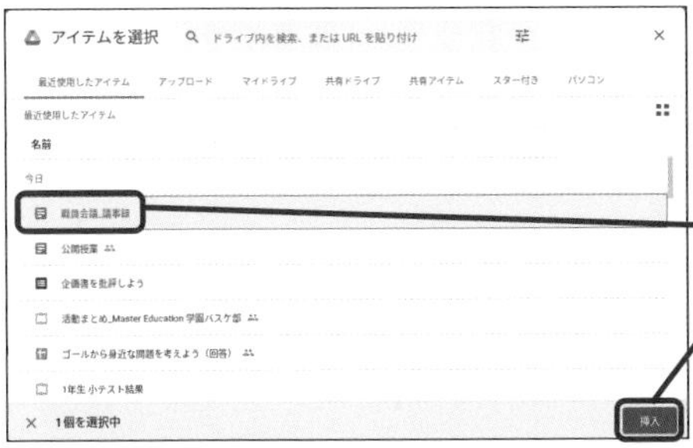

［アイテムを選択］ダイアログボックスが表示された

4 送信したいファイルをクリック

5 ［挿入］をクリック

メッセージ ウィンドウにファイルが追加された

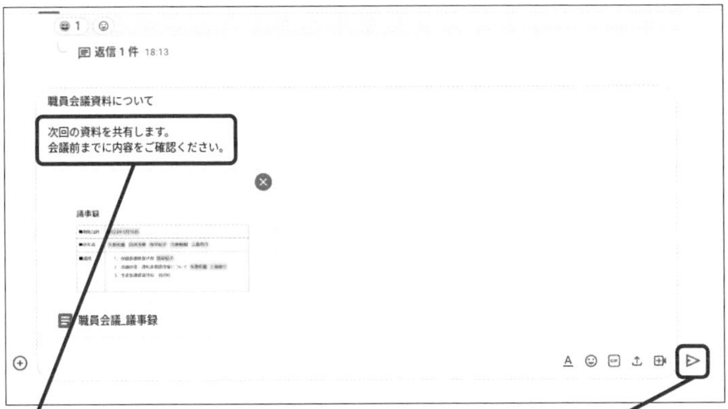

6 必要に応じてテキストを入力

7 ［メッセージを送信］をクリック ▷

Enter キーを押しても送信できる

●アクセス権を付与する

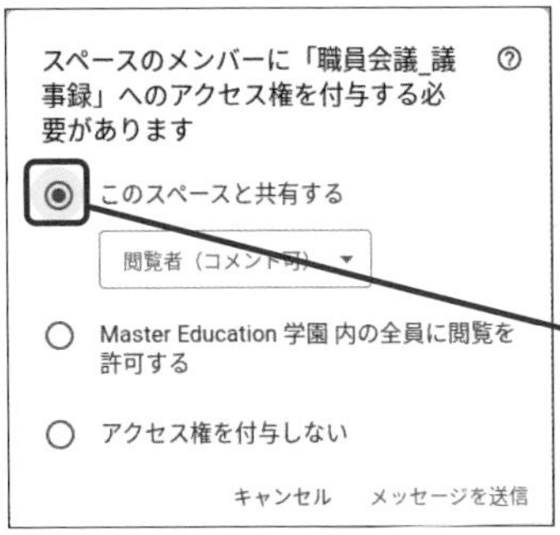

アクセス権の付与についての画面が表示された

ここでは、スペースのメンバーへのみ共有権限を付与する

8 ［このスペースと共有する］をクリック

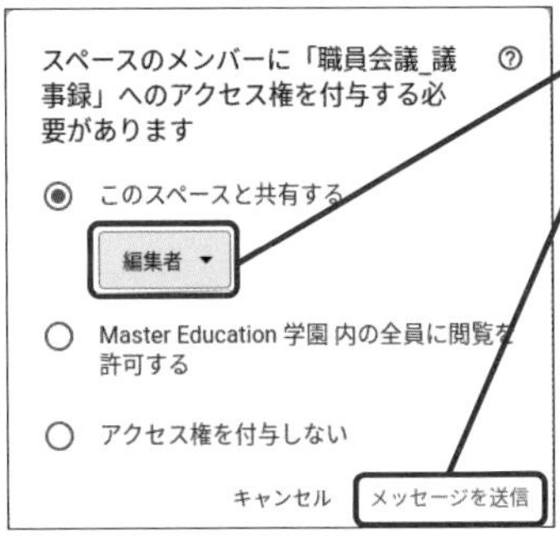

9 ここをクリックして任意の権限を選択

10 ［メッセージを送信］をクリック

アクセス権を付与したファイルが共有される

使いこなしのヒント

Chat とドライブの連携

Chat 上でファイルを送信し、相手がそのファイルへのアクセス権がない場合、アクセス権付与の画面が自動で表示されます。ドライブや個々のファイル上で共有設定をしなくてもいいので、スペースメンバーへの資料共有が効率的に行えます。

使いこなしのヒント

ファイル表示の切り替えについて

ドライブを連携してファイルを選択する際、ファイルの表示方法を切り替えることができます。［アイテムを選択］ダイアログボックスの右上にある［ギャラリー］または［リスト］をクリックすると、それぞれの表示へ簡単に切り替わります。

ここをクリックしてファイルの表示方法を切り替える

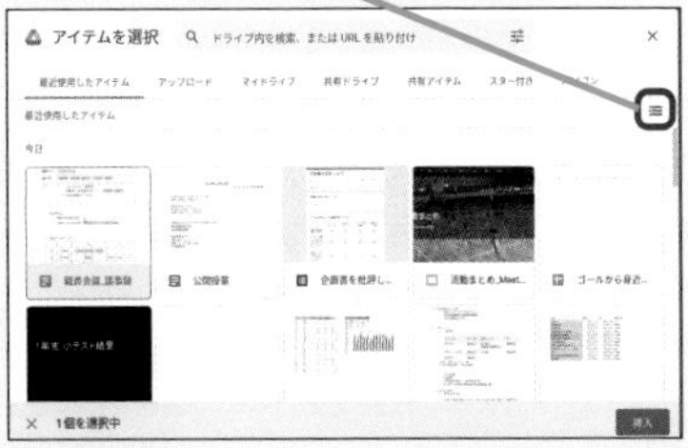

次のページに続く

●送信したファイルを Chat 上で確認する

ファイルが添付できた

11 添付ファイルにマウスポインターをあわせる

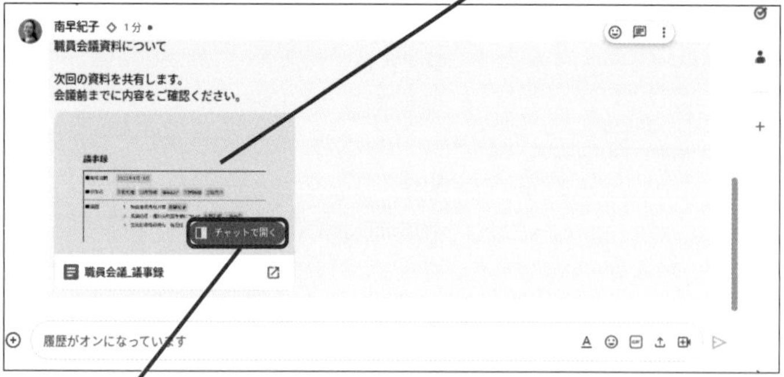

12 ［チャットで開く］をクリック

画面右側に添付したドキュメントファイルが表示された

チャットをしながら、ドキュメントを編集できる

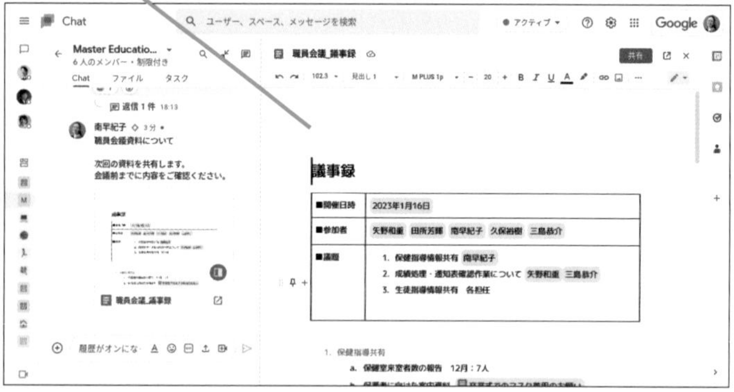

4 特定のユーザーへメッセージを送信する

1 メッセージの入力欄をクリックして半角の「@」を入力

スペースに参加するユーザー一覧が表示された

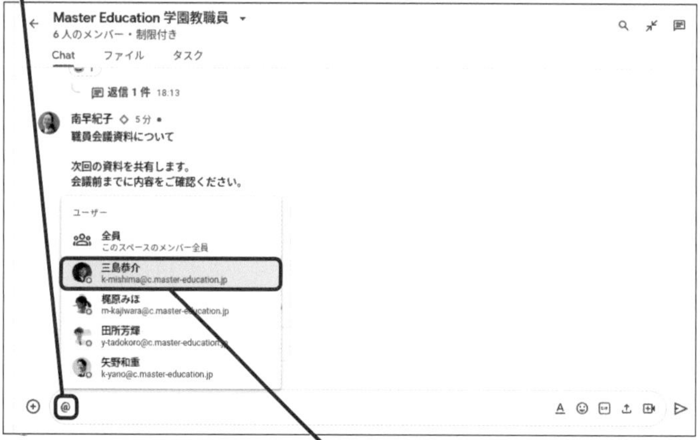

2 メッセージを送信したいユーザーをクリック

使いこなしのヒント

Chat からファイルを全画面で開くには

手順3操作11で添付ファイル名の右に表示される［新しいタブで開く］（⧉）をクリックすると、Chat とは別のタブにファイルを大きく表示することができます。全画面で大きく確認したいときとチャットとファイルの内容と同時に確認したいときとで、使い分けることができ、便利です。

使いこなしのヒント

スペースへ送信したファイル一覧を確認するには

スペースへ送信したファイルは上部の［ファイル］タブをクリックすると一覧で確認できます。いつ、誰が送信したファイルなのかをすぐに確認することができるので、スペースに参加しているメンバーとの資料管理に役立ちます。

1 ［ファイル］タブをクリック

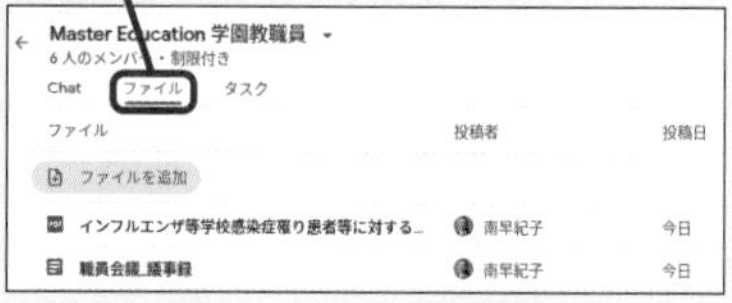

添付ファイルの一覧が表示される

●名前リンク付きのメッセージを送信する

メッセージを送信したいユーザー名が表示された

3 メッセージを入力

4 ［メッセージを送信］をクリック

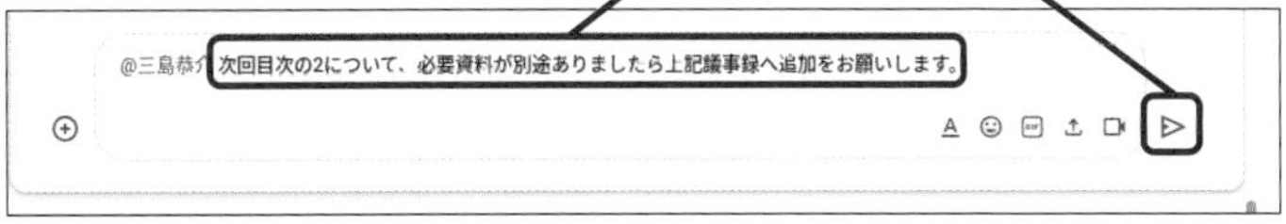

Enter キーを押しても送信できる

5 スペースのメンバーとビデオ会議を実施する

1 メッセージ ウィンドウにビデオ会議についてのメッセージを入力

2 ［ビデオ会議を追加］をクリック

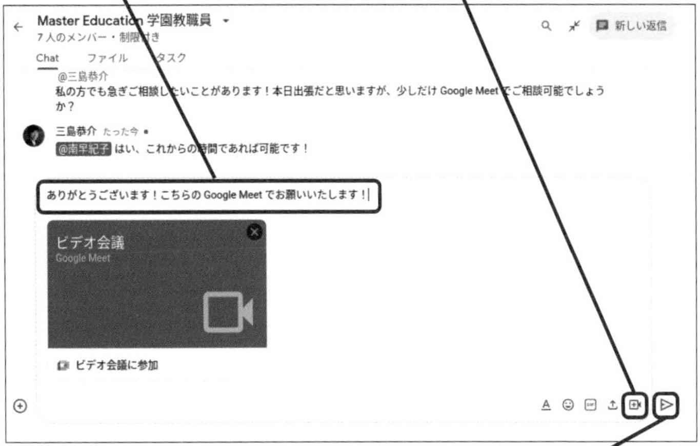

3 ［メッセージを送信］をクリック

Enter キーを押しても送信できる

ビデオ会議が追加された

4 ［ビデオ会議］をクリック

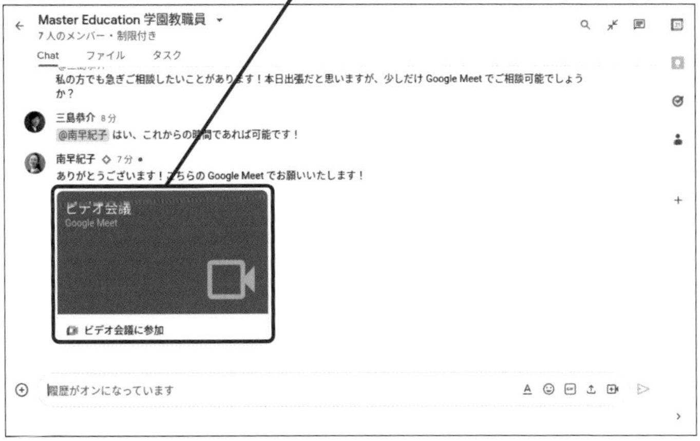

レッスン38を参考に、Google Meet のビデオ会議を開始する

使いこなしのヒント

名前リンクでメッセージを知らせる

相手を指定してメッセージを送信できる機能で、メッセージの受け取り漏れをなくす効果が期待されます。半角の「@」を入力した後、送信相手を選択すると、名前リンクが有効になります。自分の名前リンク付きメッセージが届いた際にオフラインの状態であれば、Gmail と連携し通知メールが送信されます。なお、名前リンクが付いているメッセージは、スペース上ではほかのメンバーも確認が可能です。
また、グループやスペースに参加していないメンバーの名前リンクを送信することで、そのグループやスペースに招待することができます。

スキルアップ

インライン スレッドを活用する

手順5操作1の画面で［新しい返信］をクリックすると［アクティブなスレッド］の画面が表示されます。この画面内で返信することで、スレッド内でやりとりができます。打ち合わせについてのメッセージに返信したいものの、メインの会話が別の話題に移っていて返信がしにくいようなときでも、スペース全体の会話を妨げずに返信ができます。

使いこなしのヒント

緊急でビデオ会議を実施する

チャットで急ぎ連絡をとれる環境を準備しておくと、緊急で打ち合わせをしたい際などにすぐ対応が可能です。
Chat 上でビデオ会議が実施可能かを確認してからビデオ会議を追加するとスムーズに開始できるでしょう。

次のページに続く

6 通知を一時的にミュートへ設定する

1 ［アクティブ］をクリック

2 ［通知を一時的にミュート］をクリック

ここでは、時間を指定してミュートする

3 ［指定した時刻まで］をクリック

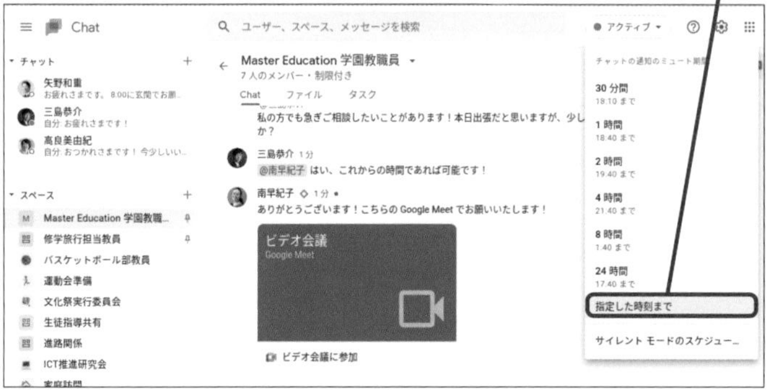

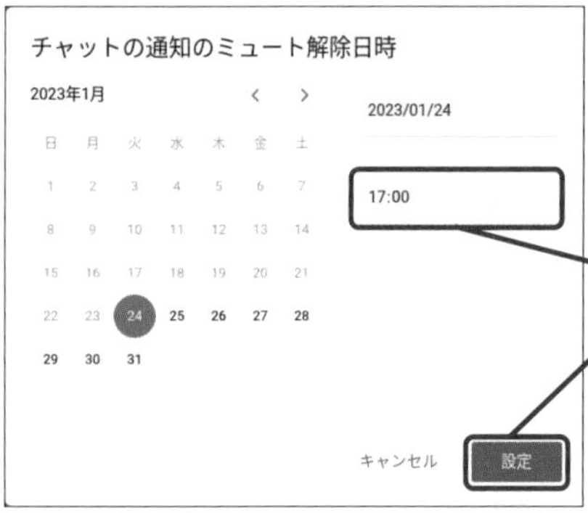

解除日時を設定する画面が表示された

日付はカレンダーをクリックして設定する

4 解除時間を設定

5 ［設定］をクリック

指定時間までミュートが設定された

ここでは、指定した時間前にミュートを解除する

6 ［○○（指定時間）まで］をクリック

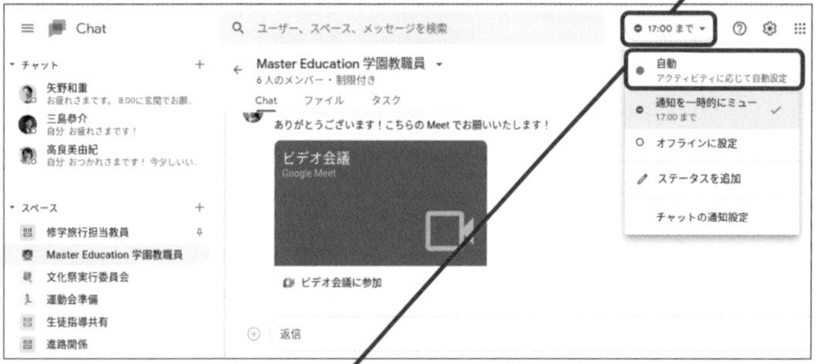

7 ［自動］をクリック

すぐにミュートが解除される

使いこなしのヒント

通知方法を変更できる

［アクティブ］-［チャットの通知設定］の順にクリックすると、［デスクトップ通知］や［メール通知］などの詳細を設定できます。自分好みに調整して活用を進めましょう。「チャットでのやりとりが増えて集中できない」というときは、［チャットの通知を許可する］を一時的にオフにします。

［チャットの設定］ダイアログボックスから、通知について設定できる

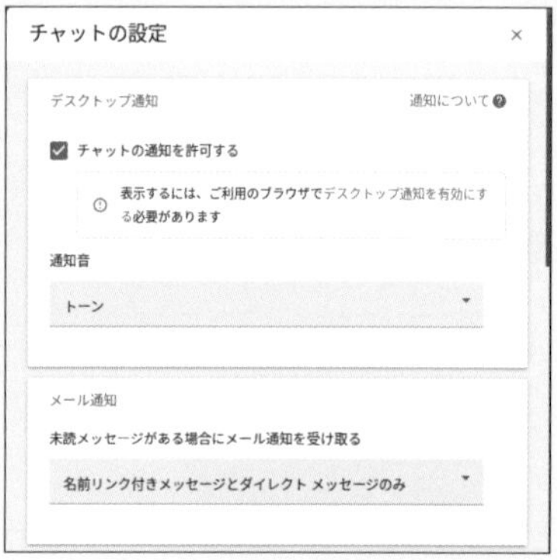

使いこなしのヒント

ダークモードの設定

白い画面だと文字が読みにくい場合には［ダークモード］への設定が有効です。［アクティブ］-［チャットの通知設定］の順にクリックした後、［デザイン］から選択できます。

［ダークモード］をクリックすると、画面が暗くなる

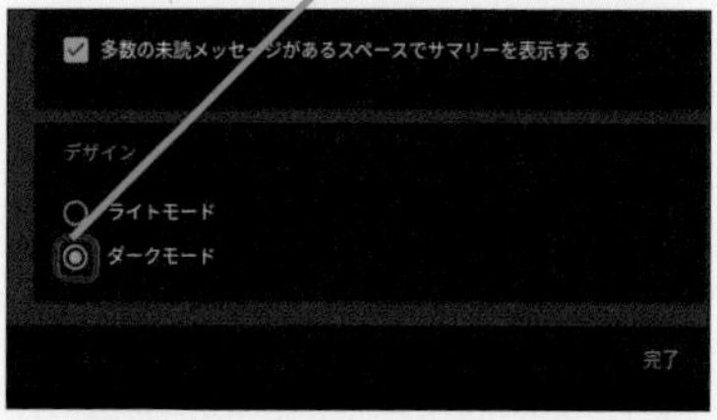

7 特定のスペースの通知を設定する

ここでは、表示中のスペースの通知設定を変更する

1 スペース上部にあるスペース名をクリック

2 ［お知らせ］をクリック

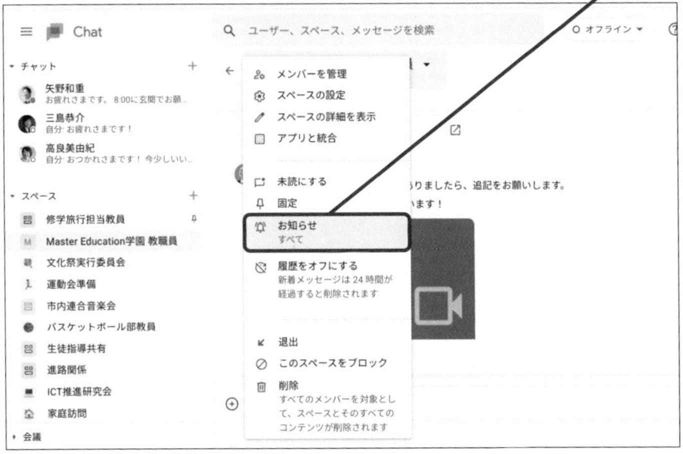

［お知らせ］の設定画面が表示された

3 ［フォロー中］をクリック

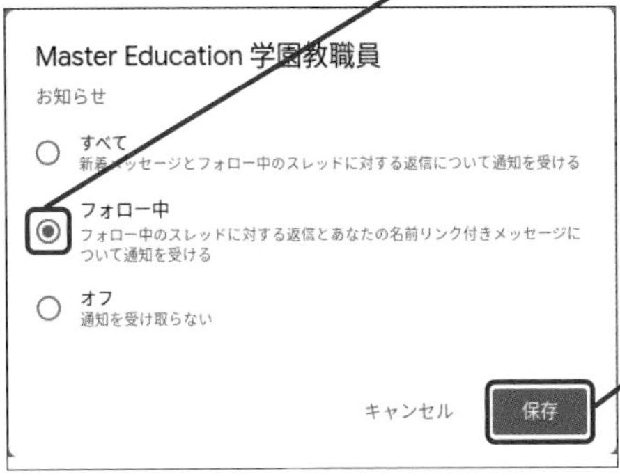

4 ［保存］をクリック

通知設定が変更される

スキルアップ

スペースを固定する

重要なスペースや頻繁に使用するスペースを固定すると、常にリストの上部に表示できます。リストから使いたいスペースを探す手間を省くことができ、会話の内容を素早く把握できます。

1 固定したいスペース名にマウスポインターをあわせる

2 ここをクリック

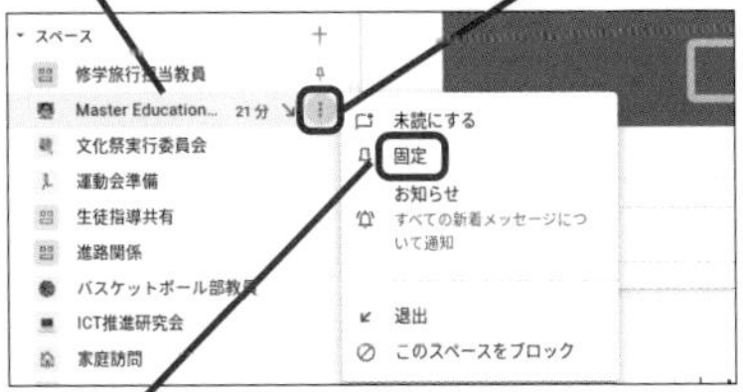

3 ［固定］をクリック

スペースが固定される

使いこなしのヒント

タスクの割り当てについて

スペースのメンバーへタスクを割り当てることが可能です。メンバー全員での予定確認などに有効な機能で、自分自身への設定はもちろん、自分以外のユーザーへも割り当てが可能です。タスクの活用については、レッスン19を参照してください。

1 ［タスク］タブをクリック

［タスクを追加］をクリックして、タスクを作成する

ここに注意

通知機能は確認の漏れ防止のために便利な機能ですが、大量の通知はかえって煩わしくなる可能性があります。［フォロー中］をクリックして設定すると、フォロー中のスレッドに対する返信と自分あてのメンションが付いた名前リンク付きメッセージに絞って通知を受け取れます。

まとめ 教員間における情報共有の質を高める

Chat はメールよりも気軽に、かつスピーディーに情報が共有できるツールです。特に校内や自治体内など、同じ組織のメンバーとのやりとりに有効です。そのほかの Google サービスとも連携しているため、先生同士の情報共有や資料連携などをより効率よく行うことができます。

この章のまとめ

環境にあったツールの活用で連携を強化

この章では、学校DXの促進によって時間や場所を問わず、先生方のよりスムーズな情報連携が実現できるアイデアを紹介しました。同じ学校に所属していても、授業や会議、出張など、それぞれの場所で業務にあたる先生には、対面以外のコミュニケーションツールや協働・連携を促進するツールの整備が重要です。よく連絡を取り合う管理職の先生や同じ学年の先生などのチームでグループを作成し、カレンダーやChat などをチームで活用することは、素早い情報連携や伝達漏れを防ぐことにもつながります。また、これまで1人の先生が会議の資料を作っているようなケースでは、参加者全員に共有されたスプレッドシートで分担しながらデータを入力することで先生たちの校務負担軽減も期待できます。学校やチームの環境にあわせた活用で、連携を強化していきましょう。

Google グループやカレンダー、Chat などはチームで活用することが前提となる。ICTの価値を最大限引き出すには、チームで協力する文化を醸成していくことが重要

今まで1人で行っていた作業も、ICTを活用してチームで取り組むことによって、校務の負担を削減できそうです。早速、ほかの先生を巻き込みながら活用してみます!

素晴らしい心意気ですね! Google の多くのツールは、ユーザーのコラボレーションをより促進させるように、機能やデザインが設計されています。チームで活用の輪を広げていきましょう。

活用編

第6章

「チーム学校」で進める学校DX

学校DXを進めていくためには、校内はもちろん、保護者や地域の方などとも幅広く連携し、コミュニケーションをとることが大切です。本章でICTを活用した効率的な情報の共有や、学校外とのつながり方を学び、学校DXをさらに推進していきましょう。

31	「チーム学校」で進める学校DXのアイデア	158
32	貴重な知見をデータで同僚の先生へ共有するには	160
33	話し合いをさらに活性化するには	164
34	有益な動画や知見を先生同士で共有するには	168
35	安全で管理の簡単なWebサイトを運用するには	172
36	校外からの意見を収集するには	180
37	学校外との連携を効率的に行うには	186
38	さまざまな人とのつながりを広げよう	192

レッスン **31**

Introduction この章で学ぶこと

「チーム学校」で進める学校DXのアイデア

先生個人やチームでのICT活用が進んだら、これまでの活用経験を踏まえながら学校全体や保護者、また、地域の人など、学校内外を巻き込んだ活用にも挑戦しましょう。先生同士での貴重な知見の共有方法や、学校外の人とのコミュニケーション方法などについて紹介します。

資料を効率よく管理

授業や校務の資料が膨大で、管理方法に悩んでいます……。

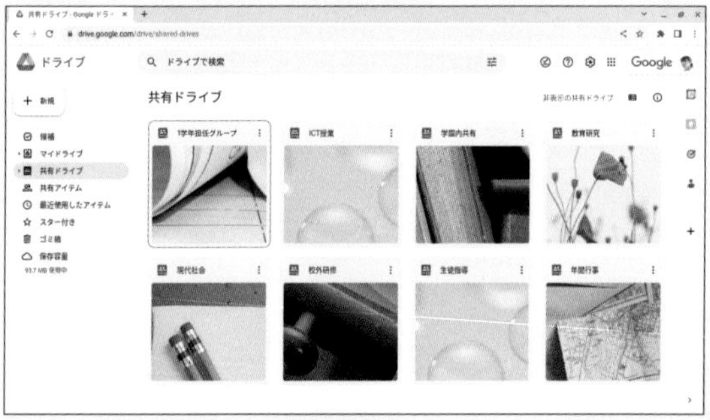

Google ドライブのワークスペースや［共有ドライブ］を活用すると資料を効率よく管理できます！

◆Google ドライブ

Webサイトの管理・運用が簡単に

Google サイトなら、専門的な知識がなくてもWebサイトを作れて、管理や運用も簡単です！　さらに、公開範囲を限定すれば組織内で安全に利用できます。

これまで、学校Webサイトの管理・運用は専門知識のある先生や情報科の先生に任せっきりで負担をかけていましたが、これなら専門知識のない僕でも使えそうです！

◆Google サイト

保護者や地域の意見を効率的に収集

アンケートって、配ったり、回答を集めたり、結果を分析したりと、やることが多くて大変……。

◆Google フォーム

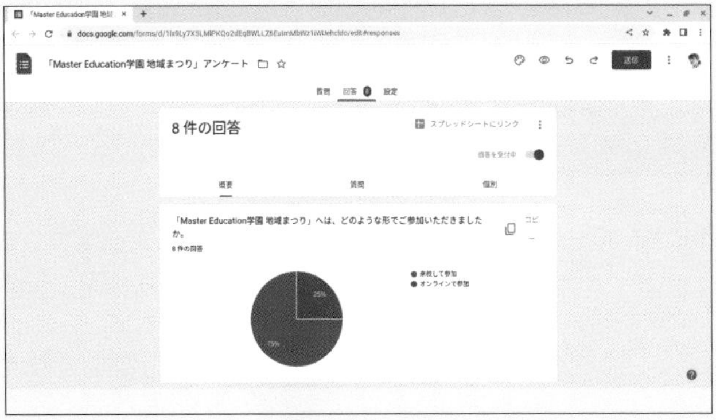

Google フォームを使えば、アンケートの配布、収集、データ分析をこれまで以上に効率よく行えるので、先生の負担が大きく軽減されます！

さまざまな人とつながる

Google Meet を使えば学校内はもちろん、学校外の人とも簡単にビデオ会議でつながることができます。外部との打ち合わせも、職員室の自分の机から気軽に実施できますよ！

場所を問わずつながれることで、移動時間や手間も省けそうですね。学校外の人とつながることで、子どもたちはもちろん、先生の学びの幅も広がりそうです！

◆Google Meet

レッスン

32 貴重な知見をデータで同僚の先生へ共有するには

YouTube動画で見る 詳細は2ページへ

Google ドライブ

先生が日々作成する教材や、校務資料などは学校の貴重な財産です。個人での利用にとどまらず、Google ドライブで効率よく管理し、チーム間で積極的に共有していきましょう。

キーワード

Google ドライブ	P.234
共有ドライブ	P.235

1 ワークスペースを作成する

Google ドライブを起動し、[マイドライブ] 画面を表示しておく

1 [候補] をクリック

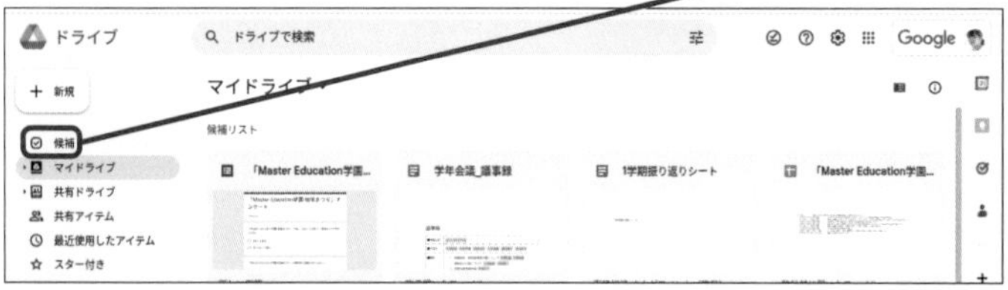

2 [ワークスペースを作成] をクリック

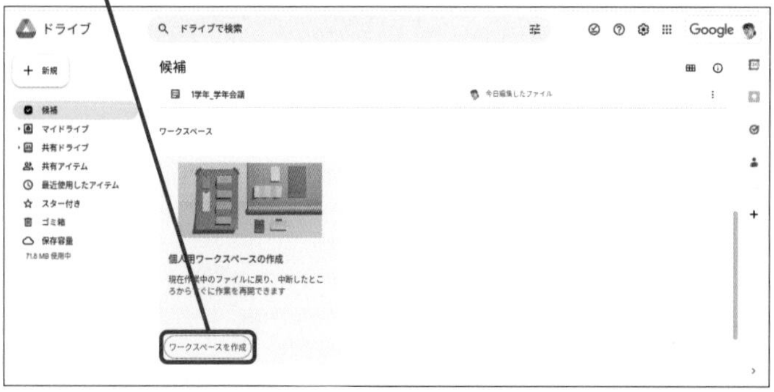

[新しいワークスペース] ダイアログボックスが表示された

3 ワークスペース名を入力

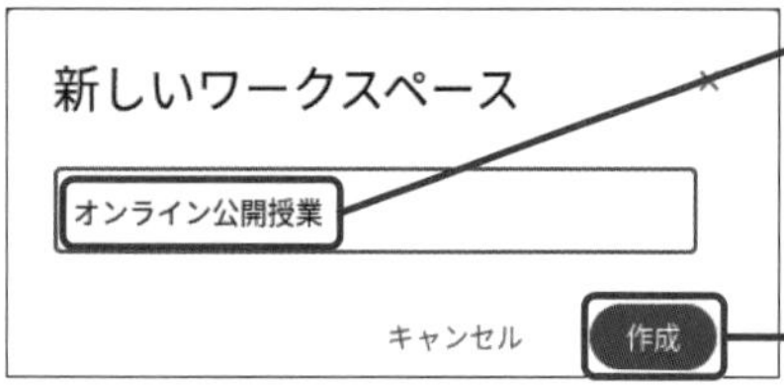

4 [作成] をクリック

使いこなしのヒント

ワークスペースで共有資料などを効率よく管理する

Google ドライブに保存したファイルは、紙の書類をクリアケースに入れるように整理できます。Google ドライブのワークスペースを利用すれば、複数のフォルダに分類される資料や、ほかの先生から共有された資料など、保存先を変更することなく、まとめて整理できます。
例えば、校務分掌や行事に関する資料など、確認の頻度が多い資料が複数のフォルダに分散している場合、タスクごとにワークスペースを作成できます。ワークスペースの活用によって、共有された資料をドライブから探す時間を大幅に短縮できます。

使いこなしのヒント

オフライン時の利用について

Google ドライブ上にあるドキュメントやスライド、スプレッドシートなどのファイルについて、事前にオフラインでの使用設定をオンにすると、Wi-Fiが届かないような校庭や体育館でも、Google ドライブのアプリケーションからデータを開いて編集できます。

●ワークスペースに資料を追加する

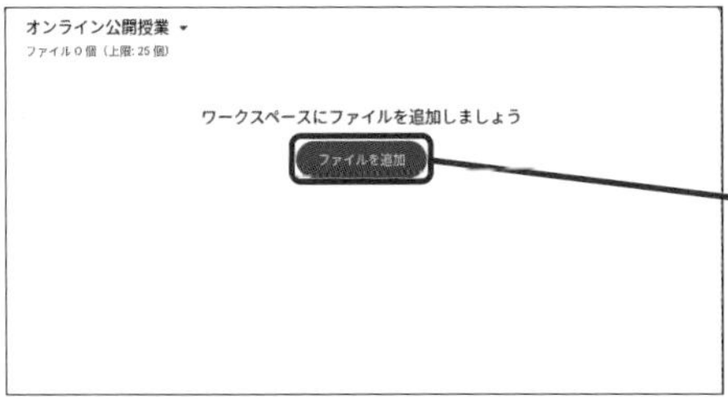

ワークスペースが作成できた

5 ［ファイルを追加］をクリック

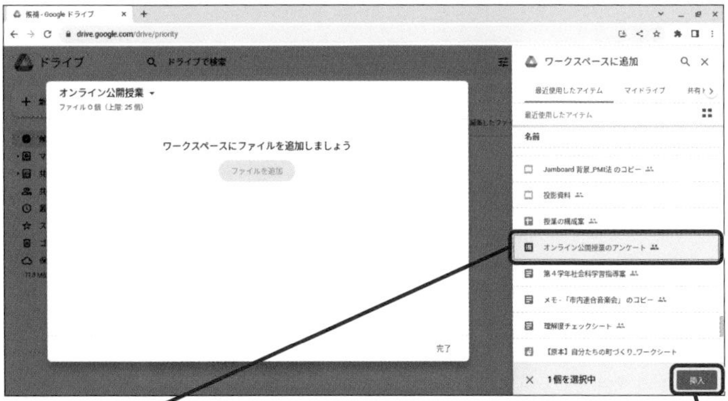

6 追加するファイルをクリック

7 ［挿入］をクリック

［ファイルを追加］をクリックし、同様の手順でファイルを追加する

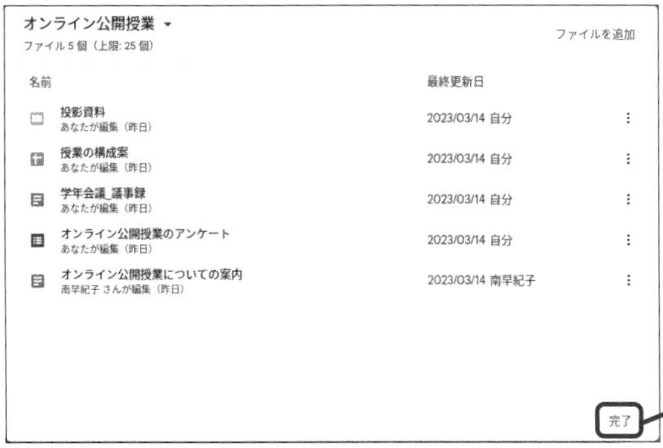

8 ［完了］をクリック

ファイルが追加されたワークスペースを作成できた

時短ワザ

コピーリンクで簡単に資料共有できる

コピーリンクを作成すれば、ドキュメントやスライド、スプレッドシートなどで作成された授業教材をほかの先生に共有する際に、簡単に原本のコピーを作成して共有することができます。URL末尾の「edit」を「copy」に書き換えることで、コピーリンクを作成可能です。

事前に原本の共有設定を行った後、コピーリンクのURLを Gmail や Chat に送信すると、先生間で簡単に教材の共有ができます。

1 URL末尾の「edit」を「copy」に変更

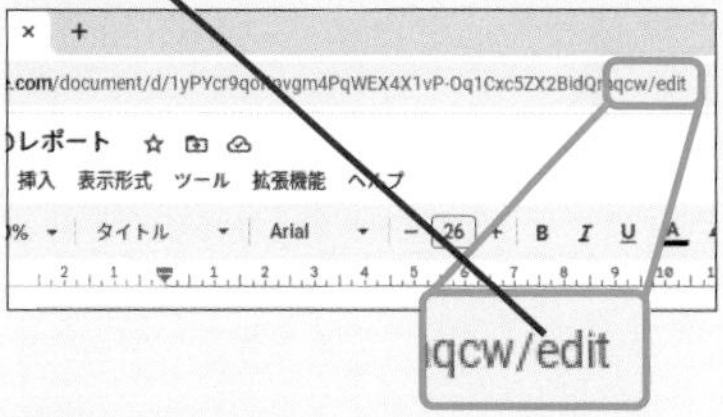

2 Enter キーを押す

コピーの作成に関する確認画面が表示された

3 ［コピーを作成］をクリック

原本のコピーが作成される

「コピー～」という文字がファイル名に追加されるので、適宜ファイル名を変更しておく

次のページに続く

2 割り当てられたコメントを検索する

Googleドライブを起動し、[マイドライブ]画面を表示しておく

1 検索バーの右にある[検索オプションを表示]をクリック

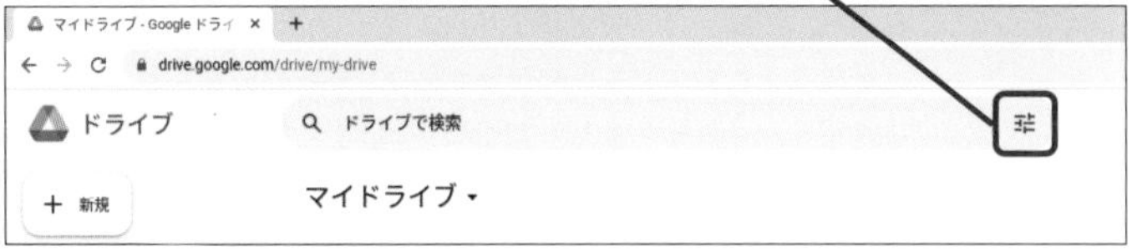

検索オプションが表示された

2 画面を下にスクロール

3 [フォローアップ]のここをクリック

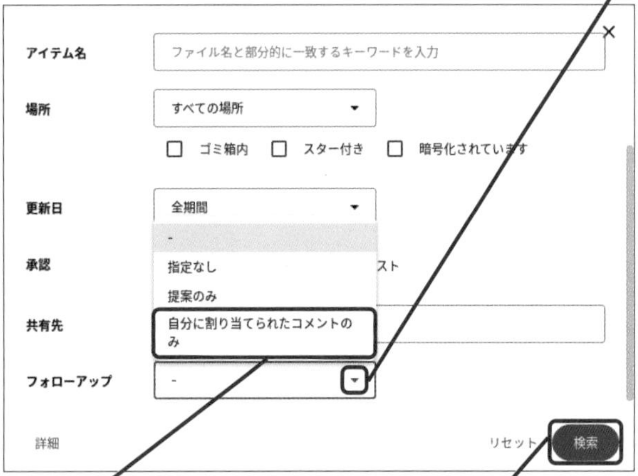

4 [自分に割り当てられたコメントのみ]をクリック

5 [検索]をクリック

検索結果が表示された

6 任意のファイルのここをクリック

7 [自分に割り当てられたコメント ○件]をクリック

自分に割り当てられたコメントが表示された

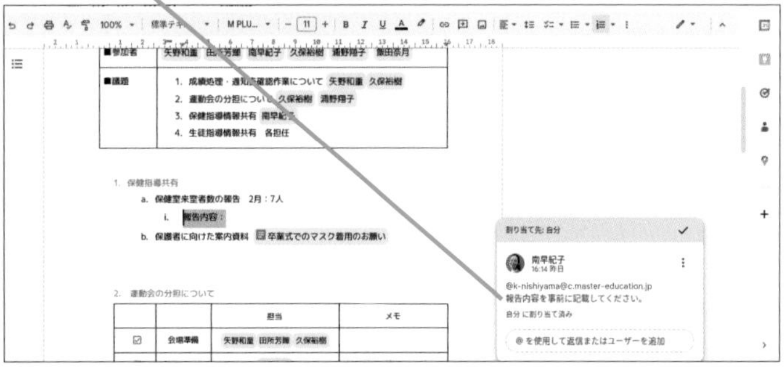

使いこなしのヒント

相手にコメントを確認してもらおう

141ページでも紹介していますが、コメント機能を活用することでコミュニケーションをとりながら資料を作成できます。また、コメントを残す際に半角の「@」とユーザー名またはメールアドレスを入力し、[(ユーザー名)に割り当て]にチェックマークを付け、[割り当て]をクリックすることで確実に相手にメッセージを届けられます。コメントを割り当てられたユーザーはコメントの確認や返信後に完了マークを付けるようにします。

なお、[(ユーザー名)に割り当て]にチェックマークを付けることで、Googleドライブの検索機能で[フォローアップ]を指定することにより、該当のメッセージを検索できます。チームで仕事を分担する場面において、定期的に検索を行うことで対応漏れをなくせます。

スキルアップ

Officeファイルも編集できる

Excel や Word、PowerPoint などのOfficeファイルは、そのまま Google ドライブへアップロードでき、Google ドライブ上で引き続き閲覧・編集が可能です。

またドキュメントやスプレッドシートなどと同様に、ほかの先生と共有したり共同編集したりできるため、チームでの情報共有や先生同士の連携がよりスムーズになります。

3 共有ドライブを作成する

Googleドライブを起動し、[マイドライブ]画面を表示しておく

1 [共有ドライブ]をクリック

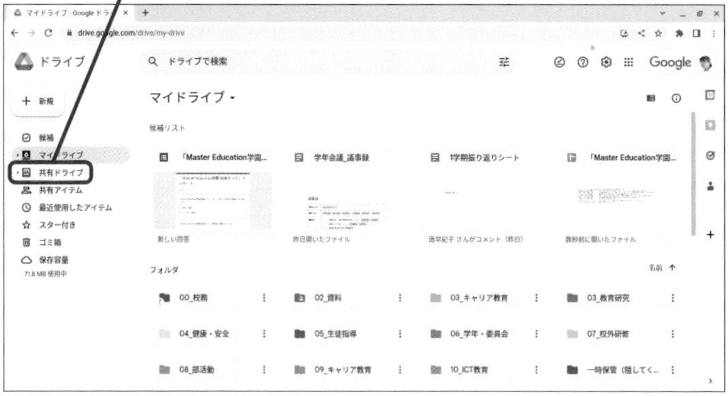

[共有ドライブ]画面が表示された

2 [新規]をクリック

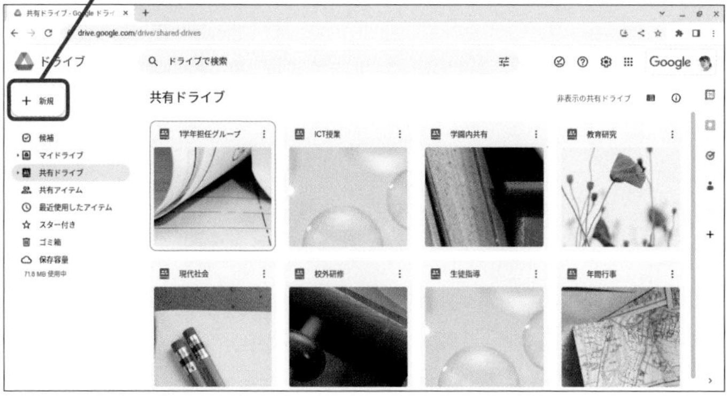

[新しい共有ドライブ]ダイアログボックスが表示された

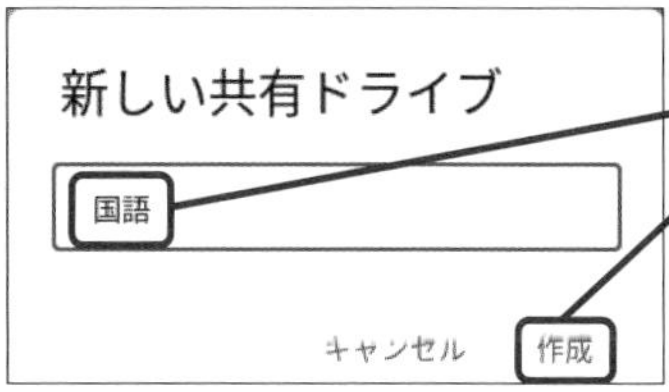

3 共有ドライブ名を入力

4 [作成]をクリック

共有ドライブが作成される

使いこなしのヒント

共有ドライブで資料を共有する

授業教材や校務で利用する資料など、先生間での共有が必要な資料は、共有ドライブを利用することで簡単にチームで資料を共有できます。共有ドライブは、ファイルやフォルダの保存領域が個人に割り当てられるマイドライブと異なり、チームでデータを管理する共有フォルダのような役割です。共有ドライブを活用してチーム間の情報連携をスムーズに行いましょう。

スキルアップ

共有ドライブの利用者に適切な権限を付与する

共有ドライブに保存しているデータの原本を誤って利用者が消さないようにするには、共有ドライブの管理者が、対象の利用者に対して[投稿者]の権限を付与するといいでしょう。[投稿者]の権限では、該当の共有ドライブに保存されている資料の移動や削除ができず、資料の新規追加のみが可能です。共有ドライブ内での移動や削除も許可する場合は、[コンテンツ管理者]の権限を付与するのがおすすめです。

まとめ 有益なデータはドライブで共有

Googleドライブでは、ワークスペースや検索機能を利用して、ほかの先生が共有した資料などを管理し、素早く見つけることができます。また、共有ドライブを利用すれば、チーム間での情報連携がより簡単になります。ほかの先生にとっても有意義な資料は、チームで積極的に共有する文化を醸成しましょう。

レッスン 33

話し合いをさらに活性化するには

YouTube動画で見る
詳細は2ページへ

Google Jamboard

Google Jamboard は、手書きや付箋での意見出しなどができるデジタルホワイトボードです。ここでは、話し合いを活性化させ、さらに記録としても活用できる方法を紹介します。

キーワード

Google Jamboard	P.233
共有	P.235

1 新しいホワイトボードを作成する

Google Jamboard を起動しておく

1 [+] をクリック

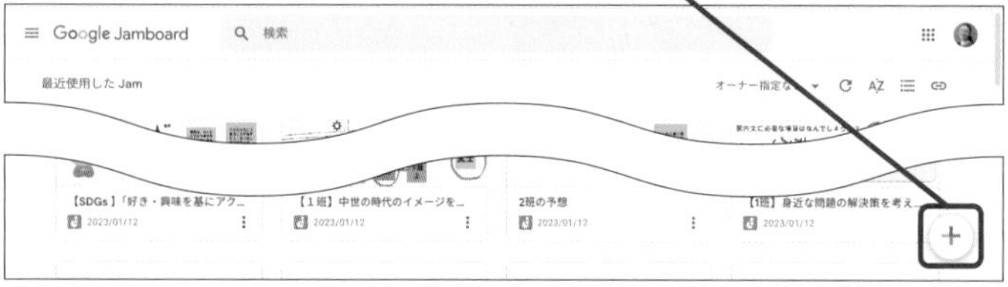

新しいホワイトボードが作成された

2 [無題の Jam] をクリック

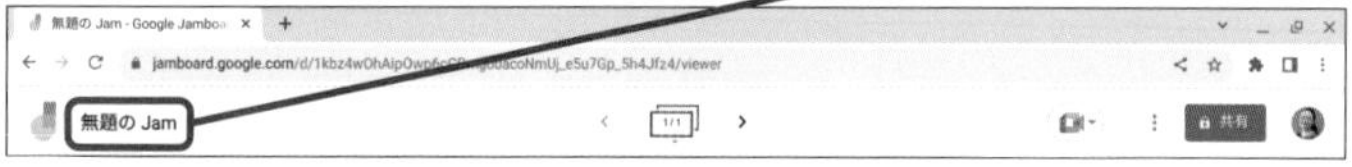

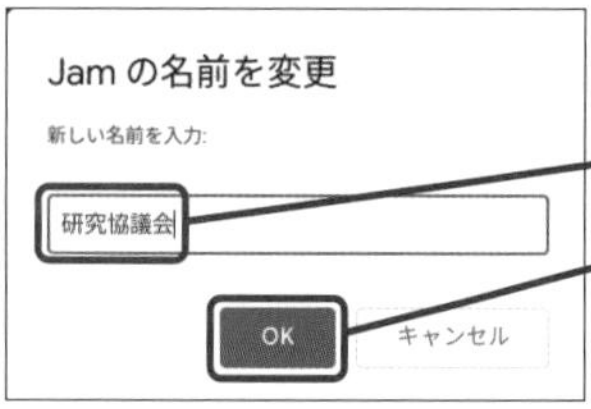

ここでは「研究協議会」と入力する

3 ファイル名を入力

4 [OK] をクリック

2 テキストボックスを作成する

ここでは「研究授業の振り返り」と入力する

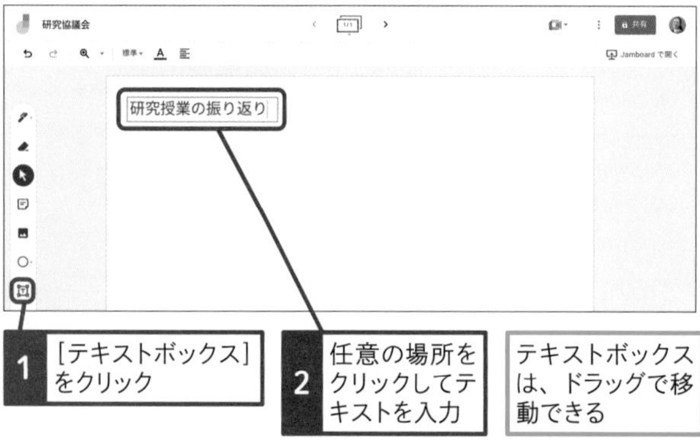

1 [テキストボックス] をクリック

2 任意の場所をクリックしてテキストを入力

テキストボックスは、ドラッグで移動できる

使いこなしのヒント

Google ドライブから作成するには

Google ドライブを起動し、[新規] - [その他] - [Google Jamboard] の順にクリックすることでも、新しいホワイトボードを作成できます。

使いこなしのヒント

直感的な操作で自由な表現をサポートする

画面左側にあるツールバーから、ペンや付箋、図形など、さまざまなツールの呼び出しが可能です。

アイコン	名称	説明
	[ペン]	直接書き込む
	[消去]	ペンの書き込みを消去する
	[選択]	写真や図形を選択する
	[付箋]	付箋を作成する
	[画像を追加]	画像を挿入する
	[円]	円を挿入する。ダブルクリックすると図形を変更できる
	[テキストボックス]	テキストボックスを挿入する
	[レーザー]	フレーム上をポインタで指し示す

3 付箋を作成する

フレーム上に付箋を貼り付ける

1 ツールバーの［付箋］をクリック

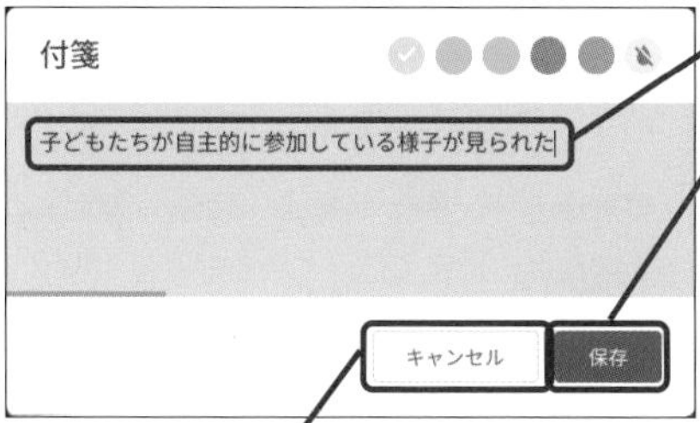

2 文章を入力

3 ［保存］をクリック

［保存］をクリックすると、新しい付箋が自動的に表示される

4 ［キャンセル］をクリック

［付箋］ダイアログボックスが閉じる

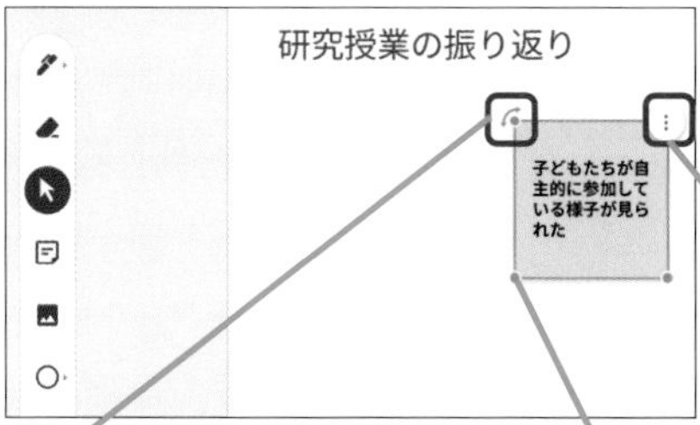

付箋はドラッグで移動できる

ここをクリックすると、編集、コピーの作成、削除、順序の変更ができる

ここをドラッグすると、付箋を回転できる

（●）をドラッグすると、サイズを変更できる

4 ペンで書き込みを行う

1 ツールバーの［ペン］を2回クリック

2 ペンの種類をクリック

3 ペンの色をクリック

4 任意の文字を手書きする

ペンでの書き込みを消去するには［消去］をクリックし、書き込みをなぞる

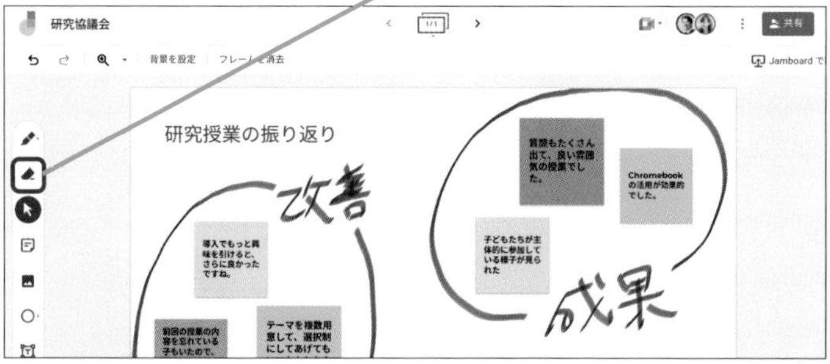

スキルアップ
共有の方法について

画面右上の［共有］をクリックして相手のメールアドレスを入力するか、もしくはGoogle Classroomと連携して配信すると、Jamboardを共有して共同編集することが可能です。

使いこなしのヒント
オブジェクトの順序を変更するには

テキストボックスや付箋、図形などが重なった場合、前面や背面に移動させることができます。ツールバーの［選択］を選択後、対象をクリックして右上に表示された（⋮）-［並べ替え］の順にクリックすると、表示順を選ぶことができます。

使いこなしのヒント
消去・削除の種類について

行った操作を取り消したい場合は、左上の［元に戻す］（↶）をクリックすることで、1つ前の状態に戻せます。また、ツールごとに対処することもできます。

対象	取り消し方法
ペン	［消去］をクリックし、該当の箇所をなぞる
付箋・画像など	対象を選択し、Back Spaceキーを押す
フレーム上のすべて	［フレームの消去］をクリック（背景は消えない）
フレームごと	［フレームバーを展開］-［⋮］-［削除］の順にクリック

次のページに続く

5 背景を設定する

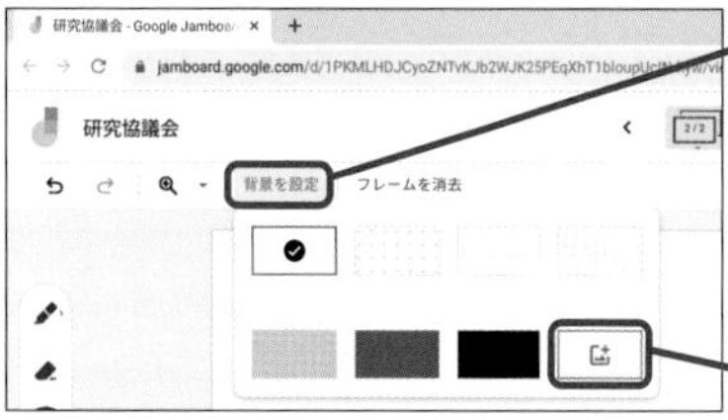

1 ［背景を設定］をクリック

2 ［画像］をクリック

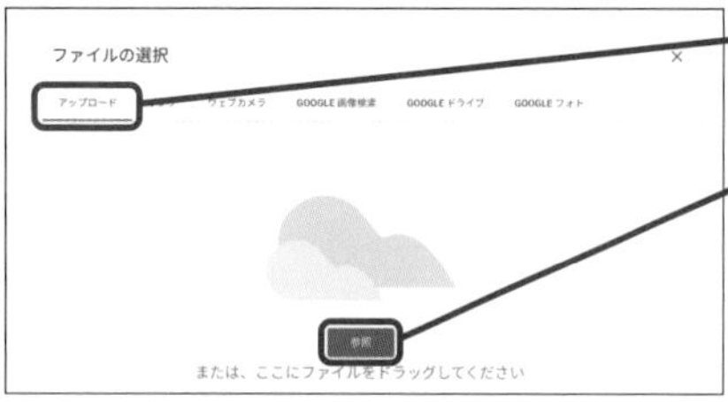

3 ［アップロード］タブをクリック

4 ［参照］をクリック

画像を選択して［開く］をクリックする

背景として画像が挿入された

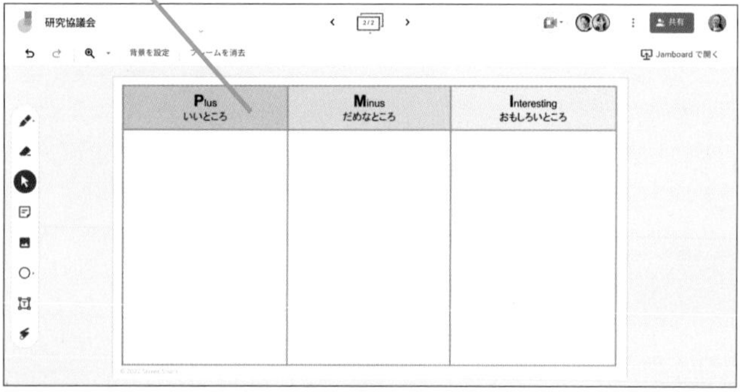

5 ［フレームバーを展開］をクリック

6 コピーするフレームにマウスポインターをあわせる

7 ここをクリック

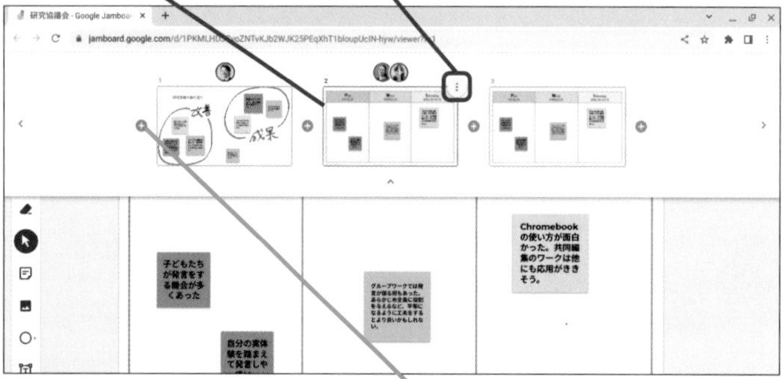

フレームのコピーが作成された

8 ［コピーを作成］をクリック

［フレームを追加］をクリックすると、新しいフレームが追加される

使いこなしのヒント

意見を分かりやすく整理するには

付箋にアイデアを出す際、メンバーや内容ごとに色を変えたり、左右や上下など位置で分類したりすることで、より視覚的に分かりやすく整理できます。ペンでの書き込みや、図形の挿入、背景の設定も活用しましょう。

使いこなしのヒント

背景を作成する

Google スライドを使用して、イメージにあわせた背景を作成できます。図形や画像、テキストなどを組み合わせ、Jamboard の背景として設定したいデータを Google スライドで作成したら、以下の手順でスライドを画像としてダウンロードします。画像はサイズや縦横比を保ったまま Jamboard の背景として設定できます。事前準備として行うことをおすすめします。

Google スライドで背景を作成する

1 ［ファイル］をクリック

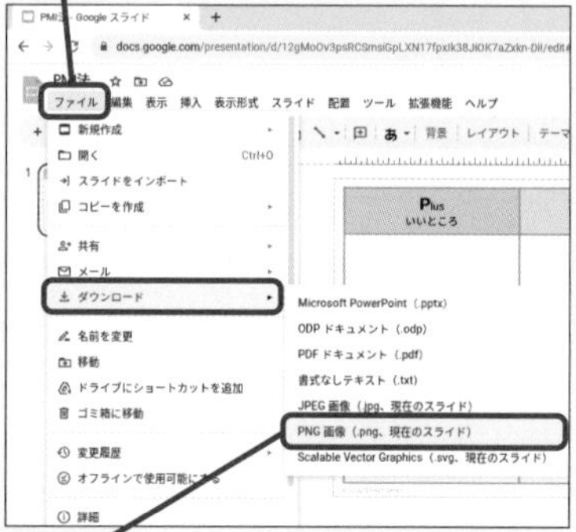

2 ［ダウンロード］-［PNG画像（.png、現在のスライド）］の順にクリック

画像としてダウンロードされる

6 画像を挿入する

1 ツールバーの［画像を追加］をクリック

［ファイルの選択］ダイアログボックスが表示された

2 ［GOOGLE ドライブ］タブをクリック

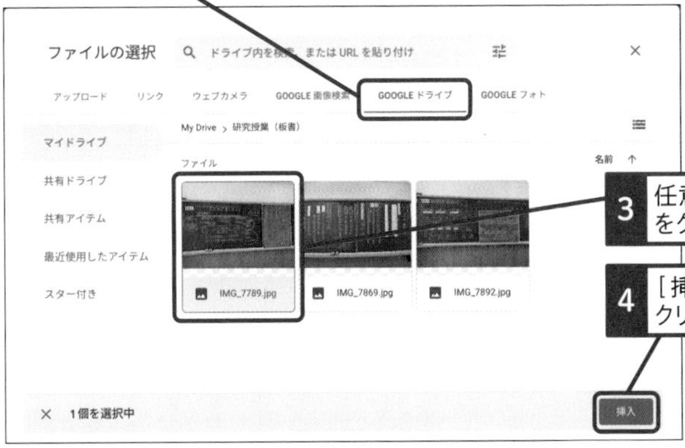

3 任意の画像をクリック

4 ［挿入］をクリック

画像が挿入できた

165ページの手順3を参考に、サイズや配置を変更する

［付箋］や［ペン］を使って画像に書き込む

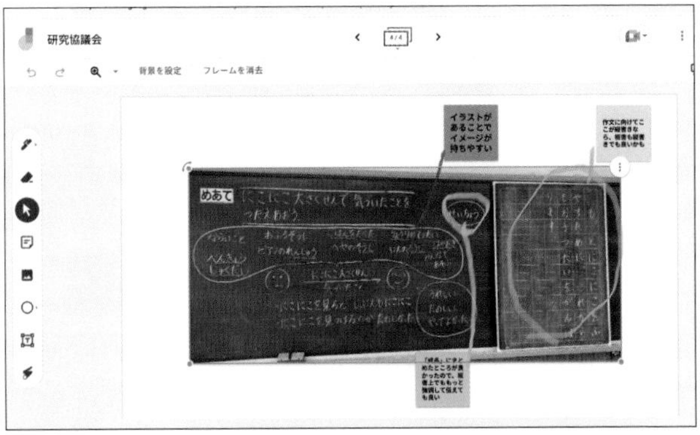

スキルアップ
master study を活用しよう

前ページの使いこなしのヒントで紹介したように Google スライドで Jamboard の背景を作成できます。操作をすぐに試せるように、本レッスンで作成した背景をコピーして使えるテンプレートを用意しました。あわせてレッスン20のスキルアップを参照してください。

▼デジタルワークシートのコピー

※Google アカウントで利用できます。また、管理者の設定で［外部からのファイル共有］を有効にする必要があります。

まとめ　意見出しをより円滑に

Jamboard を会議や研修会でのディスカッションメモとして使用することで、参加者から集めた意見を可視化し、整理することができます。手書き機能や画像などを組み合わせることで、新たな発想やアイデアの具現化につながり、話し合いのさらなる活性化を狙うことができます。

スキルアップ
話し合い後のさらなる活用

会議の後も、Jamboard はいつでも閲覧や編集ができます。次年度の会議にそのまま使用すれば、去年の意見を参考にしたり、色分けして意見を比較したりすることも可能です。また、フレームを画像化して保存できるので、議事録として残しておく、取り組みのまとめとして冊子へ掲載する、Google スライドに挿入して提示資料とするなど、二次利用も容易です。

1 ［その他の操作］をクリック

2 ［フレームを画像として保存］をクリック

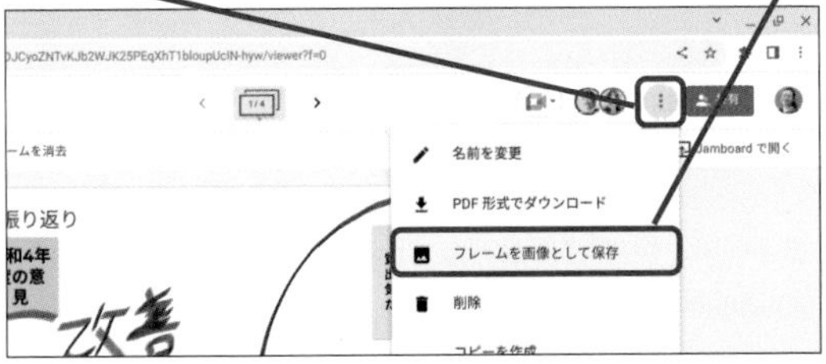

画像として保存された

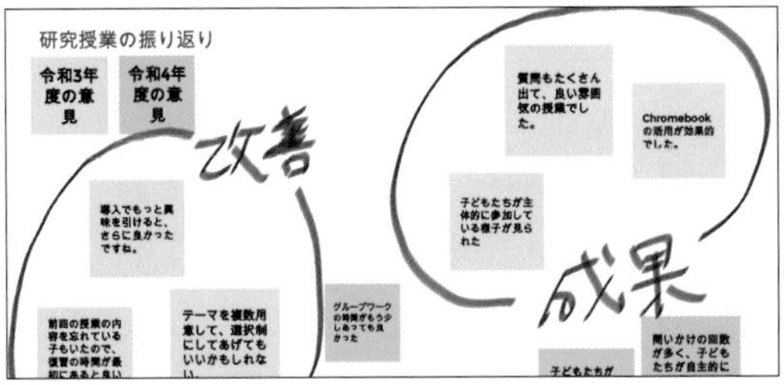

レッスン

34 有益な動画や知見を先生同士で共有するには

YouTube動画で見る 詳細は2ページへ

YouTube

YouTube 上の有益な動画を再生リストにまとめて管理し、ほかの先生に情報を共有したり、Google スライドや Google フォームと組み合わせたりすることで、より効果的な活用を目指します。

1 再生リストを活用する

YouTube にログインし、リストに追加する動画を表示しておく

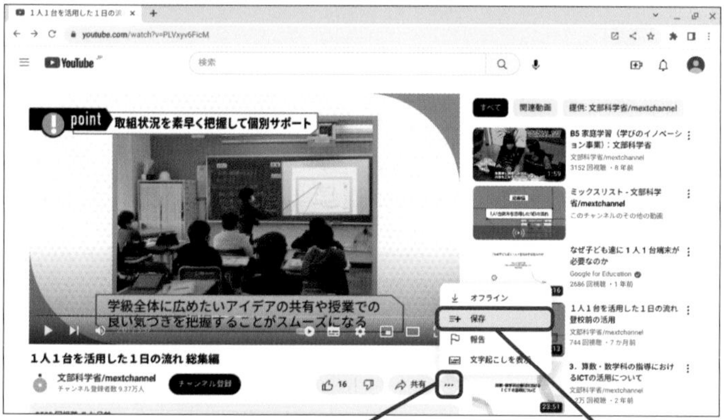

1 ここをクリック

2 ［保存］をクリック

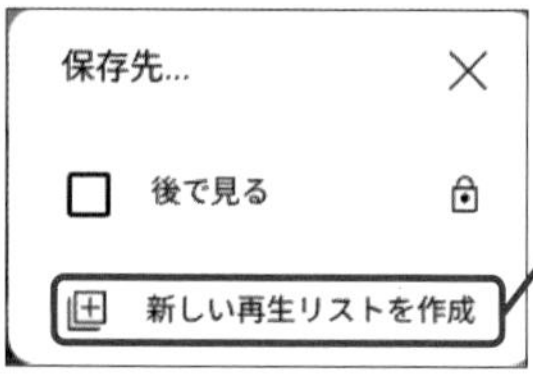

作成済の再生リストがあれば、ここに表示される

3 ［新しい再生リストを作成］をクリック

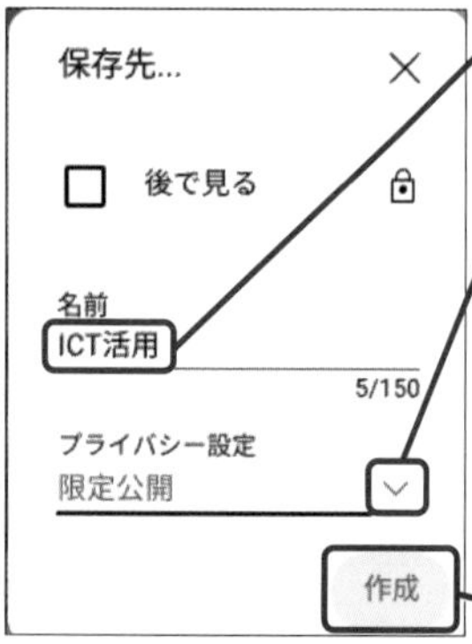

4 ［名前］を入力

5 ［プライバシー設定］のここをクリックして公開範囲を選択

ここでは［限定公開］を選択する

6 ［作成］をクリック

再生リストが作成できた

キーワード

YouTube	P.234
再生リスト	P.235

使いこなしのヒント

チャンネルを作成するには

YouTube で再生リストの作成、動画のアップロード、コメントの投稿を行うには、YouTube チャンネルの作成が必要です。以下の方法で作成します。

1 Google アカウントのアイコンをクリック

2 ［チャンネルを作成］をクリック

チャンネル作成済みの場合は、［チャンネル］と表示され、クリックで自分のチャンネルを表示できる

3 ［始める］-［選択］の順にクリック

使いこなしのヒント

プライバシー設定について

再生リストのプライバシー設定は以下の3種類です。校内での共有であれば、［限定公開］に設定して共有したい相手だけにリンクを伝えましょう。

設定	説明
［公開］	誰でも検索と視聴が可能
［限定公開］	リンクを知っている人が視聴可能
［非公開］	本人のみ視聴可能

●再生リストを共有する

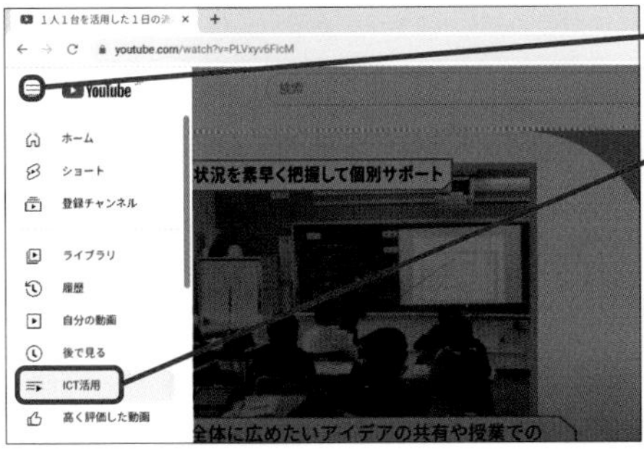

7 ［ガイド］をクリック

8 168ページの手順1で作成した再生リスト名をクリック

9 再生リストにある動画の［共有］をクリック

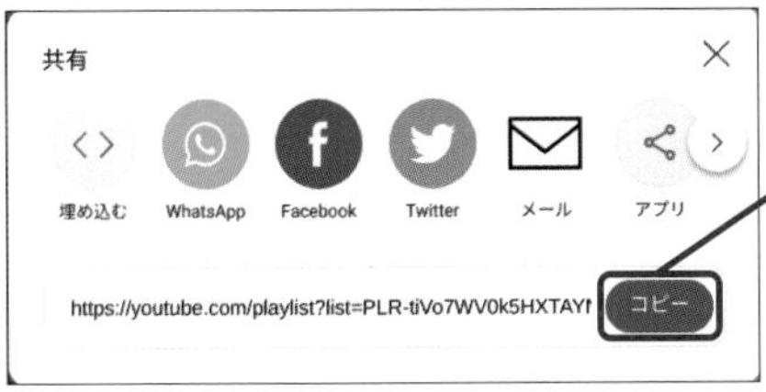

［共有］ダイアログボックスが表示された

10 ［コピー］をクリック

共有相手にリンクを送り、再生リストを共有する

2 Google スライドで動画を共有する

Google スライドを起動して、YouTube 動画を挿入したいスライドを表示しておく

1 ［挿入］をクリック

2 ［動画］をクリック

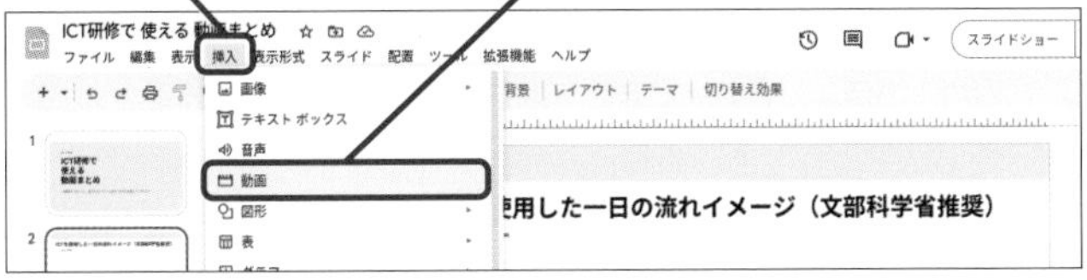

3 ここをクリックして検索ワードを入力

4 Enter キーを押す

5 挿入する動画をクリック

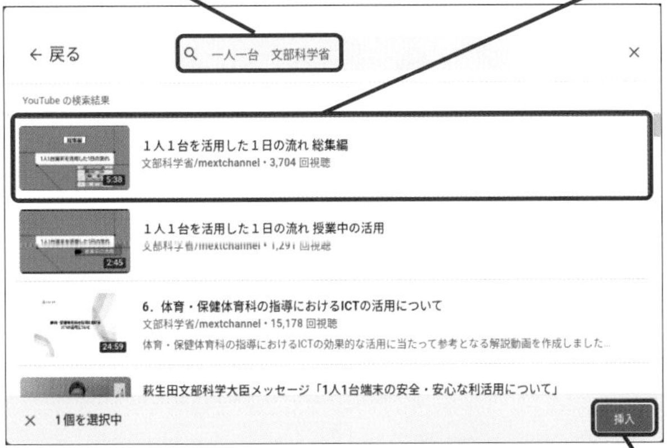

6 ［挿入］をクリック

動画が挿入される

動画をクリックしてドラッグすると移動できる

四隅の（■）をドラッグするとサイズを変更できる

使いこなしのヒント

共同編集者を追加するには

再生リストの共同編集者には、共有されたリストに、自由に動画を追加できる権限が与えられます。

以下のように操作後、［この再生リストで共同編集者に曲や動画の追加を許可］をオンにすると、共同編集を招待するリンクをコピーできます。リンクを送信した相手が承認すると、共同編集が可能になります。有益な動画を複数人で1つのリストにまとめるなど、より便利に共有できます。

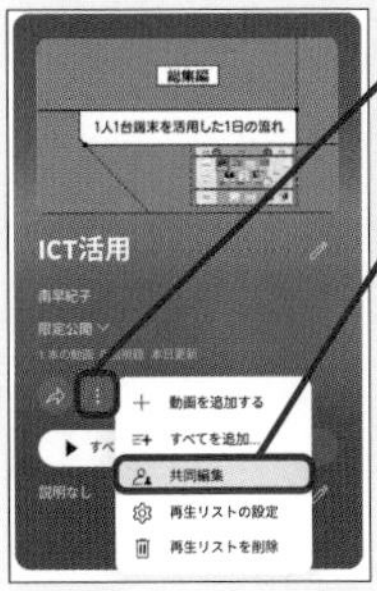

1 ここをクリック

2 ［共同編集］をクリック

スキルアップ

スライドに挿入された動画の活用

スライドに挿入された YouTube 動画では、広告が流れません。また、画面右の［書式設定オプション］で、開始時間や終了時間を設定できます。見せたい箇所だけを再生でき、研修や授業などで使用しやすくなります。また、Google スライド上の動画をコピーすると、書式も含めて別のスライドに貼り付けができます。

［書式設定オプション］で［開始時間］と［終了時間］を設定できる

次のページに続く

3 撮影した動画をYouTubeで公開する

168ページの使いこなしのヒントを参考に、チャンネル画面を表示しておく

1 [動画をアップロード]をクリック

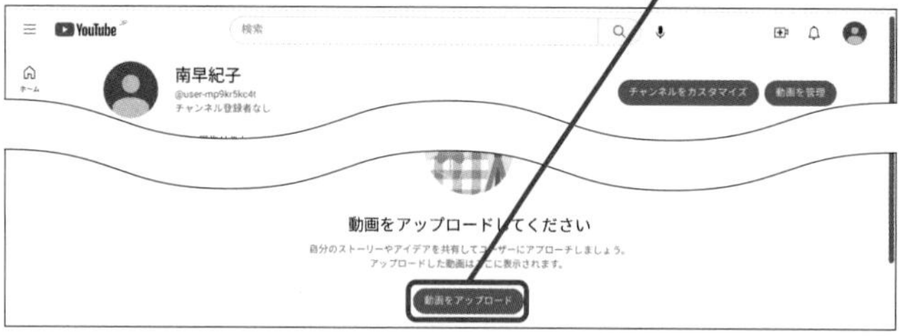

2 [ファイルを選択]をクリック

3 任意の動画を選択して[開く]をクリック

動画がアップロードされる

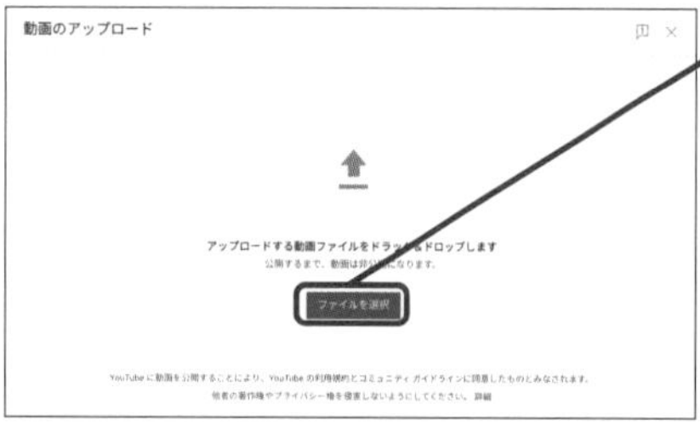

4 タイトルを入力

必要に応じて説明の入力とサムネイルの設定を行う

5 動画の年齢制限の有無を設定

6 [次へ]をクリック

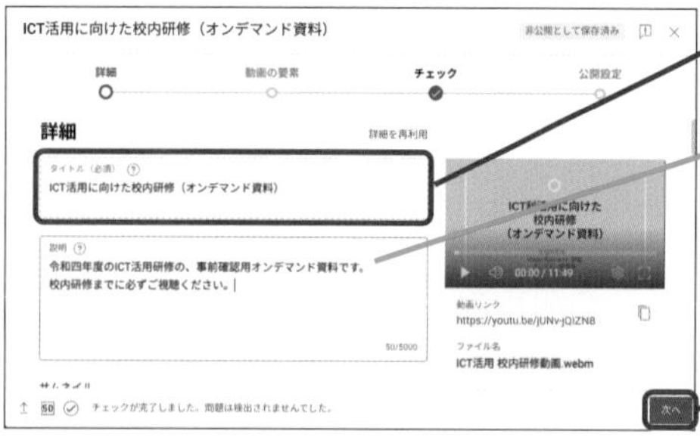

この画面で、動画内や終了画面で、関連動画や外部リンクなどを表示するかの設定を行う

ここでは特に設定せずに操作を進める

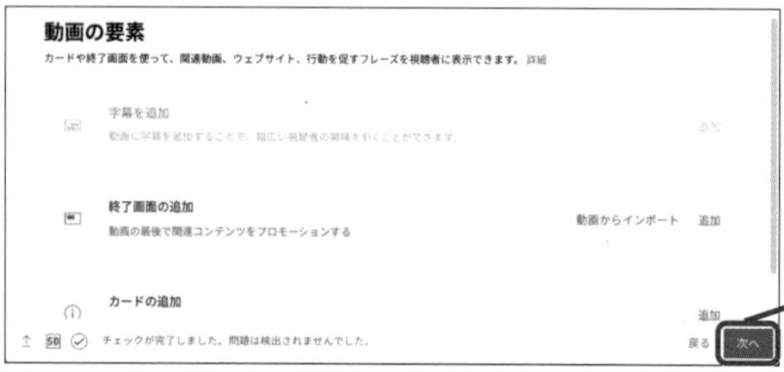

7 [次へ]をクリック

著作権や広告の適合性についての調査結果が表示される

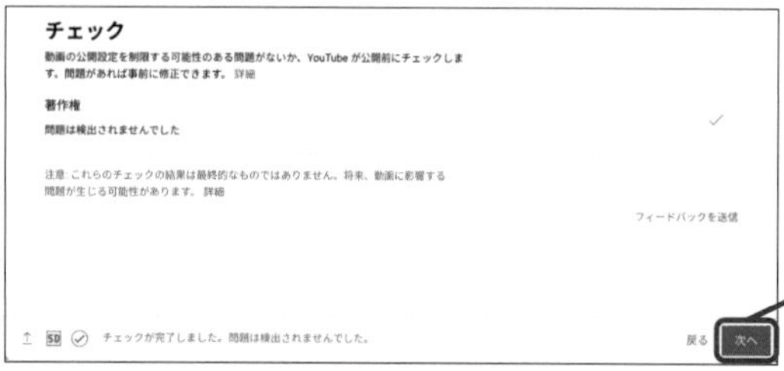

8 [次へ]をクリック

使いこなしのヒント

限定公開動画の例について

アップロードした動画を[限定公開]で公開すると、リンクを知る人のみが該当の動画を視聴できます。教員向けの校内研修はもちろん、子どもたちに向けたオンライン授業の録画や、授業時間内には伝えきれなかった模擬テストの解説動画、行事の様子を収めた動画を保護者向けに配信するなど、校内のあらゆる場面で活用できます。

使いこなしのヒント

ピクチャー イン ピクチャーで再生する

YouTube上で視聴している動画をピクチャー イン ピクチャーで再生できます。再生中画面の上で右クリックし、マウスポインターを少しずらしてから再び右クリックするとメニューが表示され、[ピクチャー イン ピクチャー]を選択できます。右下に表示された動画は、四隅をドラッグして大きさを変更できます。タブやウィンドウを移動しても、ピクチャー イン ピクチャーで再生されている動画は保持されるので、動画を見ながら、ほかのページで作業をすることができます。

◆ピクチャー イン ピクチャー

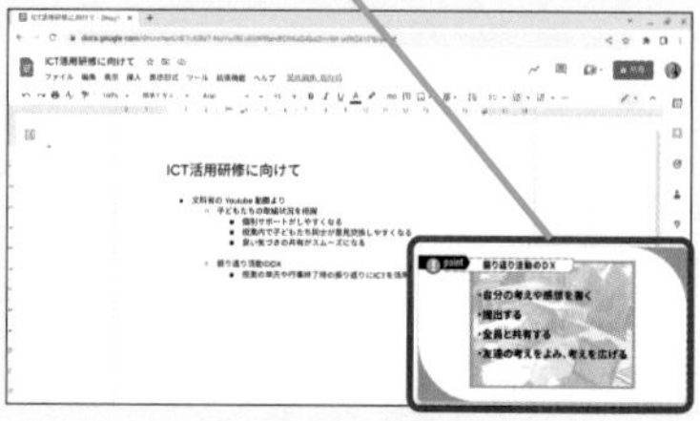

●動画を限定公開する

9 ［限定公開］をクリック

この画面で、動画の公開時間を予約できる

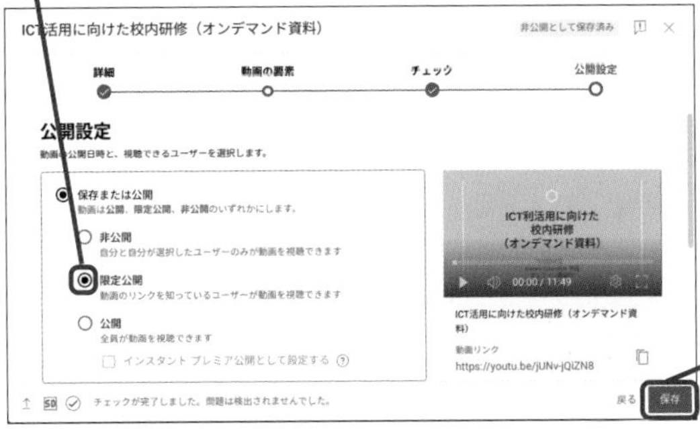

10 ［保存］をクリック

11 ［動画のリンクをコピー］をクリック

12 ［閉じる］をクリック

リンクを送信すると、相手が動画を視聴できる

4 Googleフォームで動画を共有する

レッスン23を参考に、Googleフォームで質問を作成しておく

1 ［動画を追加］をクリック

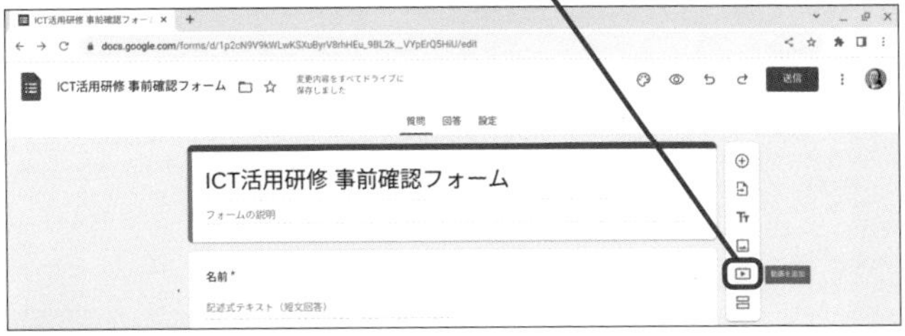

2 ［URL］タブをクリック

3 手順3の操作11でコピーしたリンクを貼り付け

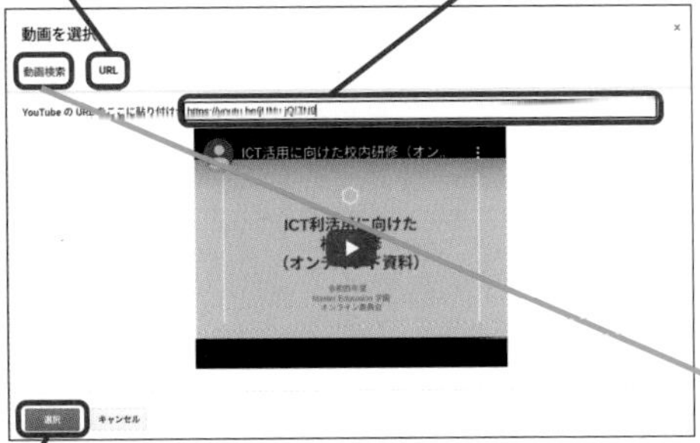

［動画検索］タブをクリックすると、公開済みの動画を検索できる

4 ［選択］をクリック

フォームに挿入した動画は、説明文の入力やサイズ変更ができる

スキルアップ

公開時間を設定できる

YouTube動画について、日時を指定して公開したい場合は、［スケジュールを設定］より公開日時を指定することができます。遅い時間に作業する場合や、授業時間や学校行事にあわせて公開したい場合におすすめです。

［スケジュールを設定］をクリックして公開日時を設定する

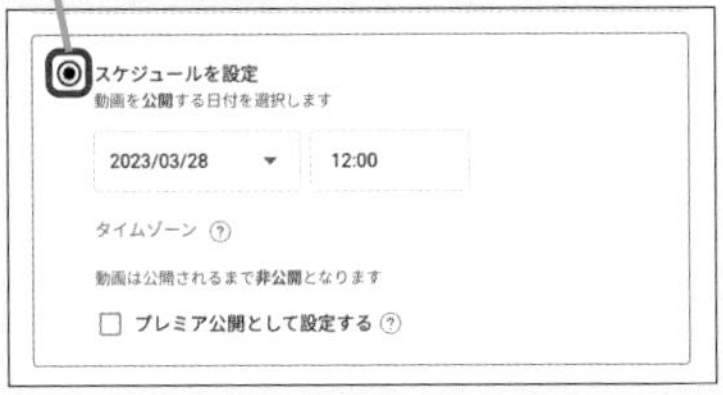

使いこなしのヒント

動画を挿入したフォームの活用

Googleフォームに動画を挿入することで、質問と組み合わせて動画を提示できます。名前の記入欄を設定し、視聴したかどうかの確認の質問、内容の理解度をチェックするためのテスト問題の設置など、フォームを活用して、動画視聴を促すことも可能です。

まとめ　情報収集を一人からチームへ

YouTubeの動画をさまざまな形で共有すると、チームで有益な情報を伝え合うことができます。日々の勉強や知識の習得は個人で行うことが多くなりがちですが、知見を共有する手法を積極的に取り入れて、よりよい学校運営を目指していきましょう。

レッスン

35 安全で管理の簡単なWebサイトを運用するには

YouTube動画で見る
詳細は2ページへ

Google サイト

Google サイトは、一般的なWebサイトのような作成や更新のための専門知識は不要で、簡単に作成・運用ができます。このレッスンでは、サイトの作成方法と安全な運用について紹介します。

1 サイトを作成する

Google サイトを起動し、空白のサイトを開いておく

ここでは教師用のポータルサイトを作成する

1 ［無題のサイト］をクリックしてタイトルを入力

2 ［ページのタイトル］をクリックしてホームページのタイトルを入力

3 ［画像を変更］をクリック

4 ［選択］をクリック

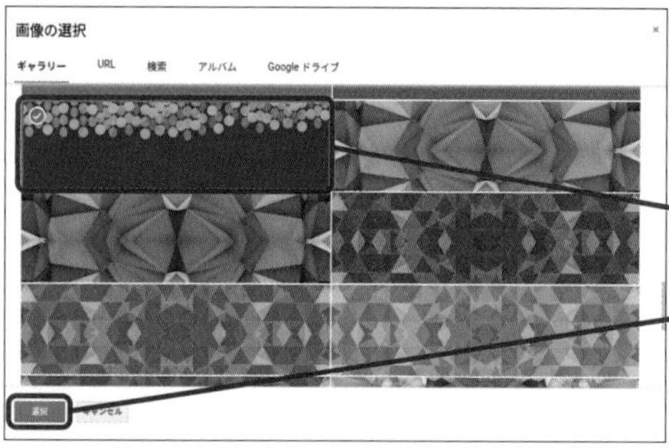

5 スクロールバーを下にドラッグしてスクロール

6 設定したい画像をクリック

7 ［選択］をクリック

画像が変更される

キーワード

Google サイト P.234

使いこなしのヒント

閲覧できるメンバーを限定したWebサイト

Google サイトの公開範囲は、誰でも閲覧可能、同じ組織内のユーザーのみ閲覧可能、登録されたユーザーのみ閲覧可能の3つから選択できます。例えば、先生のみで地域の情報を共有したり、保護者を登録したサイトで子どもたちの作品を展示したり、普段のクラスの様子を撮影した動画を投稿したりできます。個人情報の観点から掲載することが難しいデータや情報も、Google サイトで閲覧者を限定することによって安心して発信できるようになります。

使いこなしのヒント

子どもたちの学習ポートフォリオも作成可能

Google サイトを活用すると、「高大接続改革」の中で重要視されているeポートフォリオの作成も簡単です。ポートフォリオとは、子どもたちの学習データのみならず、部活動や資格取得の情報など、学校内外における活動記録です。ポートフォリオをデジタル化することにより、子どもたちと先生との情報連携や上級学校へ進学した際の引き継ぎも容易になります。

2 ホームページを編集する

サイトの全体的なデザインを変更する

1 ［テーマ］タブをクリック

2 スクロールバーを下にドラッグしてスクロール

3 ［レベル］をクリックして任意の色を選択

4 ［フォントスタイル］をクリックして任意のフォントを選択

5 ［挿入］タブをクリック

6 ［テキストボックス］をクリック

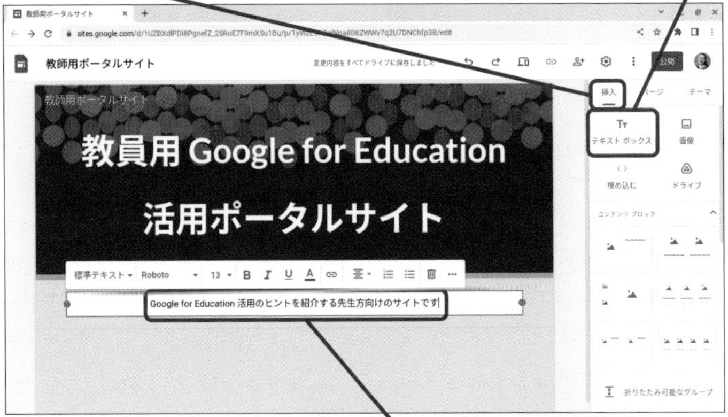

テキストボックスが挿入された

7 このサイトの紹介文を入力

使いこなしのヒント

読みやすく自動調整される

サイト上部の画像やテーマを変更すると、レイアウトや色味などが自動調整されます。手順2ではテーマを変更したことにより、画像の色味が自動で調整されます。サイト上部の画像右下［読みやすさ向上のための調整を解除］をクリックすると、自動調整を解除できます。

スキルアップ

［セクションの色］を変えるには

［テキストボックス］などが挿入されたセクションの色を変更することが可能です。サイトのテーマなどにあわせて、見やすく調整しましょう。

1 色を変えたいセクションにマウスポインターをあわせる

2 ［セクションの色］をクリック

3 スタイルを選択

セクションの色が変わった

次のページに続く

3 ［目次］を追加する

1 ［挿入］タブをクリック

2 項目を下にスクロール

3 ［目次］をクリック

紹介文の上に目次が挿入された

ここではサイトの紹介文の下に目次を設定する

4 目次の左に表示された（⋮）にマウスポインターをあわせる

マウスポインターの形が変わった

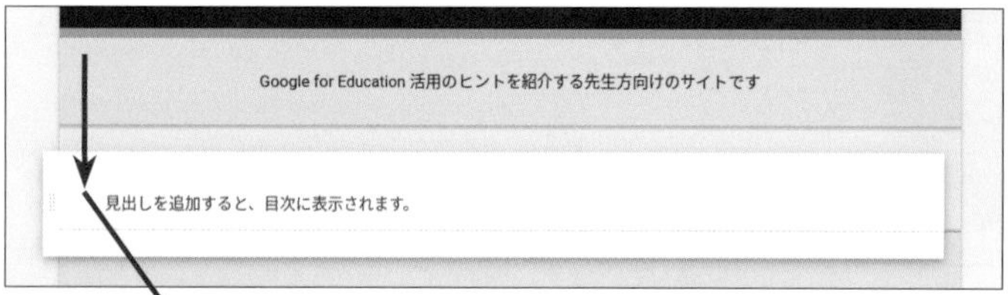

5 そのまま紹介文の下へドラッグ

目次の位置が変更される

4 画像を配置する

1 ［挿入］タブの［画像］をクリック

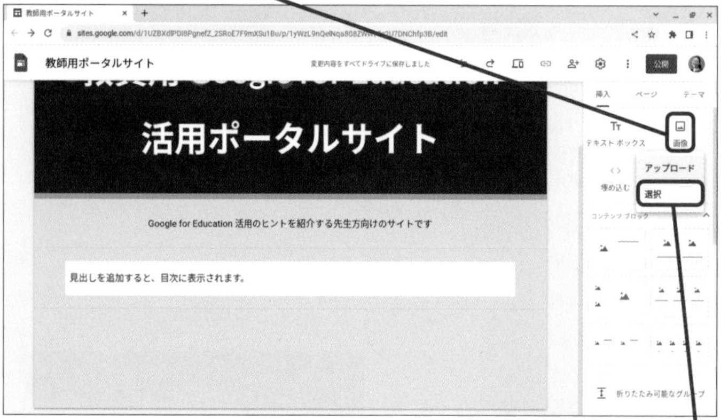

2 ［選択］をクリック

使いこなしのヒント

［目次］に自動表示させるには

［目次］を追加後、挿入したテキストボックスに［題名］や［見出し］［小見出し］などのスタイルを設定すると、テキストが自動で目次へ反映されます。目次をクリックすると、該当の内容へジャンプすることができ、読みたい内容へのアクセスがより簡単になります。

前ページの手順2操作5～7を参考に、テキストボックスを挿入する

［スタイル］をクリックし［小見出し］などを選択すると、目次に表示される

使いこなしのヒント

直感的な操作でサイトを作成

Google サイトの基本操作は「挿入」です。テキストボックスや画像、リンクに加え、Google カレンダーや YouTube 動画、Google ドライブにあるファイルなども挿入できます。直感的な操作で、思い通りのサイトを作成しましょう。

スキルアップ

サイトから Google のアプリケーションへ簡単にアクセス

先生向けや子どもたち向けのポータルサイトに、Google の各アプリケーションへのリンクを挿入すれば、1つのサイトからさまざまなアプリケーションへ簡単にアクセスすることができます。視覚的に分かりやすいよう、各アプリケーションのアイコンを挿入するなどの工夫をすると、より直感的な操作が可能となります。

●画像を選択する

［画像の選択］ダイアログボックスが表示された

3 挿入したい画像をクリック

4 ［挿入］をクリック

画像が挿入できた

［切り抜き（確定）］をクリックするとトリミングできる

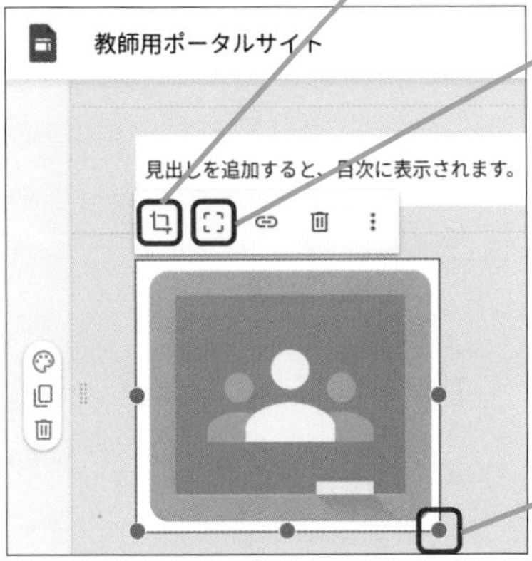

［アンクロップ］をクリックすると、画像の大きさや表示範囲を調整できる

（●）をドラッグすると画像のサイズを変更できる

5 画像にリンクを設定する

ここでは、それぞれのアイコンから各アプリケーションへアクセスできるようにリンクを挿入する

手順4を参考に、各アプリケーションのアイコン画像を挿入しておく

事前に挿入したいリンクをコピーしておく

1 リンクを挿入したい画像をクリック

2 ［リンクを挿入］をクリック

使いこなしのヒント

目的に応じた画像を用意しておこう

手順4では、複数の Google アプリケーションを模した画像を用意して挿入しています。これらの画像は操作解説用に用意したもので、公式に配布されたデータではありません。サイトに画像を挿入するときは、同じサイズで小さめの画像を準備するといいでしょう。無料かつ商用利用可能な素材を使うのがおすすめですが、利用前に利用規約などをよく確認しましょう。

ここに注意

Google の各アプリケーションへアクセスするためのリンクは全ユーザー共有で主なリンクは以下の通りです。ユーザーはそれぞれ自分の Google アカウントでログインした状態でアプリケーションが起動されるため、自分のアクセスできる情報しか表示されない仕組みになっています。

▼Google Classroom のトップページ
https://classroom.google.com/

▼Google ドライブ
https://drive.google.com/

▼Google カレンダー
https://calendar.google.com/

▼Google Keep
https://keep.google.com/

▼Gmail
https://mail.google.com/

▼Google Chat
https://mail.google.com/chat/

▼Google ドキュメント
https://docs.google.com/document/

▼Google スプレッドシート
https://docs.google.com/spreadsheets/

▼Google スライド
https://docs.google.com/presentation/

次のページに続く ➡

●画像へリンクを挿入する

3 事前にコピーしていたリンクを貼り付け

4 ［適用］をクリック

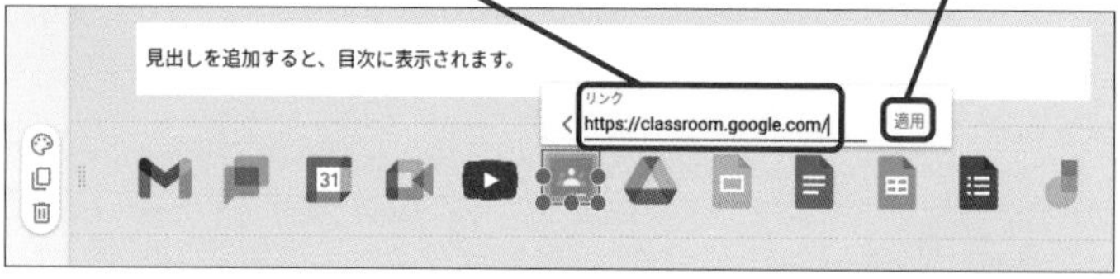

6 ファイルを挿入しサイトと連携する

1 ［挿入］タブの［コンテンツブロック］より、任意のブロックをクリック

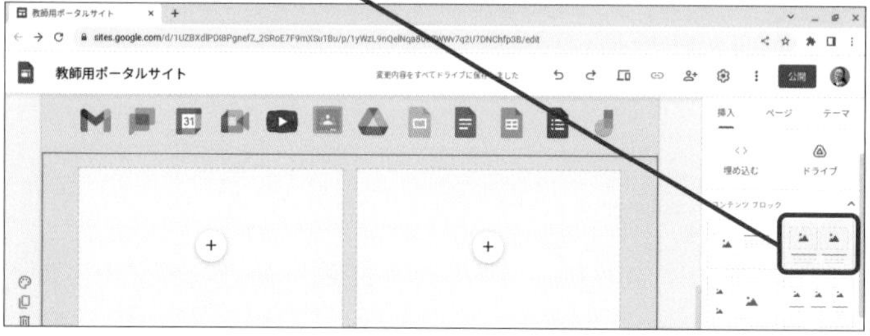

コンテンツブロックが挿入された

2 ［+］をクリック

3 ［ドライブ］をクリック

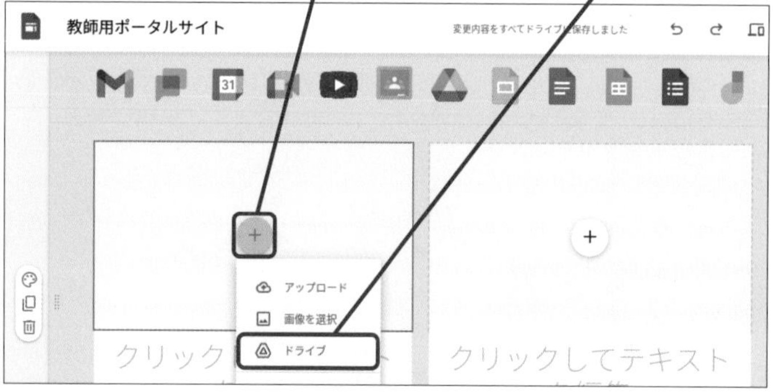

画面右に［Google ドライブ］のウィンドウが表示された

4 挿入するファイルをクリック

5 ［挿入］をクリック

使いこなしのヒント

［テンプレートギャラリー］を活用しよう

Google サイトは自由にレイアウトを調整できる便利さもありますが、さまざまなテンプレートが用意されていることも魅力の1つです。Google サイトの［ホーム］画面より、［テンプレートギャラリー］にアクセスができます。組織のユーザーも新しいテンプレートを登録できるため、子どもたちのポートフォリオや部活動、行事などのテンプレートを登録することで、ほかの先生のサイト活用の幅を広げることにもつながります。

クラスやクラブ用などのテンプレートを登録できる

使いこなしのヒント

挿入するファイルデータも共有する

Google ドライブに保存しているファイルをサイトへ挿入する際は、該当のファイルがこのサイトの閲覧者にも共有されているかを確認しましょう。共有されていなければ、閲覧者はファイルをクリックしても確認することができません。

共有済みのファイルをサイトに集約しておくことで、1つのサイトからさまざまなデータへアクセスができて便利です。

●ファイルの説明を追加する

ファイルが挿入され、サムネイルが表示された

6 ［クリックしてテキストを編集］をクリックして、ファイルの表示名や説明を入力

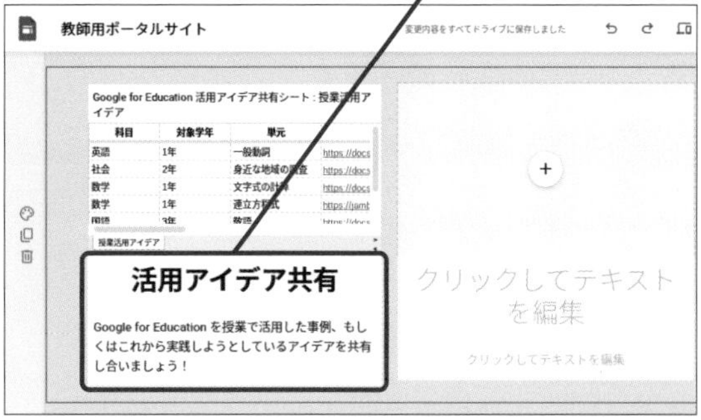

7 外部サイトのURLを埋め込む

埋め込みたい外部サイトのURLをコピーしておく

1 ［挿入］タブの［埋め込む］をクリック

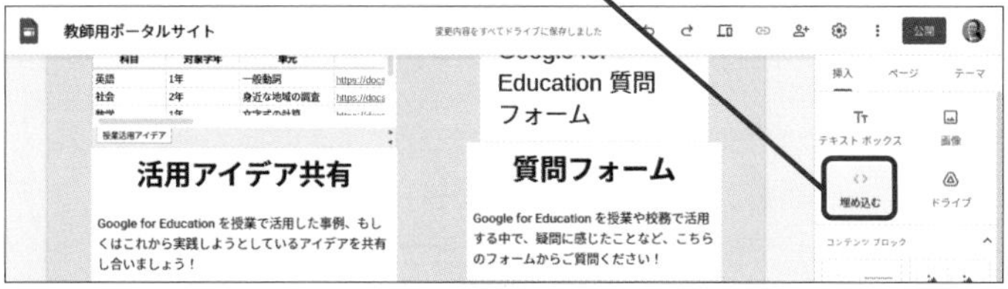

2 事前にコピーしたURLを貼り付け

3 ［挿入］をクリック

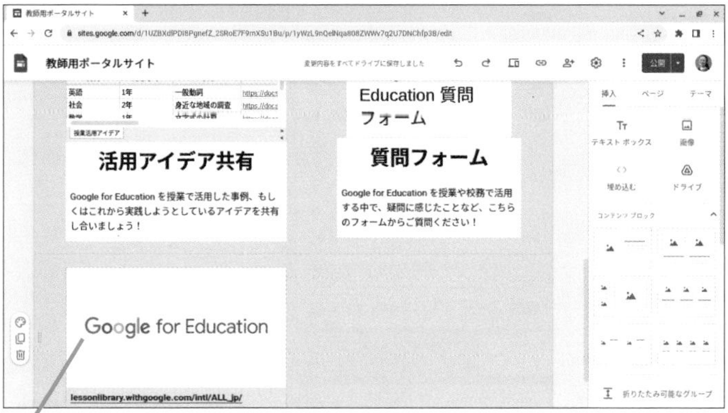

外部のWebサイトを埋め込むことができた

スキルアップ

テキストを装飾して、より見やすくする

Google サイトもほかの Google ツールと同じように、テキストのフォントやサイズ、配置などを調整できます。作成するサイトの特性にあわせて、閲覧者にとって見やすく分かりやすい表示となるように装飾をしましょう。

ここに注意

組織によっては、一部の外部サイトへのアクセスに制限をかけている場合があります。サイト上に埋め込む際には、対象の外部サイトがアクセス可能か確認し、アクセスができない場合は、組織の管理者に連絡してアクセスを許可してもらう必要があります。

次のページに続く

●サイトに見出しを付ける

テキストボックスを挿入し、文字を入力しておく

174ページの使いこなしのヒントを参考に［見出し］スタイルを設定しておく

4 手順3の操作5を参考に、テキストボックスを表示させたい位置までドラッグ

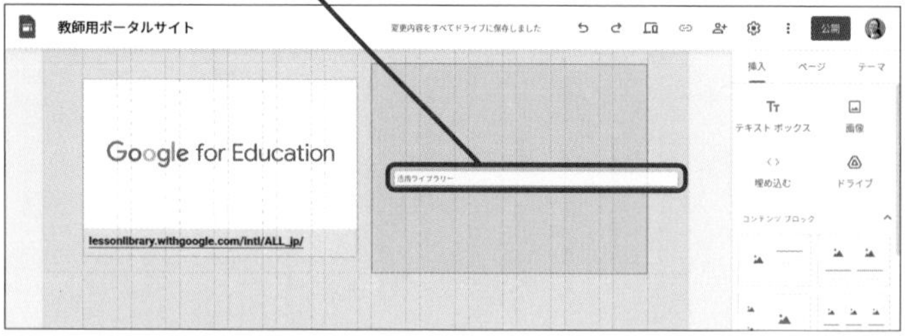

見出しの位置を調整できた

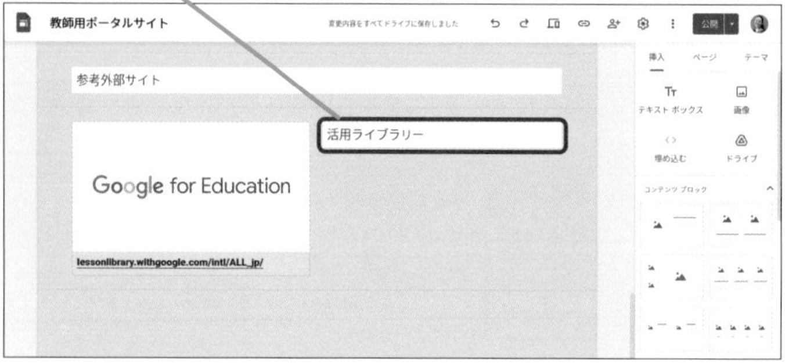

8 サイトの公開設定を行う

ここでは、作成した教員用サイトを登録した先生のみが閲覧できるように設定する

1 ［他のユーザーと共有］をクリック

2 ［公開済みサイト］の［▼］をクリックして［制限付き］を選択

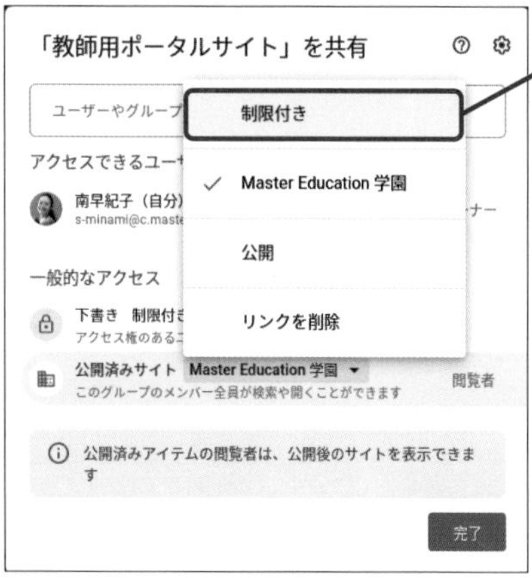

スキルアップ

サイト内にページを追加する

サイト内に新たにページを追加することが可能です。例えば、［ホーム］には最新の内容のみ掲載し、過去の内容は別に作成したページに履歴として蓄積しておくと、いつでも内容をさかのぼって確認することができます。

［ページ］-［新しいページ］を順にクリックすることで、ページを追加できます。

使いこなしのヒント

［プレビュー］で確認してから公開する

サイトを公開する前にプレビューを表示して、思った通りの表示となっているかを確認しましょう。画面上部の［プレビュー］をクリックすると、パソコン画面、タブレット画面、スマートフォン画面の3種類の形式でそれぞれ確認することができます。

◆［プレビュー］

使いこなしのヒント

共同編集者の追加

一般的なWebサイトは専門的な知識が必要であったり、管理や運用を行う先生の負担が大きかったりする一面がありました。Google サイトは更新や管理を複数の先生で簡単に行うことができ、負担を分担できます。［他のユーザーと共有］からユーザーを追加し、［編集者］の権限を付与すると、サイトの共同編集者として追加することが可能です。

●閲覧者を登録する

3 ［ユーザーやグループを追加］をクリックして、閲覧者として登録したいアカウントを入力

4 ここをクリック

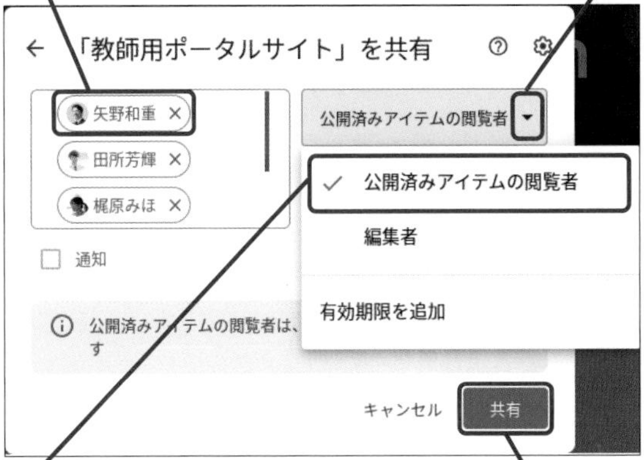

5 ［公開済みアイテムの閲覧者］をクリック

6 ［共有］をクリック

7 ［公開］をクリック

8 ［ウェブアドレス］をクリックして、このサイトのリンク末尾となる半角英数字を入力

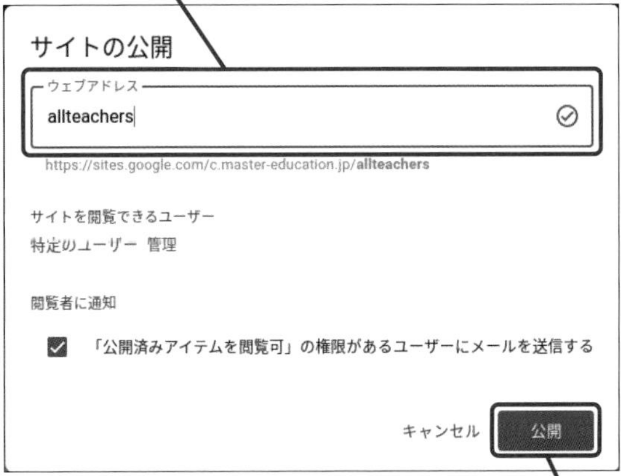

9 ［公開］をクリック

閲覧者がサイトへアクセスできるようになった

使いこなしのヒント

公開したサイトを周知する

サイトを公開できたら、閲覧してほしいユーザーへ周知しましょう。画面上部の［公開サイトリンクをコピー］（ ）-［リンクをコピー］の順にクリックし、閲覧者用のリンクをコピーします。コピーしたリンクは、Google Classroom や Gmail など、組織内で普段から活用しているツールを用いて発信していくといいでしょう。

まとめ 安全に管理しやすいサイトを作る

Google サイトでは、公開範囲の設定や共同編集者の追加、レイアウトなど、ほかの Google のツールと同じように簡単な操作でWebサイトの作成が可能です。これまで1人の先生への負担が大きくなりがちだった学校Webサイトの運用も、Google サイトを活用することで、複数の先生で管理運用でき、校務負担の軽減に貢献できます。

レッスン

36 校外からの意見を収集するには

YouTube 動画で見る
詳細は2ページへ

Googleフォーム

Google フォームで、保護者や地域の方など、校外からの意見を収集できます。情報を効率的に集計し、記録用や提示用に編集するなど、さらなる活用の幅が広がります。

1 アンケートを作成する

レッスン23を参考にフォームを作成しておく

1 ファイル名を入力

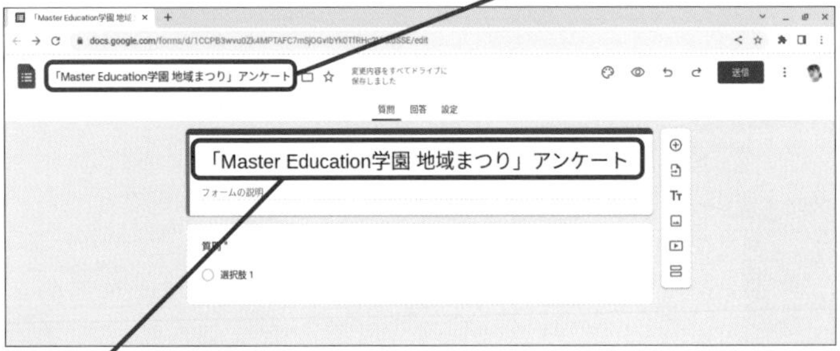

2 タイトルを入力

3 使いこなしのヒントを参考に質問を作成

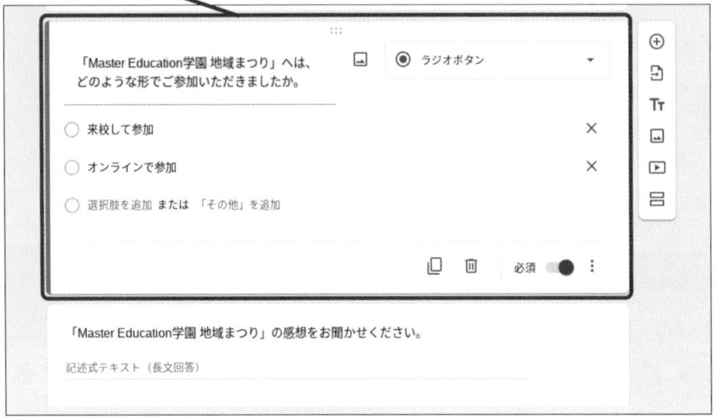

キーワード

Google フォーム	P.234
QRコード	P.234

使いこなしのヒント

タイトルとファイル名

フォームのタイトルは回答者に表示されるため、分かりやすいものや興味を引く内容にします。一方で、画面左上のファイル名は編集者にのみ表示されます。複数のフォームを作成する場合は、編集者が分かりやすいように、タイトルとは異なるファイル名を記入してもいいでしょう。

使いこなしのヒント

ここで作成する質問の内容

手順1の操作3では、以下の内容で質問を作成します。

- レッスン23を参考に、質問を作成する
- 選択式の問題にするため、質問形式は［ラジオボタン］のまま
- 質問を入力
- 選択肢を入力
- ［必須］をクリックしてオンに設定

使いこなしのヒント

回答を必須にするには

［必須］をオンに設定することで、該当の質問を回答者に必須で回答させることができます。

また、手順2で紹介する［設定］画面より［デフォルト］-［質問のデフォルト設定］-［デフォルトで質問を必須項目にする］の項目をオンにすることで、新しく作成したすべてのフォームの質問で、［必須］ボタンがオンになります。

2 外部からの回答を可能にする

1 ［設定］タブをクリック

2 ［回答］のここをクリック

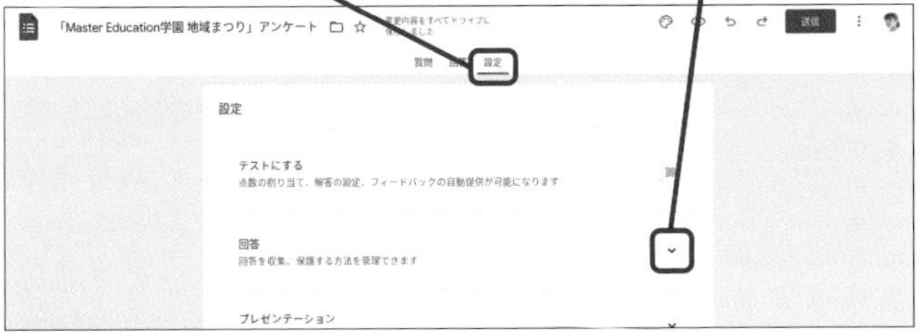

3 ［○○（組織名）と信頼できる組織のユーザーに限定する］のここをクリックしてオフに設定

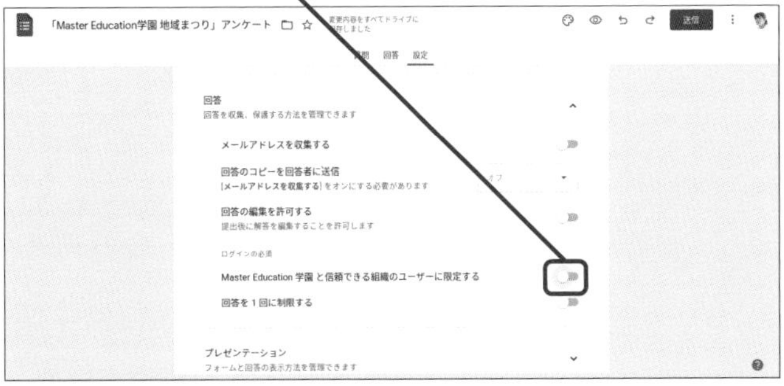

組織のドメイン外の人も回答できるようになる

使いこなしのヒント

回答後メッセージを変更しよう

［設定］タブ-［プレゼンテーション］-［確認メッセージ］-［編集］の順にクリックすると、回答者がフォームを送信した際に表示されるメッセージを編集できます。アンケートの協力へのお礼や、連絡事項などを記入しておくのがおすすめです。

回答送信後に表示されるメッセージを編集できる

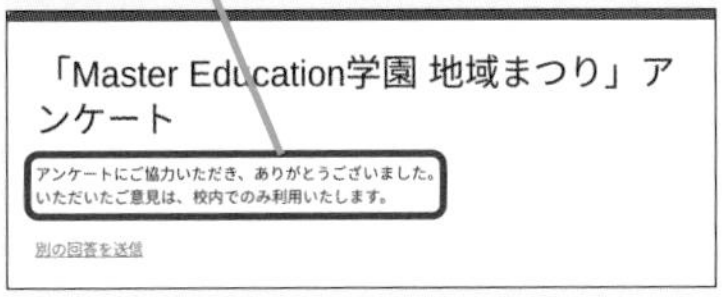

ここに注意

手順2の操作3で［回答を1回に制限する］をオンにすると、回答者はGoogle アカウントへのログインを求められます。ログイン操作の手間により回答率が下がる可能性もあるので、回答してもらいたい相手や場面に応じて使い分けましょう。

スキルアップ

質問形式の種類

質問形式を指定して、回答者からさまざまな形式で回答を回収できます。回答者にとっての答えやすさや、作成者の集計のしやすさなど、双方の事情を加味して設定しましょう。

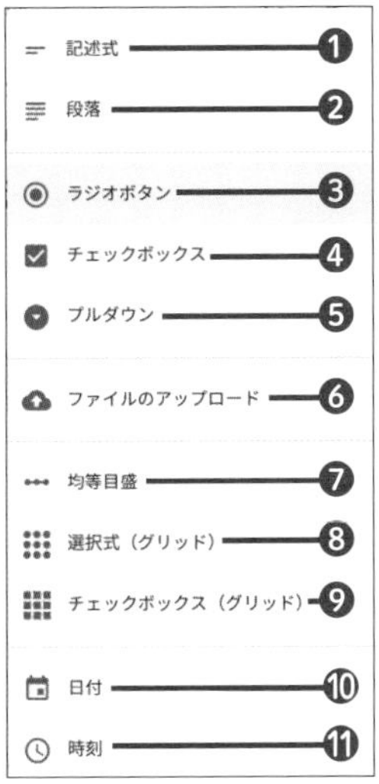

❶ **記述式**
単語や短文を入力できる

❷ **段落**
1段落以上の長文を入力できる。改行可能

❸ **ラジオボタン**
回答を1つだけ選択できる

❹ **チェックボックス**
回答を複数選択できる

❺ **プルダウン**
回答を1つだけ選択できる。選択肢が多いときにおすすめ

❻ **ファイルのアップロード**
質問への回答としてファイルをアップロードでき、フォームのオーナーのドライブへ保存される。回答者のGoogle へのログインが必要

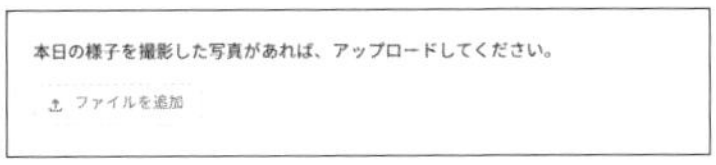

❼ **均等目盛**
数値の目盛で段階評価できる。アンケートなどにおすすめ

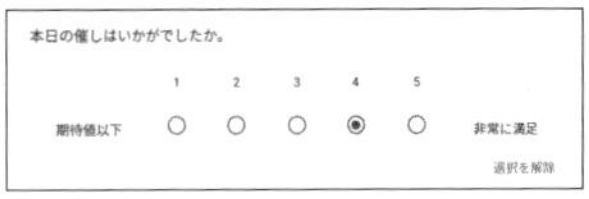

❽ **選択式（グリッド）**
グリッドの中から1行につき1つの回答を選択できる

❾ **チェックボックス（グリッド）**
グリッドの中から1行につき複数の回答を選択できる

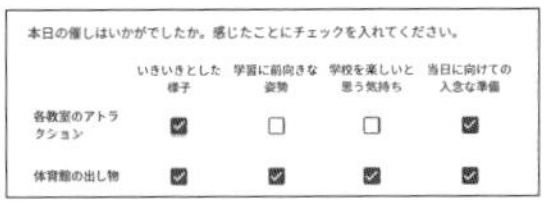

❿ **日付**
日付を記入できる。時刻も含められる

⓫ **時刻**
時刻または経過時間を記入できる

次のページに続く ➡

3 アンケート送信の準備をする

1 ［プレビュー］をクリック

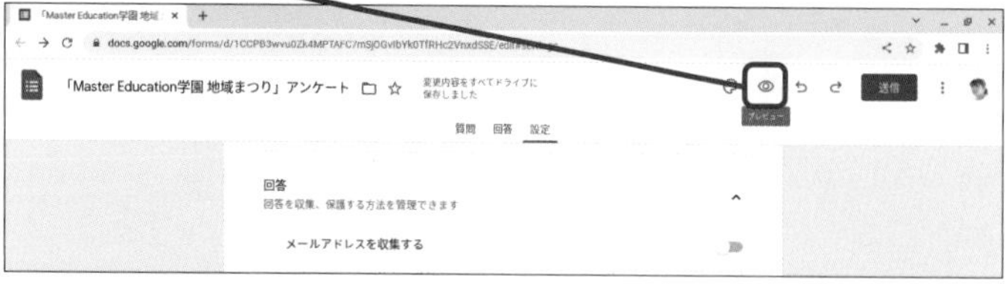

プレビューが表示された

回答者からの見え方を確認できる

実際に回答できる

2 アドレスバーをクリック

3 Chromebook の場合は［このページのQRコードを作成］をクリック

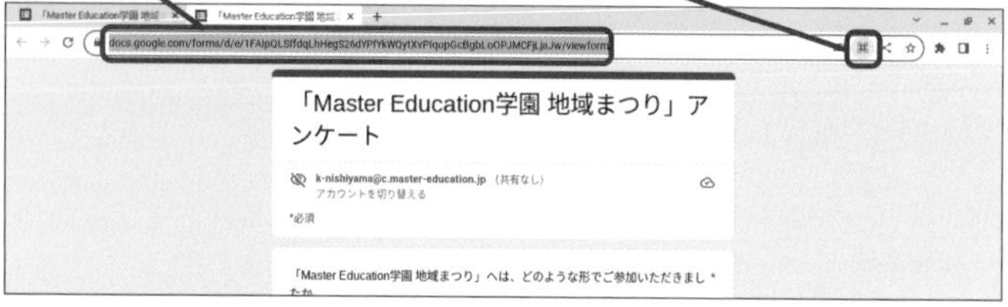

Chromebook 以外で Chrome ブラウザを使用する場合、同位置の［このページを共有］から［QRコードを作成］を選択する

QRコードが作成された

4 ［ダウンロード］をクリック

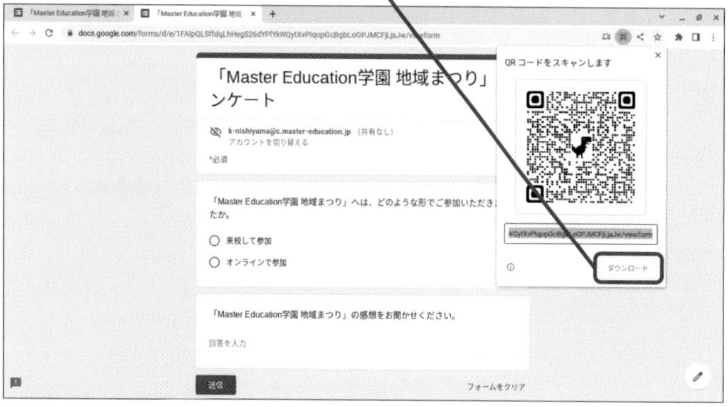

QRコードが保存される

使いこなしのヒント

メールで送信する場合

フォーム画面右上の［送信］をクリックすると送信方法を選択でき、メールから対象者にフォームを送信することも可能です。宛先として、レッスン26を参考にGoogle グループのグループアドレスを用いると、大勢の相手へ一気にメールを送信できます。

ここをクリックすると、リンクのコピーや短縮URLを作成できる

ここをクリックすると、HTMLを埋め込むためのリンクをコピーできる

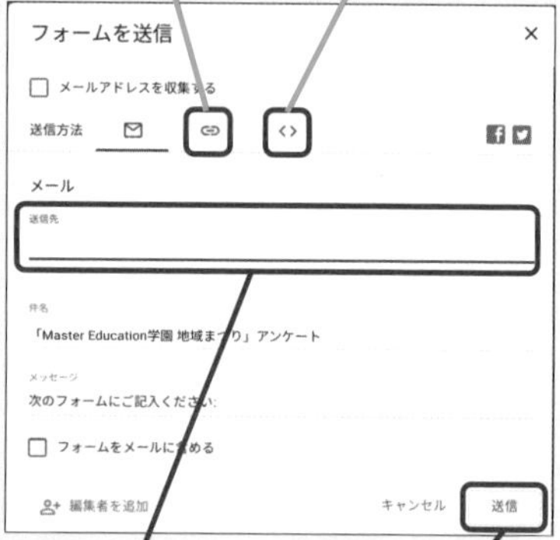

1 ここにメールアドレスを入力

2 ［送信］をクリック

ここに注意

フォームの作成画面とプレビュー画面では、それぞれURLが異なります。編集者画面のURLの末尾は「edit」となっており、編集者用のURLです。編集権限のないユーザーがこのリンクを開いた場合、回答はできますが、［編集権限をリクエスト］という、本来不必要なボタンが表示されてしまいます。プレビュー画面のURLの末尾は「viewform」となっており、回答者用のURLです。こちらのリンクを送ったり、このページからQRコードを作成することで、回答者に向けたフォームを表示させることができます。

スキルアップ

QRコードを有効活用しよう

手順3の操作3で作成したQRコードは、画像として端末本体に保存されます。これを活用することで、校外の人にも気軽にアンケートに回答してもらうことができます。例えば、QRコードを印刷した資料を来校者に配布したり、校内に掲示したりすれば、手持ちの端末でQRコードを来校者に読み取ってもらうことで自分の好きなタイミングで回答できます。授業参観や学校行事のアンケートなど、さまざまな場面で活用してみましょう。

Google ドキュメントで作成した資料にQRコードを挿入する

1 ［画像の挿入］をクリック

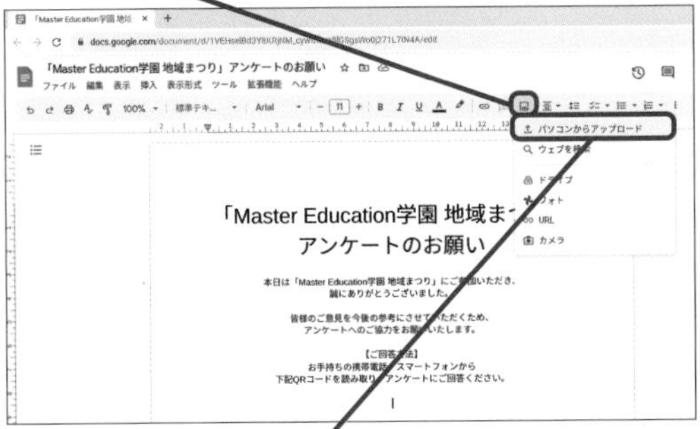

2 ［パソコンからアップロード］をクリック

3 保存したQRコードを選択して［開く］をクリック

QRコードが挿入された

スキルアップ

テーマのカスタマイズ

画面右上の［テーマをカスタマイズ］をクリックすると、フォームのテーマを変更できます。ヘッダーに画像を設定したり、背景の色を変えたりすることで、見た目の印象が大きく変化します。質問の内容や、対象の回答者にあった雰囲気のテーマを選んでみましょう。

1 ［テーマをカスタマイズ］をクリック

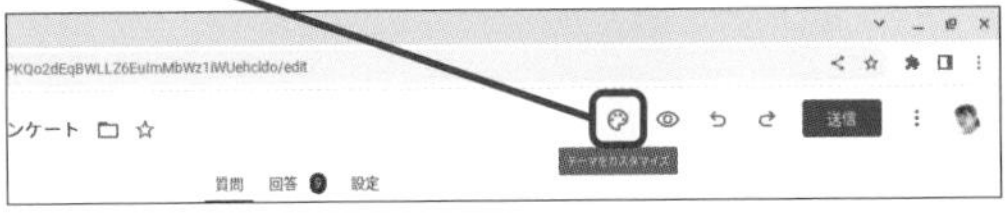

2 ［画像を選択］をクリック

3 任意のデザインをクリック

4 ［挿入］をクリック

ヘッダー画像とテーマの色が設定された

次のページに続く

4 回答結果を確認する

1 ［回答］タブをクリック

回答結果が表示された

2 ［スプレッドシートにリンク］をクリック

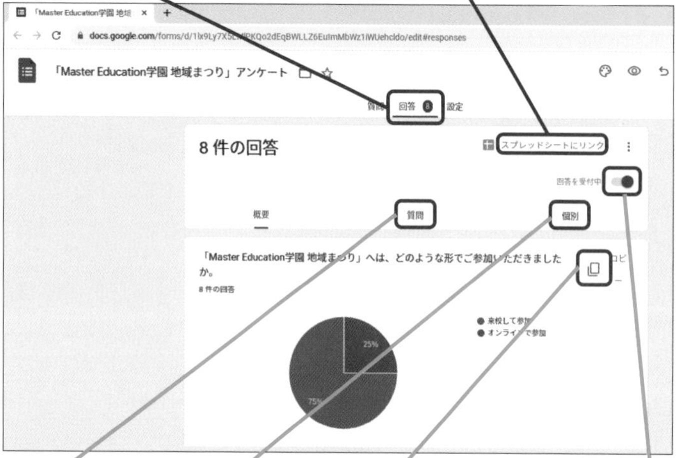

［質問］タブをクリックすると、質問ごとの回答を確認できる

［個別］タブをクリックすると、回答者ごとの回答を確認できる

［コピー］をクリックすると、グラフをコピーできる

［回答を受付中］のここをクリックしてオフに設定すると、回答が締め切られる

3 ［新しいスプレッドシートを作成］をクリック

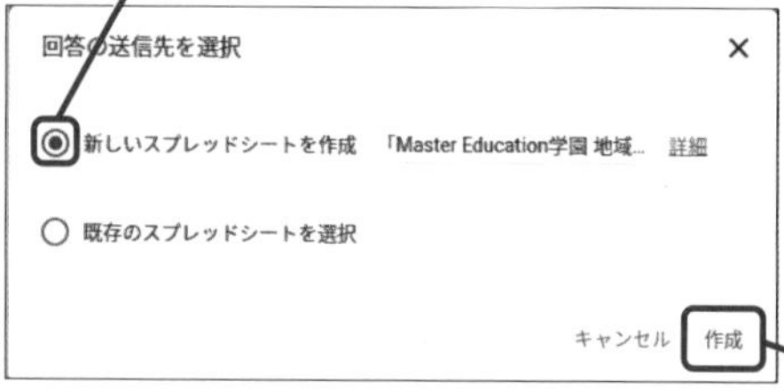

4 ［作成］をクリック

スプレッドシートに書き出された

回答が送信されると自動で更新される

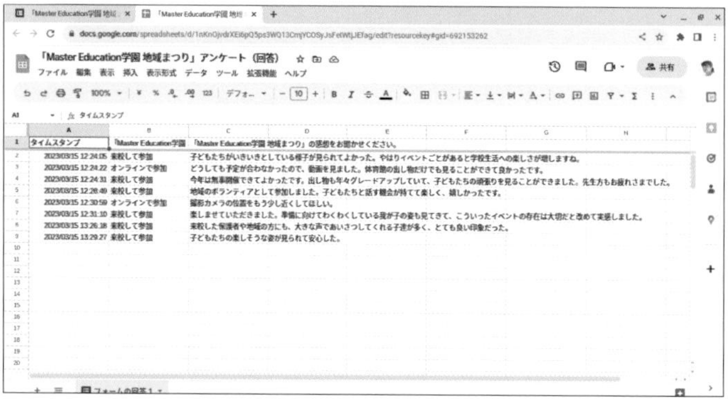

使いこなしのヒント

新しい回答をメール通知で確認できる

送信された回答は、リアルタイムで編集者の回答画面に反映されます。［回答を受付中］がオンである限り、回答があれば自動的に更新されるため、長期的に回答を募集する場合、新しい回答に気付かないことがあります。確認漏れを防ぐには、［回答］画面右上にある（⋮）-［新しい回答についてのメール通知を受け取る］をクリックして、メール通知を受け取りましょう。

使いこなしのヒント

回答が集まるごとに結果は自動更新

フォームだけでなく、アンケートの回答を出力したスプレッドシートも、新しい回答が来るたびに自動で更新されます。

例えば、欠席連絡フォームの結果を出力したスプレッドシートを、職員室のディスプレイに表示しておくことで、欠席者についての最新情報を常に確認できます。

まとめ　校外からの意見を効率的に回収し、利用する

校外からの意見はGoogle フォームを用いると、効率的に回答を収集し、集計・利用することができます。回答から集計までをすべてデジタルで行うため、紙で回収したアンケートを表に打ち込むなどの作業は必要ありません。保護者面談の希望日程回収や、地域の魅力についてのアンケート、授業参観実施後のアンケートなど、さまざまな場面で活用できます。

スキルアップ

アンケートグラフを資料に使おう

フォームの［回答］画面からグラフの［コピー］をクリックすると、ほかの資料と連携して活用することができます。例えば、コピーしたグラフを Google スライドで作成した資料に貼り付けると、［フォームへのリンク］を選択できます。フォームとスライドがリンクしていると、元データであるフォームの回答に変更があった場合、貼り付け先のスライドのグラフに［更新］が表示されます。［更新］をクリックするだけで最新のグラフに更新されるため、何度もグラフを貼り直す必要がありません。

フォームで作成したグラフを、スライドに貼り付ける

1 ［フォームへのリンク］をクリック

2 ［貼り付け］をクリック

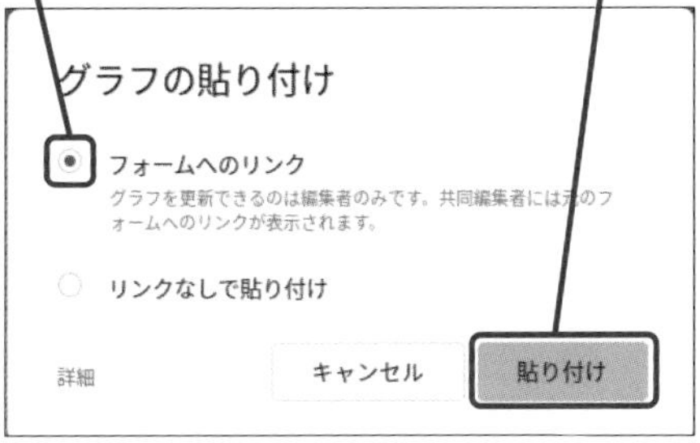

貼り付け先のグラフの［更新］をクリックすると、データが更新される

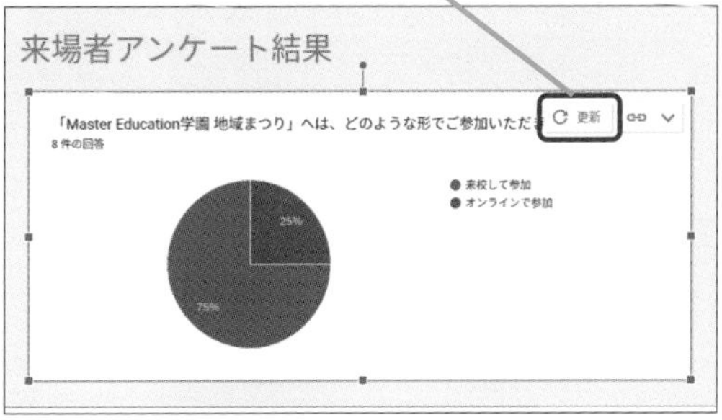

スキルアップ

スプレッドシートを見やすくしよう

手順4のように、回答のスプレッドシートはフォームの送信時間順に並んでいます。ここで紹介するように昇順・降順の並べ替えや、セルの色を変更すれば、回答結果をより見やすく編集できます。このように、スプレッドシートに回答結果を書き出すことで、回答内容をもとに整理したり、必要な情報だけを抜き出したりなど、先生たちの校務での活用がしやすくなります。

●回答を並び替える

1 並べ替えの基準の列を右クリック

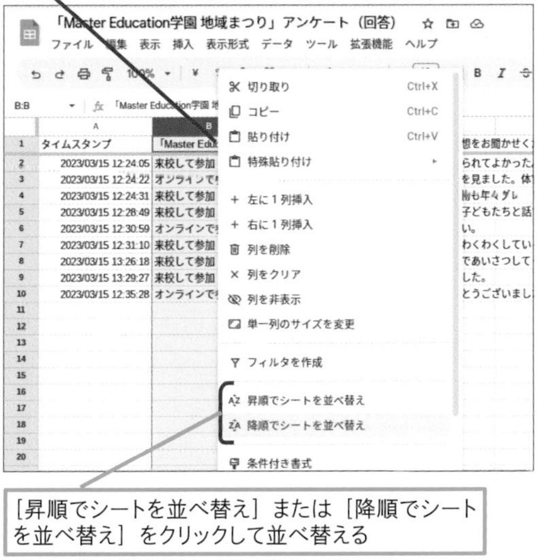

［昇順でシートを並べ替え］または［降順でシートを並べ替え］をクリックして並べ替える

●回答別に色分けする

1 色を変えたい行を選択

2 ［塗りつぶしの色］をクリック

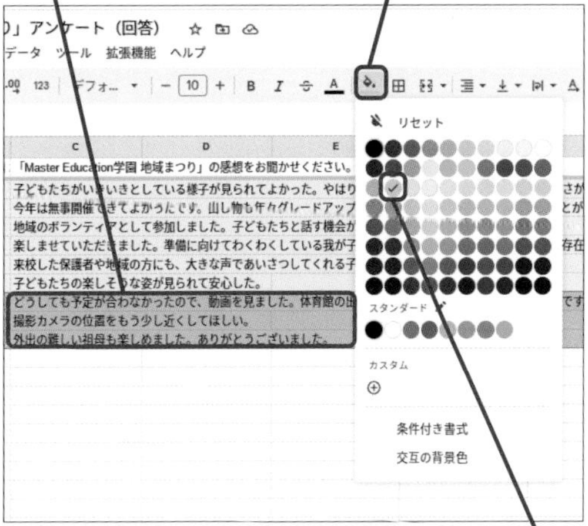

3 任意の色をクリック

レッスン
37 学校外との連携を効率的に行うには

YouTube動画で見る
詳細は2ページへ

Gmail

Gmail では教育員会や外部の人とのやりとりの中で、より効率的にメールを作成したり、使いやすいよう管理したりする機能があります。Gmail を使いこなし、校務の効率化を目指しましょう。

1 メールにラベルを付けて見やすくする

Gmail を起動し、受信トレイ画面を表示しておく

1 ［ラベル］の［+］をクリック

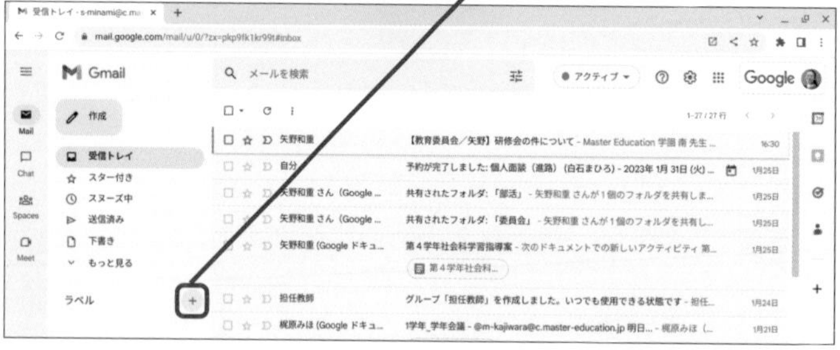

ここでは「要確認」のラベルを作成する

［次のラベルの下位にネスト］をクリックして既存のラベルを選択すると、ラベルを階層化できる

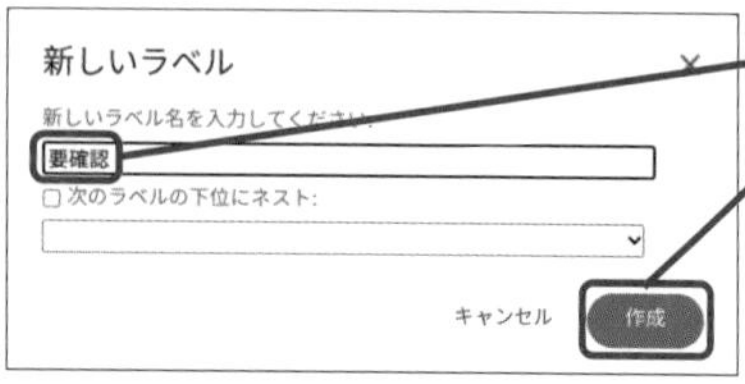

2 ラベル名を入力

3 ［作成］をクリック

4 ラベルを付けたいメールをクリックしてチェックマークを付ける

5 ［ラベル］をクリック

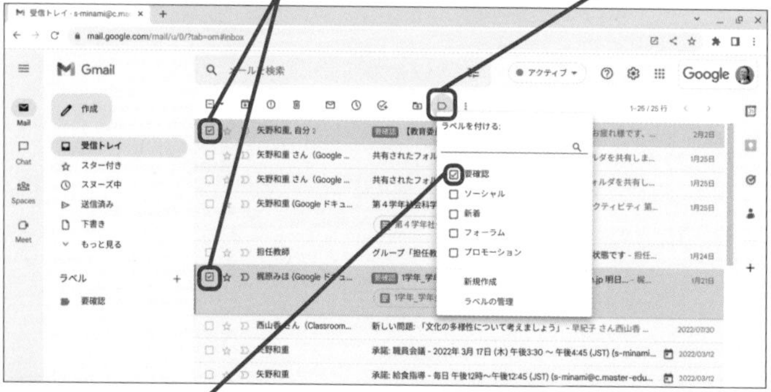

6 任意のラベル名をクリックしてチェックマークを付ける

1つのメールに対して、複数のラベルを付けられる

キーワード

Gmail	P.232
ラベル	P.236

使いこなしのヒント

ラベルの色を変更するには

作成したラベルは色を変更できます。複数のラベルを作成し、色分けしておくと、ひと目で送り主や重要度が分かるのでおすすめです。

1 色を変えたいラベルにマウスポインターをあわせる

2 ここをクリック

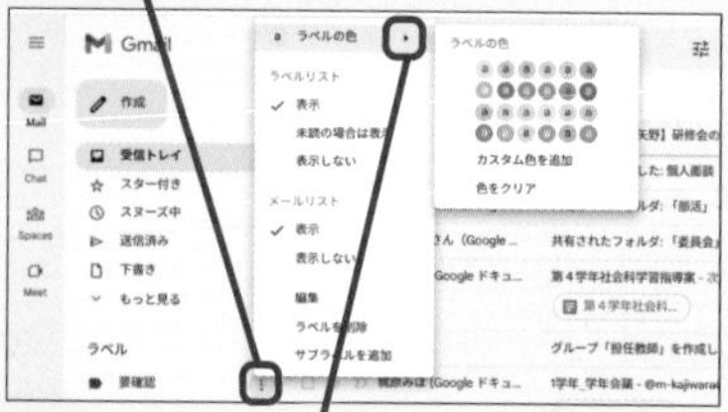

3 ［ラベルの色］をクリック

表示された色をクリックする

使いこなしのヒント

ラベルの活用について

メールの詳細画面でも［ラベル］をクリックしてラベルを付けることが可能です。また、ラベル名の右にある［×］をクリックするだけで、簡単に削除できます。確認が終わったものからラベルを削除したり、必要時に即座に付けたりと、気軽に使用できるのも魅力です。

個別のメール詳細画面からでもラベルの付与と削除ができる

2 条件フィルタを作成し、自動的にラベルを付ける

事前に「教育委員会」ラベルを作成しておく

1 ［検索オプションを表示］をクリック

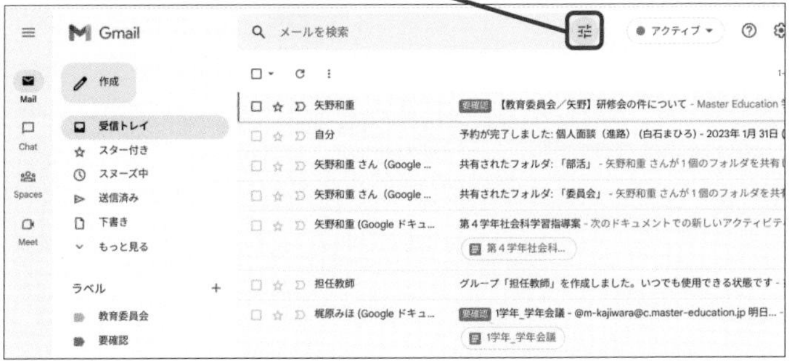

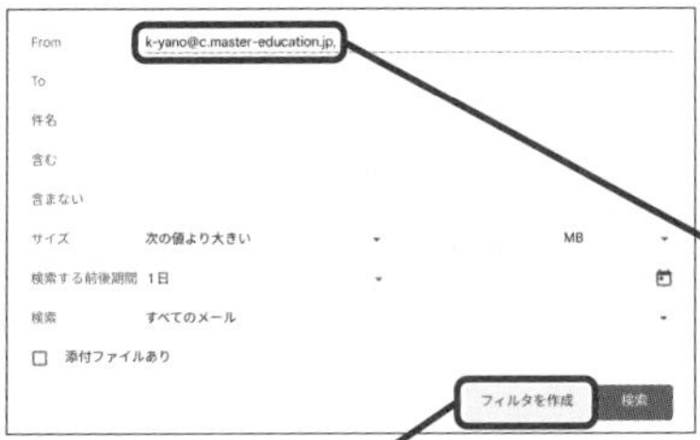

ここでは、特定の相手からのメールにラベルを付けるフィルタを作成する

2 ［From］のここをクリックして相手のメールアドレスを入力

3 ［フィルタを作成］をクリック

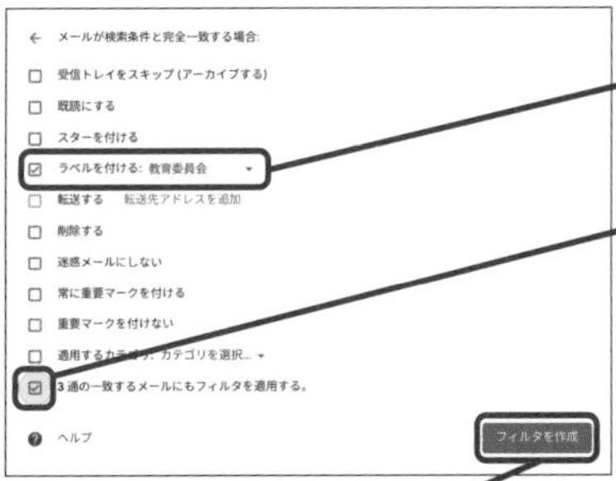

4 ［ラベルを付ける］をクリックしてチェックマークを付け、ラベル名を選択

5 ［○件の一致するメールにもフィルタを適用する。］をクリックしてチェックマークを付ける

受信済みメールにフィルタが適用されるようになる

6 ［フィルタを作成］をクリック

フィルタが適用され、指定した相手のメールに「教育委員会」ラベルが付いた

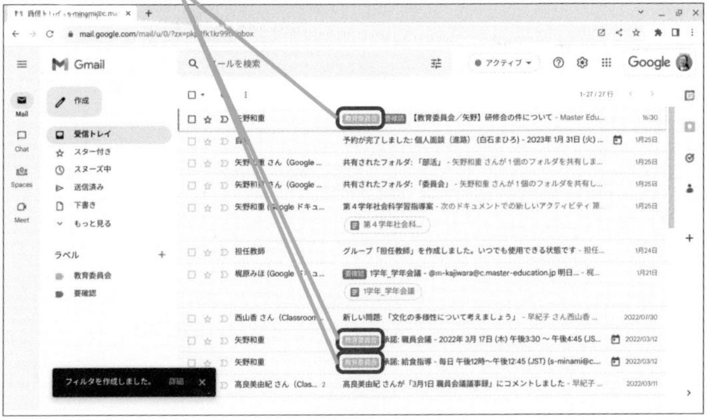

スキルアップ

検索オプションの活用

検索オプションでは、より詳細な検索で結果を絞り込むことができます。

検索オプション名	説明
［From］	特定のメールアドレスからのメール
［To］	特定のメールアドレス宛のメール
［件名］［含む］［含まない］	指定した文字列に該当する（しない）メール
［サイズ］	指定したサイズに該当するメール
［検索する前後期間］	特定の期間または日付に送信されたメール
［検索］	受信トレイやラベルなど指定した範囲にあるメール
［添付ファイルあり］	添付ファイルが含まれているメール、または Google のツール、PDFなど特定の形式の添付ファイルが含まれているメール

使いこなしのヒント

受信トレイを見やすく保つには

通知や確認済みなど、今すぐに必要ではないメールは以下の方法でアーカイブすることで、受信トレイを見やすく保つことができます。アーカイブしたメールは削除されたわけではなく、［すべてのメール］に移動し、検索からも見つけることができます。また、アーカイブしたメールに誰かが返信すると、そのメールは受信トレイに戻ります。

メールを選択後、［アーカイブ］をクリックする

次のページに続く

3 テンプレートを作成する

1 [設定] をクリック

2 [すべての設定を表示] をクリック

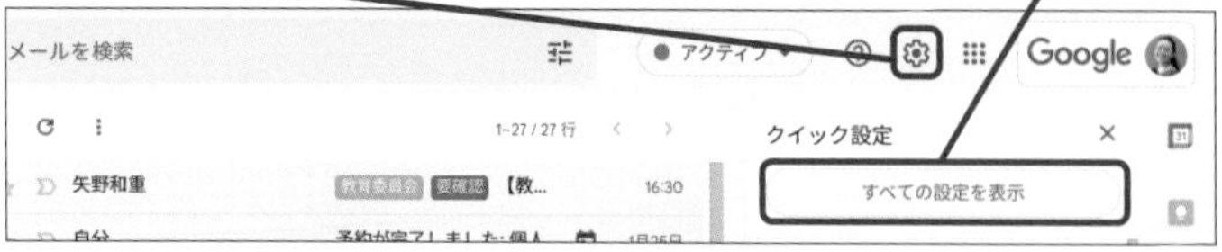

[設定] 画面が表示された

3 [詳細] タブをクリック

4 [テンプレート] の [有効にする] をクリック

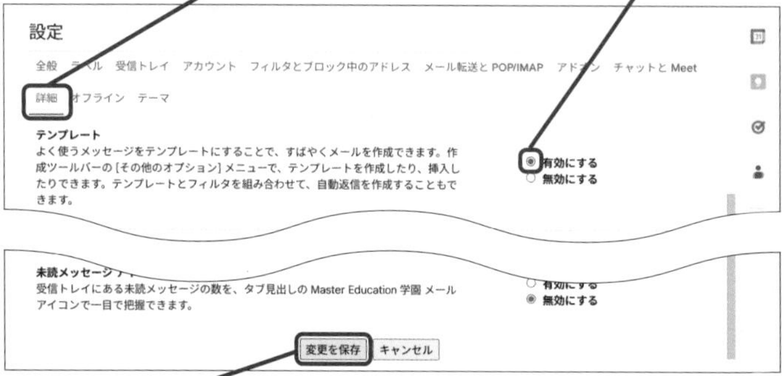

5 [変更を保存] をクリック

6 [作成] をクリック

7 テンプレートとなるメール本文を入力

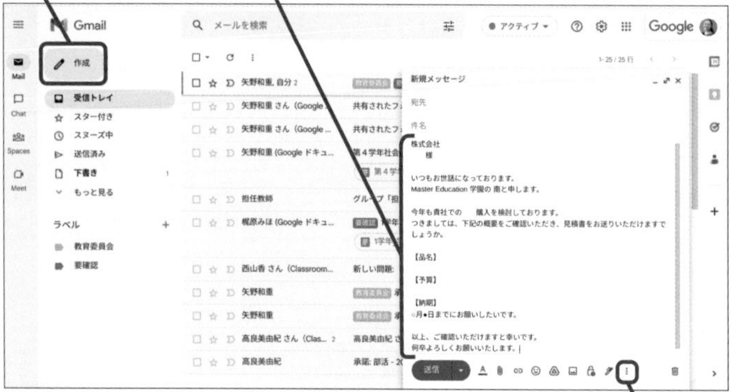

8 [その他のオプション] をクリック

9 [テンプレート] - [下書きをテンプレートとして保存] - [新しいテンプレートとして保存] の順にクリック

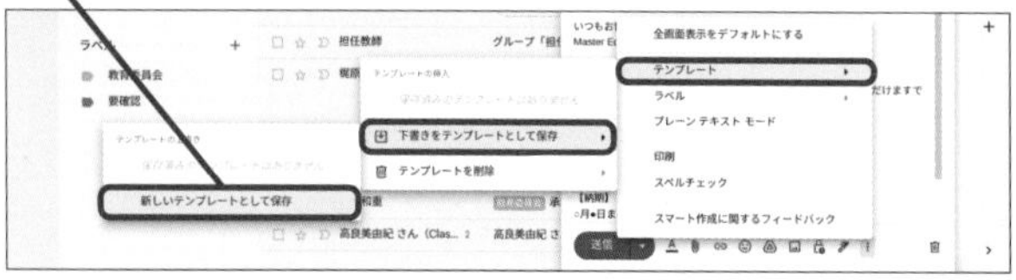

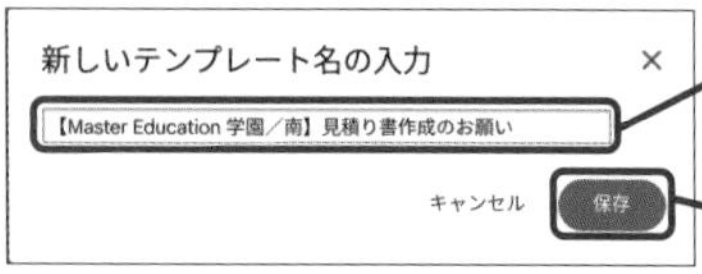

10 メールの件名となるテンプレート名を入力

11 [保存] をクリック

使いこなしのヒント

署名を挿入するには

手順3操作3の [設定] 画面にある [全般] タブの [署名] から署名を作成して、画面最下部の [変更を保存] をクリックして保存します。作成した署名は、メール作成画面の [署名を挿入] から選択して挿入できます。複数の署名を作成できるので、メールの送信相手にあわせて使い分けることもできます。

[全般] タブの [署名] で [+新規作成] をクリックして作成する

使いこなしのヒント

不在通知を自動送信するには

手順3操作3の [設定] 画面の [全般] タブから、不在通知を設定できます。[不在通知ON] をクリックして有効にした後、返信内容を作成したら、画面最下部の [変更を保存] をクリックして保存します。不在期間中にメールを受信すると、自動でメッセージの内容が相手に返信されます。長期休暇中や出勤できないときに設定しておくといいでしょう。

1 [不在通知ON] をクリック

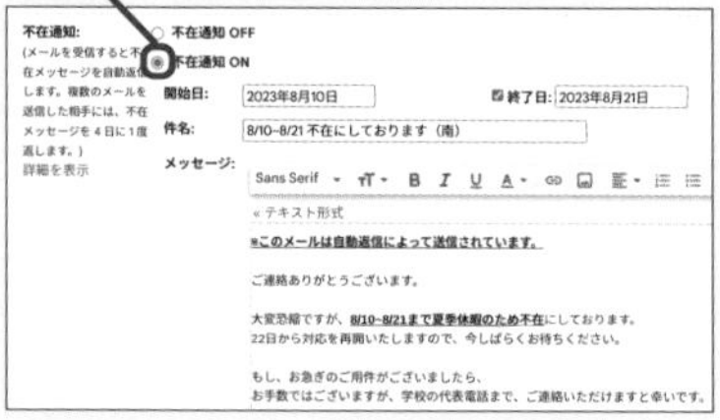

不在期間やメール本文を設定する

●テンプレートを挿入する

［作成］をクリックして新しいメールを作成する

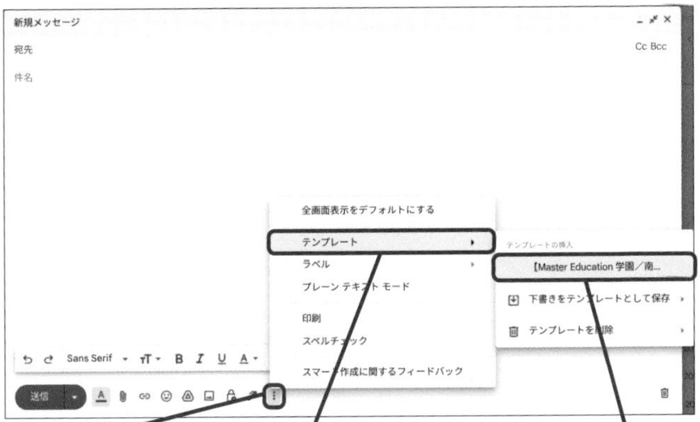

12 ［その他のオプション］をクリック

13 ［テンプレート］にマウスポインターをあわせる

14 任意のテンプレートをクリック

4 送信予約を行う

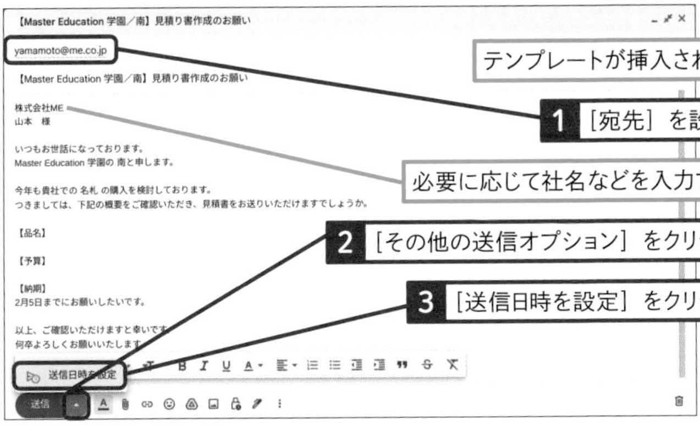

テンプレートが挿入された

1 ［宛先］を設定

必要に応じて社名などを入力する

2 ［その他の送信オプション］をクリック

3 ［送信日時を設定］をクリック

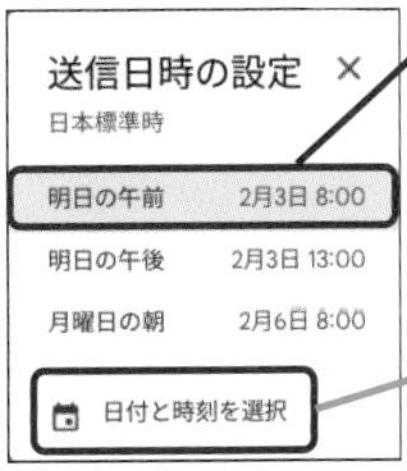

4 送信日時をクリック

［日付と時刻を選択］をクリックすると、任意の日時が設定できる

送信日時を設定したメールが作成できた

［予定］をクリックすると、送信予定のメールの確認と変更ができる

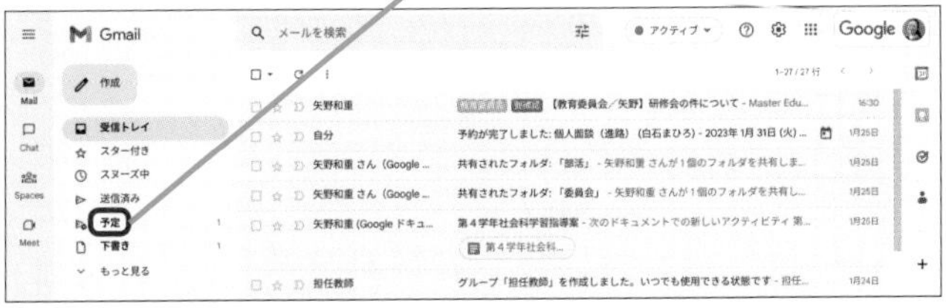

使いこなしのヒント

重要なメールをリマインドするには

スヌーズ機能は、メールを一時的に受信トレイから非表示にし、設定したタイミングで受信トレイの最上部にもう一度表示させる機能です。メールを選択し、［スヌーズ］をクリックして、再度表示させる時間を設定できます。見落としがちなメールも、受信トレイの最上部に表示させることで気付きやすくなります。

メールを選択し［スヌーズ］をクリックする

再表示する時間を設定する

時短ワザ

Google グループとの連携について

メールを複数人に一斉送信する場合は、レッスン26を参考にグループアドレスを使用します。グループアドレスへ送信したメッセージはメンバー全員に送信されます。校内の限定した先生のグループだけに送ることや、限定した学年の保護者グループに送るなど、さまざまな場面で利用できます。グループアドレスを用いることで、［宛先］に1つずつアドレスを入力する必要がなくなり、誤送信などのリスクも減らせます。

次のページに続く

5 Gmailの表示画面をカスタマイズする

188ページの手順3操作1～2を参考に、［設定］画面を表示しておく

1 ［受信トレイ］タブをクリック

2 ［閲覧ウィンドウを有効にする］をクリックしてチェックマークを付ける

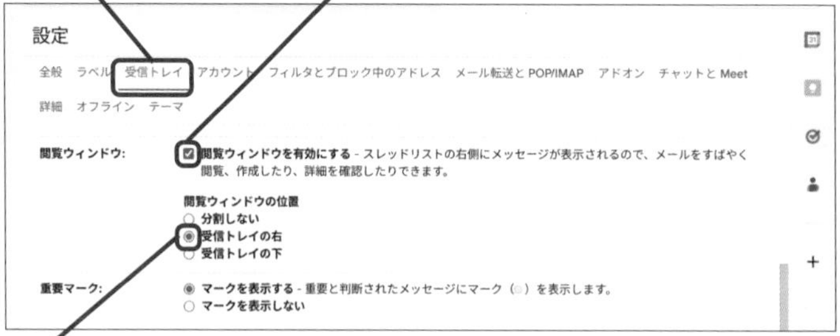

3 ［受信トレイの右］をクリック

4 画面下の［変更を保存］をクリック

スレッド一覧の右側にメールのプレビューが表示された

6 ショートカットキーを活用する

188ページの手順3操作1～2を参考に、［設定］画面を表示しておく

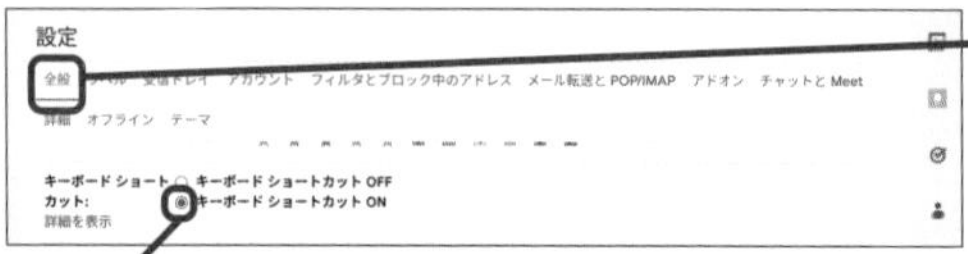

1 ［全般］タブをクリック

2 ［キーボードショートカット］の欄［キーボードショートカットON］をクリック

3 画面下の［変更を保存］をクリック

キーボードショートカットが有効になった

4 Shift＋?キーを押す

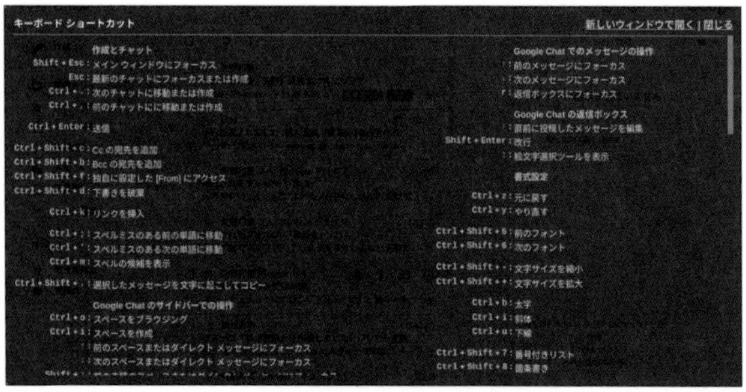

キーボードショートカットの一覧が表示された

使いこなしのヒント

全画面の状態でメールを作成するには

新しいメールを作成する際に、毎回全画面で表示するには、以下の方法で操作します。次回以降、新しいメールを作成するときから適用されます。

メール作成画面を表示しておく

1 ［その他のオプション］をクリック

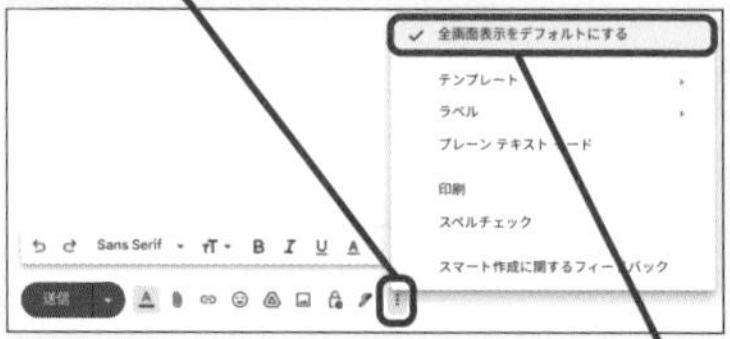

2 ［全画面表示をデフォルトにする］をクリック

ショートカットキー

新しいメールを作成	c
表示中のメールに返信	r
表示中のメールの全員に返信	a
メールを検索	/
メールを選択	x
選択したメールをアーカイブ	e
選択したメールを削除	#

7 誤送信を回避しやすくする

188ページの手順3操作1 ～ 2を参考に、［設定］画面を表示しておく

1 ［全般］タブをクリック

2 ［送信取り消し］の［取り消せる時間］のここをクリック

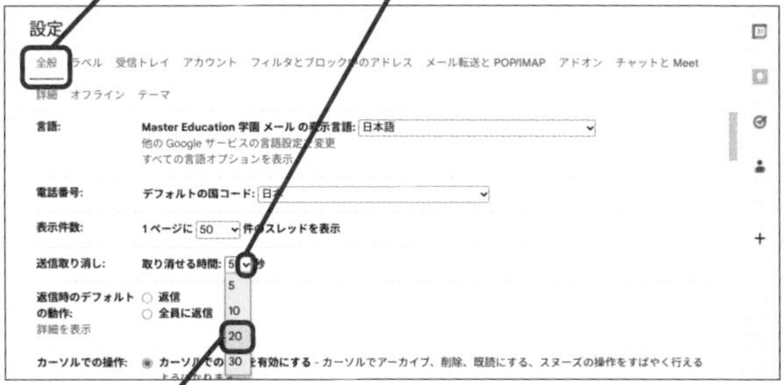

3 ［20］をクリック

4 画面下の［変更を保存］をクリック

送信取り消しの時間が20秒に変更される

メールを送信後、左下に通知が表示されている間は、［元に戻す］をクリックして送信を取り消せる

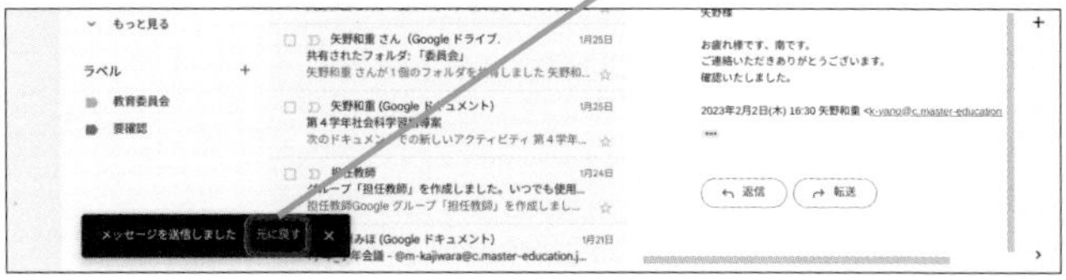

ここに注意

送信を取り消したメールは、送信前と同じ下書き状態に戻り、［下書き］から確認することができます。送信取り消し可能な時間は最大でも30秒までなので、送信前には必ず内容や宛先を確認し、誤送信には注意しましょう。

まとめ Gmail で学校外との連携を効率的に

Gmail のさまざまな便利機能を使って、学校外とのやりとりを効率的に進めましょう。確認が漏れてしまいがちな受信メールはラベルやスヌーズ機能で管理したり、テンプレートを活用したりすることでメール作成にかける時間を省力化します。送信予約を使えば、相手に気を遣うことなく好きな時間に作業ができます。

スキルアップ

メールとカレンダーを同時に確認できる

Gmail のホーム画面右側のサイドパネルから、画面内にほかの Google のツールを呼び出すことができます。例えば、Google カレンダーを表示しながら、日程に関するメールに返信できたり、Google Keep のメモを確認しながら、メールを作成したりすることができます。また、レッスン19を参考にして、Google ToDo リストとの連携も可能です。

●カレンダー画面の表示

1 サイドパネルの［カレンダー］をクリック

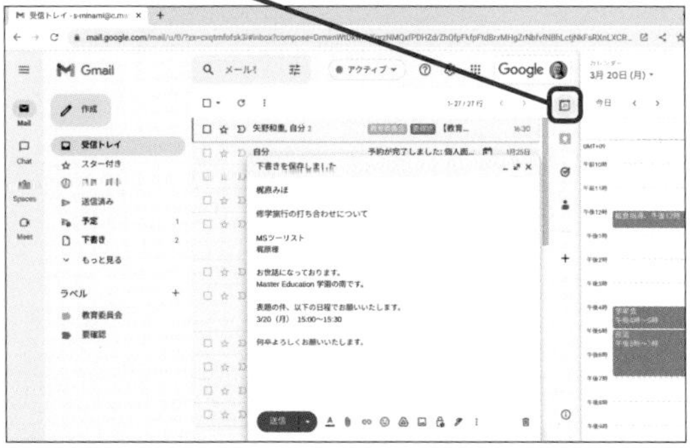

画面右に Google カレンダーが表示される

●Keep 画面の表示

1 サイドパネルの［Keep］をクリック

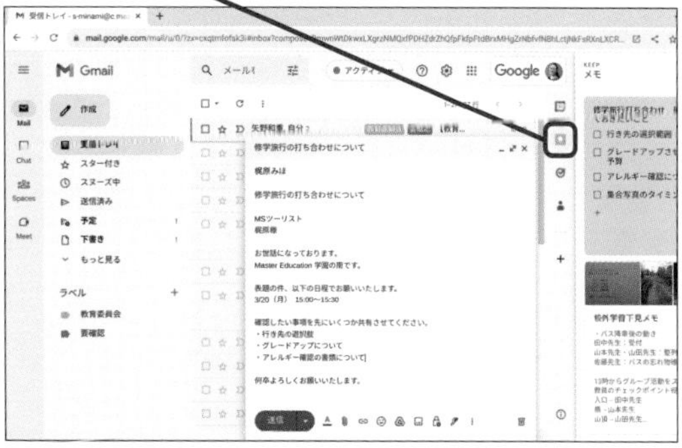

画面右に Google Keep のメモが表示される

レッスン

38 さまざまな人とのつながりを広げよう

YouTube動画で見る
詳細は2ページへ

Google Meet

Google Meet を使用することで、直接会うのが難しい外部の人や、遠方の人ともつながることができます。Google Meet を活用した事前打ち合わせや子どもたちのグループワークなどを行い、学校の中だけでは学べない貴重な体験を、オンラインで体感してみましょう。

キーワード

Google Meet　P.233

使いこなしのヒント

リンクを共有するには

このレッスンでは、外部講師との事前打ち合わせを想定しています。外部の人とやりとりをするときは、ドメイン外や、相手が Google アカウントを持っていない可能性もあります。その場合は、手順1のように Google Meet の会議リンクを取得し、メールなどで相手に連絡するといいでしょう。校内の人や、Google アカウントを持つ相手には Google Chat、Google カレンダー、Google Keep などでリンクを共有する選択肢もあります。

1 ビデオ会議のリンクを発行する

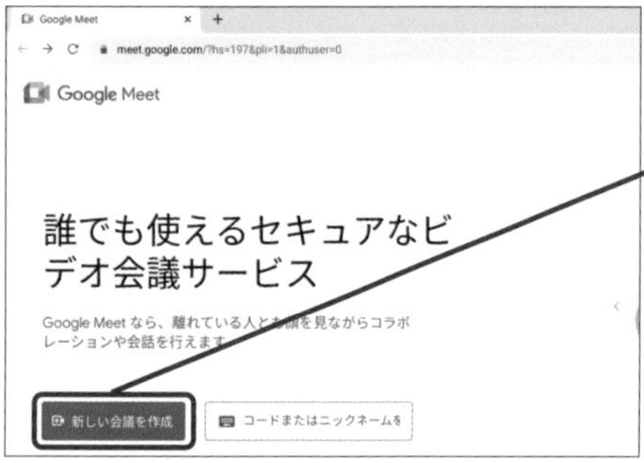

Google Meet を起動しておく

1 ［新しい会議を作成］をクリック

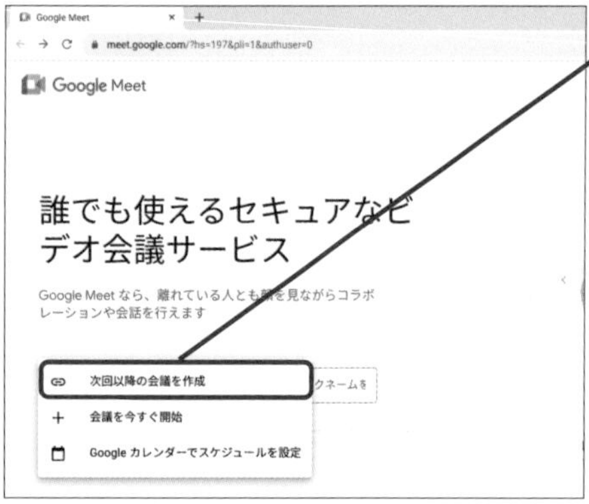

2 ［次回以降の会議を作成］をクリック

会議に必要な情報が表示された

3 ［参加に必要な情報をコピー］をクリック

コピーしたリンクを参加者に事前に共有しておく

自分用にコピーしたリンクを控えておく

ここに注意

校内ドメインがない外部の人と Google Meet を実施する場合、管理者による設定変更が必要になることがあります。管理者は以下の3種類で設定が可能です。

① 組織内のユーザーまたはダイヤルイン（電話）での参加者のみ
② Google アカウントでログインしているユーザーまたはダイヤルイン（電話）での参加者
③ すべてのユーザー（Google アカウントでログインしていないユーザーを含む）

相手が Google アカウントを持っていない場合は、管理者に③の設定に変更してもらうよう伝えましょう。

2 打ち合わせ当日、会議を開始する

前ページで作成したリンクを使用して会議画面を表示する

控え室画面が表示された

1 ［今すぐ参加］をクリック

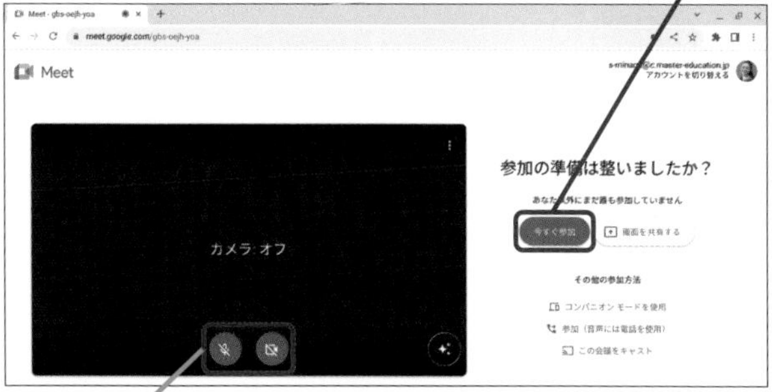

ここをクリックして、マイクやカメラのオン／オフを設定する

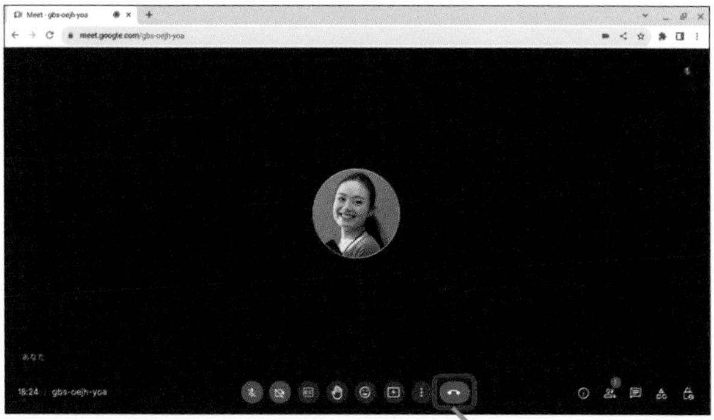

会議に参加できた

［通話から退出］をクリックすると、退出できる

使いこなしのヒント

ビジュアルエフェクトを適用する

控え室画面の［ビジュアルエフェクトを適用］をクリックすると、会議中の映像や音声に関する設定が行えます。背景をぼかしたり、画像や動画を選択して背景として使用したりすることも可能です。ただし、エフェクトや背景を使用すると、デバイスの動作が遅くなる場合があります。大人数での会議や、通信環境がよくない場合は、オフがおすすめです。

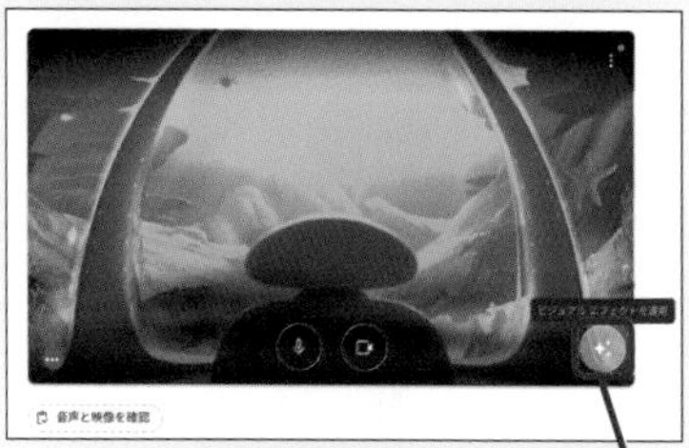

1 ［ビジュアルエフェクトを適用］をクリック

スキルアップ

会議の途中で参加者を招待できる

前ページの手順1では、参加者にリンクを共有して会議に参加してもらう方法を紹介しました。Google アカウントを持たない人や、ドメイン外の人に参加してもらうときに有効で、参加者は参加リクエストを送信し、主催者が承諾する必要があります（ドメイン内の参加者を除く）。

参加者が Google アカウントを持っている場合は、ドメイン外でも主催者の承諾が不要な方法で招待できます。会議を開始後、［ユーザーを追加］から相手の Google アカウントを入力することで、招待メールを送ることができます。また、Google カレンダー（レッスン27参照）で事前に予定を作成し、ゲストとして参加者を追加しておくことでも、会議に招待することができます。

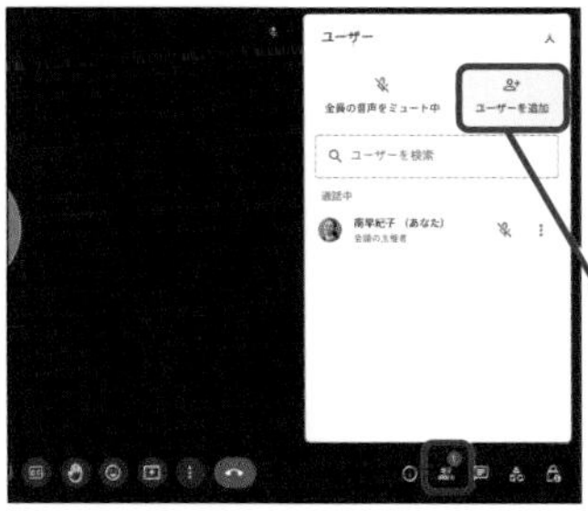

会議を開始する

1 ［全員を表示］をクリック

2 ［ユーザーを追加］をクリック

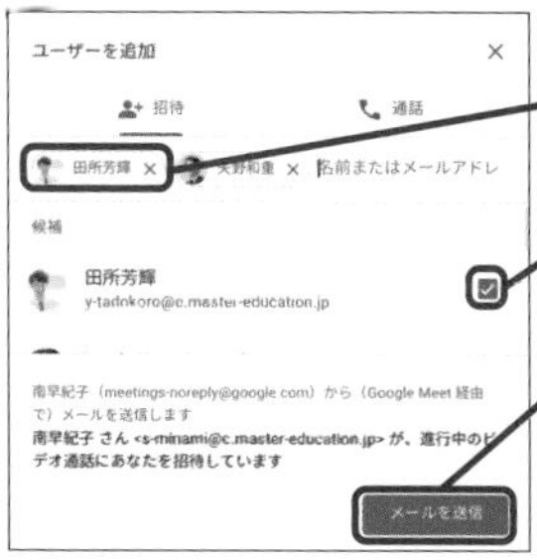

3 招待したい相手の名前またはメールアドレスを入力

4 検索結果をクリック

5 ［メールを送信］をクリック

次のページに続く

3 会議内の設定を確認する

1 ［主催者用ボタン］をクリック

［主催者向けの管理機能］がオンの状態だと主催者以外の参加者の操作を制限できる

2 設定を確認

［全員に許可］で参加者の操作の制限を細かく設定する

［クイックアクセス］をクリックしてオフにすると、招待者以外はドメイン内でも参加をリクエストして承認されなければ参加できない

3 ［その他のオプション］をクリック

［ホワイトボード］をクリックすると、Jamboardが表示される（レッスン33参照）

［レイアウトを変更］をクリックすると、最大49人までタイル表示できる

［設定］をクリックするとマイクやスピーカーの設定や動画の解像度を変更できる

参加者からの参加リクエストが画面上部に表示されたら、［承諾］をクリックする

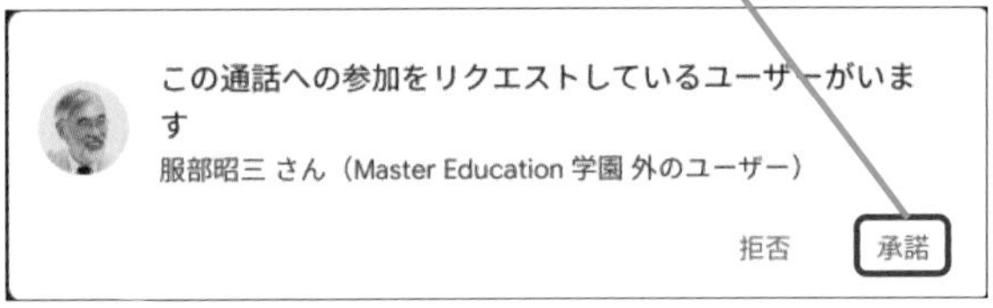

参加リクエストを承認できた

用語解説

主催者

ビデオ会議を作成（リンクを発行）した人、または Google カレンダーの予定を作成し、Google Meet のビデオ会議を追加した人が主催者です。また、Google Classroom から Google Meet の会議を開始した場合は、そのクラスの教師が主催者となります。主催者にのみ［主催者用ボタン］が表示され、会議を管理することができます。

使いこなしのヒント

特定の参加者の画面を固定するには

参加者の画面や、共有された画面は合計3つまで固定表示ができます。タイルにマウスポインターをあわせ、固定アイコン（ ）をクリックすると、その参加者の画面を固定できます。固定になっている参加者を外す場合も、タイルにマウスポインターをあわせ、固定解除アイコンをクリックします。

1 固定したい画面にマウスポインターをあわせる

2 ここをクリック

ここに注意

参加した会議から一度退出し、再度同じリンクの会議に参加する際には、ドメイン外のユーザーであっても、参加リクエストを送ることなくそのまま参加できます。

4 会議中に、声や映像以外でアクションを起こす

1 ［全員とチャット］をクリック

画面右にチャット欄が表示された

2 コメントを入力

3 ［メッセージを送信］をクリック

メッセージを送信できた

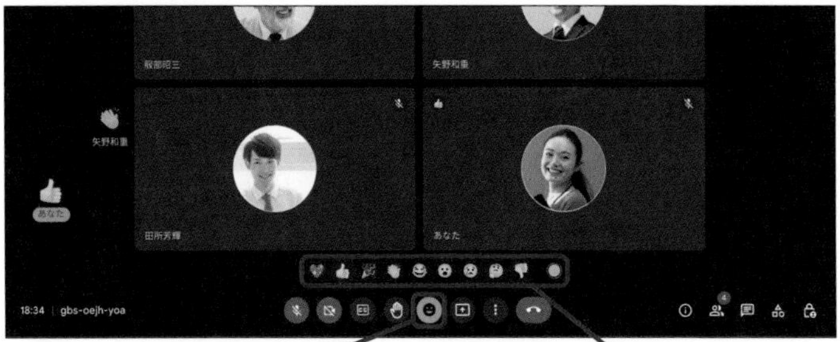

4 ［リアクションを送信］をクリック

5 任意の絵文字をクリック

画面上に選択した絵文字と送信者が表示された

6 ［挙手する］をクリック

挙手した人の画面にマークが表示された

もう一度クリックすると挙手をやめることができる

使いこなしのヒント

チャット機能から資料を共有

チャット機能を使用して、ドキュメントやスライド、スプレッドシートなどのリンクを送信すると、会議に参加しているユーザーに対するファイルの共有権限を設定することができます。ただし、この画面から共有できるのはドメイン内のユーザーのみになるので、注意しましょう。

ドメイン内のユーザーにアクセス権を共有する

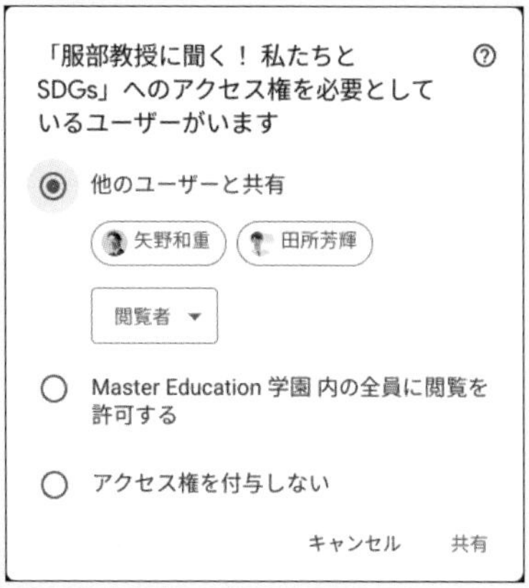

使いこなしのヒント

アクションで会議を活性化

参加者の人数が多い場合など、状況によっては、全員がマイクやカメラをオンにしての会議が難しいこともあります。その際は、司会者など中心となる人だけがマイクやカメラをオンにして口頭で話し、それ以外の参加者はチャット機能や、リアクション機能などでアクションを起こしましょう。相手の反応が分かりづらいのがオンライン会議の難点だといわれますが、機能を使いこなし、アクションを起こすことでより会議を活性化させることができます。

次のページに続く ➡

5 参加者に画面を共有する

ここでは自分の端末の全画面を共有する

1 [画面を共有] をクリック

2 [あなたの全画面] をクリック

3 共有する画面をクリック

4 [共有] をクリック

自分の画面が参加者に共有された

参加メンバー画像はそのままに、1つ枠が増える

[画面共有を停止] をクリックすると、画面共有が停止される

使いこなしのヒント

画面共有の種類

画面共有には3つの種類があり、それぞれ共有までの操作画面が異なります。

● [あなたの全画面]

手順5のように、自分の端末画面をすべて共有します。参加者にどの画面が共有されているのかが分かりやすいので、初めて使用する人にもおすすめです。ただし、すべてが共有されるので、見られても構わないものだけ表示しましょう。

● [ウィンドウ]

特定のアプリケーションウィンドウのみを共有します（詳細はページ下の使いこなしのヒント参照）。

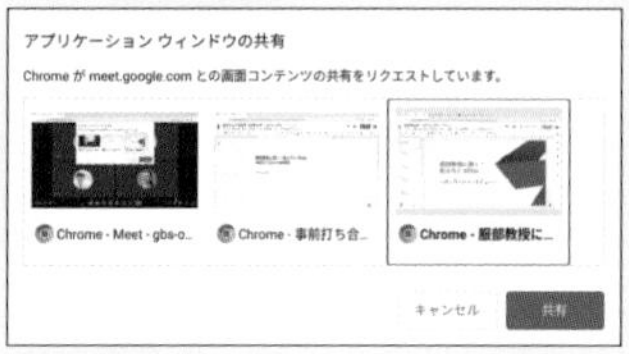

● [タブ]

特定のタブのみを共有します（詳細はページ下の使いこなしのヒント参照）。

使いこなしのヒント

画面共有の種類と活用イメージ

● [ウィンドウ]

複数のアプリケーションウィンドウを表示しているときに有効です。共有できるのは選択した1つのウィンドウのみとなります。例えば、Google Chrome を開いたウィンドウを選択し、参加者に見せたいWebページや資料などを複数のタブに表示しておくと、画面の遷移がスムーズです。選択したウィンドウ以外で行った操作は共有されないため、どのウィンドウが画面共有されているかを把握しておきましょう。

● [タブ]

Google Meet 以外のタブが開いているときに有効です。選択した1つのタブのみを共有することができます。共有中のタブには、マークやバナーが表示されるため把握しやすく、共有するタブを切り替える操作も簡単です。最大のメリットは、音声が共有でき、画面上の動きも滑らかになることです。動画やアニメーションは [タブ] で共有するといいでしょう。

6 会議に参加しながら、議事録を残す

Google ドキュメントを起動し、議事録用のファイルを開いておく

1 Google Meet アイコンをクリック

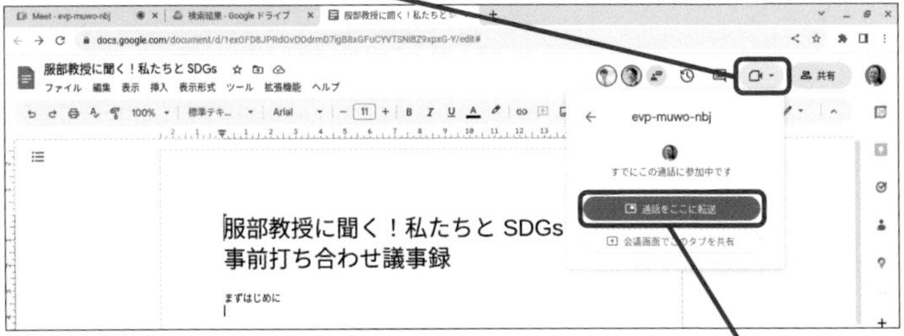

参加中の会議が表示された

2 ［通話をここに転送］をクリック

画面の右側に参加中の会議が表示された

画面共有もここで確認できる

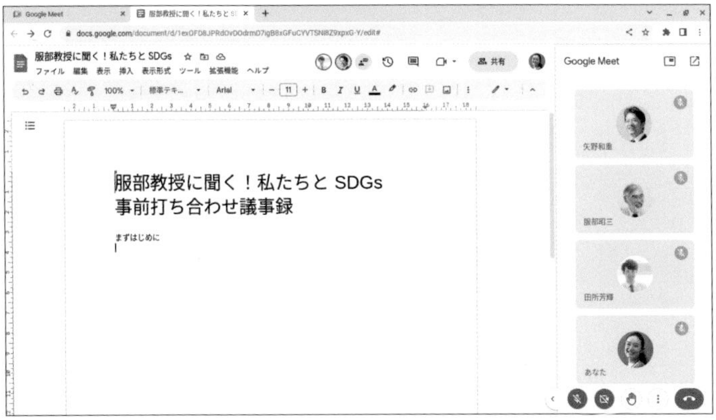

使いこなしのヒント

ファイルからビデオ会議を開く

手順6では Google ドキュメントの例を紹介しましたが、Google スライド、Google スプレッドシート、Google Jamboard などほかのツールでも可能です。この時点では、自分の端末の画面はほかの参加者に共有されていません。画面共有する場合はもう一度 Google Meet アイコンをクリックし、以下の操作を行います。

［このタブを共有］をクリックすると、画面共有の設定画面が表示され、共有方法を選ぶことができる

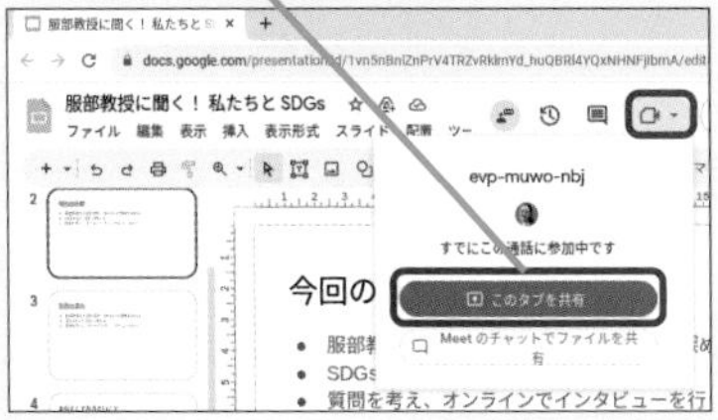

スキルアップ

Google Meet の入口はあらゆるところに

Google Meet でオンライン会議を実施する場合、ほかのツールに表示された Google Meet のアイコンをクリックして参加することが多いでしょう。校内での利用であれば、子どもたちとのオンライン授業は Google Classroom のクラスごとに設定される参加ボタン、同僚の先生との打ち合わせは Google カレンダーの予定に表示される参加ボタン、もしくは Google Chat や Gmail から会議に参加することもあるでしょう。このように、Google Meet はほかの Google ツールと強く結び付き、あらゆるところに入口があります。普段は電話やメールで済ませるようなちょっとした用件でも、ふと目についた Google Meet のボタンから相手の顔を見て会話をすることで、新たなひらめきや、思わぬアイデアが生まれることもあるかもしれません。

クラスルームの参加ボタン

Google カレンダーの参加ボタン

次のページに続く

7 ビデオ会議でのグループワークを実施する

Google スプレッドシートを起動し、紙面を参考にグループ表を作成する

192ページの手順1を参考に、ビデオ会議のリンクを発行する

1 リンクURLの記入欄をクリック

2 リンクを貼り付け

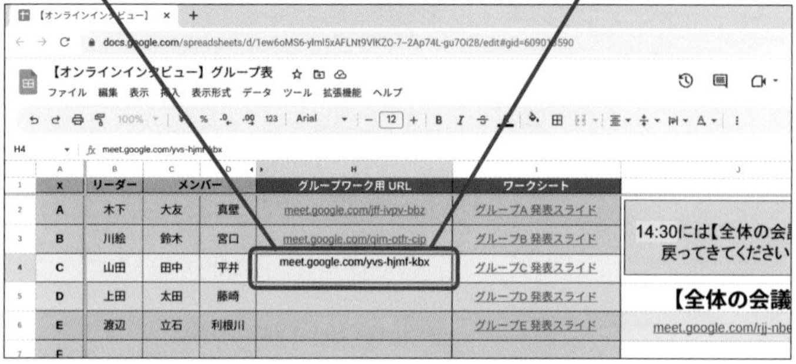

同様の操作で各グループの会議リンクを作成する

スプレッドシートを子どもたちや先生に共有する

先生や子どもたちを含め、全員が「全体の会議」に参加している状態でビデオ会議を開始する

3 先生は、「全体の会議」で［マイクをオフにする］をクリック

ここではAグループの会議に参加する

4 Aグループの会議のリンクをクリックして会議に参加

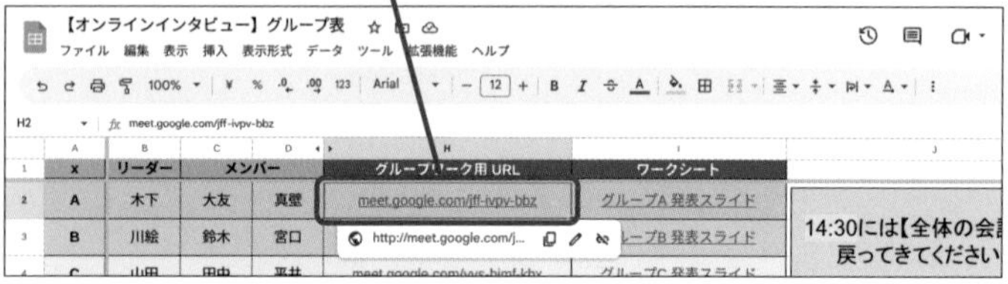

Aグループの会議に参加できた

先生は、グループの様子を確認し、必要に応じて発言したり、チャット欄に書き込みを行う

使いこなしのヒント

「全体の会議」と「グループ会議」

全員が参加する「全体の会議」と各グループ用の「グループ会議」を準備しましょう。

①	「全体の会議」で全体の流れの説明や、講話を行う
②	グループワークの時間になったら子どもたちは各自で「グループ会議」に参加
③	グループワークの終了時間になったら全員が「全体の会議」に戻る

上記のような流れで「全体の会議」と「グループ会議」を移動することで、オンラインでもグループワークを行うことができます。

使いこなしのヒント

グループ表の共有

グループワーク当日までにグループ表を作成し、子どもたちや先生に共有しておきましょう。Google Classroom で配布するとスムーズです。また、授業を見学する先生にもグループ表を共有しておくことで、リアルタイムでワークシートの状況を見てもらえます。

スキルアップ

子どもたち側の操作

手順では先生目線の操作を解説していますが、子どもたちの操作も同じです。グループワークの時間になったら、「全体の会議」でマイクをオフにし、自分の「グループ会議」に参加します。グループメンバーと話し合いながら、ワークシートを作成します。先生に指示された時間になったら「グループ会議」から退出し、「全体の会議」に戻ります。
全体の流れや細かな手順などを先生が指示したり、グループ表に書き込んでおくことで、子どもたちの混乱を防げるでしょう。

●「グループ会議」から退出する

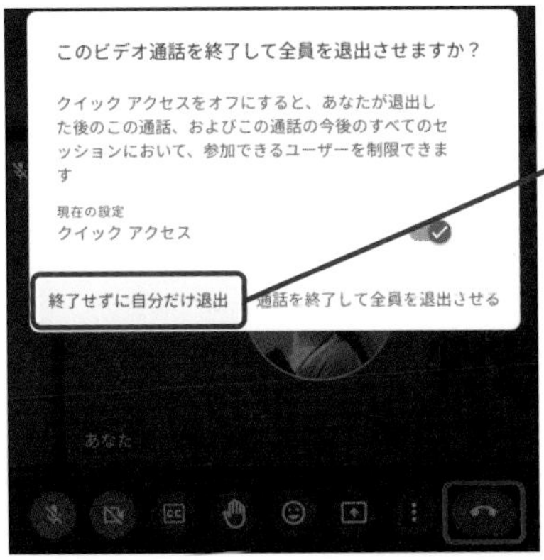

5 ［通話から退出］をクリック

6 ［終了せずに自分だけ退出］をクリック

Aグループの「グループ会議」から退出できた

同様の操作で各「グループ会議」に参加・退出を繰り返して巡回する

グループワークの時間が終了したら「全体の会議」のタブに戻る

まとめ オンライン会議で広がるつながり

Google Meet を使用することで、外部の人とのつながりをよりスムーズに広げることができます。場所や時間などの制約で直接会えない人でも、オンライン会議なら表情を見ながら話したり、質問したりと、気軽にコミュニケーションをとることができます。外部との打ち合わせをシームレスに行うことで、行事など子どもたちの貴重な体験の機会を、よりよいものにすることにつなげましょう。

スキルアップ

Google Meet の機能をアップグレード

Teaching and Learning Upgrade や、Education Plus といったエディションでは、Google Meet にさまざまな機能が追加されています。［ブレイクアウトルーム］を使用すれば、今回紹介した手順のようにほかのツールと連携させずとも、Google Meet の中だけでグループワークを行えます。事前に参加者を割り振ったり、グループ名を付けておくことも可能です。［Q&A］や［アンケート］は、Google Meet の中で質問や回答を回収し、会議を活性化させるのはもちろん、誰がどんな発言、回答をしたかのログが会議終了後に主催者に送信されます。

［ライブストリーミング］では、Google Meet の参加上限を超えた10,000人以上にライブ中継で配信ができ、行事の生中継や、学校を超えた交流も実現できるかもしれません。ほかにも会議の［録画］機能、［ノイズキャンセリング］機能や、参加者が会議に参加した合計時間を提示する［出席レポート］など、さらに活用の幅を広げることができます。

◆ブレイクアウトルーム

◆Q&A

◆アンケート

この章のまとめ

「チーム学校」で学校の内外を巻き込んだDXを促進

本章では、有益な知見やデータを学校全体で共有する方法、そして地域・保護者との安全で簡単な情報連携の方法について紹介しました。これまで先生個人が所持していたような生徒指導、授業や部活動などにかかわる情報資料や会議の議事録をデータ化し、Google ドライブや YouTube で校内の先生へ共有すれば、情報の引き継ぎが容易となり、先生のスキルアップにもつながります。Google のアプリケーションは検索機能に優れているので、データが膨大でも、欲しい資料に素早くたどり着くことができます。

また、Google のアプリケーションは、地域・保護者を巻き込んだ学校運営の一助ともなります。Google フォームを活用して地域・保護者など学校外向けのアンケート配布や集計、データ分析が簡単にできるほか、Google Meet のビデオ会議では外部人材による特別授業や博物館などのオンライン見学、県外や国外の学校との交流など、子どもたち、先生の両者にとって場所にしばられない学びを実践できます。個人やチームで実践したICT活用を生かし、学校全体、そして校外との連携についても改革を進めていきましょう。

Google のツールで、地域の方や保護者など学校外部とのコラボレーションを実現できる

「チーム学校」で有益な知見やデータを共有することにより、さらに学校DXを促進させることができますね。また、ICTを活用して、保護者や地域の方の意見をスムーズに収集できるのは魅力的です!

Google のツールを利用して、学校全体や地域を巻き込みながらチームで運営していく体制をより強化していきましょう。

活用編

第7章

学校DXの土台となる情報教育と情報活用

学校DXを推進するためには、Google のツールを活用することに加え、活用の土台となる情報教育と情報活用が重要となります。本章では Google のツールを活用した情報教育と情報活用の実践方法について紹介します。

39	情報教育と情報活用で学校DXを推進する	202
40	学校全体で取り組むこれからの情報教育とは	204
41	Google のソリューションを活用した情報教育とは	206
42	Google のツールと連携しプログラミング教育を実践する	208
43	教育データの活用に向けて	210

レッスン
39 Introduction この章で学ぶこと 情報教育と情報活用で学校DXを推進する

学校DXをさらに推進していくためには、ICTを活用するうえでの土台となる情報教育と情報活用が重要となります。Google のサービスでどのように情報教育と情報活用を実践できるのか、詳しく学んでいきましょう。

学校DXに向けた「情報教育」と「情報活用」

学校DXに向けて先生が取り組むことができるさまざまなアイデアが分かりました！

真の学校DXに向けて、まだ何かが足りないような……。ほかにどのような観点で学校DXを推進すればいいのかしら?

これまでは、学校DXに向けて、先生が個人やチームでできることを学んできましたね！　それ以外にも、学校DXを実現するための土台となる「情報教育」と「情報活用」にどのように取り組んでいくかが重要です。

子どもたちが主体的に考える情報教育

「情報教育」の1つとして「デジタル・シティズンシップ」という考え方があります。「自分たちの意思で自律的にデジタル社会と関わっていく」ことであり、これからのデジタル社会を生き抜く子どもたちに必要不可欠な力です。

確かに、子どもたちが自ら正しく情報を扱うことができるようになって、初めて「真の学校DX」が実現できますよね……。

◆Be Internet Awesome

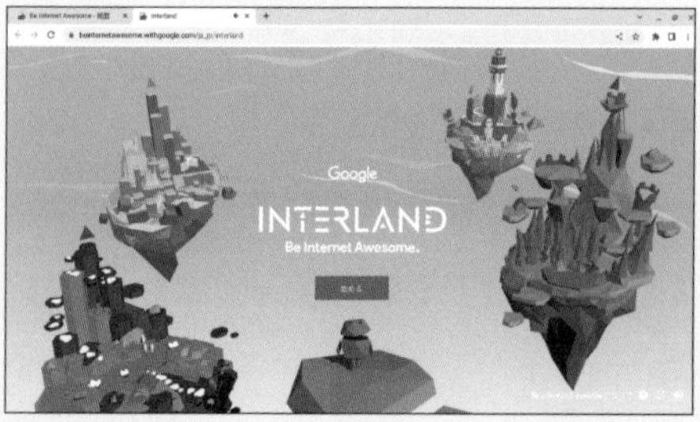

子どもたちが楽しみながら、インターネットの利用方法を学ぶことができる「Be Internet Awesome」を活用するといいかもしれませんね。

Google のツールを活用したプログラミング教育

学習指導要領が改訂されてプログラミング教育が始まったけど、具体的に何をすればいいのか分からないよ。

プログラミング教育では、コンピューターの仕組みを知ったり、プログラミング的思考を養ったりすることが重要と聞きました。

その通りです！　CS First や Google Colaboratory を使えば、Google のツールと連携し、子どもたちだけでなく先生も楽しみながら学ぶことができます。

教育データを活用して、学校DXをさらに促進

学校DXの推進をより加速するには、「情報活用」の視点も重要です。「教育データの活用」は今、注目されているキーワードの1つですね。ICTの活用によって生まれるさまざまなデータを、長期的に蓄積して分析することで、さまざまな知見を得られることが期待されています！

データ活用ですか！　遠い未来のことだと思っていたけれど、今からしっかり考えていく必要がありますね！

Google Classroom の活用状況をグラフで確認できる

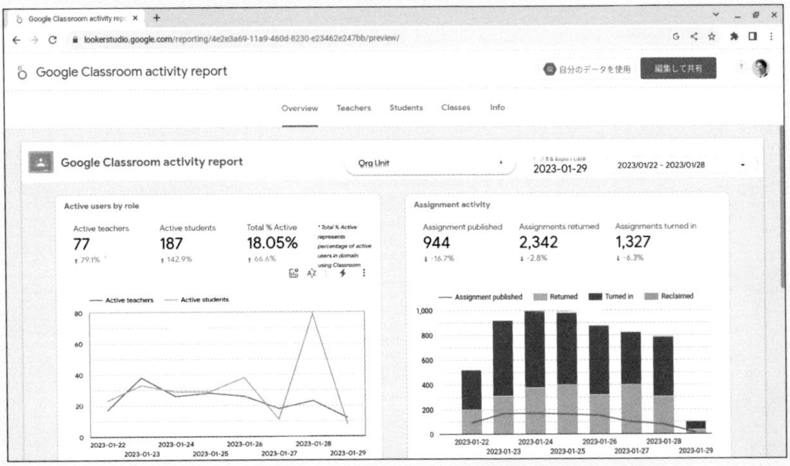

レッスン
40 学校全体で取り組むこれからの情報教育とは

デジタル・シティズンシップ教育

このレッスンでは、教育のデジタル化が目指す「誰もが、いつでもどこからでも、誰とでも、自分らしく学べる社会」を実現するための土台となる能力として注目されているデジタル・シティズンシップについて紹介します。

キーワード

GIGAスクール構想 P.232

デジタル・シティズンシップ教育 P.236

デジタル・シティズンシップとは

「デジタル・シティズンシップ」とは、単にデジタル機器を適切に使うというスキルだけではなく、自分たちの意思で自律的にデジタル社会と関わっていくという考え方※を指します。具体的には、情報を効果的に見つけて利用し、さらにほかのユーザーと共にコンテンツと関わり、自身の権利・安全・責任を意識しながらICT環境を活用できる力ということです。

※総務省『検討体制の見直しについて』内の「ICT活用のためのリテラシー向上推進会議」について【案】より　令和4年6月23日

デジタル・シティズンシップ教育の必要性

情報社会の発展やGIGAスクール構想の推進により、日常的にインターネットを通じてさまざまな活動ができるようになりました。子どもたちは、デジタル機器やインターネットが日常生活に溶け込み、利用せずには生活が成り立たないデジタル社会を生きていくことになります。デジタルの力を使いこなして役立てたり、問題が起こったときには自ら解決方法を考えたりするために必要な能力を養うデジタル・シティズンシップ教育は、子どもたちにとって必要不可欠なものであるといえるでしょう。

日常にデジタルが溶け込んだ社会を生き抜くために、デジタル・シティズンシップ教育が必要となる

使いこなしのヒント

「デジタル・シティズンシップ」の育成は喫緊の課題

「OECD（経済協力開発機構）生徒の学習到達度調査2018調査（PISA2018）」によると、日本の子どものICT活用状況は、OECD加盟国間の比較において、授業での利用時間が短い傾向にあります。また、学校外では多様な用途で利用しているものの、チャット、ゲームの利用に偏っています。スマートフォンの保有率は、高校生は99.1％、中学生が84.3％と非常に高くなっています。自分の考えや嗜好《しこう》に合う情報だけに囲まれ、そのほかの情報から隔離されやすくなる「フィルターバブル現象」の中で情報に触れていることに気付かない状況や、大人が想像する以上に負担となる「同調圧力」が子どもたちに非常に大きな影響を与えている※と報告されています。このような状況で、子どもたちの「デジタル・シティズンシップ」の育成は喫緊の課題となっています。

※内閣府『Society 5.0の実現に向けた教育・人材育成に関する政策パッケージ<中間まとめ>』令和3年12月

従来の情報モラル教育について

これまでインターネットの世界は、あくまで社会を構成する1つの要素として考えられていました。そのため従来の情報モラル教育では、インターネットやSNSなどを危険なものとして扱い、ルールを作る、使用を禁止するという「抑制・他律・心情規範」を主とした指導※が多く行われていました。子どもたちがデジタル機器を日常的に使うものとして、よりよい活用方法を主体的に考える機会が乏しかったともいえます。

※GIGAスクール構想に基づく1人1台端末の円滑な利活用に関する調査協力者会議『安心安全な利活用とデジタル・シティズンシップ教育』令和3年8月

学校でのデジタル・シティズンシップ教育

デジタル・シティズンシップには、スキルや知識に加え、価値観や態度も含まれます。そのため、学校でのデジタル・シティズンシップ教育は、カリキュラムの教科以上のものであるという認識が必要です。日々の教科学習だけでなく、生徒会や保護者、地域社会との連携など、学校生活におけるあらゆる場面を学習機会として捉えましょう。子どもたちがオンラインとオフラインの双方で責任を伴ったデジタル社会の一員になるために、学校だけで教育を行うのではなく、保護者や地域と協力しながら、積極的な学習の方向性を示す必要があります。米国で広く普及しているデジタル・シティズンシップ教育の教材である「コモンセンスエデュケーション」では、子どもたちは、さまざまな領域について学ぶ中で、スキルや知識、価値観や態度といったデジタル・シティズンシップ能力が育まれると規定しています。

学校生活のあらゆる場面で、子どもの発達段階にあわせたデジタル・シティズンシップ教育を実践する

スキルアップ

デジタル・シティズンシップ教育を授業で実践するには

経済産業省の「未来の教室」プロジェクトが開発した「STEAMライブラリー」では『GIGAスクール時代のテクノロジーとメディア～デジタル・シティズンシップから考える創造活動と学びの社会化』と題し、子どもたちの発達段階にあわせてデジタル・シティズンシップについて学ぶことができる教材が用意されています。授業で活用できる資料や動画だけでなく、先生や保護者向けの解説動画も用意されています。

まとめ　より良いデジタルの使い手を育てる

GIGAスクール構想では子どもたちが1人1台の端末を活用します。これは子どもたちにとっての情報端末が、これまで当たり前だった「複数人で交代して使うもの」から「占有して使う自分のためのもの」に変化したことを意味します。学校生活の中で、ICT環境を管理する立場である先生は、これまでの「抑制・他律・心情規範」という常識にとらわれず、新しい価値観に適応し、デジタル・シティズンシップ教育を通してより良いデジタルの使い手を育てていくことが求められます。

レッスン

41 Googleのソリューションを活用した情報教育とは

Be Internet Awesome

このレッスンでは、子どもたちが楽しみながらインターネットの利用方法を学べる「Be Internet Awesome（最高なインターネットユーザーになろう）」について紹介します。

Be Internet Awesomeとは

Be Internet Awesomeは、子どもたちがインターネットを最大限に活用するため、安全なデジタル利用の基本を子どもたちに教えることを目的としてGoogleが専門家と共同開発した無料のインターネットリテラシープログラムです。子どもたちが楽しみながら自発的に学べるオンラインゲーム「インターランド」のほか、保護者と先生方向けのさまざまなリソースが含まれているのが特徴です。

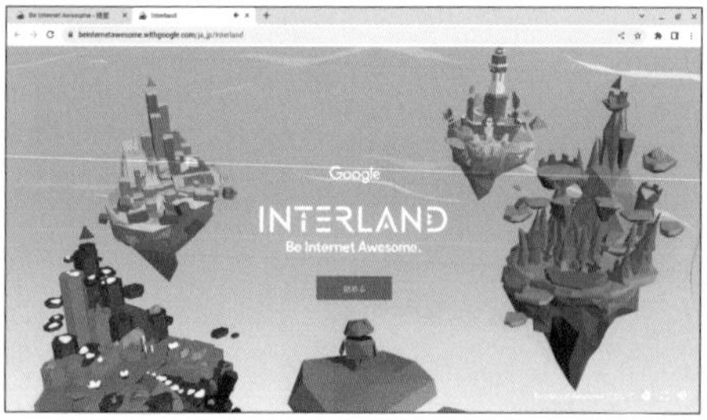

Be Internet Awesomeのトップページ

Be Internet Awesomeで学べること

Be Internet Awesomeのプログラムは、オンラインで安全に過ごすための基本的な知識を身に付けることを目的とした、5つのトピックから構成されています。子どもたちはゲームをプレイしながら、それぞれのトピックを学びます。

オンラインで安全に過ごすための知識を楽しみながら学ぶ

キーワード

Be Internet Awesome　P.232

使いこなしのヒント

Be Internet Awesomeへアクセスするには

Be Internet Awesomeのすべての資料は、無料で、誰でも使用できます。また、Be Internet Awesomeにはログインなしでアクセスできます。

使いこなしのヒント

保護者向けの資料を活用するには

Be Internet Awesomeでは、家庭におけるテクノロジーとの健全な付き合い方について考えるコンテンツが用意されています。デバイスを使用する方法とタイミング、ソーシャルメディアなどのテーマごとに、話し合いのポイントと保護者向けの注意事項、実際に子どもたちと対話する際に活用できるワークシートなどがそろっています。

「インターランド」でスキルを磨く

子どもたちが楽しく学べるオンラインゲーム「インターランド」では、子どもたちは、4つのランド（大陸）からなる架空の世界を冒険します。ハッカー、フィッシング詐欺師、オーバーシェアラー（情報を共有しすぎる人）、いじめっ子と出会う過程で、楽しみながらインターネットを安全に最大限活用するためのスキルを磨くことができます。

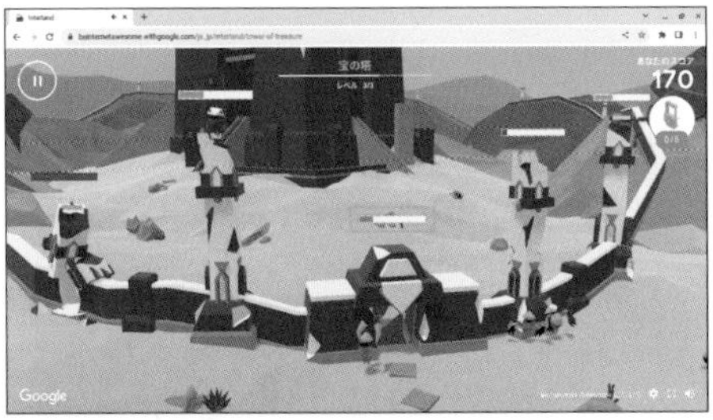

インターランドのゲーム画面

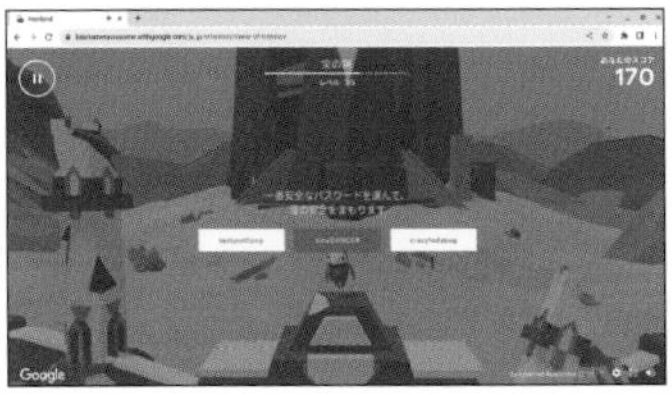

安全なパスワードの作り方についての問題に挑戦する

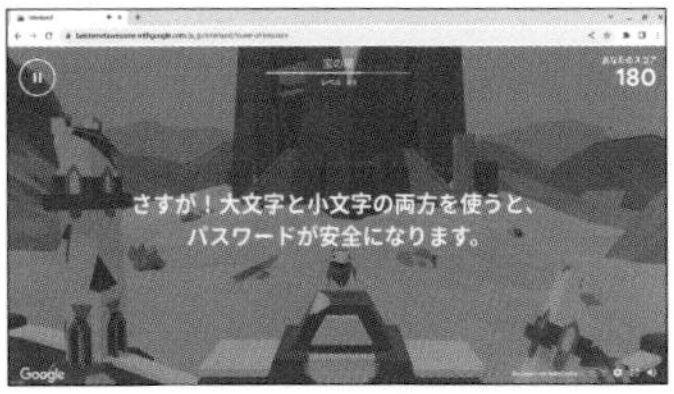

問題に答えた後には解説が表示される

すぐに授業で使えるプランを活用する

Be Internet Awesome では、5つのトピックを網羅するレッスンプランやカリキュラムが用意されています。トピックは、複数のレッスンに分けて学べるようになっており、レッスンごとに子どもたちが目指す目標や先生が説明する内容、アクティビティの流れなどが示されています。また、スライド教材、印刷して使えるアクティビティ用教材、教室での注意事項なども用意されており、ダウンロードしてすぐに授業で活用できます。

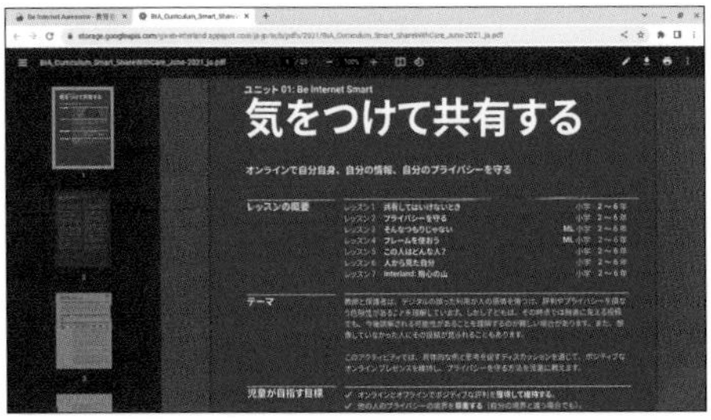

レッスンプランは、PDF形式でダウンロードできる

使いこなしのヒント

理解度をチェックできる

インターランドのステージの最後には、確認問題が用意されています。各ステージで学んだことを理解できているかを確認できます。

知識の定着具合をチェックできる

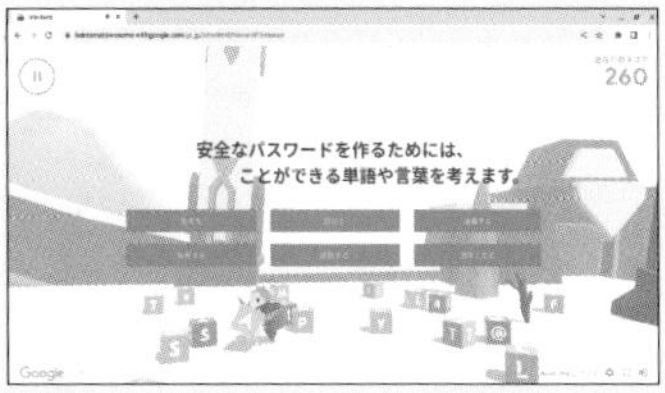

スキルアップ

授業で活用できる資料をダウンロードするには

Be Internet Awesome では教育者がデジタルセキュリティの基礎を指導するために必要なツールと方法が提供されており、ダウンロードして活用できます。

まとめ　楽しみながらインターネットを活用するスキルを磨く

GIGAスクール構想により、子どもたちが1人1台端末を持ち、インターネットに触れる機会が教室の内外で増えています。それに伴い、責任を持ってコミュニケーションをとることを学ぶこと、オンラインでも思いやりを持つこと、そして、インターネット上の情報について、何が本物かを見極めることが必要とされています。Be Internet Awesome を活用し、楽しみながらこれらのスキルを磨いていきましょう。

レッスン
42 Googleのツールと連携しプログラミング教育を実践する

CS First、Google Colaboratory

学習指導要領の改訂により、プログラミング教育が必修化されました。このレッスンでは、プログラミング教育を楽しみながら実践できるCS FirstとGoogle Colaboratoryについて紹介します。

プログラミング教育の必要性

学習指導要領では、小・中・高等学校を通じてプログラミング教育を行うこととしています。また、コンピューターを理解し、上手に活用していく力を身に付けることは、あらゆる活動においてコンピューターなどの活用が求められるこれからの社会を生きていく子どもたちにとって、将来どのような職業に就くとしても、極めて重要なことである※とされています。

※文部科学省『小学校プログラミング教育の手引（第三版）』令和2年2月

これからの社会を生き抜く子どもたちにとって、コンピューターを活用する力は必要不可欠

CS Firstを使って楽しくプログラミングを学ぶ

CS Firstはプログラミングを簡単に楽しく学べる教育カリキュラムで、すべて無料で活用できます。CS First内ではScratch for CS Firstというプログラミングツールを使い、ブロックベースの操作を通じて、楽しみながらプログラミングを学べます。プログラミングの基礎を学ぶチュートリアルも用意されているので、子どもたちがそれぞれのペースで、主体的に学びを進められます。

CS Firstのレッスン一例

Scratch for CS Firstでは、ヒントを見ながら自分で学習できる

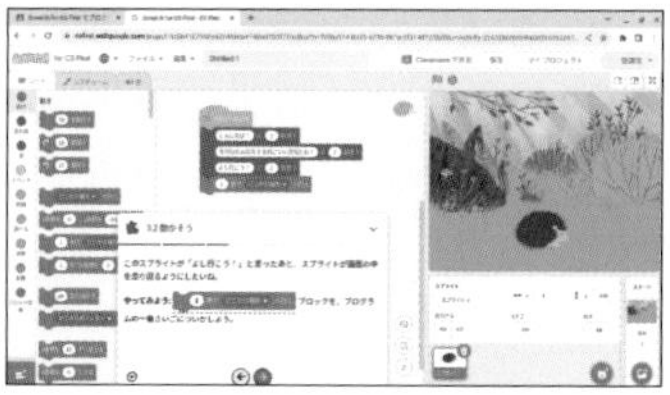

キーワード

CS First P.232

Google Colaboratory P.233

使いこなしのヒント

小中高のそれぞれでのプログラミング教育

文部科学省では、小学校でのプログラミング教育について、「身近な生活の中での気付きを促したり、各教科等で身に付いた思考力を『プログラミング的思考』につなげたりする段階」と規定しています。中学校や高等学校では、「それぞれの学校段階における子どもたちの抽象的思考の発達に応じて、構造化された内容を体系的に教科学習として学んでいくこととなる。」※としており、子どもたちの発達段階にあわせたプログラミング教育を実施することが求められています。

※文部科学省『教育の情報化の手引き-追補版-』令和2年6月

Google Classroom との連携

CS First は Google Classroom と連携させて活用することができます。Classroom 上で作成しているクラスをインポートすることで、CS First の画面上からレッスンを課題として配布できます。子どもたちがレッスンに取り組み、提出すると、普段の課題と同じように Classroom 上で採点をしたりコメントを付けたりすることができます。また、CS First の画面上からは子どもたちの課題の進捗《しんちょく》状況を確認できます。

Google Colaboratory を活用する

Google Colaboratory（略称：Colab）は、プログラミング言語のPythonを無料で誰でも記述、実行できるブラウザ上のサービスです。Colab 上で作成したノートブックは Google ドライブに保存でき、Google ドキュメントや Google スプレッドシートと同じように共有できます。Google Classroom と連携し、子どもたちにノートブックを割り当てれば、課題として提出させたり、課題を集約したりすることが可能です。

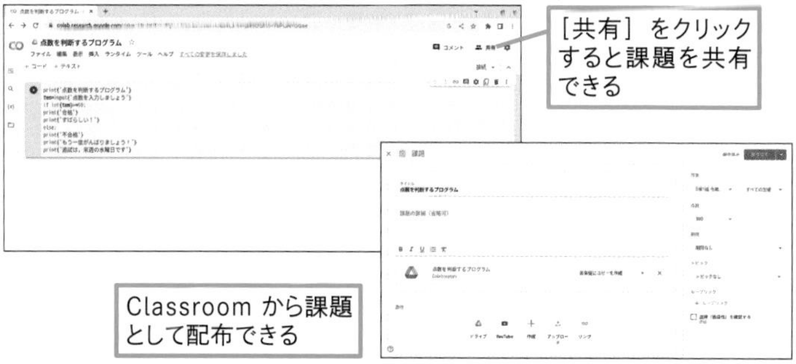

使いこなしのヒント

CS First を教科横断的に活用しよう

プログラミングの授業内だけではなく、国語の単元のまとめとしてお話作りをする際に CS First を活用したり、外国語の道案内の学習の際に CS First を活用しながらコミュニケーションをとったりするなど、教科横断的に活用し、プログラミング教育の実践の場を増やすといいでしょう。

スキルアップ

教員向けの資料を活用するには

CS First 内には、先生に向けた使い方ガイドやオンライン研修教材が用意されています。オンライン研修教材では、プログラミング教育必修化の背景から CS First の使い方まで、幅広く学べます。

まとめ 楽しみながらプログラミング教育を進める

プログラミング教育と聞くと、難しく考える先生も多いかもしれません。CS First や Google Colaboratory といった Google のツールをうまく活用して、子どもたちだけでなく、先生も楽しみながらプログラミングについて学び、プログラミング教育を実践していきましょう。

レッスン

43 教育データの活用に向けて

先生や子どもたちの活用ログを分析

「個別最適化された学び」の実現に向けて、注目されつつある「教育データの活用」をどのように実現していくか、確認しましょう。

キーワード

BigQuery	P.232
Looker Studio	P.234
教育データ	P.234
コネクテッドシート	P.235

教育データの活用

日々の教育現場でICTを活用することで、教育に関するさまざまなデータが生まれます。具体的には、子どもたちの学習記録や、健康に関するデータ、アプリケーションの活用ログなどです。「教育データの活用」では、このようなデータを長期的に蓄積して横断的に分析することで、「子どもたちへの学習のサポート」や「教育指導の改善」「教育施策の決定」などに役立てられると期待されています。

学習者としてのメリット

教育データの活用は「個別最適化された学び」の実現をより加速させるものとして期待されています。例えば、小中学校9年間の膨大な学習記録を分析し、分析の結果をレポートにまとめることで、学習のつまずきポイントなどを学年をまたいで客観的に把握できます。また、分析結果のレポートがあれば子どもの「得意」を見つけて、より個性を伸ばす学びの実現が可能になります。

子どもたち自らが、データをもとに振り返ることができる

使いこなしのヒント

教育データ活用のロードマップについて

35ページの使いこなしのヒントでも紹介していますが、文部科学省をはじめとする関連省庁では、「教育データの活用」に向けて、日々積極的に議論を進めています。2022年の1月に発表された「教育データ利活用ロードマップ」では、「誰もが、いつでもどこからでも、誰とでも、自分らしく学べる社会」の実現を目標とし「教育データの活用」に向けてのロードマップが記載されました。

使いこなしのヒント

保護者の立場から分析結果を活用できる

子どもたちの成績データや、健康観察データなどの教育データを分析し、その結果を保護者と共有することで、家庭と学校がより一体となった子どもたちへのサポートを実現できます。データ活用によって、保護者は学校での子どもたちの様子を把握でき、保護者が教育データの分析結果から子どもたちの興味・関心や、「苦手」「得意」を把握することで、より効果的な家庭学習に生かすことが可能です。

教育者としてのメリット

教育データの活用によって、先生は子どもたちの学習状況や学級状態について、エビデンスとともにより客観的に把握できます。分析結果から支援が必要な子どもたちを早期に発見したり、多様な子どもたちの特性にあわせた、よりきめ細かな指導に生かしたりすることができます。詳細な教育データがあれば、より効果的な指導計画や授業準備に役立てられます。

子どもたちの成績の傾向や特徴を、データをもとに分析できる

教育データの活用に必要な準備とは

教育データを活用するためには、子どもたちの学習記録や、健康に関するデータ、生活状況に関するデータなど、異なるシステム間に点在するデータを1カ所に蓄積する「データの箱」が必要となります。また、分散しているデータを利用できるようにするには「データの標準化」が必要です。システムごとに異なるデータの種類や単位を相互に蓄積・分析できるようにデータの意味や単位をそろえます。

データを蓄積するためには、システムごとに分散しているデータを成形し、まとめることが重要となる

使いこなしのヒント

教育データを教育の研究に活用する

教育データの活用は、学校現場での活用以外にも行政機関や研究機関の立場からさまざまな効果が期待されています。例えば、子どもたちの学習過程や、教員の指導力をデータで可視化して、より効果的な指導法の開発のほか、カリキュラムの作成に生かすことができます。また、分析結果をもとに自治体の教育施策の策定やEBPM（客観的な根拠を重視した教育政策）に役立てられるともいわれています。あわせて、36ページの使いこなしのヒントを参照してください。

用語解説

データウェアハウス

データウェアハウスは、直訳すると「データの倉庫」を意味します。異なるデータを1つに集める「データの箱」の役割となるシステムです。さまざまなサービスからデータを1カ所に保存し、分析がしやすいようにデータを整理します。また、大量のデータを蓄積するだけではなく、分析に向けてデータを処理できるので、データ分析の基盤として利用できます。

次のページに続く ➡

Google Workspace for Education のログの活用

日々、Google Workspace for Education のさまざまなアプリケーションサービスを教育現場で活用する中で、活用の履歴となるログが生まれています。ログを蓄積してグラフなどで可視化することで、管理者は活用の実態を正しく把握できます。例えば、学校全体での活用状況を分析したり、どの先生がどのツールをどのくらいの頻度で利用しているか、Google Classroom で子どもたちがどのくらい積極的に投稿しているのかなど、アプリケーションの活用に関するさまざまな指標の分析が可能です。

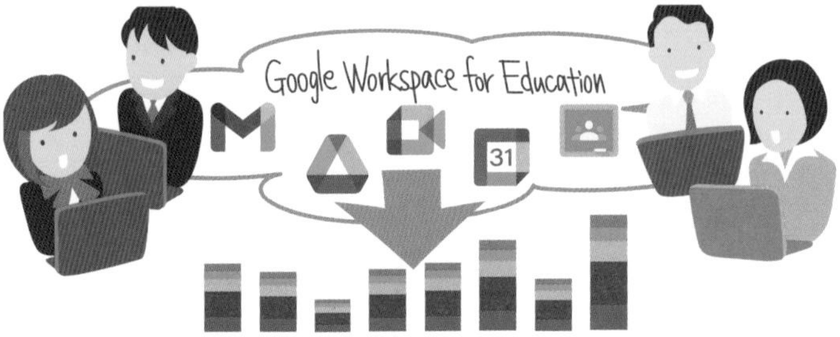

活用の実態を把握することで、より効果的な研修などの施策を打ち出すことができる

BigQuery

Google Cloud で提供される BigQuery は教育データの分析基盤として利用できるサービスで、大量のデータを蓄積し高速に処理できるデータウェアハウスです。従来、このような分析基盤を利用するためには、データを蓄積するサーバー構築などインフラの整備が必要でした。BigQuery は、サーバーレスで利用できるので、こうした準備や手間が大幅に短縮され、より大量のデータを素早く分析できます。

Google Workspace for Education のログを BigQuery に出力できる

使いこなしのヒント

活用ログの保持期間は?

Google Workspace for Education のコアサービスのログの保持期間は原則6カ月となります（一部アプリケーションを除く）。管理権限を持つアカウントであれば、各種サービスのログを管理コンソールで確認できます。

スキルアップ

**データ活用を後押しする
より高度なエディションとは**

Education Standard 、Education Plus であれば、管理コンソール上のログを BigQuery に出力できます。BigQuery に出力することによって、ログを長期的に保持し、分析ツールとのよりスムーズな連携が可能です。

Looker Studio

データを活用するためには、蓄積したデータから欲しいデータを抽出して、分析しやすいようにグラフなどで可視化する必要があります。Looker Studio は、BigQuery で保管している大量のデータを分かりやすいダッシュボードとして可視化します。分析に特化したサービスとなるため、より効果的なグラフを選択し、ダッシュボードのカスタマイズも可能です。また、自動更新されるダッシュボードを共有することで、チームでの分析体制をより強化します。

Classroom の活用状況が可視化されたダッシュボード

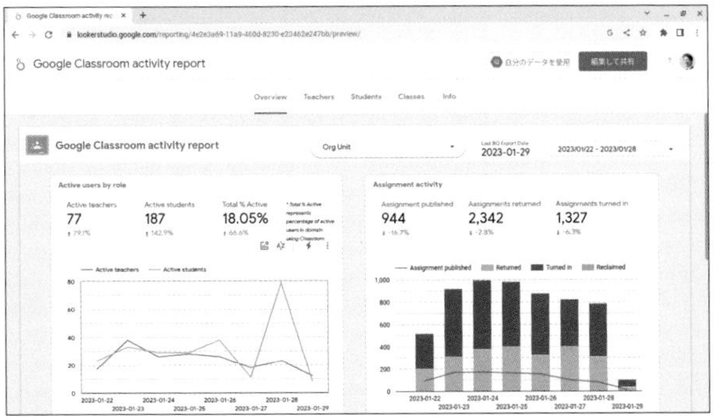

コネクテッドシート

Google スプレッドシートの機能であるコネクテッドシートを利用することで、BigQuery に保管されたデータをスプレッドシートで分析できます。複雑なクエリ言語を使用せずにデータを更新でき、関数やピボットテーブル、グラフなど使い慣れた機能を利用してデータを可視化して分析できます。

各種アプリケーションサービスについて、日ごとのアクティブユーザー数を可視化できる

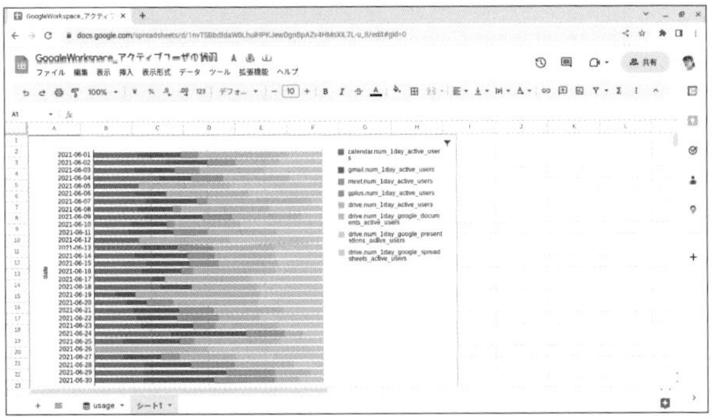

使いこなしのヒント

Looker Studio のテンプレートを活用しよう

Looker Studio では目的にあわせて、0からダッシュボードを構築できますが、ダッシュボードのテンプレートを利用して、活用状況を分析できます。Looker Studio のトップ画面から［テンプレート］をクリックして利用しましょう。

［テンプレート］をクリックして、分析内容に適したテンプレートを選択する

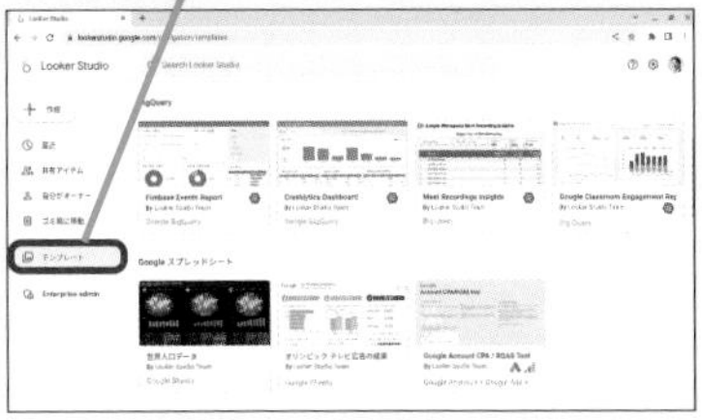

使いこなしのヒント

分析が得意な Looker Studio

Looker Studio はBI（ビジネスインテリジェンス）ツールと呼ばれるもので、一般的な表計算システムよりも、データを可視化して分析することに機能が特化しています。Looker Studio は大容量のデータであっても高速で処理することができます。また、BigQuery で保管されているデータソース以外にも、スプレッドシートやCSVファイルなど、さまざまなデータソースに対応し、複数の種類のデータを集めた分析が行えます。

次のページに続く

1 ログを管理コンソールで確認する

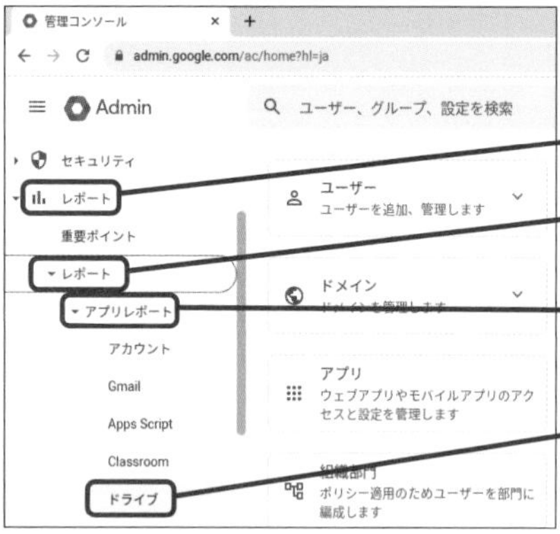

管理コンソールを表示しておく

1 ［レポート］をクリック

2 ［レポート］をクリック

3 ［アプリレポート］をクリック

4 ［ドライブ］をクリック

［ドライブ］画面のレポートログが表示された

5 ［ダウンロード］をクリック

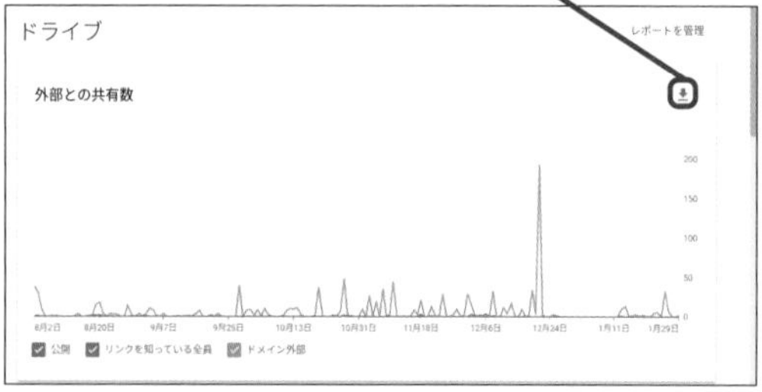

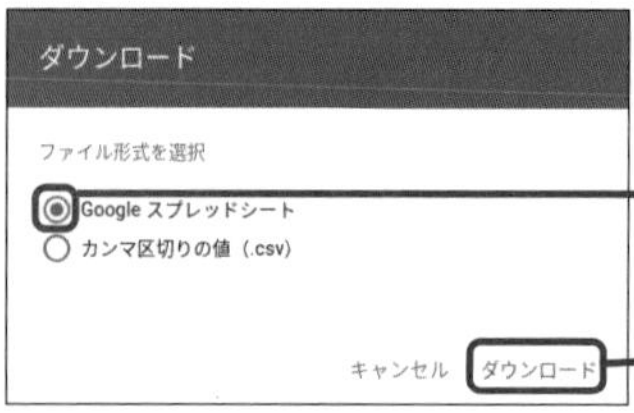

［ダウンロード］ダイアログボックスが表示された

6 ［Google スプレッドシート］をクリック

7 ［ダウンロード］をクリック

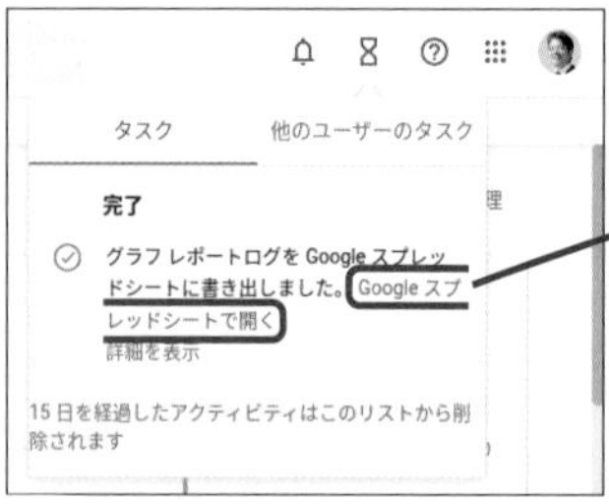

レポートログの書き出しに関するメッセージが表示された

8 ［Google スプレッドシートで開く］をクリック

レポートログがスプレッドシートで表示され、Google ドライブに保存される

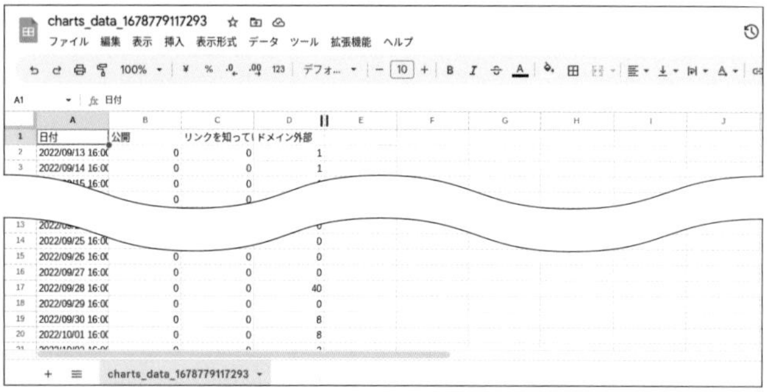

使いこなしのヒント

［監査と調査］でより詳細なログを確認できる

管理者は、管理コンソール上で各アプリケーションサービスのログを確認できます。主なログには［レポート］ログと［監査と調査］ログがあり、どちらも管理コンソールから確認可能です。［レポート］ログは、アカウントや各種アプリケーションの主な指標を分かりやすいグラフやチャートで示したものです。「監査と調査」ログは、各アプリケーションやユーザー、デバイスの情報をもとに「誰が」「いつ」「どのようなサービスで」「どのような操作」を行ったのかの詳細な記録です。管理コンソール上のログの保持期間は基本的には6カ月ですが、スプレッドシートやCSV形式でログをダウンロードできるので、グラフなどで活用状況などを簡易的に可視化できます。

また、セキュリティインシデントやトラブルが発生した際も、管理者による調査で該当のログを調査できます。

2 ログをBigQueryにエクスポートする

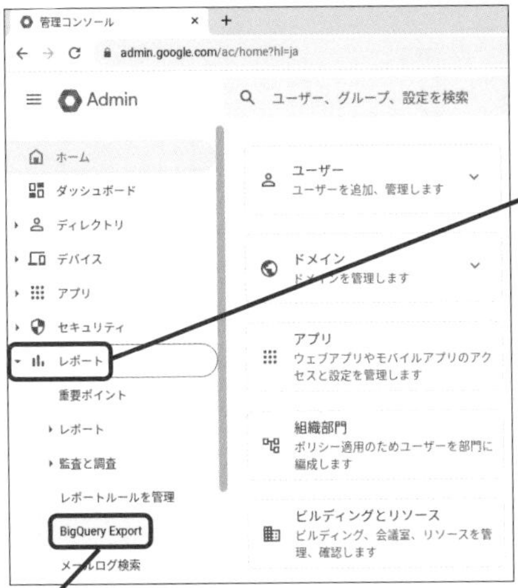

Education Standard または Education Plus での管理コンソールを表示しておく

1 ［レポート］をクリック

2 ［BigQuery Export］をクリック

3 ここをクリック

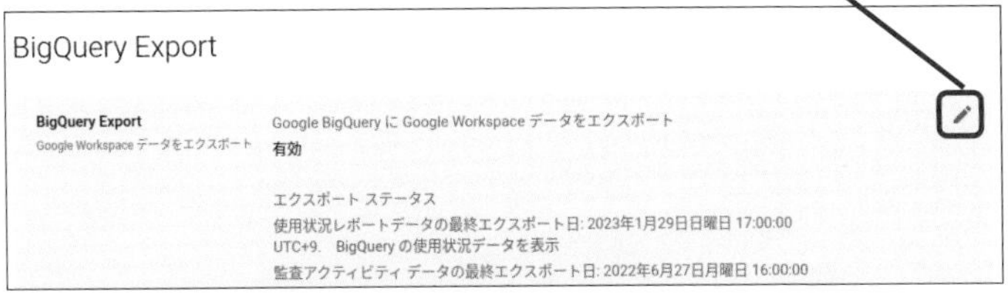

［BigQuery Export］の編集画面が表示された

4 ［Google BigQueryへのGoogle Workspaceデータのエクスポートを有効にします。］をクリックしてチェックマークを付ける

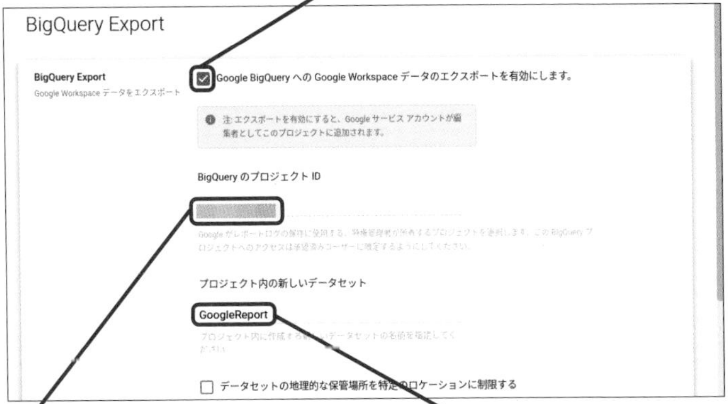

5 ［BigQueryのプロジェクトID］にプロジェクトIDを入力

6 ［プロジェクト内の新しいデータセット］にデータセット名を入力

7 ［保存］をクリック

操作5で指定したBigQueryのプロジェクトにログがエクスポートされる

使いこなしのヒント

従量課金でBigQueryを利用できる

BigQueryの利用には、Google Cloudへの登録が必要となります。

さらに、Google Workspace for EducationのログをBigQueryに出力するためにはBigQueryでのプロジェクトのセットアップが事前に必要です。

BigQueryは基本的に従量課金の料金体系となります。データを保存するストレージの容量や、クエリ処理にかかるデータ量などに応じて費用が発生します。料金体系を事前に把握し、利用するデータ容量などについて事前にシミュレーションを行った上で利用しましょう。

まとめ　Googleで実現する教育データの活用

ICTの活用から生まれるログや、教育に関するデータを分析し、さまざまな知見を得ることで、「個別最適な学び」を実現できます。

また、Google Workspace for EducationのログをデータBigQueryに出力し、分析ツールで可視化すると活用状況などの分析が可能です。将来的にはアプリケーションの活用ログの分析にとどまらず、ほかのシステムの校務系データやAIドリルなどの学習ログの分析基盤としてBigQueryを利用することができます。

この章のまとめ

学校DXをさらに推し進めるために

第6章までのレッスンで、学校DXの実現に向けて、個人・チーム・学校全体がそれぞれどのように取り組みを進めることができるのかを紹介しました。しかし、その取り組みを実現させるには、先生だけでなく子どもたちがよりよいデジタルの使い手として、適切に1人1台端末やインターネットを活用できる力を備えていることが大前提となります。その力を育むための「情報教育」の手段として、本章では、Be Internet Awesome、CS First や Google Colaboratory を紹介しました。
また、学校DXをより加速させるためには「情報活用」の視点も非常に重要となります。Google Workspace for Education のさまざまなアプリケーションサービスを教育現場で活用することで生まれる膨大なデータを BigQuery で蓄積して、Looker Studio などの分析ツールで可視化し、自治体・学校・学級での活用状況をつぶさに読み取ることで、さらなる校務改善やより子どもたちにとって個別最適化された学びを実現できます。先生がより生き生きと働き、子どもたちの学びを支えることができる学校現場を実現するためにも、学校DXの実現に向けて、今できることを1つずつ積み上げていきましょう。

ICTを適切に活用していくための土台として「情報教育」が重要。さらに「情報活用」を取り入れることで、学校DXを促進できる

学校DXには「情報教育」と「情報活用」が重要なのですね。それをサポートするような Google のサービスや機能をたくさん学ぶことができました。

それは大きな収穫ですね。このようなサービスや機能を授業や学校運営でどう活用すべきかを考えていく必要がありますね。

付　録

学校DXのための Google for Education 活用アイデア

付録では、活用編で紹介したさまざまな Google のツールの活用方法を組み合わせた7つの実践アイデアを紹介します。これらのアイデアを参考に、自身の学校でも校務の省力化を進めていきましょう。

アイデア1	校務資料を共有・連携して作成する	218
アイデア2	場所を選ばず出欠状況を確認する	220
アイデア3	オンライン上でのやりとりをもとに行事の準備を進める	222
アイデア4	公開授業を円滑に実施する	224
アイデア5	下見の記録から素早く資料を作成する	226
アイデア6	Google カレンダーを使って面談の日程調整をする	228
アイデア7	先生用のポータルサイトで必要な情報を集約する	230

アイデア 1 校務資料を共有・連携して作成する

資料を校内の先生全員で共有し、さらに資料同士を連携させることで、効率よく入力したり、会議の時間を短縮したりすることができます。ここでは、Google スプレッドシートを活用した校務資料の作成方法と、Google Classroom での資料の共有方法について紹介します。

学校DXに向けての準備

- □ 職員会議用の議事録を Google スプレッドシートで作成し、校内で共有する
- □ 日直日誌記入用の型を Google スプレッドシートで作成し、校内で共有する
- □ 教員用の Google Classroom を作成し、資料を投稿する

学校DXの進め方

ステップ	学校DXのステップ	使用ツール
1	年間行事予定を協働で作成する。	Google スプレッドシート
2	会議前までに、議事録に自分の発言内容を入力する。	Google スプレッドシート
3	年間行事予定と議事録を連携し、日誌の記入を簡略化する。	Google スプレッドシート
4	作成した資料を1カ所にまとめ、アクセスしやすくする。	Google Classroom

1 年間行事予定を協働で作成する

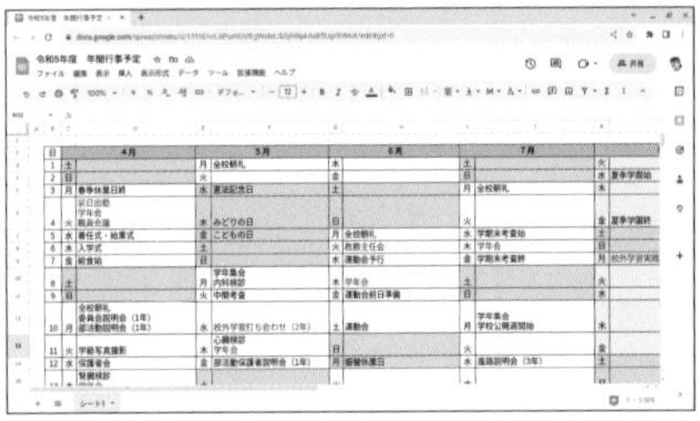

Google スプレッドシートで年間行事予定を作成し、校内で共有する。教務主任の先生だけでなく、学年や分掌ごとに予定が決まった時点で情報を更新できるので、常に最新の状況を先生全員が把握することが可能になり、さらに教務主任の先生の負担も軽減される。

時短ワザ

ショートカットキーで作業効率をアップしよう

ショートカットキーを活用すると、作業をスムーズに行えます。Ctrl+Yキーを押すと直前の操作が繰り返されるので、毎週月曜日に実施する学年集会など、同じ文字を複数回入力する必要があるときに便利です。また、Ctrl+Fキーを押してスプレッドシート内の文字を検索できるので、行事予定が完成した後に該当の行事の日程を素早く確認できます。

2 議事録に自分の発言内容を入力する

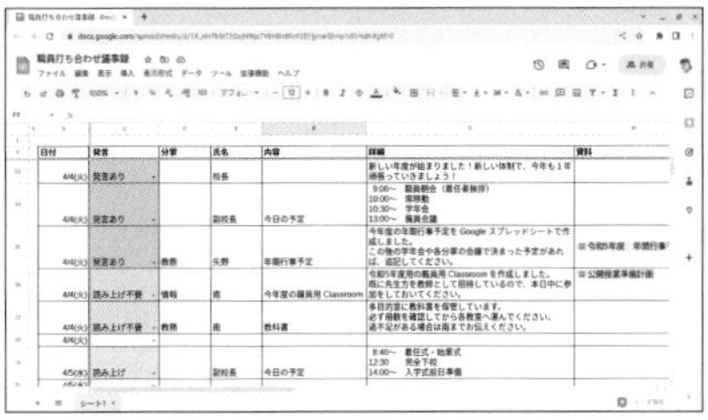

職員会議前までに、連絡事項を議事録に入力する。発言の有無をプルダウンで選択できるようにすると、会議時間の短縮につながる。会議に出席できなかった先生にメモを残さなくても、先生全員が会議の内容を把握することが可能。情報伝達の抜け漏れも防げる。

3 年間行事予定と議事録を連携する

スプレッドシートで作成した日誌に、ステップ1とステップ2の資料を連携する。関数を使って、年間行事予定や議事録のシートから日誌に必要な内容が自動で参照されるようにすることで、日誌への記入時間を短縮できる。

4 作成した資料を1カ所にまとめる

ステップ3までに作成した資料のリンクを職員用Google Classroomのストリームに投稿する。よく使う資料を掲載すれば、資料を探す時間の削減につながる。

校務に関する資料を共有することで、効率よく資料作成を進めることができます。また、資料同士を連携させると、同じ内容を複数の資料に入力する必要がなくなるので、校務にかける時間を短縮できます。人も資料も連携して、校務をさらに効率的に進めましょう。

使いこなしのヒント

議事録に資料を挿入するには

発言内容に関係する資料を議事録内に挿入すると、ほかの参加者が資料を探す手間を省け、スムーズに会議を進められます。挿入したい資料のリンクをコピーしてセルに貼り付け、該当のセルを右クリックしましょう。[スマートチップ] - [ファイルチップに変換] の順にクリックすると、資料名で分かりやすく表示可能です。

時短ワザ

関数を活用して手入力の手間を削減

IMPORTRANGE関数を活用することで、別のスプレッドシートの記入内容を読み込み、挿入できます。一度設定すると、ステップ3のように、別の資料の記入内容が自動で参照されます。職員室のホワイトボードにある予定を書き写したり、会議内容を聞き取りながら入力したりする手間や時間を大幅に短縮できます。

使いこなしのヒント

資料へのアクセスをより円滑にするには

Google Classroom のストリーム画面で、新しい投稿によって資料が埋もれてしまった場合は、投稿の右側に表示される（⋮）- [最上部に移動] の順にクリックすると一番上に表示されます。ほかにも、[授業] 画面でトピックを作成し、最上部に表示させるのもいいでしょう。

アイデア 2

場所を選ばず出欠状況を確認する

欠席連絡をオンライン化すると、先生はいつでもどこでも1人1台の端末で出欠状況が確認可能になり、毎朝余裕をもって子どもたちを迎えることができます。ここでは、Google フォームを活用した欠席確認と、スマートな情報整理のアイデアを紹介します。

学校DXに向けての準備

- ☐ Google ドキュメントに学級通信の本文を準備する
- ☐ 全校の欠席情報を集約するための、空白の Google スプレッドシートを準備する
- ☐ 用意した Google スプレッドシートを、校内の先生に編集権限で共有する

学校DXの進め方

ステップ	学校DXのステップ	使用ツール
1	欠席等連絡用の Google フォームを作成する。	Google フォーム
2	欠席等連絡用フォームをQRコードで保護者に共有する。	Google フォーム Google ドキュメント
3	全校の欠席情報を集約して一覧化する。	Google フォーム Google スプレッドシート
4	チェックの手間を省力化する。	Google スプレッドシート

1 欠席等連絡用の Google フォームを作成する

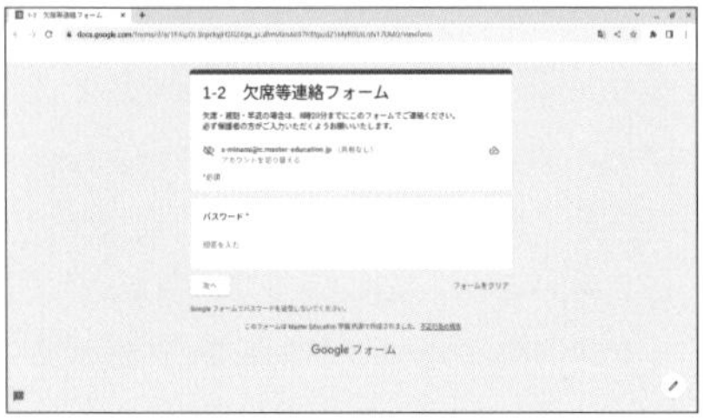

欠席・遅刻・早退などを、保護者が学校へ連絡するための Google フォームを作成する。もとのファイルを1つ作成しておき、[コピーを作成] をクリックすると短時間で全学級分の欠席等連絡フォームを用意できる。質問項目を変更すれば、毎朝の体温確認や健康観察としても活用が可能。

使いこなしのヒント

Google フォームにパスワードを設定する

パスワードを設定しておくと、パスワードを知っている保護者のみが欠席連絡を送信できるようになります。記述式の回答形式で質問を作成後、右下の［その他のオプション］（⋮）-［回答の検証］の順にクリックします。[正規表現] - [一致する] を選択して、任意の文字や数字を入力すると、パスワードを設定できます。Gmail などで保護者にパスワードを通知しましょう。

2 欠席等連絡用フォームをQRコードで保護者に共有する

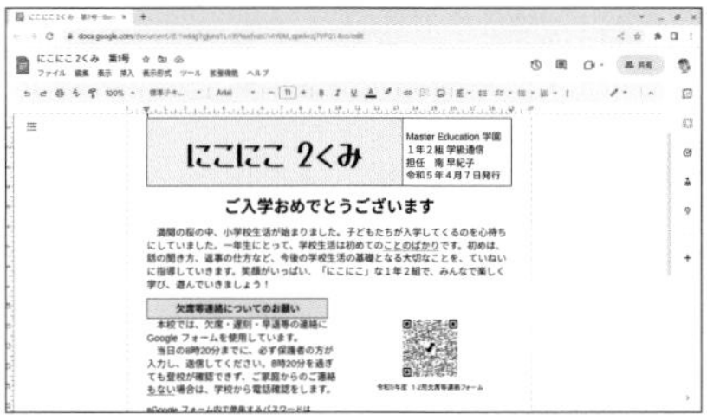

欠席等連絡フォームは、レッスン36を参考に、QRコードに変換する。Google ドキュメントで作成した学級通信に挿入し、印刷して配布すれば保護者への周知が可能となり、保護者は自分の端末から欠席連絡ができる。

3 全校の欠席情報を集約して一覧化する

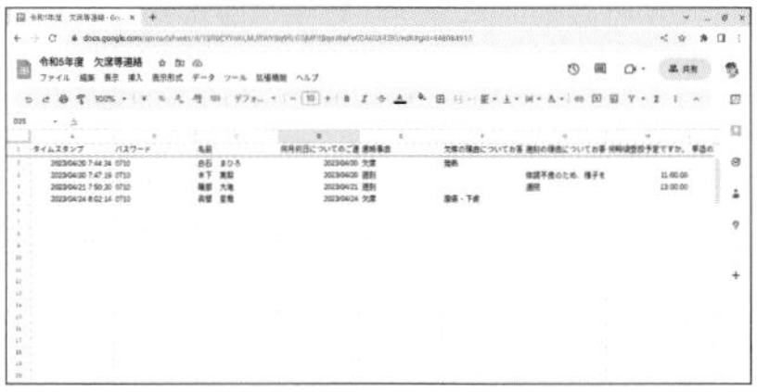

フォームの［回答］ページから［スプレッドシートの作成］-［既存のスプレッドシートを選択］の順にクリックし、該当のファイルを選択する

Google フォームで収集した回答内容は、Google スプレッドシートへ書き出しが可能。全学級が同じスプレッドシートに書き出せば、全校の欠席などの情報を一元管理でき、管理職や養護の先生も各学級の状況をリアルタイムで把握できる。

4 チェックの手間を省力化する

シート全体を範囲選択して右クリックした後、［条件付き書式］をクリックする

条件付き書式を設定すると、確認時間を短縮できる。例えば、養護の先生や担任へのメッセージがある場合のみ、行全体の色が変更されるように設定すれば、朝の忙しい時間帯でも保護者からの連絡を見逃さず、素早く状況を把握できる。

Google フォームで欠席などの連絡を受け付けることで、電話対応や連絡帳の確認にかけていた時間を別の仕事に使用できます。1人1台の端末で確認ができるので、場所を選ばず好きなタイミングでの確認が可能です。また、保護者からの連絡内容がすべて記録として残るので、伝え漏れもなくなり確実に情報を管理できます。

使いこなしのヒント

Google サイトでの周知でペーパーレスに

学級通信用の Google サイトを作成すれば、欠席連絡用フォームのQRコードやURLをそのまま挿入し、ペーパーレスに周知可能です。「QRコードが載った紙をなくしてしまった」などのトラブルも防ぐことができます。

使いこなしのヒント

情報の一元管理で成績処理もスムーズに

Google フォームの回答の一元管理は、授業でも応用可能です。毎時間の振り返りや小テストの回答を、単元や子どもたちごとに Google スプレッドシートにまとめておけば、成績処理をスムーズに行えます。

使いこなしのヒント

関数を活用して情報を整理する

1つの欠席連絡フォームを全校で共通して運用する際にも、学級ごとにシートを分けて回答を管理できます。全校で使用する欠席連絡フォームをスプレッドシートに書き出し、学級数分のシートを追加します。回答が表示されているシートから、関数を使って各学級のシートへ該当の情報を参照すれば、自分の学級の情報への素早いアクセスが可能です。

アイデア 3 オンライン上でのやりとりをもとに行事の準備を進める

自治体内で、合同で行事を運営するには各校の協力や連携が不可欠です。校内行事と比べて先生同士の物理的な距離があっても、オンライン上でのスムーズなコミュニケーションで円滑に準備を進めることができます。ここでは、主に Google Chat を活用した情報共有について紹介します。

学校DXに向けての準備

- ☐ Google Chat が使えるかを確認する
- ☐ 行事運営に関わる先生たちのメールアドレスを確認しておく
- ☐ 各自 Google カレンダーに決まっている予定を入力しておく

学校DXの進め方

ステップ	学校DXのステップ	使用ツール
1	Google Chat のスペースを活用して情報交換をする。	Google Chat
2	タスクを振り分け、予定を共有・把握する。	Google Chat
3	場所や時間にしばられず、気軽に打ち合わせをする。	Google Chat Google カレンダー Google Meet
4	Google ドキュメントを活用して、打ち合わせの議事録をとる。	Google ドキュメント

1 Google Chat のスペースを活用して情報交換をする

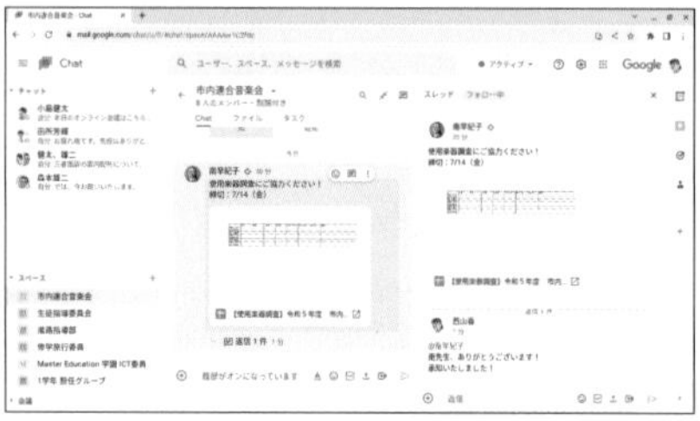

Google Chat でスペースを作成し、行事運営に関わる複数の学校の先生をメンバーとして追加すれば、場所や時間を選ばず気軽にコミュニケーションをとれる。返信時、該当のメッセージにカーソルを合わせ、[スレッドで返信]をクリックすると話の内容ごとに会話をまとめて表示でき、話題の混在を防げる。

使いこなしのヒント

Google Chat で資料を共有する

行事運営に関わる資料を作成した後、Google Chat から共有できます。Google ドライブからファイルを挿入し、メッセージとしてスペース上に送信が可能です。元のファイルで共有設定をしていなくても、Google Chat 上でアクセス権の付与ができるので、スペースのメンバー全員に一括で資料を共有できます。

2 タスクを振り分け、予定を共有・把握する

タスクを割り当てる際には、期日と担当者を設定できる

レッスン19を参照し、スペースのメンバーにタスクを割り当てる。メンバーは、全員いつでもどこでも予定を確認できるため、期日が近いタスクはGoogle Chat 上で声をかけるなど、フォローし合いながら準備を進めることが可能に。

3 場所や時間にしばられず、気軽に打ち合わせをする

直接打ち合わせたいときは、Google Chat から気軽にビデオ会議を始めることが可能。[返信] の左にある [+] - [カレンダーの招待状] の順にクリックする。画面右のカレンダーから、スペースのメンバーをゲストとして予定を作成し、[保存して共有] をクリックすると、Google Meet のリンクが自動で生成される。

4 Google ドキュメントを活用して、打ち合わせの議事録をとる

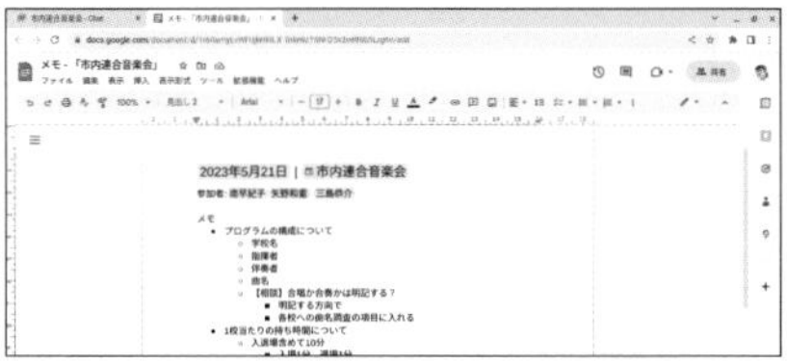

日時や参加者、メモ用の箇条書きリストやチェックリストが自動で作成される

作成したカレンダーの予定をクリックし [会議メモを使用] を選択すると、Google ドキュメントで議事録を作成でき、参加者全員で共有しながら打ち合わせを進められる。

複数校が合同で運営する行事や研究は、連絡や確認に時間がかかりがちです。Google Chat を活用することで、場所や時間にとらわれない、円滑なコミュニケーションを実現できます。確認や相談をしながら準備を進めましょう。

使いこなしのヒント

ほかのアプリケーションとの連携

スペースで自分にタスクが割り当てられると、Google ToDo リストの [マイタスク] に自動で追加されます。Google Chat の画面右側 [サイドパネル] に表示されている [ToDo リスト] のアイコンをクリックすることで、自分に割り振られたタスクだけを期日と共に一覧で確認できます。ToDo リストに表示されるタスクは日付順などに並び替えができるので、抜けや漏れなく業務に取り組めます。

スキルアップ

欠席者には動画で会議内容を共有する

Teaching and Learning Upgrade または Google Workspace for Education Plus へアップグレードすることで、Google Meet の会議内容を録画できるようになります。欠席者は、自分の端末から好きなタイミングで会議内容を確認できます。

使いこなしのヒント

ロードマップの活用で全体の進捗管理を

行事運営に関わる仕事の流れや予定をメンバー全員が把握しておくことは大切です。Google ドキュメントで、[挿入] - [構成要素] から [プロダクトのロードマップ] を選択すると、打ち合わせ内容やタスクの状況を1つのドキュメント内で一元管理できます。

アイデア 4

公開授業を円滑に実施する

多くの人が関わる公開授業は、オンライン上で事前の準備を行うと指導案検討会や協議会がスムーズに進みます。ここでは、公開授業の開催者の視点で、事前準備から授業後のまとめまでの流れを紹介します。

学校DXに向けての準備

- ☐ Google ドキュメントで指導案を作成する
- ☐ 研究をまとめるための Google サイトを作成し、校内の先生を［編集者］に設定して共有する

学校DXの進め方

ステップ	学校DXのステップ	使用ツール
1	公開授業までの準備の流れを可視化する。	Google スプレッドシート
2	オンライン上で指導案を検討する。	Google ドキュメント
3	事前の準備で協議会をスムーズに行う。	Google フォーム
4	Google サイトで研究のまとめを作成する。	Google サイト

1 公開授業までの準備の流れを可視化する

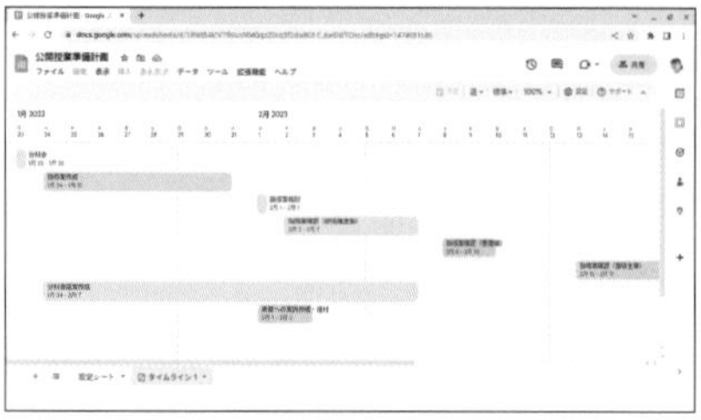

Google スプレッドシートで、公開授業当日までの仕事内容・開始日・終了日を表にまとめる。［挿入］から［タイムライン］を選択すると、準備の全体の流れをガントチャートで把握できる。先生用の Google Classroom などで共有すれば、公開授業までのスケジュール感について、全員が共通認識を持って準備を進められる。

使いこなしのヒント

データの入力規則で作業の進捗管理を

セルを範囲指定して［データの入力規則］をクリックします。［条件］を［プルダウン］に設定し、未着手・作業中・完了など、担当の先生が進捗状況を更新できるようにします。

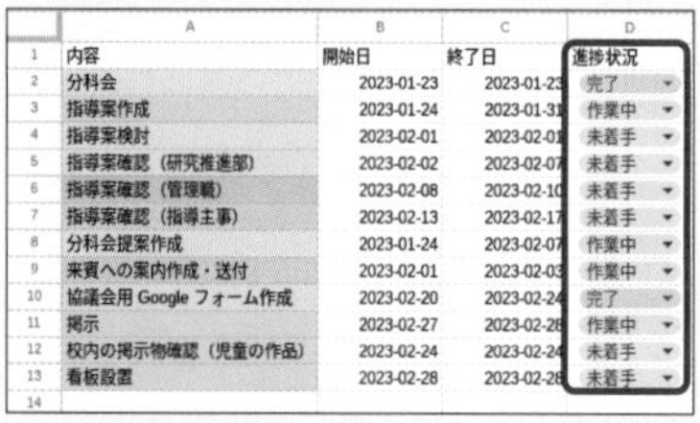

	A	B	C	D
1	内容	開始日	終了日	進捗状況
2	分科会	2023-01-23	2023-01-23	完了
3	指導案作成	2023-01-24	2023-01-31	作業中
4	指導案検討	2023-02-01	2023-02-01	未着手
5	指導案確認（研究推進部）	2023-02-02	2023-02-07	未着手
6	指導案確認（管理職）	2023-02-08	2023-02-10	未着手
7	指導案確認（指導主事）	2023-02-13	2023-02-17	未着手
8	分科会提案作成	2023-01-24	2023-02-07	作業中
9	来賓への案内作成・送付	2023-02-01	2023-02-03	作業中
10	協議会用 Google フォーム作成	2023-02-20	2023-02-24	完了
11	掲示	2023-02-27	2023-02-28	作業中
12	校内の掲示物確認（児童の作品）	2023-02-24	2023-02-24	未着手
13	看板設置	2023-02-28	2023-02-28	未着手
14				

2 オンライン上で指導案を検討する

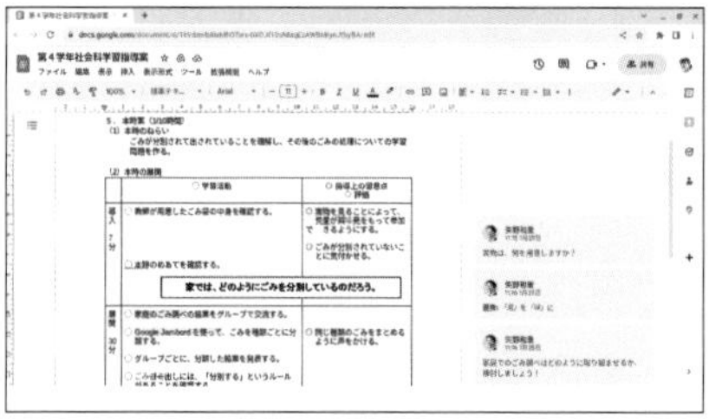

指導主事と共有し事前にフィードバックをもらうことも可能

Google ドキュメントで作成した指導案を校内で共有する。疑問点や改善案は、指導案検討会までに各自がコメントを入力することで、検討会当日は本当に議論すべき課題に集中できる。

3 事前の準備で協議会をスムーズに行う

感想や質問の収集用にGoogle フォームを作成し、配信する。参加者は持参したChromebookを使い参観しながら入力が可能。協議会前に参加者からの質問を確認できるので、回答を準備し、スムーズな質疑応答が行える。

4 Google サイトで研究のまとめを作成する

指導案やワークシート、当日の写真や動画などを、すべてGoogle サイトに掲載する。資料を挿入していくだけで、時間をかけずに研究のまとめを作成できる。いつでも研究内容を振り返ったり、ワークシートのコピーを作成して活用したりできる。

事前準備を進めておくと、検討会や協議会ですぐに本題に入ることができ、より密度の高い話し合いができます。オンライン上でのやりとりにより、指導案を印刷したり、研究をまとめる冊子を作成して発送したりする手間を省けます。その分授業内容の検討や振り返りに集中し、子どもたちの学びの質をさらに高めることができるでしょう。

時短ワザ

指導案の添削・修正をスムーズに

指導案添削時、誤字脱字や軽微な修正点は、[提案] の機能を活用するのがおすすめです。画面右上で [編集] モード (✎▾) から [提案] モード (▾) に切り替え、修正します。指導案作成者は[提案を承認]をクリックすれば、Google ドキュメント上の文章に添削者の修正案が反映されるので、修正にかける時間を短縮できます。

使いこなしのヒント

公開範囲の設定で安心して公開する

Google サイトでは公開範囲を設定できます。校内だけに公開したい場合は、右上の [他のユーザーと共有] の [一般的なアクセス] で [制限付き] を選択し、[アクセスできるユーザー] に校内の先生のアドレスを追加します。追加された人しかサイトにアクセスできないので、安心して公開できます。

付録

アイデア 5 下見の記録から素早く資料を作成する

Google のさまざまなツールを連携させ、校外学習や修学旅行の下見の内容を素早く資料に反映させたり、説明会での資料共有や質疑対応の時間を短縮したりすることができます。ここでは、下見でのメモの記録から、説明会の実施後までの流れを紹介します。

学校DXに向けての準備

- ☐ 学校用 YouTube チャンネルを作成し、YouTube Live の配信準備をしておく
- ☐ YouTube Live を視聴するためのリンクをQRコード化しておく
- ☐ 説明会での質疑応答用 Google フォームを作成し、リンクをQRコード化しておく

学校DXの進め方

ステップ	学校DXのステップ	使用ツール
1	校外学習の下見の内容を写真とメモで記録する。	Chromebook のカメラ Google Keep
2	作成したメモを基に提案資料を作成する。	Google Keep Google スライド
3	作成した資料を使って説明会を行う。	Google スライド YouTube Gmail
4	説明会の内容についての質問に回答する。	Google フォーム Google ドキュメント

1 校外学習の下見の内容を写真とメモで記録する

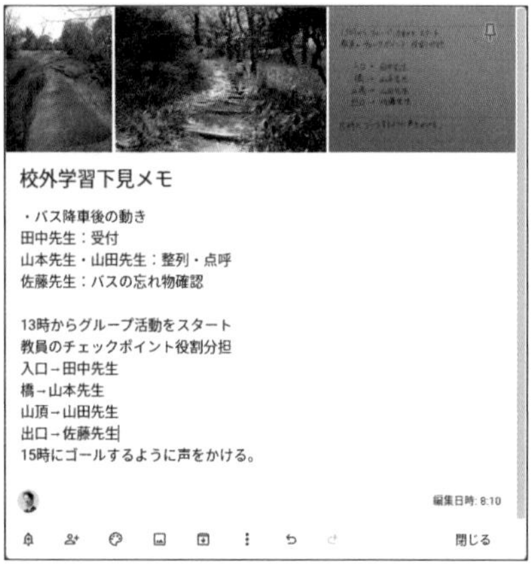

校外学習の下見メモにはGoogle Keep を活用する。Keep のメモに画像を挿入して、下見で気になったポイントを写真と一緒に記録する。また、学校に残る先生とメモを共有し、内容を確認し合い、Google Chat や電話でコミュニケーションをとることで、帰校後の再確認の手間を減らせる。

使いこなしのヒント

画像からテキストを抽出する

レッスン18で紹介したように、Google Keep で画像を挿入したメモを開き、[その他のアクション] - [画像のテキストを抽出] の順にクリックすると、画像内の文字をテキストとして抽出できます。手書き文字も抽出できるので、下見で入手したパンフレットをテキスト化して資料作成に活用したり、会議のメモをテキスト化して議事録に活用したりと、校務のさまざまな場面で先生たちの入力の手間を省くことができます。

2 作成したメモを基に提案資料を作成する

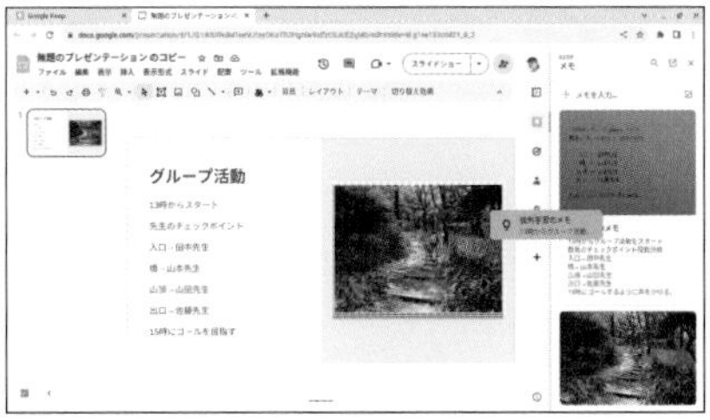

Google Keep のメモは画像も含め、ほかのツールに連携できる。Google スライドのサイドパネルから Google Keep を開き、メモをスライド画面までドラッグすると画像も含めてコピーできる。

3 作成した資料を使って説明会を行う

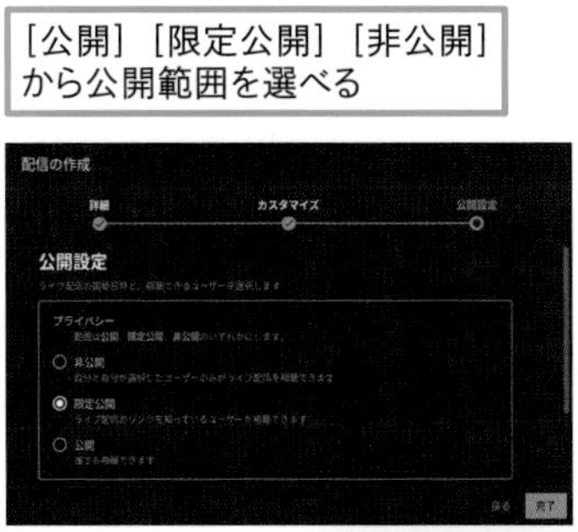

説明会は YouTube Live で限定公開に設定して配信する。動画にアクセスできるQRコードをお便りに挿入して配布しておくことで、会場に行けない保護者も説明会を視聴できる。使用したスライドは［ファイル］-［ダウンロード］-［PDFドキュメント(.pdf)］からPDFとしてダウンロードし、Gmail に添付して保護者に共有する。

4 説明会の内容についての質問に回答する

説明会での質問は専用の Google フォームに入力してもらう。保護者からの質問を一覧で確認でき、スムーズに対応できる。

Google のさまざまなツールを連携させて、下見のメモや資料作成、説明会の動画配信や質疑応答を行うことで、打ち合わせ、資料作成や回答の集約などにかかる時間を大幅に短縮できます。また、配信した動画や作成した資料は大切な参考資料となり、次年度以降の校務省力化につながります。

使いこなしのヒント

［データ探索］機能を活用する

Keep のメモを挿入後、スライドのデザインを整えるには［データ探索］が便利です。スライドに文字や画像が挿入された状態で、［ツール］-［データ探索］をクリックすると、スライドのレイアウト候補が表示されます。候補のレイアウトをクリックしてスライドに適用し、素早く資料作成ができます。

ここに注意

YouTube Live での配信終了後も一定期間、限定公開しておくことで、当日視聴できなかった保護者も別日に視聴できます。期間が終了した後は［非公開］に設定を変更しましょう。関係のない人がURLを知り、動画を視聴することを防ぐためにも、公開期間は短めに設定しましょう。配信した動画は、非公開にした後も学校の YouTube アカウント上であれば視聴できるので、次年度の資料として活用できます。

使いこなしのヒント

質問フォームへのアクセス方法

質問用の Google フォームはリンクをQRコード化し、説明会の会場に掲示しておきます。保護者は手元の端末でQRコードを読み取ることで質問を送ることができます。YouTube Live 配信画面のチャット欄にフォームへのリンクを記載しておけば、オンラインで視聴している保護者も質問が可能です。

付録

アイデア 6 Googleカレンダーを使って面談の日程調整をする

Google カレンダーで予約枠を作成し、子どもたちや保護者にリンクを共有することで、Google カレンダー上で面談の日程調整ができます。リマインド機能や予定のキャンセル機能を活用すれば、よりスムーズな日程調整が可能です。ここでは、予約枠の作成から共有までの一連の流れを紹介します。

学校DXに向けての準備

- ☐ レッスン27を参考に、Google カレンダーでの予約枠の作成方法を知る
- ☐ 子どもたちと保護者が予約をする際の手順や決まりを考え、校内で共有しておく
- ☐ 予約に関する手順や決まりについて子どもたちと保護者に伝えておく

学校DXの進め方

ステップ	学校DXのステップ	使用ツール
1	Google カレンダー上に予約枠を作成する。	Google カレンダー
2-1	子どもたちとの面談日程を調整する。	Google カレンダー Google Classroom
2-2	保護者との面談日程を調整する。	Google カレンダー Gmail

1 Google カレンダー上に予約枠を作成する

1人あたりの面談枠の長さや、面談と面談の間の準備時間、予約受付期間など詳細な設定ができるため、面談の内容や時期に応じて、柔軟に予約枠を作成できる。また、予約枠の作成前にカレンダー上にほかの予定が入力されている場合は、その予定を避けて予約枠が作成される。

使いこなしのヒント

予約枠をさらに使いこなすには

カレンダー上に予約枠を作成する際、予約者が入力する予約フォームの項目は、［姓］［名］［メールアドレス］が必須項目ですが、そこに任意の質問を追加できます。オンラインか対面か希望の面談形式を答える項目や、事前に先生に知らせておきたいことを入力する項目などを追加し、面談をより柔軟かつ有意義なものにすることが可能です。

2-1 子どもたちとの面談日程を調整する

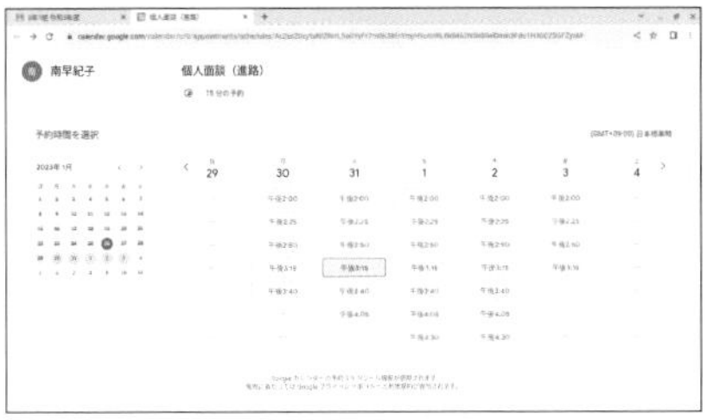

予約枠を作成したら、予約ページのリンクをGoogle Classroom のストリームに投稿する。子どもたちはリンクをクリックし、予約ページから面談を予約する。予約完了後は、予約者の Gmail に確認メールが届き、予約内容を確認できる。
予約内容は即座に予約者のカレンダー上にも反映される。また、カレンダー上から予約をキャンセルすることもできるので、急な予定の変更にも対応できる。

2-2 保護者との面談日程を調整する

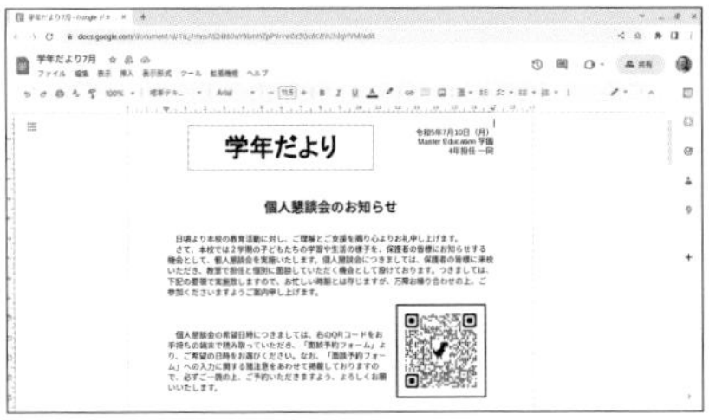

予約ページのリンクをQRコード化してお便りに掲載したり、リンクをメールで送信したりして保護者に共有することで、保護者は自分の端末から面談の予約ができる。子どもたちの場合と同じく、確認メールの送信や予約のキャンセルもできるので、柔軟な日程調整が可能。

Google カレンダーを使って面談の日程調整を行うことで、面談の日程調整に関するさまざまな校務や、子どもたちや保護者とのやりとりを大幅に省力化できます。これにより、面談の内容を考えたり、ほかの校務や授業づくりをしたりすることに時間を使えるようになります。

ここに注意

子どもたちや保護者が面談希望日を選択するためのフォームには、まだ希望者がいない、予約可能な時間のみが表示されます。そのため、同じ予約枠に複数の予約が入ることを防げます。

使いこなしのヒント

面談の日程忘れを防止する

予約枠を作成する際に［予約の確認とリマインダー］をクリックし、面談の1日前、1時間前、カスタムで任意の時間を設定、というようにリマインダーメールを送信するタイミングを設定できます。また、複数のリマインダーを設定すると、任意のタイミングで複数回リマインダーメールを送信できます。

使いこなしのヒント

スムーズに日程調整をするために

子どもたちや保護者に予約枠のリンクを共有する際に、予約の手順や、予約に関する決まりを示しておくことで、スムーズに日程を調整できます。予約の開始日時や締切日時、希望する時間が空いていなかった場合はどうするのかなど、想定される質問への答えをあらかじめ伝えましょう。

アイデア 7 先生用のポータルサイトで必要な情報を集約する

校内のさまざまな情報をデジタル化し、Google サイトを活用して1カ所に集約することで、先生が必要な情報に素早くアクセスできるようになり、情報の共有も容易になります。ここでは、校務に関する情報を集約する方法や、集約した情報を Google サイトで公開するメリットを紹介します。

学校DXに向けての準備

- □ Google 管理コンソールで Google カレンダーのリソースを追加しておく
- □ レッスン35を参考に、Google サイトの作成方法を知る
- □ 情報を集約するための Google サイトを準備し、編集担当者を決めておく

学校DXの進め方

ステップ	学校DXのステップ	使用ツール
1	校内の情報をデジタル化する。	Google カレンダー Google フォーム Google スプレッドシート
2	Google サイトに、校務に関する情報を集約する。	Google サイト
3	情報を集約した Google サイトを校内で共有する。	Google サイト
4	1カ所からさまざまな情報にアクセスする。	Google サイト

1 校内の情報をデジタル化する

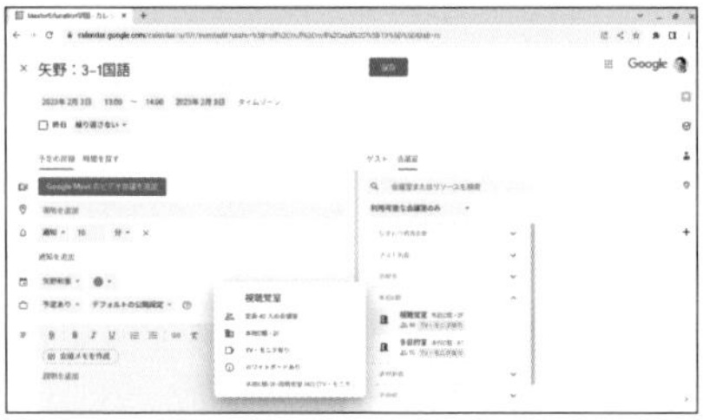

Google カレンダーを使った特別教室の予約や、Google フォームを使った出欠等連絡の管理のほか、スプレッドシートでの時間割の管理など、校内のあらゆる情報をデジタル化し、Google サイトに集約する準備を進める。さまざまな情報をデジタル化することで、先生同士での情報共有が容易になり、校務の省力化につながる。

使いこなしのヒント

子どもたちの学びの記録を集約できる

子どもの学習の記録や成果物をデジタル化し、Google サイトに集約することで、子どもたち一人ひとりにとっての学びのポートフォリオを作成できます。入学当初から学習の記録をサイト上に蓄積することで、子どもたちだけでなく、先生や保護者も学びの記録をいつでも確認できるようになります。

2 Google サイトに、校務に関する情報を集約する

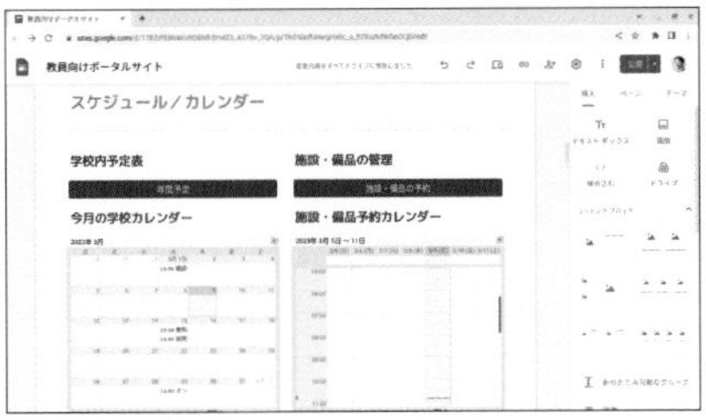

デジタル化したさまざまな情報を Google サイトに集約する。サイトは要素をドラッグするだけで直感的に作成できる。また、学年や校務分掌ごとにページを作成することで、さらに情報にアクセスしやすくなる。

3 情報を集約した Google サイトを校内で共有する

共有した一人ひとりに対して権限の変更を行うことができる

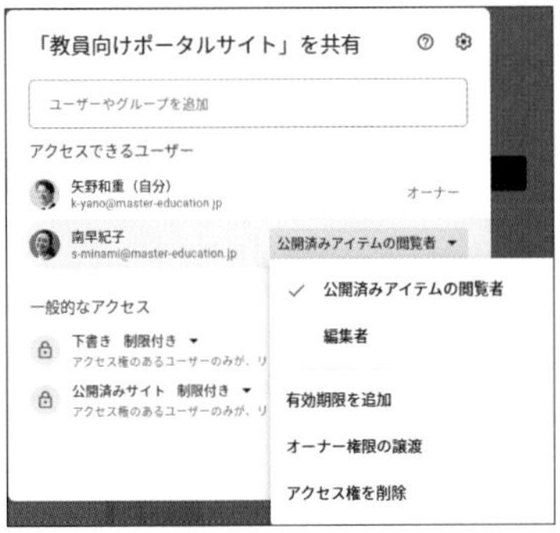

サイトを公開し、校内で共有することで、すぐに必要な情報を確認できる状況を作れる。サイトのデータは、Google ドライブ上のデータ変更が自動的に反映されるので更新の手間を省ける。また、サイトの公開範囲を細かく設定できるので、安心して情報共有ができる。

4 1か所からさまざまな情報にアクセスする

埋め込まれたフォームをクリックし、入力画面へ移動できる

Google サイトはさまざまな情報を集約するだけでなく、情報収集の場としても活用できる。また、公開後もサイトを編集したり、公開を停止したりすることができるので、状況に応じた柔軟なリイト運営が可能。

校務に必要なさまざまな情報をデジタル化しておくと、スムーズに Google サイトの作成を進められます。情報を1カ所に集約することで、Google サイトを校務に関する情報の保管庫としても活用できるようになります。必要な情報に素早くアクセスできる環境を作り、校務をさらに効率化しましょう。

ここに注意

サイト上に情報を集約する際に、Google ドライブに保存されているファイルの権限が変更されているかを確認しておきましょう。ドライブ上でサイトに表示したいファイルを右クリックし、［共有］をクリックして共有先を確認します。校内の先生と共有ができていない場合は、ほかの先生がサイト上をクリックしても該当のファイルにアクセスできない状態となるので注意が必要です。

使いこなしのヒント

安心してサイトの編集をする

Google サイトの権限は［公開済みアイテムの閲覧者］［編集者］の2種類です。校内で一緒にサイトを作成する先生に［編集者］権限を割り当てることで、作業を分担できます。また、サイトは編集した段階では下書きとして保存されており、［公開］をクリックすることで、初めて閲覧者のページに編集内容が反映されるので、安心してサイトの編集ができます。

スキルアップ

保護者向けのサイトも作成できる

Google サイトのURLを Gmail に貼り付けたり、QRコード化して周知したりすることで、校内の先生だけでなく、保護者にもサイトを共有できます。学級通信をサイト化して保護者に共有したり、学級のサイトを作成し、子どもたちがサイト上で情報発信をしたりするような取り組みも可能です。

付録

用語集

2段階認証
アカウントへの不正アクセスを防ぐためのセキュリティ機能の1つで、2つの要素を使用してログインを認証する方法。

Be Internet Awesome（ビー インターネット オーサム）
Google が開発したオンライン教育プログラム。子どもたちがオンライン上で安全かつ適切な行動をするための5つの原則を軸に、インターネット利用のリスクに関する知識を学習できる。

BigQuery（ビッグクエリ）
Google Cloud で提供されるクラウドベースのデータウェアハウス。膨大なデータを高速で分析できるように設計されており、クエリ言語を使用して、データを抽出することができる。
→クラウド

Chromebook（クロームブック）
Google が開発している ChromeOS（クローム オペレーティングシステム）が搭載されたノートパソコンのシリーズ。アップデートが自動で行われ、短時間で起動する。また長時間のバッテリー駆動でさまざまな作業をこなせる。データはクラウド上で一元管理され、何重ものセキュリティによって保護されている。
→ChromeOS、クラウド

Chrome Education Upgrade ライセンス（クローム エデュケーション アップグレード ライセンス）
Google 管理コンソールから、Chromebook の設定を一括で遠隔管理できるようになるライセンス。
→Chromebook、Google 管理コンソール

ChromeOS（クローム オーエス）
Google が設計したオペレーティングシステム。Google Chrome ブラウザを基本的なユーザーインターフェイスとしており、Chromebook に搭載される。主にWebアプリをサポートする。
→Google Chrome ブラウザ

Chrome 描画キャンバス（クローム ビョウガ キャンパス）
Google が提供する描画キャンバスツール。ペンのタイプや色を選択し、自由にイラストを描画できる。

CS First（シーエス ファースト）
Google が提供する、子ども向けのプログラミング教育カリキュラム。楽しくクリエイティブな方法でプログラミングの基礎を学ぶことができる。

GIGAスクール構想（ギガ スクール コウソウ）
文科省が打ち出した、1人1台端末と高速大容量の通信ネットワークを一体的に整備し、「多様な子どもたちを誰一人取り残さず、公正に個別最適化された創造性を育む教育」を、全国の学校現場で持続的に実現させる構想。GIGAは「Global and Innovation Gateway for All」の略。

Gmail（ジーメール）
Google が提供するオンラインメールアプリケーション。ブラウザを選ばず、どこからでもアクセスが可能。検索機能を使用すれば大量のメールからでも、該当データを見つけられる。
→クラウド

Google Chat（グーグル チャット）
Google が提供する、個人宛からグループ間まで、手軽かつ円滑にコミュニケーションがとれるツール。Google ドライブや Google Meet との連携もスムーズでチームのつながりをより強化する。
→Google Meet、Google ドライブ

Google Chrome ブラウザ（グーグル クローム ブラウザ）
Google が開発しているシンプルで高速なWebブラウザ。さまざまなデバイス（端末）に対応。パソコン版の Google Chrome ではさまざまな拡張機能を追加できるほか、テーマを変更して自分仕様に設定可能。

Google Classroom（グーグル クラスルーム）
教員による時間の節約、クラス管理、子どもたちとのコミュニケーションを目的に作られた、教育をサポートする学習管理アプリケーション。クラスの作成、課題の作成・配信と採点、フィードバックの提供などを1箇所で行える。さらに、オンライン上での先生と子どもたち、また子どもたち同士のコミュニケーションも可能。

Google Colaboratory（グーグル コラボラトリー）
Google が提供する、Python を実行できるクラウドサービス。データの分析や機械学習などのタスクを実行できる。
→クラウド

Google for Education（グーグル フォー エデュケーション）
教育機関、学習をサポートする先生、学習に取り組む子どものための各種サービスが備わった学校向けパッケージ。協働学習の促進や校務の効率化を図り、ICT管理をシンプルにする。

Google Jamboard（グーグル ジャムボード）
Google が提供するオンラインのデジタルホワイトボード。手書き入力や付箋機能によって思考の整理や意見出し、ディスカッションなどを促進する。複数人による同時編集が可能。

Google Keep（グーグル キープ）
Google が提供するオンライン上のメモアプリケーション。メモを共有したり、色やラベルでメモを分類したりすることができ、リマインダー（予定通知）の機能も搭載されている。メモに貼り付けた画像から文字を抽出する機能も搭載されている。
→共有

Google Meet（グーグル ミート）
Google が提供するシンプルで高品質なビデオ会議アプリケーション。世界中どこでもビデオ通話でのコラボレーションとチームワークの構築が実現可能。

Google ToDo リスト（グーグル トゥドゥ リスト）
日常業務でやるべきことを記録可能なアプリケーション。Google ToDo リストを利用すれば、タスクを効率よく管理することができる。また、Gmail や Google カレンダーなどからでも利用でき、外出先でもあらゆる端末から、管理・編集・表示が可能。
→Gmail、Google カレンダー

Google Workspace for Education（グーグル ワークスペース フォー エデュケーション）
クラウド上で運用し、シンプルに利用・管理できるオンライン教育システム。主体的・対話的で深い学びの実現や、校務効率化による働き方改革に役立つさまざまなアプリケーションで構成されている。
→クラウド

Google カレンダー（グーグル カレンダー）
Google が提供する予定管理アプリケーション。ほかのユーザーと予定を共有したり、会議の出欠を確認したり、Google の各種サービスと連携してスケジュールを管理できるツール。
→共有

Google 管理コンソール（グーグル カンリ コンソール）
組織における Google サービスの各種管理設定を行えるアプリケーション。管理者のみがアクセスでき、ユーザーアカウントの追加やサービスの有効化、管理者権限の付与など、オンライン上から一元管理できる。

Google グループ（グーグル グループ）
メールの一斉配信や、資料の一括共有、ポリシー設定の付与ができるグルーピングサービス。複数のユーザーアカウントをメンバーとして登録できる。
→共有

Google サイト（グーグル サイト）
Google が提供するWebサイト作成ツール。専門知識がなくても、直感的な操作でWebサイトを作成でき、情報の発信・共有を行える。共同編集者を追加して複数人で管理でき、公開設定の変更も可能。

Google 図形描画（グーグル ズケイビョウガ）
Google が提供する、図形を作成して文書に挿入できるツール。画像をアップロードして加工したり、ワークシートなどを作成したりできる。複数人による同時編集が可能。

Google スプレッドシート（グーグル スプレッドシート）
Google が提供する表計算ツール。表計算はもちろん、グラフを作成したり、統計を取ったりすることができる。複数人による同時編集が可能。

Google スライド（グーグル スライド）
Google が提供するプレゼンテーション資料作成ツール。データ探索によるプレゼンテーション資料の作成や編集もできる。複数人での同時編集が可能。
→データ探索

Google データエクスポート（グーグル データエクスポート）
管理コンソールの設定項目の1つで、組織内のユーザーに対し Google ドライブや Gmail などのデータを、ほかのアカウントに移行することを許可できる。
→Gmail、Google ドライブ

Google ドキュメント（グーグル ドキュメント）
Google が提供する文書や資料を作成するツール。子どもたちが取り組むワークシートやレポートの作成、翻訳機能で他言語への書き換えなどもできる。

Google ドライブ（グーグル ドライブ）
Google が提供するオンラインストレージサービス。文章・写真・音楽・動画などのアップロードが可能で、フォルダやファイルごとにほかのユーザーの閲覧や編集を許可できる。

Google フォーム（グーグル フォーム）
Google が提供する、アンケートやテストを作成、実施できるツール。質問を作成して配信できる。回答を回収すると、自動的に集計される機能も搭載。

Looker Studio（ルッカー スタジオ）
クラウドベースの分析ツールで、BigQuery などのデータソースからダッシュボードやレポートを作成してデータを分析することができる。大量のデータを高速に処理することが可能。
→BigQuery、クラウド

QRコード（キューアール コード）
スマートフォンなどのカメラで読み取ることができる二次元バーコードで、URLやテキストなどの情報をコード化して表現することができる。

YouTube（ユーチューブ）
Google が提供する動画共有サービス。さまざまな動画の中から有用な動画を検索して視聴したり共有したりできる。自分のチャンネルを作成して、動画を投稿することもできる。
→共有

カスタムレイアウト
Google スライドの機能の1つで、スライドのデザインを事前に作成できる。作成したひな形のスライドは簡単に呼び出せ、校務効率化につながる。
→Google スライド

学校DX（ガッコウ ディーエックス）
学校の教育活動をデジタル化し、子どもたちの学習環境をより充実させるとともに、先生の働き方改革を促進させる取り組み。

教育データ
日々のICT活用から生まれるアプリケーションの活用ログや、子どもたちの成績データ、健康に関するデータなどの総称を本書では「教育データ」として紹介している。

共有
ドキュメント、スプレッドシート、スライドなどのファイルやフォルダを複数のユーザー間で所有すること。特定のユーザーを指定し、そのユーザー間のみで共有が可能。また、オーナーは、編集者・閲覧者などほかのユーザーの権限を指定できる。
→Google スプレッドシート、Google スライド、Google ドキュメント

共有ドライブ
Google ドライブ上にある共有スペースのこと。マイドライブと違い、すべてのファイルやフォルダのオーナー権をメンバー全員で共有する。
→Google ドライブ、共有

クラウド
インターネットなどのネットワーク経由で提供されるサービスのこと。パソコンやスマートフォンなどを使い、さまざまなサービスを利用できる。

コネクテッドシート
BigQuery で保管されているデータなどを Google スプレッドシートで分析できる機能の名称。
→BigQuery、Google スプレッドシート

コミュニケーションツール
コミュニケーションを行うためのツール。Google Workspace for Education のツールでは、Gmail や Google Chat、Google Meet などが該当する。
→Gmail、Google Chat、Google Meet、Google Workspace for Education

コンテキストアウェアアクセス
Google Workspace for Education の各種アプリケーションに対してユーザーのアクセスを制御できるサービスで、管理コンソールの設定項目の1つ。IDとパスワード以外に、アクセス元の地域やIPアドレスなどを認証条件としてポリシーを作成可能。
→Google Workspace for Education、Google 管理コンソール

再生リスト
YouTube で利用できる管理機能の1つで、動画をリストにまとめて整理することができる。再生リストを共有できるので、有益な動画をほかの人に知ってもらえる。
→YouTube、共有

サイドパネル
Google Chrome ブラウザのサイドパネルは、Web ページの横に表示されるカスタムパネルで、ブックマークやリーディングリストなどを整理できる。
→Google Chrome ブラウザ

サブカレンダー
Google カレンダーの機能の1つで、ユーザーが用途に応じて複数のカレンダーを作成してスケジュールを管理することができる。
→Google カレンダー

ストレージ管理ツール
管理コンソールの機能の1つで、組織全体のストレージ容量などを管理できる。ユーザーのストレージの上限値を設定したり、各組織部門にストレージの上限値を設定したりすることができる。
→Google 管理コンソール

スペース
Google Chat 上で複数人とグループを作り、リアルタイムに会話するための場所。グループメッセージと異なり、スレッドを複数設けることが可能。
→Google Chat

スマートキャンバス
より効率的に資料を作成したり、ユーザー間のコラボレーションを促進させたりする Google ツールの機能の総称。例えば、Google ドキュメント上で「@」を入力することで、チームのメンバーにメンションできるほか、ファイルのリンクを利用できる。
→Google ドキュメント

セキュリティサンドボックス
Gmail のセキュリティ機能の1つで、未知のマルウェアを含むメールなどを安全な仮想空間で展開し、脅威を検知することができる。
→Gmail、マルウェア

セクション
Google フォームでトピックなどに応じて質問をグループ化できる機能。セクションを追加して、ページを分けたり、回答に応じて質問内容を分岐したりすることができる。
→Google フォーム

ゼロトラストセキュリティ
従来の境界型防御モデルとは異なり、ネットワーク内のあらゆるリソースやユーザーを信用せず、複数の情報に基づき、アクセス認証を行う考え方や仕組み。

組織部門（OU）
Google 管理コンソールでユーザーを管理するフォルダのような役割。特定のユーザーに応じたポリシーを付与するためのグルーピング機能として利用する。
→Google 管理コンソール

データ探索
Google ドキュメント、Google スプレッドシート、Google スライドに搭載されたAI機能のこと。例えばスプレッドシートでは、データを分析して自動でグラフ化してくれたり、スライドでは内容に基づいてプレゼン資料のデザインを自動的に表示してくれたりする。
→Google スプレッドシート、Google スライド、Googleドキュメント

デジタル・シティズンシップ教育
デジタル社会における倫理的で責任ある行動や、情報リテラシーなどのスキル向上を目的とした教育のこと。

フレームワーク
考え方、意思決定、問題解決などに利用できる思考の枠組み。本書では「TPDSEのサイクル」を用いて、学校DXを促進する方法について紹介している。
→学校DX

マルウェア
悪意のあるソフトウェアのことを指し、ウイルスやスパイウェアなどが含まれる。感染したコンピューターで不正な動作を起こし、個人情報の盗難やシステムの破壊などの被害を引き起こすことがある。

ラベル
Gmail で任意のキーワードを指定し、受信したメールの内容や項目ごとに表示をまとめて整理する機能。作成したラベルからメールの自動仕分けも可能。
→Gmail

リーダーシップ
チームを導き、目的を達成する能力。本書では、学校DXを促進するために、管理職のリーダーシップに焦点を当てて紹介している。
→学校DX

ルーブリック
Google Classroom の機能の1つで、課題の評価基準を詳しく設定して投稿できる。子どもたちもルーブリックを確認することが可能で、目標や評価基準を正確に捉えたうえで、課題に取り組むことができる。
→Google Classroom

索引

■アルファベット・数字

- 2段階認証 53
- Be Internet Awesome 29, 202, 206
  - インターランド 206
- BigQuery 212
- Chromebook 23, 27, 51, 56
  - Chrome Education Upgrade ライセンス 58
  - ChromeOS 42, 57
  - 自動更新ポリシー 45
  - デバイスポリシー 59
  - ユーザーポリシー 59
- Chrome ウェブストア 57
- Chrome 描画キャンバス 98
  - 画像として保存 101
  - 背景を挿入 98
  - ペンで描画 99
  - レイヤを非表示 100
- CS First 29, 203, 208
  - Google Classroom との連携 209
- CSV 66, 70, 213
- GIGAスクール構想 22, 24
- Gmail 53, 68, 87, 122, 186
  - アーカイブ 187
  - キーボードショートカット 190
  - 検索オプション 187
  - サイドパネル 191
  - 受信トレイを分割 190
  - スヌーズ 189
  - すべての設定 188
  - 送信取り消し 191
  - 送信予約 189
  - テンプレート 188
  - 不在通知 188
  - ラベル 186
- Google Chat 29, 42, 119, 125, 148
  - Google Meet との連携 153
  - Google カレンダーとの連携 150
  - Google ドライブとの連携 150
  - スペースを作成 148
  - スレッドで返信 149
  - 通知をミュート 154
  - 名前リンクを付ける 152
  - メッセージを送信 149
  - リアクションを追加 149
- Google Chrome ブラウザ 41, 57, 76
  - サイド検索 76
  - サイドパネル 76
  - タブをグループ化 79
  - タブを固定 78
  - ブックマーク 77
  - リーディングリスト 76
- Google Classroom 28, 75, 106, 108, 197
  - Google スプレッドシートとの連携 114
  - 課題を作成 108
  - 採点 113
  - 質問を作成 111
  - ストリーム 108
  - 成績を確認 114
  - 盗用（独自性）を確認 110
  - トピック 109
  - 返却 113
  - ルーブリック 109
  - 連絡事項を投稿 115
- Google Cloud 212
- Google Colaboratory 203, 208
  - 共有 209
- Google for Education 22, 26, 28, 53, 125
- Google Jamboard 98, 164
  - Jam を作成 164
  - 画像を挿入 167
  - 共有 165
  - 順序の変更 165
  - テキストボックスを挿入 164
  - 背景を挿入 166
  - 付箋を作成 165
  - フレームを画像として保存 167
  - フレームを追加 166
  - ペンで書き込み 165
- Google Keep 41, 74, 80
  - Google スライドとの連携 83
  - 画像入りのメモ 80
  - 画像のテキストを抽出 81
  - サイドパネル 83
  - チェックボックス付きのメモ 82
  - メモを共有 81
  - メモを作成 80
- Google Meet 45, 153, 159, 192
  - 画面共有 196
  - 挙手する 195
  - 主催者向けの管理機能 194
  - チャット 195
  - ビジュアルエフェクト 193
  - ビデオ会議でのグループワーク 198
  - リアクション 195
  - リンクを発行 192
- Google ToDo リスト 44, 74, 84, 191
  - Gmail との連携 87
  - Google Chat との連携 85
  - Google カレンダーとの連携 85
  - サブタスク 85
  - タスクを作成 84
  - タスクを通知 85
  - タスクを割り当て 86
  - マイタスク 84
  - リストを作成 84
- Google Workspace for Education 28, 53, 62, 212
  - Education Plus 53, 55, 68, 125, 212
  - Education Standard 53, 55, 125, 212
  - Teaching and Learning Upgrade 55, 68, 110, 199
- Google カレンダー 29, 84, 118, 124, 126
  - ゲストを招待 127
  - サイレントモード 132
  - サブカレンダー 130

索引

  - 資料を添付　128
  - 非公開の予定　129
  - 予定を作成　126
  - 予約枠を設定　133
- Google 管理コンソール　28, 51, 62, 68, 212
  - BigQuery との連携　212
  - Google データエクスポート　67
  - 管理者　28, 44, 50, 62, 212
  - 管理者権限　44, 65, 123
  - コンテキストアウェアアクセス　55
  - ストレージ管理ツール　69
  - セキュリティサンドボックス　53
  - 組織部門（OU）　62
  - 年次更新　66
  - レポートログ　214
- Google グループ　64, 71, 118, 120
  - グループアドレスの活用　124
  - グループの会話　122
  - グループを作成　120
  - 対象グループ　125
  - 動的グループ　125
  - メッセージを送る　121
  - メンバーを追加　121
- Google サイト　158, 172
  - 画像へリンクを挿入　175
  - 共同編集者　178
  - 公開範囲を設定　178
  - コンテンツブロック　176
  - サイトを作成　172
  - テーマを変更　173
  - 目次を追加　174
- Google 図形描画　94
  - グラフを挿入　96
  - 線を挿入　97
  - テキストボックスを挿入　95
  - ワードアート　94
- Google スプレッドシート　44, 97, 114, 142
  - Google スライドとの連携　146
  - 関数　147
  - グラフを作成　143
  - コネクテッドシート　213
  - 条件付き書式を設定　143
  - 表を作成　142
  - 変更履歴を表示　142
- Google スライド　83, 88, 146
  - カスタムレイアウト　89
  - 画像の挿入　91
  - データ探索　92
  - テーマを編集　88
  - プレースホルダ　89
- Google ドキュメント　119, 134
  - Google Keep との連携　139
  - 会議メモを追加　134
  - 共有　135
  - コメント　141
  - 資料を承認　140
  - 資料を挿入　136
  - スマートキャンバス　134
  - チェックリストを挿入　140
  - プルダウン　137
  - プロダクトのロードマップ　137
  - ユーザーを割り当て　138
- Google ドライブ　68, 128, 150, 158, 160
  - 共有ドライブ　69, 163
  - 検索オプション　162
  - コピーリンク　161
  - コメントの割り当て　162
  - ワークスペースを作成　160
- Google フォーム　45, 75, 102, 159, 180
  - Google スプレッドシートとの連携　185
  - アンケートを作成　180
  - 解答集を作成　104
  - 回答を確認　107, 184
  - 画像を挿入　103
  - 質問形式　105, 181
  - スプレッドシートに書き出す　184
  - セクション　105
  - テーマ　183
  - テストの作成　102
  - フィードバック　104
  - プレビュー　106, 182
  - 分岐機能　105
  - ロックモード　102
- Looker Studio　203, 213
- master study　89, 167
  - テンプレート　89, 167
- QRコード　133, 182
- TPDSEサイクル　32, 34
- YouTube　168
  - Google スライドとの連携　169
  - Google フォームとの連携　171
  - 限定公開　171
  - 再生リスト　168
  - 動画をアップロード　170

■カナ

- 学校DX　22, 25, 26, 32, 34, 40
- 教育データ　27, 39, 203, 210
- クラウド　24, 52, 54, 56
- クラウド・バイ・デフォルト　24, 54
- コミュニケーションツール　39
- シャドー IT　56
- 情報活用　202
- 情報教育　29, 202, 204, 206
- 情報セキュリティ　52, 54, 56
- ゼロトラストセキュリティ　54
- データウェアハウス　211
- デジタル・シティズンシップ教育　29, 204
- デジタルトランスフォーメーション（DX）　23, 25
- デジタルワークシート　88, 167
- フレームワーク　32, 34
- プログラミング教育　203, 208
- マルウェア　42, 53, 54
- モバイル端末管理（MDM）　56
- リーダーシップ　33, 46

■著者
株式会社ストリートスマート

2009年9月に創業。2014年 Google トレーニングパートナーに認定。その後 Google の専門能力開発パートナーの中で、初めて Transformation（変革）分野のスペシャライゼーション認定（状況に応じた包括的な支援ができる企業への認定資格）を受ける。現在は、教育分野と働き方改革の分野で2つのスペシャライゼーション認定を持つ Google Cloud パートナー企業として、「テクノロジーと『人』をつなげる」をミッションに、誰もが新しいテクノロジーを活用できる社会づくりのため、Google Cloud を活用したDX推進や Google Workspace を効果的に活用するための導入支援・コンサルティングを多業種の企業に実施。教育機関向けには、Google for Education の導入から浸透・定着までを一貫してサポート。教育機関向け研修の累計実績は1,700回以上、導入支援の累計実績は1,500,000IDを超える。また、さまざまな規模・利活用状況にある自治体へのICT支援員の派遣や、先生向け総合プラットフォーム master study での教材テンプレートや動画の提供など、日本全国の先生を支援する豊富なサービスを幅広く展開。MASTER EDUCATION（https://master-education.jp/）でICT教育に役立つ情報の発信と、研修やICT支援、管理・運用のサポートに関する相談を受付中。

執筆担当　東山 昂平
遠藤 綾乃
Education 事業部

STAFF
シリーズロゴデザイン　山岡デザイン事務所<yamaoka@mail.yama.co.jp>
カバー・本文デザイン　伊藤忠インタラクティブ株式会社
本文イメージイラスト　原田 香

編集制作　株式会社トップスタジオ

デザイン制作室　今津幸弘<imazu@impress.co.jp>
鈴木　薫<suzu-kao@impress.co.jp>

編集　西田康一<nisida-k@impress.co.jp>
編集長　富樫真樹<togashi@impress.co.jp>

オリジナルコンセプト　山下憲治

■商品に関する問い合わせ先

このたびは弊社商品をご購入いただきありがとうございます。本書の内容などに関するお問い合わせは、下記のURLまたは二次元バーコードにある問い合わせフォームからお送りください。

https://book.impress.co.jp/info/

上記フォームがご利用いただけない場合のメールでの問い合わせ先
info@impress.co.jp

※お問い合わせの際は、書名、ISBN、お名前、お電話番号、メールアドレス に加えて、「該当するページ」と「具体的なご質問内容」「お使いの動作環境」を必ずご明記ください。なお、本書の範囲を超えるご質問にはお答えできないのでご了承ください。

- 電話やFAXでのご質問には対応しておりません。また、封書でのお問い合わせは回答までに日数をいただく場合があります。あらかじめご了承ください。
- インプレスブックスの本書情報ページ https://book.impress.co.jp/books/1122101175 では、本書のサポート情報や正誤表・訂正情報などを提供しています。あわせてご確認ください。
- 本書の奥付に記載されている初版発行日から3年が経過した場合、もしくは本書で紹介している製品やサービスについて提供会社によるサポートが終了した場合はご質問にお答えできない場合があります。

■落丁・乱丁本などの問い合わせ先

FAX　03-6837-5023
service@impress.co.jp

※古書店で購入された商品はお取り替えできません。

できる Google《グーグル》 for《フォー》 Education《エデュケーション》　学校《がっこう》D《ディー》 X《エックス》実践《じっせん》ガイド

2023年5月21日　初版発行

著　者　株式会社ストリートスマート

発行人　小川 亨

編集人　清水栄二

発行所　株式会社インプレス
〒101-0051　東京都千代田区神田神保町一丁目105番地
ホームページ　https://book.impress.co.jp/

印刷所　株式会社広済堂ネクスト
ISBN978-4-295-01648-9 C3055

Printed in Japan